教育部高等学校地矿学科教学指导委员会
矿物加工工程专业规划教材

工 艺 矿 物 学

主　编：吕宪俊
副主编：朱一民　刘晓文
　　　　张　杰　邱　俊

中南大学出版社
www.csupress.com.cn

内 容 简 介

　　本书较为全面地介绍了工艺矿物学的基本原理和方法，分为矿物学基础、显微镜下矿物鉴定方法、矿石工艺矿物学特性研究方法等三篇，共计11章，主要内容包括结晶学基础、矿物学基础、矿物分类及性质、岩石与矿石、透明矿物的偏光显微镜鉴定、不透明矿物的反光显微镜鉴定、样品的采集与制备、矿石的物质组成、矿石的结构构造、元素的赋存状态、矿物嵌布粒度及矿物解离度等。为配合实验教学，书末附有工艺矿物学实验指导书。本书主要供高等院校矿物加工工程专业学生作为教材使用，也可作为相关专业的本科生和研究生参考书使用，或作为矿物加工工程及相关专业工程技术人员、管理人员的培训教材使用。

图书在版编目(CIP)数据

　　工艺矿物学/吕宪俊主编．—长沙：中南大学出版社，2011.5
(2020.7 重印)
　　ISBN 978-7-5487-0263-4

　　Ⅰ.工… 　Ⅱ.吕… 　Ⅲ.工艺矿物学 　Ⅳ.P57

　　中国版本图书馆 CIP 数据核字(2011)第 084291 号

工 艺 矿 物 学

主编　吕宪俊

□责任编辑	陈海波	
□责任印制	周　颖	
□出版发行	中南大学出版社	
	社址：长沙市麓山南路	邮编：410083
	发行科电话：0731-88876770	传真：0731-88710482
□印　　装	长沙理工大印刷厂	

□开　　本	787×1092 1/16　□印张 20　□字数 495 千字	
□版　　次	2011 年 8 月第 1 版　□2020 年 7 月第 2 次印刷	
□书　　号	ISBN 978-7-5487-0263-4	
□定　　价	58.00 元	

工艺矿物学

编 委 会

主　　　编　吕宪俊
副　主　编　朱一民　刘晓文
　　　　　　张　杰　邱　俊
参 编 人 员　胡　斌　杨　牧
主 编 单 位　山东科技大学
副主编单位　东北大学
　　　　　　中南大学
　　　　　　贵州大学

总序

     "人口、发展与环境"是 **21** 世纪人类社会发展过程中的重要问题，矿物资源是人类社会发展和国民经济建设的重要物质基础。从石器时代到青铜器、铁器时代，到煤、石油、天然气，到电能和原子能的利用，人类社会生产的每一次巨大进步，都与矿物资源利用水平的飞跃发展密切相关。

     人类利用矿物资源已有数千年历史，但直到 **19** 世纪末至 **20** 世纪 **20** 年代，世界工业生产快速发展，使生产过程机械化和自动化成为现实，对矿物原料的需求也同步增大，造成了"矿物加工"技术从古代的手工作业向工业技术的真正转变，在处理天然矿物原料方面获得大规模工业应用。

     特别是 **20** 世纪 **90** 年代以来，我国正进入快速工业化阶段，矿产资源的人均消费量及消费总量高速增长，未来发展的资源压力随之加大。我国金属矿产资源总量不少，但禀赋差、品位低、颗粒细、多金属共生复杂难处理，矿产资源和二次资源综合利用率都比较低。

     矿物加工科学与技术的发展，需要解决以下问题。

     （1）复杂贫细矿物资源的综合回收：随着富矿和易选矿物资源不断开采利用而日趋减少，复杂、贫细、难处理矿产资源的开发利用成为当前的迫切需要。

     （2）废石及尾矿的加工利用：在选矿过程中，全部矿石经过碎磨，消耗了大量原材料和能源，通常只回收占总矿石质量 **10%~30%** 的有用矿物，大量的伴生非金属矿不仅未能有效利用，并且当做"废石"和"尾矿"堆存成为环境和灾害的隐患。

     （3）二次资源：矿山、冶炼厂、化工厂等排出的废水、废渣、废气中的稀有、稀散和贵金属，废旧汽车、电缆、机器及废旧金属制品等都是仍然可以利用的宝贵的二次资源。由于一次资源逐步减少，二次资源的再生利用技术的开发无疑成了矿物加工领域的重要课题。

（4）海洋资源：海洋锰结核、钴结壳是赋存于深海底的巨大矿产资源，除富含锰外，铜、钴、镍等金属的储量也十分丰富，此外，海水中含有的金属在未来陆地资源贫化、枯竭时，也将成为人类的宝贵资源。

（5）非矿物资源：城市垃圾、废纸、废塑料、城市污泥、油污土壤、石油开采油污水、内陆湖泊中的金属盐、重金属污泥等，也都是数量可观的能源资源，需要研发新的加工利用技术加以回收利用。

面对上述问题，矿物加工科技领域及相关学科的科技工作者不断进行新的探索和研究，矿物加工工程学与相邻学科的相互交叉、渗透、融合，如物理学、化学与化学工程学、生物工程学、数学、计算机科学、采矿工程学、矿物学、材料科学与工程已大大促进了矿物加工学科的拓展，形成各种高效益、低能耗、无污染矿物资源加工新知识、新技术及新的研究领域。

矿物加工的主要学科方向有：

（1）浮选化学：浮选电化学；浮选溶液化学；浮选表面及胶体化学。

（2）复合物理场矿物分离加工：根据流变学、紊流力学、电磁学等研究重力场、电磁力场或复合物理场（重力＋磁力＋表面力）中，颗粒运动行为，确定细粒矿物的分级、分选条件等。

（3）高效低毒药剂分子设计：根据量子化学、有机化学、表面化学研究药剂的结构与性能关系，针对特定的用途，设计新型高效矿物加工用药剂。

（4）矿物资源的生化提取：用生物浸出、化学浸出、溶剂萃取、离子交换等处理复杂贫细矿物资源，如低品位铜矿、铀矿、金矿的提取，煤脱硫等。

（5）直接还原与矿物原料造块：主要从事矿物原料造块与精加工方面的科学研究。

（6）复杂贫细矿物资源综合利用：研究选－冶联合、选矿、多种选矿工艺（重、磁、浮）联合等处理一些大型复杂贫细多金属矿的工艺技术和基础理论，研究资源综合利用效益。

（7）矿物精加工与矿物材料：通过提纯、超细粉碎、纳米材料制备、表面改性和材料复合制备等方法和技术，将矿物加工成可用的高科技材料。

现今的矿物加工工程科学技术与 20 世纪 90 年代以前相比，已有更新更广的大发展。为了适应矿业快速发展的形势，国家需要大批掌握现代相关前沿学科知识和广泛技术领域的矿物加工专业人才，因此，搞好教材建设，适度更新和拓宽教材内容对优秀专业人才的培养就显得至关重要。

矿物加工工程专业目前使用的教材，许多是在 20 世纪 90 年代前出版的教材基础上编写的，教材内容的进一步更新和提高已迫在眉睫。随着教育部专业教育规范及专业论证等有关文件的出台，编写系统的、符合矿物加工专业教育规范的全国统编教材，已成为各高校矿物加工专业教学改革的重要任务。2006 年 10 月在中南大学召开的 2006—2010 年地矿学科教学指导委员会（以下简称地矿学科教指委）成立大会指出教材建设是教学指导委员会的重要任务之一。会上，矿物加工工程专业与会代表酝酿了矿物加工工程专业系列教材的编写拟题。之后，中南大学出版社主动承担该系列教材的出版工作，并积极协助地矿学科教指委于 2007 年 6 月在中南大学召开了"全国矿物加工工程专业学科发展与教材建设研讨会"，来自全国 17 所院校的矿物加工工程专业的领导及骨干教师代表参加了会议，拟定了矿物加工专业系列教材的选题和主编单位。此后分别在昆明和长沙又召开了两次矿物加工专业系列教材编写大纲的审定工作会议。系列教材参编高校开始了认真的编写工作，在大部分教材初稿完成的基础上，2009 年 10 月在贵州大学召开了教材审稿会议，并最终定稿，交由中南大学出版社陆续出版。

本次矿物加工专业系列教材是在总结以注教学和教材编撰经验的基础上，以推动新世纪矿物加工工程专业教学改革和教材建设为宗旨，提出了矿物加工工程专业系列教材的编写原则和要求：①教材的体系、知识层次和结构要合理；②教材内容要体现科学性、系统性、新颖性和实用性；③重视矿物加工工程专业的基础知识，强调实践性和针对性；④体现时代特性和创新精神，反映矿物加工工程学科的新原理、新技术、新方法等。矿物加工科学技术在不断发展，矿物加工工程专业的教材需要不断完善和更新。本系列教材的出版对我国矿物加工工程专业高级人才的培养和矿物加工工程专业教育事业的发展将起到十分积极的推进作用。

形成一整套符合上述要求的教材，是一项有重要价值的艰巨的学术工程，决非一人一单位之力可以成就的，也并非一日之功即可造就的。许多科技教育发达的国家，将撰写出版的水平很高的、广泛应用的并产生了重要影响的教材，视为与高水平科学论文、高水平技术研发成果同等重要，具有同等学术价值的工作成果，并对获得此成果的人员给予了高度的评价，一些国家还把这类成果，作为评定科技人员水平和业绩的判据之一。我们认为这一做法在我国也应当接纳及给予足够的重视。

感谢所有参加矿物加工专业系列教材编写的老师，感谢中南大学出版社热情周到的出版服务。

王淀佐

2010 年 10 月

前 言......

　　本书为教育部高等学校地矿学科教学指导委员会矿物加工工程专业规划教材，主要供高等学校矿物加工工程专业作为教材使用，也可供从事矿物学和矿物加工工程方面的管理人员和工程技术人员作为参考书使用。

　　工艺矿物学是服务于矿物加工研究和生产实践的一个矿物学分支学科，其任务是通过对矿物原料或产物中元素或矿物的状态和性质的系统研究，阐明其行为规律，指导和配合矿物加工研究和生产，实现对矿物资源的合理利用。本书较全面地介绍了矿物学基础理论知识、矿物分析鉴定方法以及矿石工艺特性的研究方法。同时，为配合实验教学，还编写了实验指导书。全书分为三篇，共计 **11** 章，适合 **72** 学时左右(含实验教学)的教学使用。

　　通过本门课程的学习，主要使学生具备基本的矿物学基础理论修养和基本的矿物分析鉴定能力，掌握矿石工艺矿物学特性的研究方法，能够利用工艺矿物学的基本原理和方法分析和解决矿物加工过程的矿物学问题。

　　本书由吕宪俊担任主编，朱一民、刘晓文、张杰、邱俊为副主编，参加编写的有胡斌、杨牧。第 **7** 章、第 **8** 章、第 **10** 章由吕宪俊编写；第 **1** 章由胡斌编写；第 **2** 章、第 **3** 章由朱一民编写；第 **4** 章由杨牧编写；第 **5** 章、附录 **2** 由刘晓文编写；第 **6** 章、第 **9** 章由邱俊编写；第 **11** 章、附录 **1** 由张杰编写。全书由吕宪俊进行统一校核和整理。

　　在本书编写过程中，得到了教育部高等学校地矿学科教学指导委员会、中南大学出版社的热情支持和帮助，山东科技大学、东北大学、中南大学、贵州大学等有关单位对本书的编写也提供了大力支持和帮助，在此一并表示衷心的感谢！

　　由于编者水平有限，书中难免会有错误及不妥之处，恳切希望读者批评指正。

编者
2010 年 12 月

目 录

第一篇 矿物学基础

第1章 结晶学基础 ··· (1)

1.1 晶体的概念 ··· (1)

1.2 晶体的形成 ··· (5)

1.3 晶体的对称 ··· (9)

1.4 晶体的理想形态 ··· (14)

1.5 晶体定向与晶面符号 ··· (19)

1.6 晶体化学 ·· (22)

第2章 矿物学基础 ··· (31)

2.1 矿物的概念 ·· (31)

2.2 矿物的化学组成 ·· (32)

2.3 矿物的形态 ·· (38)

2.4 矿物的物理性质 ·· (39)

第3章 矿物分类及性质 ··· (47)

3.1 矿物的分类与命名 ·· (47)

3.2 自然元素类矿物 ·· (48)

3.3 硫化物及其类似化合物 ·· (52)

3.4 氧化物和氢氧化物 ·· (59)

3.5 卤化物 ·· (65)

3.6 含氧酸盐类矿物 ·· (67)

第4章 岩石与矿石 ··· (83)

4.1 岩石与矿石的概念 ·· (83)

4.2 岩石类型 ·· (84)

4.3 矿石类型 ·· (92)

4.4 主要成矿作用及其矿石 ·· (95)

4.5 矿体、矿床及矿石储量 ··· (103)

第二篇　显微镜下矿物鉴定方法

第5章　透明矿物的偏光显微镜鉴定 ·· (110)

5.1　晶体光学基础 ·· (110)

5.2　偏光显微镜 ·· (124)

5.3　透明矿物在单偏光镜下的光学性质 ·· (130)

5.4　透明矿物在正交偏光镜下的光学性质 ······································ (138)

5.5　透明矿物在锥光镜下的光学性质 ·· (149)

5.6　透明矿物的系统鉴定 ·· (164)

第6章　不透明矿物的反光显微镜鉴定 ·· (168)

6.1　反光显微镜 ·· (168)

6.2　矿物的反射率与双反射 ·· (174)

6.3　矿物的反射色与内反射 ·· (178)

6.4　矿物的均质性与非均质性 ·· (184)

6.5　矿物的偏光图 ·· (185)

6.6　矿物的硬度 ·· (187)

6.7　矿物的简易鉴定和综合性系统鉴定 ·· (189)

第三篇　矿石工艺矿物学特性研究方法

第7章　样品的采集与制备 ·· (202)

7.1　样品采集的基本要求 ·· (202)

7.2　样品的采集方法 ·· (204)

7.3　样品的制备 ·· (214)

第8章　矿石的物质组成 ·· (220)

8.1　矿石的化学成分分析 ·· (220)

8.2　显微镜下矿物定量法 ·· (223)

8.3　化学分析矿物定量法 ·· (227)

8.4　分离矿物定量法 ·· (230)

8.5　某海滨砂矿的物质组成研究实例 ·· (235)

第9章　矿石的结构构造 ·· (238)

9.1　矿石结构构造的概念及研究方法 ·· (238)

9.2　矿石的构造 ·· (239)

9.3　矿石的结构 ·· (247)

9.4　某低品位铁矿石的结构构造及矿物嵌布特性研究实例 ········· (255)

第10章　元素的赋存状态 ·· (259)

10.1　元素在矿石中的存在形式 ······························· (259)

10.2　元素赋存状态研究方法 ································· (261)

10.3　元素的配分计算 ··· (264)

10.4　金的赋存状态研究实例 ································· (267)

第11章　矿物嵌布粒度及矿物解离度 ···························· (274)

11.1　矿物嵌布粒度的概念及表征 ····························· (274)

11.2　显微镜下矿物嵌布粒度的测量 ························· (276)

11.3　矿物解离的概念与作用 ································· (282)

11.4　矿物单体解离度的测定方法 ····························· (284)

附录1　工艺矿物学实验指导书 ································· (287)

附录2　干涉色色谱表 ··· (307)

第一篇　矿物学基础

第1章　结晶学基础

结晶学是研究矿物的生成和变化的科学，研究内容包括外部形态的几何性质、化学组成和内部结构、物理性质以及它们相互之间的关系等。这门科学进一步形成晶体生成学、几何结晶学、晶体结构学、晶体化学、晶体物理学及数学结晶学等分支。结晶学阐明晶体各个方面的性质和规律，可用来指导对晶体的利用和人工培养。本章主要介绍晶体概念及其基本性质、晶体的几何形态及理想形态特征、晶体定向与晶体符号以及晶体的化学成分与晶体结构的关系等。

1.1　晶体的概念

1.1.1　晶体与非晶质体

人们对晶体的认识，是从观察外部形态开始的。早期人们把外形上具有规则几何多面体形状的固体称为晶体（见图1-1）。显然，这种认识并没有揭示晶体的本质特点，例如将规则外形的晶体破碎，可以获得各种形状的颗粒，其外形被破坏，但其结构与性质没有变化。因此多面体外形并不是晶体的实质，仅是晶体内部某些本质因素在外形上的一种表现。由此说明，仅仅利用有无规则的几何多面体外形来定义晶体是不恰当的。

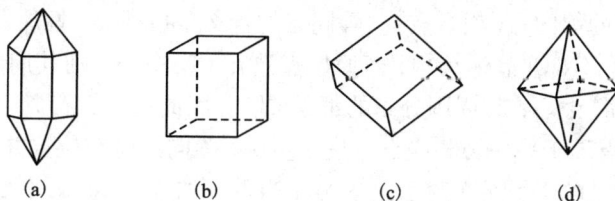

图1-1　典型晶体的几何外形

(a)石英；(b)石盐；(c)方解石；(d)磁铁矿

近代应用X射线分析的方法，具体揭示了大量晶体的内部结构，结果表明：一切晶体，不论其外形如何，化学组成如何，它的内部质点（原子、离子、分子或原子团、离子团、分子团）在三维空间都是作规律排列的，这种规律主要表现为质点的周期重复，从而构成了所谓的格子构造，也就是说，只要是晶体，其内部质点都是有规律排列的。因此，我们把凡是内部质点作规律排列，即具有格子构造的物质称为结晶质，而结晶质在空间的有限部分即为晶体。由此，我们可以对晶体作出如下定义：晶体是内部质点在三维空间呈周期性重复排列的固体，或者说，晶体是具有格子构造的固体。

与上述情况相反，有些状似固体的物质如玻璃、琥珀、松香等，它们的内部质点在三维空间不呈规律性重复排列，即不具格子构造，称为非晶质或非晶质体。图 1-2 是晶体与非晶质体结构比较图，从中可以看到，非晶质体不是真正意义上的固体，实际上是晶格被破坏了的固体，在整体上是无序的、无定形的，是一种呈凝固态的过冷凝体。非晶质体这些物质的

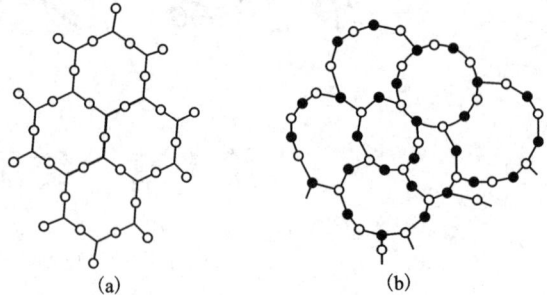

图 1-2 晶体与非晶质体的结构比较
(a)石英晶体；(b)石英玻璃

内部质点的分布类似于液体，在非晶质体的各个部位上，没有任何两部分的内部结构是完全相同的，它们只是在统计意义上才是均一的。

晶体与非晶质体(也称晶质与非晶质)在一定条件下可以相互转化。例如，岩浆迅速冷凝而形成非晶质的火山玻璃，经漫长的地质年代，其内部原子进行很缓慢的扩散和调整，趋向于形成规则排列，由非晶质的火山玻璃逐渐向晶态转变，最终成为晶体，古老的火山岩中常见到这种情况。这种非晶态转变为晶态的作用过程被称为晶化或脱玻化。

与此相反，当晶体因内部质点的规则排列遭到破坏而向非晶质体转变的过程，则称为非晶化或玻璃化。例如一些含放射性元素的矿物，其晶格受放射性蜕变时所发出的 α-射线的作用破坏而转变为非晶质体，特别称这种作用为变质非晶化作用。

1.1.2 晶体的内部构造——空间格子

一切晶体都具有格子构造，寻找其格子构造的规律便引出空间格子的概念。图 1-3 为以 NaCl 晶体结构为例引出的空间格子。

在 NaCl 的晶体结构中任意选择一个几何点，如选在 Cl^- 的中心或 Na^+ 的中心，然后可在结构中找出与此相等的等同点(相当点)。等同点的含义是指种类、性质及其周围的环境完全相同的质点位置。对于 NaCl 晶体结构，若原始点选在 Cl^- 中心，则其周围分布的都是 Na^+，同理对原始点选在 Na^+ 中心，其周围分布的都是 Cl^-。因此说，所有 Na^+ 中心点属于一类相当点，所有 Cl^- 中心点属于另一类相当点。进一步讲，等同点所在位置并不限于质点的中心，结构中其他任何位置上的点，同样能引出一类相当点。如果对 NaCl 各类等同点在空间的分布规律进行考察，便可以得出，每类等同点都能构成如图 1-3(c)所示的图形，即当 Na^+ 与 Cl^- 化合组成晶体时，它们各自都是按这个图形所限定的规律来进行排列的。

由此可见，等同点的分布体现了晶体构造中所有质点的重复规律，这种重复规律就是相当点在三维空间作格子状排列，这种格子称为空间格子(图 1-4)。在此指出，一种晶体的空间格子仅是一种几何图形且为无限图形组成。空间格子中有下列几种要素存在。

(1)结点：空间格子中的点，代表晶体构造中的相当点。在实际晶体中，在结点的位置

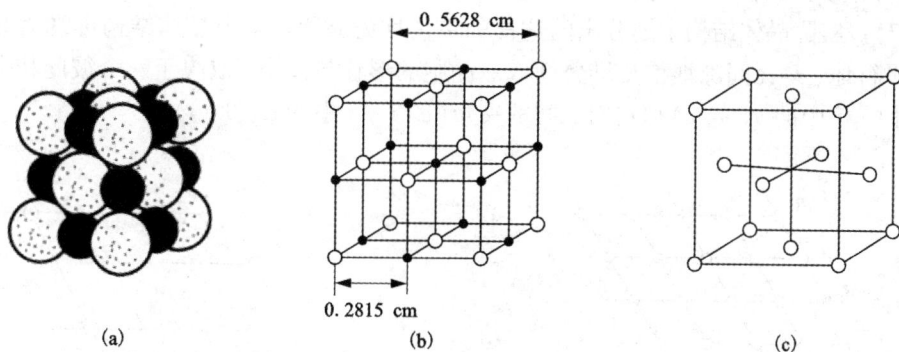

图 1-3 NaCl 晶体结构

(a)、(b)NaCl 晶体结构；(c)等同点的分布

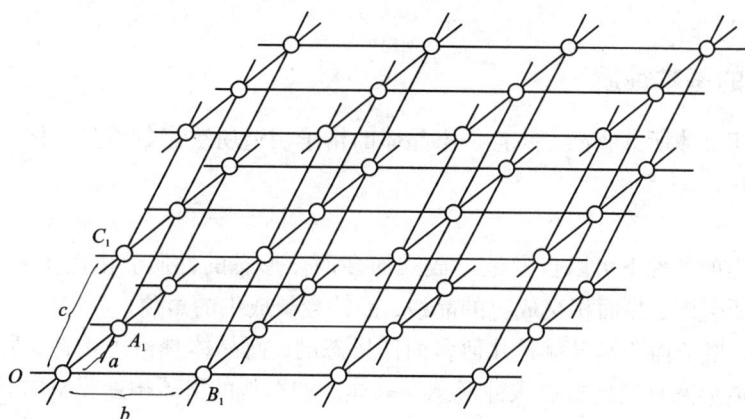

图 1-4 空间格子

上可为同种质点所占据，但就结点本身而言，它们并不代表任何质点，它们只有几何意义，为几何点。

（2）行列：结点在直线上的排列（图 1-5）。空间格子中排列在一条直线上的结点连接成行列，行列中相邻结点间的距离称为结点间距（如图 1-5 中的 a）。同一行列方向上结点间距相等；不同方向的行列，其结点间距一般不等。

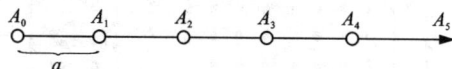

图 1-5 行列

（3）面网：结点在平面上的分布（图 1-6）。空间格子中任意两个相交的行列可确定一个面网。单位面积面网上结点的数目称为面网密度。任意两相邻面网间的垂直距离称为面网间距。相互平行的面网间面网密度相等，其面网间距也相等，不相平行的一般不等，且面网密度大的面网间距大，反之；面网间距小。

(4)平行六面体：空间格子的最小重复单位，由六个两两平行而且相等的面组成（图1-7）。实际晶体结构中划分出的这样的单位称为晶胞。整个晶体结构可视为晶胞在三维空间平行地、毫无间隙地重复堆叠而成。晶胞的形状与大小，取决于三个彼此相交的棱的长度（图1-7中的 a、b、c）和它们之间的夹角（图1-7中的 α、β、γ）。

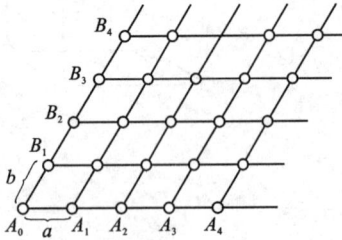

图1-6　面网

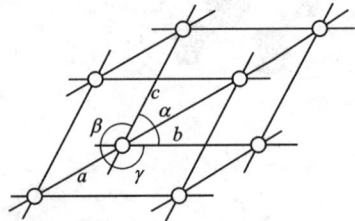

图1-7　平行六面体

1.1.3　晶体的基本性质

我们将一切晶体所共有的，并且是由晶体的格子构造所决定的性质，称为晶体的基本性质，现简述如下。

1. 自限性

晶体在适当的条件下可以自发地形成几何多面体形态的性质。由图1-8可以看出，晶体为平的晶面所包围，晶面相交成直的晶棱，晶棱会聚成尖的角顶。

我们知道，格子构造本身就是几何多面体形态的，而晶体具格子构造，所以晶体能按照自己的格子构造形态自发地形成该种形态的晶体。如石盐的格子构造是立方体形态，它的晶体形态就是立方体；石墨的格子构造是层状的，形态为片状。这就说明，晶体的多面体形态，是其格子构造在外形上的直接反映。晶面、晶棱与角顶分别与格子构造中的面网、行列及结点相对应，它们之间的关系如图1-8所示。

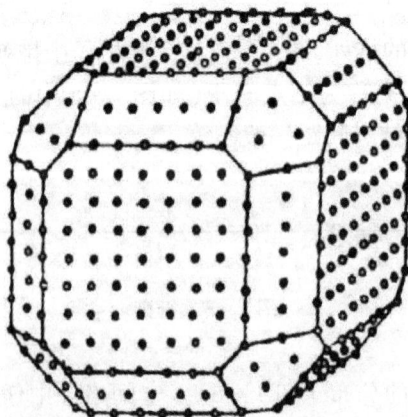

图1-8　晶面、晶棱、角顶与面网、行列、结点的关系示意图

2. 均一性

晶体是具格子构造的固体，同一晶体的各个部分质点的分布是相同的，所以同一晶体的各个部分的性质是一样的，这就是晶体的均一性。例如将一块纯净的水晶打碎，每一块的成分都是 SiO_2，密度都是 2.65 g/cm^3，这就是晶体均一性的表现。均一性指的是同一晶体的不同部分性质相同。

3. 异向性

同一格子构造中，在不同方向上质点的排列一般是不同的，因此，晶体的性质也随方向的不同而有所差异，这就是晶体的异向性。如矿物蓝晶石（又名二硬石）的硬度，随方向的不同而有显著的差别（图1-9），沿晶体延长的 AA 方向用小刀可刻动，而沿垂直晶体延长的 BB 方向小刀刻不动。另外晶体的

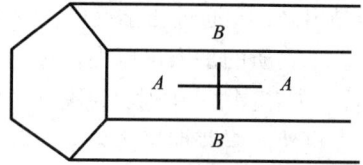

图1-9　蓝晶石晶体的硬度

异向性还表现在力学、光学、电学等性质中，如解理的异向性。异向性指的是同一晶体不同方向的性质不同。

4. 对称性

晶体具有异向性，但这并不排斥在某些特定的方向上具有相同的性质。在晶体的外形上，也常有相同的晶面、晶棱和角顶重复出现。这种相同的性质在不同的方向或位置上有规律地重复就是对称性。晶体的格子构造本身就是质点重复规律的体现。对称性是晶体极重要的性质，是晶体分类的基础，我们将在以后章节专门介绍。

5. 最小内能与稳定性

在相同的热力学条件下，晶体与同种物质的非晶质体、液体、气体相比较，其内能最小。所谓内能，包括质点的动能与势能（位能）。动能与物体所处的热力学条件有关，温度越高，质点的热运动越强，动能也就越大，因此它不能直接用来比较物体间内能的大小。可用来比较内能大小的只有势能，而势能的大小则决定于质点间的距离与排列。晶体是具有格子构造的固体，其内部质点的排列是质点间引力和斥力达到平衡的结果，故晶体具有最小的位能，也即晶体具有最小内能。

晶体的内能最小是由于它具有格子构造的结果。由于晶体具有最小的内能，所以处于相对稳定的状态，这就是晶体的稳定性。

1.2　晶体的形成

晶体是具有格子构造的固体，它的发生和成长，实质上是在一定的条件下组成物质的质点按照格子构造规律排列的过程。

1.2.1　晶体的形成方式

晶体是在物相转变的情况下形成的。物相有三种，即气相、液相和固相。只有晶体才是真正的固体。由气相、液相转变成固相时形成晶体，固相之间也可以直接产生转变形成晶体。

1. 由液相转变为固相

由液相转变为固相在自然界极为普遍，包括下列几种方式：

（1）从熔体中结晶：当温度低于熔点时，晶体开始析出，也就是说，只有当熔体过冷却时晶体才能出现。如金属熔体冷却到熔点以下结晶成金属晶体。

（2）从溶液中结晶：当溶液达到过饱和时，才能析出晶体。其方式有：①温度降低，如岩浆随着温度渐次降低，各种矿物晶体陆续析出；②水分蒸发，如天然盐湖卤水蒸发，盐类矿物结晶出来；③通过化学反应，生成难溶物质。

外来物质的加入可以促使过饱和溶液结晶，如过饱和的二氧化硅水溶液流到有石英颗粒的围岩（如花岗岩）中时，使围岩中的石英颗粒长大。

在自然界岩浆期后产生含有各种金属物质的热水溶液，从这种热液中沉淀出的各种金属矿物和非金属矿物，如方铅矿、闪锌矿、萤石、方解石等晶体的生成。

2. 由气相转变为固相

从气相直接转变为固相的条件是要有足够低的蒸气压。

在火山口附近常由火山喷气直接生成硫、碘或氯化钠的晶体。这样的作用在地下深处亦有发生，如有些矿物就可以在岩浆作用后期由气体中直接生成（萤石、绿柱石、电气石等）。雪花就是由于水蒸气冷却直接结晶而成的晶体。

3. 由固相再结晶为固相

环境条件（包括温度、压力、物理化学条件等）的变化可以引起矿物的成分在固态情况下改组，使原矿物晶粒变大或生成新矿物。

上述各种形成晶体的结晶作用过程，最初都需要先形成微小的晶核，然后再发育长大成为一定大小的晶体。

1.2.2　晶体的形成过程

晶体生成的一般过程是先生成晶核，而后再逐渐长大。一般认为晶体从液相或气相中的生长有三个阶段：①介质达到过饱和、过冷却阶段；②成核阶段；③生长阶段。

在某种介质体系中，过饱和、过冷却状态的出现，并不意味着整个体系同时结晶。体系内各处首先出现瞬时的微细结晶粒子。这时由于温度或浓度的局部变化，外部撞击，或一些杂质粒子的影响，都会导致体系中出现局部过饱和度、过冷却度较高的区域，使结晶粒子的大小达到临界值以上。这种形成结晶微粒子的作用称之为成核作用。

介质体系内的质点同时进入不稳定状态形成新相，称为均匀成核作用。均匀成核是指在一个体系内，各处的成核几率相等，这要克服相当大的表面能位垒，即需要相当大的过冷却度才能成核。

在体系内的某些局部小区首先形成新相的核，称为非均匀成核作用。而非均匀成核过程是由于体系中已经存在某种不均匀性，例如悬浮的杂质微粒，容器壁上凹凸不平等，它们都有效地降低了表面能成核时的位垒，优先在这些具有不均匀性的地点形成晶核。另外在过冷却度很小时亦能局部地成核。

在单位时间内，单位体积中所形成的核的数目称为成核速度。它决定于气相或液相物质的过饱和度，或熔体物质的过冷却度。过饱和度或过冷却度越高，成核速度越快。成核速度还与介质的黏度有关，黏度大会阻碍物质的扩散，降低成核速度。晶核形成后，将进一步成长。

1.2.3　晶体的生长速度与布拉维法则

早在 1855 年，法国结晶学家布拉维（Bravis A）从晶体具有空间格子构造的几何概念出发，论述了实际晶面与空间格子构造中面网之间的关系，即实际晶体的晶面常常平行网面结点密度最大的面网，这就是布拉维法则。

布拉维的这一结论系根据晶体上不同晶面的相对生长速度与网面上结点的密度成反比的推论引导而出的。晶体在生长过程中，晶面的生长速度与其面网密度一般成反比关系。图 1-10 为一晶体构造的一个切面，AB、CD、BC 为三晶面的迹线，相应面网的面网密度是 $AB > CD > BC$。对于 1、2、3 三种位置而言（因 $a_0 > b_0$），当晶体继续生长时，质点将优先堆积到 1 的位置，其次是 2 的位置，最后是 3 的位置，即晶面 BC 将优先生长，CD 次之，AB 最后。从网面密度来看，面网密度小的晶面将优先生长，而面网密度大的面则落后；从整个一层面网来看，前已述及，面网密度小的平行面网之间，面网间距也小，对相邻面网的引力就大，将优先生长；反之，面网密度大的面网，其面网间距也大，对相邻面网的引力就小，不利于质点的堆积，生长速度慢。

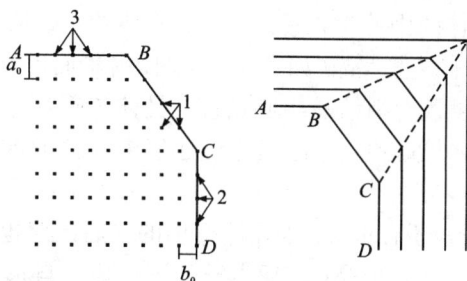

图 1-10　晶面的面网密度与晶面生长速度

将某一晶面在单位时间内沿其法线方向向外推移的距离称为该晶面的法向生长速度（简称晶面生长速度）。面网密度小的晶面 BC，其法向生长速度快，晶面将逐渐缩小，甚至最终被完全"淹没"而消失。面网密度大的面网 AB、CD，其法向生长速度慢，晶面将逐渐扩大，最后保存下来。因此，实际晶体上的晶面常是网面上结点密度较大的面。值得注意的是：当相邻两晶面达到锐角相交时，则不论它们的相对生长速度关系如何，晶面永远不会消失。晶体在结晶早期接近于球形，晶体很小，晶面很多，随着晶体的生长，由于各晶面面网密度的差异，那些面网密度小的晶面将会消失，最终形成的晶体晶面是有限的。

总体看来，布拉维法则阐明了晶面发育的基本规律。但由于当时晶体中质点的具体排列尚属未知，布拉维所依据的仅是由抽象的结点所组成的空间格子，而非真实的晶体结构。因此，在某些情况下可能会与实际情况产生一些偏离。布拉维法则的另一不足之处是，只考虑了晶体的本身，而忽略了生长晶体的介质条件，实际晶体的生长不仅受内部结构的控制，而且还受到生长时环境因素的影响（如水晶与石英）。

1937 年美国结晶学家唐内 - 哈克（Donnay - Harker）进一步考虑了晶体构造中周期性平移（体现为空间格子）以外的其他对称要素（如螺旋轴、滑移面）对某些方向面网上结点密度的影响，从而扩大了布拉维法则的适用范围。

1.2.4 影响晶体生长的因素

决定晶体生长的形态，内因是基本的，而生成时所处的外界环境对晶体形态的影响也很大。同一种晶体在不同的条件生长时，晶体形态可能有所差别。现就影响晶体生长的几种主要因素分述如下：

（1）涡流：在生长着的晶体周围，溶液中的溶质黏附于晶体上，其本身浓度降低以及晶体生长时放出的热量，使溶液密度减小。由于重力作用，密度小的溶液上升，而周围密度大的溶液补充进来，从而形成了涡流。晶体生长时涡流向上；而溶解时则相反。涡流使溶液物质供给不均匀，有方向性，因而使处于不同位置上的形态特征不同。

（2）温度：在不同温度下，同种物质的晶体，其不同晶面的相对生长速度有所改变，从而影响晶体形态。

（3）杂质：溶液中杂质的存在可以改变晶体上不同面网的表面能，所以其相对生长速度也随之变化而影响晶体形态。

（4）黏度：溶液的黏度也影响晶体的生长。黏度的加大将妨碍涡流的产生，溶质的供给只有以扩散的方式来进行，晶体在生长时物质供给十分困难。由于晶体的棱角部分比较容易接受溶质，生长得较快，晶体的中心生长慢，甚至完全不生长，从而形成骸晶。骸晶亦可在快速生长的情况下生成，还有一些骸晶（如雪花）则是因凝华而生成的。

（5）结晶速度：结晶速度大，则结晶中心增多，晶体长得细小，且往往长成针状、树枝状；反之，结晶速度小，晶体长得粗大。结晶速度还影响晶体的纯净度，快速结晶的晶体往往不纯，包裹了很多杂质。

影响晶体生长的外部因素还有很多，如晶体析出的先后次序也影响晶体形态，先析出者有较多自由空间，晶形完整，成自形晶；较后生长的则形成半自形晶或他形晶。同一种矿物的天然晶体于不同的地质条件下形成时，在形态上、物理性质上可能显示不同的特征，这些特征标志着晶体的生长环境，称为标型特征。

1.2.5 面角守恒定律及面角测量

1. 面角守恒定律

偏离本身理想晶形的晶体称为歪晶，它表现为一个晶体中具有相同面网性质的各晶面大小发育不等，甚至部分晶面缺失。

我们知道，一个晶体在理想生长条件下，应长成与本身内部格子构造相对应的一定晶形，如 NaCl 在理想生长条件下应长成立方体晶形，但实际生长时，因外界条件不同，所形成的晶形也会发生变化。例如：从高过饱和度的溶液（且含杂质）中结晶时，NaCl 长成八面体晶形，而且饱和溶液中 NaCl 一般长成立方体晶形，有时则畸变为矩形体。

实际晶体中，具有理想生长的晶形很少见，绝大多数都发育成为歪晶，只不过它们偏离理想晶形的程度不同而已。

晶体的晶形变化不定，致使人们在长远的历史年代里未能掌握晶体形态的规律。直至 1669 年，丹麦学者斯丹诺（Steno N）对石英（SiO_2）和赤铁矿（Fe_2O_3）晶体进行研究后发现：同种物质的各个晶体其大小和形态虽各不相同，但它们的对应晶面的夹角是恒等的。

这一定律的发现，使人们从晶形千变万化的实际晶体中，找到了晶体外形上所固有的规律性,可根据面角关系来恢复出晶体的理想形态,从而奠定了结晶学的基础。因为晶体的面角守恒,所以通过晶体测量(测角),即可鉴定出该晶体的种别。

2. 面角测量

晶体测量又称面角测量或测角法,是研究晶体形态的一种最重要的研究方法。一般所测的角度为面角(图 1 - 11)。面角是指晶面法线间的夹角 α,其数值等于晶面夹角 β 的补角。晶面间夹角守恒,面角当然也守恒。

根据测角的数据可以揭示晶体固有的对称性、计算晶体常数和晶面符号(见后节 1.5.2　晶面符号和

图 1 - 11　晶面(垂直纸面)
的夹角 β 与面角 α

单形符号),绘制晶体的规则几何形态图,为几何结晶学一系列规律的研究打下基础,从而可以更好地揭示晶体的内部结构。

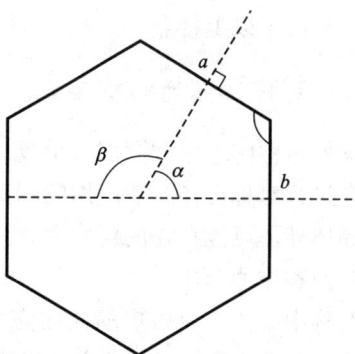

1.3　晶体的对称

1.3.1　对称的概念

对称的现象在自然界和我们日常生活中都很常见,如蝴蝶、花冠、动物的形体等,都呈对称的图形。对称的图形必须由两个及以上的相同部分组成,如两只眼睛大小不一,形状不同,就不是对称。但是只具有相同的部分还不一定是对称图形,如图 1 - 12 是由两个全等的三角形组成,但它并不是对称的图形。因此,对称的图形还必须符合另一个条件,那就是这些相同的部分通过一定的操作(如旋转、反映、反伸)可以发生重复。换句话说,也就是相同的部分通过一定的操作彼此可以重合起来,使图形恢复原来的形象。

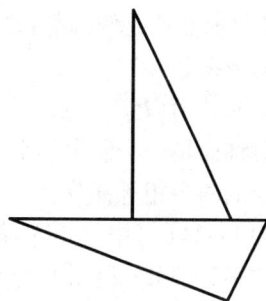

图 1 - 12　不对称的图形

对称就是物体相同部分有规律的重复。

晶体是具有对称性的,晶体外形的对称表现为相同的晶面、晶棱和角顶作有规律的重复。

晶体的对称与其他物体的对称不同。生物的对称是为了适应生存的需要(不对称就是残废),建筑物、用品、器皿的对称是人为的,是为了美观和适用。而晶体的对称取决于它内在的格子构造,它具有如下的特点:

(1)由于晶体内部都具有格子构造,而格子构造本身就是质点在三维空间周期重复的体现。因此,所有晶体都是对称的。

(2)晶体的对称受格子构造规律的限制,只有符合格子构造规律的对称才能在晶体上体现。因此,晶体的对称是有限的。

(3)晶体的对称不仅体现在外形上,同时也体现在物理性质(如光学、力学、热学、电学性质等)上,也就是说该晶体的对称不仅包含几何意义,也包含物理意义。

正是由于以上特点，晶体的对称反映了晶体的本质，是对晶体进行分类的最好依据。

1.3.2　对称操作与对称要素

欲使对称图形中相同部分重复，必须通过一定的操作，这种操作称之为对称操作。

在进行对称操作时所应用的辅助几何要素（点、线、面），称为对称要素。

晶体外形可能存在的对称要素和相应的对称操作如下。

1. 对称中心（C）

对称中心为一个假想的几何点，相应的对称操作是对于这个点的倒反（反伸）。通过此点，任意直线的等距离两端必定出现对应点。对称中心用"C"表示。

图 1 – 13 是一个具有对称中心的图形，C 点为对称中心，在通过 C 所作的直线上，距 C 等距离的两端可以找到对应点，如 A 和 A'，B 和 B'；也可以这样说，取图形上任意一点 A 与对称中心 C 作连线，再由 C 点向相反方向延伸等距离，必然能找到对应点 A'。同时，我们不难得出：一个具有对称中心的图形，相对应的面、棱、角都体现为反向。

晶体可以有对称中心，也可能没有对称中心。在晶体中，若存在对称中心，它必定位于晶体的几何中心，其晶面必然是两两平行而且相等的。这一点可以用来作为判别晶体或晶体模型有无对称中心的依据。

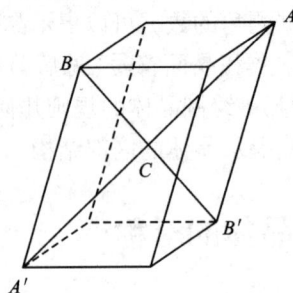

图 1 – 13　具有对称中心（C）的图形

2. 对称面（P）

对称面是一个假想的平面，相应的对称操作是对此平面的反映。对称面将图形平分为互为镜像的两个相等部分。

图 1 – 14(a)中 P_1 和 P_2 都是对称面（垂直纸面）。因为它们将图形 $ABDE$ 平分成两个互为镜像的相等部分；但图 1 – 14(b)中 AD 则不是图形 $ABDE$ 的对称面，它虽然把图形 $ABDE$ 平分了，但被平分的两者并不是互为镜像的。ΔAED 的镜像是 ΔAE_1D。

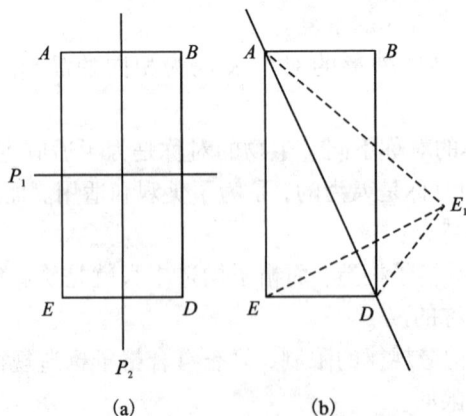

(a)　　(b)

图 1 – 14　(a)中 P_1 和 P_2 为对称面，(b)中 AD 为非对称面

因此,镜像反映可理解为:如果垂直于对称面作任意直线,在此直线上,位于对称面的两侧且距离对称面等距离的地方,必可找到性质完全相同的对应点。

晶体中如有对称面存在时,必定通过晶体的几何中心。

晶体中对称面与晶面、晶棱有如下关系(图1-15):①垂直并平分晶面;②垂直晶棱并通过它的中心[图1-15(a)];③包含晶棱[图1-15(b)]。

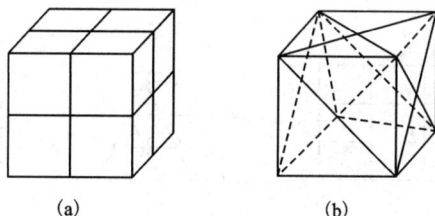

$$(a) \qquad (b)$$

图1-15 立方体的九个对称面

(a)垂直晶面和通过晶棱中点,并彼此相互垂直的三个对称面;

(b)包含一对晶棱,垂直斜切晶面的六个对称面

对称面以"P"表示,在描述中一般把对称面的数目写在符号P的前面。晶体上可没有对称面,也可以有一个或若干个,最多可达九个,如立方体有九个对称面,记作$9P$。

3. 对称轴(L^n)

对称轴是一根通过晶体中心的假想直线,相应的对称操作是围绕此直线的旋转。当图形绕此直线旋转一定角度后,可使相同部分重复。旋转一周重复的次数称为轴次(n),重复时所旋转的最小角度称为基转角α,两者关系为$n = 360°/\alpha$。

对称轴以L表示,轴次n写在它的右上角,记为L^n。

晶体外形上可能出现的对称轴有L^1、L^2、L^3、L^4、L^6,L^1无实际意义,因为任何物体旋转360°后都可以恢复原状。轴次高于2的对称轴,即L^3、L^4、L^6称为高次轴。

图1-16举例绘出了晶体中的对称轴L^2、L^3、L^4和L^6。

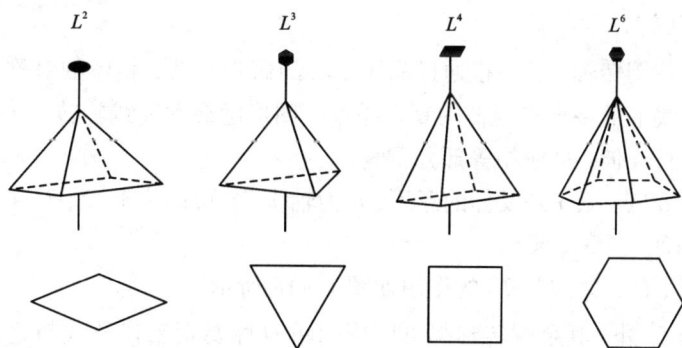

$$L^2 \qquad L^3 \qquad L^4 \qquad L^6$$

图1-16 对称轴及其垂直该轴切面的示意图

晶体中不可能出现5次轴及高于6次的对称轴。这是由于它们不符合空间格子构造规律。在空间格子中，垂直对称轴一定有面网存在，围绕该对称轴转动所形成的多边形应该符合于该面网上结点所围成的网孔。从图1-17可以看出，只有1、2、3、4、6次五种对称轴才能按空间格子中结点分布要求构成面网网孔，不留间隙地排满整个平面；而5、7、8次轴形成的多边形网孔不能无间隙地排列。也就是说，在晶体中不可能出现5次及高于6次的对称轴，这一规律，称为晶体对称定律。

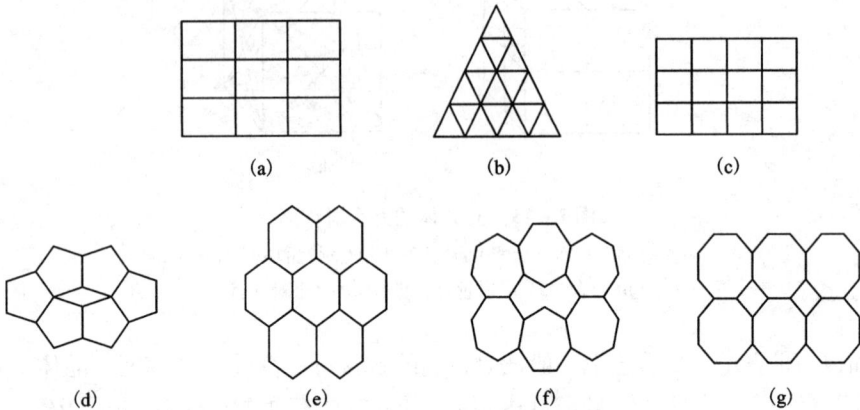

图1-17 垂直对称轴的面网示意图

（a）、（b）、（c）、（e）分别表示L^2、L^3、L^4、L^6的面网；

（d）、（f）、（g）分别表示L^5、L^7和L^8的面网

在一个晶体中，可以有，也可以没有对称轴，而每一种对称轴也可以有一个或多个，一般把对称轴的数目写在符号L^n的前面，如$3L^4$或$4L^3$。

在一个晶体中，对称轴可能出露的位置为：①晶面的中心；②晶棱的中点；③角顶上。

以上所介绍的对称要素所对应的对称操作只有一种，即反伸（C）、反映（P）或旋转（L^n），故称简单对称要素。

4. 旋转反伸轴（L_i^n）

旋转反伸轴又称倒转轴，是一根通过晶体中心的假想直线，相应的对称操作是围绕此直线的旋转和对此直线上的一个点反伸的复合操作。图形围绕此直线旋转一定角度后，再对此直线上的一个点进行反伸，可使相等部分重复。

旋转反伸轴以L_i^n表示，i是反伸的意思，n为轴次，n可以为1、2、3、4、6。相应的基转角为360°、180°、120°、90°、60°。

旋转反伸轴L_i^1、L_i^2、L_i^3、L_i^4、L_i^6的作用如图1-18所示。

除四次倒转轴L_i^4外，其余倒转轴都可以用简单对称要素来代替或与之相当。其间的关系如下（见图1-18）。

$L_i^1 = C$；$L_i^2 = P$；$L_i^3 = L^3 + C$；$L_i^6 = L^3 + P(P \perp L^3)$。

分别说明如下：

L_i^1为旋转360°后反伸，因为图形旋转360°后复原，也就是说等于不旋转而单纯反伸，如

图 1 – 18(a)，点 1 反伸与点 2 重合，所以 $L_i^1 = C$。

L_i^2 为旋转 $180°$ 后反伸，如图 1 – 18(b)，点 1 围绕 L_i^2 旋转 $180°$ 后，再凭借 L_i^2 上的一点反伸与点 2 重合，但由图可见，凭借垂直于 L_i^2（过中心）的对称面的反映，也同样可以使点 1 与点 2 重合，因此，$L_i^2 = P$。

L_i^3 为旋转 $120°$ 后反伸，如图 1 – 18(c)，点 1 经 L_i^3 的作用可以依次获得 1、2、3、4、5、6 共 6 个点。而由点 1 开始通过 L^3 的作用可获得点 1、3、5，再通过 C 的作用又获得点 2、4、6，总共获得 6 个点，与由 L_i^3 所推导出来的完全相同，因此，$L_i^3 = L^3 + C$。

L_i^6 为旋转 $60°$ 后反伸，如图 1 – 18(e)，从点 1 开始，旋转 $60°$ 反伸获得点 2，以次类推，可获得点 1、2、3、4、5、6 共 6 个点，若将 L_i^6 代之以 $L^3 + P$，由点 1 开始，经 L^3 的作用可获得点 1、3、5，再经过垂直于 L^3 的 P 的作用又可获得点 2、4、6，与 L_i^6 所推导出来的完全相同，因此，$L_i^6 = L^3 + P(P \perp L^3)$。

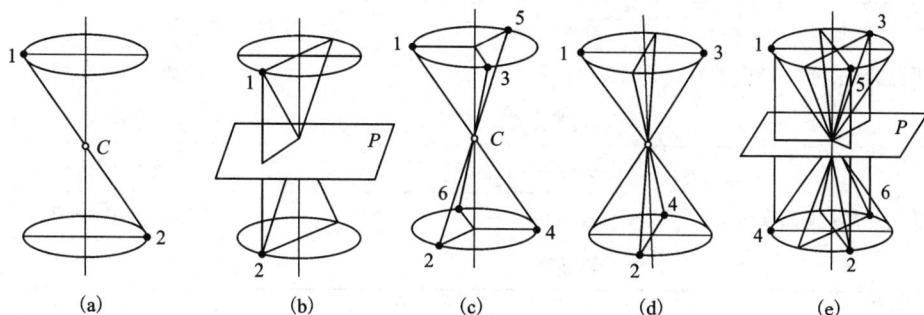

图 1 – 18 旋转反伸轴的图解

(a)$L_i^1 = C$；(b)$L_i^2 = P$；(c)$L_i^3 = L^3 + C$；(d)L_i^4；(e)$L_i^5 = L^5 + P$

5. 旋转反映轴（L_s^n）

旋转反映轴又称映转轴，是通过晶体中心的一根假想直线，相应的对称操作是旋转加反映的复合操作（图 1 – 19）。晶体绕此直线旋转一定角度后，并对垂直此直线的平面反映，而使晶体的相等部分重复。

旋转反映轴以 L_s^n 表示，s 是反映的意思，n 为轴次，n 可以为 1、2、3、4、6。相应的基转角为 $360°$、$180°$、$120°$、$90°$、$60°$。

旋转反映轴有 1、2、3、4、6 次轴 5 种。旋转反映轴的作用能以对称轴及倒转轴来代替：

$L_s^1 = P = L_i^2$；$L_s^2 = C = L_i^1$；$L_s^3 = L_3 + P = L_i^6$；$L_s^4 = L_i^4$；$L_s^6 = L^3 + C = L_i^3$。

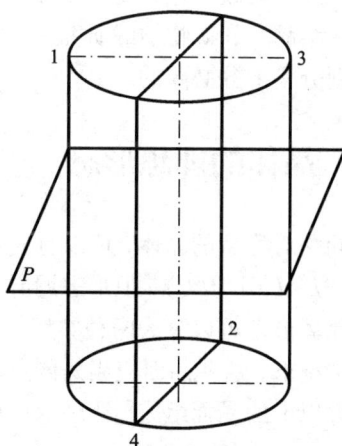

图 1 – 19 旋转反映轴

1.3.3 对称型与晶体的分类

结晶多面体中全部对称要素的组合称为该结晶多面体的对称型。由于晶体中全部对称要素交于一点，在进行对称操作时至少有一点不动，因此，对称型又称为点群。

根据结晶多面体中可能存在的对称要素和对称要素的组合规律，可以推导出晶体中可能出现的对称型共 32 种。

根据晶体对称的特点，可以对晶体进行合理的科学分类。分类依据及分类体系见表 1 –1。

表 1 –1　晶体的分类

晶　族	晶　系	对称特点
高级晶族（高次轴多于1个）	等轴（立方）晶系	必定有四个 L^3
中级晶族（有唯一高次轴）	三方晶系	唯一高次轴为 L^3
	四方晶系	唯一高次轴为 L^4 或 L_i^4
	六方晶系	唯一高次轴为 L^6 或 L_i^6
低级晶族（无高次轴）	正交（斜方）晶系	L^2 和 P 总数不少于 3
	单斜晶系	L^2 或 P 均不多于一个
	三斜晶系	无 L^2，无 P

我们把属于同一对称型的晶体归为一类，称为晶类。晶体中存在 32 种对称型，亦即有 32 种晶类。

按照对称型中有无高次对称轴及高次轴（$n>2$）的多少，将晶体分为高、中、低 3 个晶族。在每一晶族中，又按照各对称型的对称特点，划分为七个晶系。

在结晶学和矿物学的研究中，熟练掌握 3 个晶族、7 个晶系、32 个对称型这个分类体系及其划分是十分必要的。

1.4　晶体的理想形态

同一对称型的晶体，可以有完全不同的形态，如图 1 –20 所示的立方体和八面体对称型相同（$3L^44L^36L^29PC$），但形态迥异。

晶体形态可以分为两种类型。一种类型为单形，由同种晶面（即性质相同的晶面，在理想的情况下，这些晶面应当是同形等大的）组成[图 1 –21（a）]；另一种类型为聚形，由两种或两种以上的晶面组成[图 1 –21（b）]。单形是构成聚形的基础。

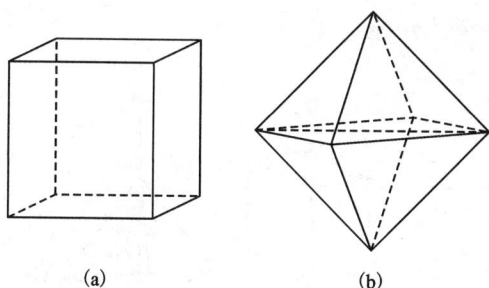

图1-20 立方体(a)和八面体(b)

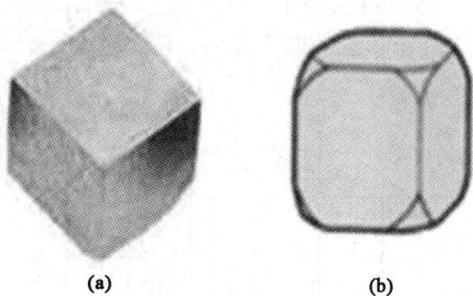

图1-21 单形(a)和聚形(b)

1.4.1 单形

一个晶体中，彼此间能对称重复的一组晶面的组合称为单形，也就是能借助对称型中全部对称要素的作用而相互联系起来的一组晶面的组合。

由于同一单形的所有晶面都可由对称要素联系起来，所以，同一单形的所有晶面彼此都是同形等大的，性质相同的。如图1-20(a)中所绘的单形为立方体，它的6个同形等大的正方形晶面，通过其对称型中的对称要素的作用可以彼此重复。

由单形的概念可以导出如下3条结论：①以单形中任意一个晶面作为原始晶面，通过对称型全部对称要素的作用，必可导出该单形的全部晶面；②在同一对称型中，由于原始晶面与对称要素的相对位置不同，可以导出不同的单形；③不同的对称型所导出的单形，就其对称性来说是不相同的。

同一对称型，最多能导出7种单形(原始晶面与对称要素的相对位置最多有7种)。例如对称型$L^2 2P$的对称要素在空间的分布如图1-22所示。原始晶面与对称要素的相对位置可能有如下7种(图1-23)。

(1)位置1[图1-23(a)]，原始晶面垂直于L^2和$2P$。通过L^2和$2P$的作用不能产生新的晶面，故这一晶面就构成一个单形——单面。

(2)位置2[图1-23(b)]，原始晶面平行L^2和一个P，而垂直另一个对称面P，通过L^2或P的作用可以产生另一平行的新面，这一对平行晶面构成了一个单形——平行双面。位置3相当于原始晶面由位置2开始绕L^2旋转90°，此时，位置3与位置2的情况相同，亦可导出单形——平行双面。

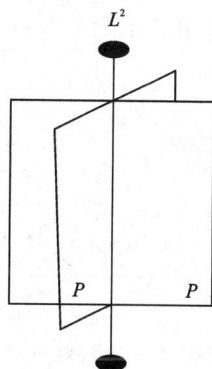

图1-22 $L^2 2P$ 在空间的分布

(3)位置4[图1-23(c)]，原始晶面与L^2及一个P斜交，由于L^2或P的作用可以产生一个与原始晶面相交的晶面，这两个晶面组成一个单形——双面。位置相当于原始晶面由位置4开始绕L^2旋转90°，此时，位置5与位置4的情况相同，亦可导出单形——双面。

(4)位置6[图1-23(d)]，原始晶面与L^2平行而与$2P$斜交，通过$2P$或P与L^2的作用可获得平行L^2的4个晶面，它们组成一个单形——斜方柱。

（5）位置7［图1-23（e）］，原始晶面与 L^2 及 $2P$ 斜交，通过 $2P$ 或 L^2 与 P 的作用可获得相交于一个顶点的四个晶面，它们组成一个单形——斜方单锥。

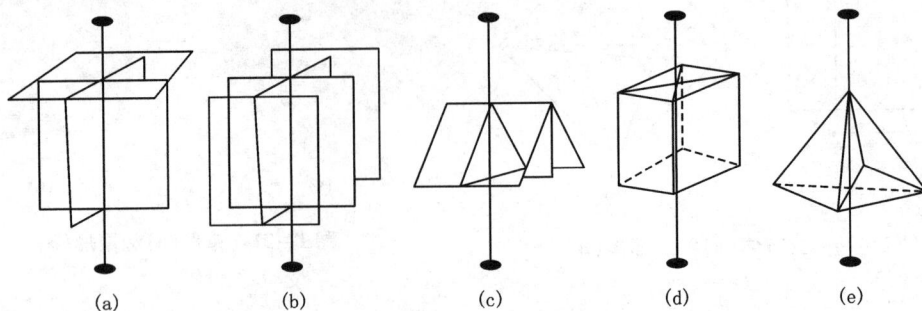

图1-23　对称型 $L^2 2P$ 中单形的推导

（a）位置1；（b）位置2；（c）位置4；（d）位置6；（e）位置7

综上分析，在对称型 $L^2 2P$ 中，晶面与对称要素的相对位置有7种，其推导出5种单形。

如果按上例方法对32种对称型逐一进行推导，最终可得出146种结晶学上不同的单形，称为结晶单形（几何形态与对称性同时考虑）。有的单形因相互间具有相同的几何学特征而被给予相同的单形名称，但它们在对称性上必定存在差异，在结晶学上都算作不同的单形。

对于上述146种结晶学上不同的单形，如果只从它们的几何性质着眼，亦即只考虑组成单形的晶面数目，各晶面间的几何关系（垂直、平行、斜交），整个单形单独存在时的几何形状，而不考虑单形的真实对称性时，146种结晶学上不同的单形，便可归纳为47种几何学单形（表1-2），低级晶族的有7种，中级晶族的有25种，高级晶族的有15种，称为几何单形（只考虑几何形态）。

表1-2　47种单形

Ⅰ. 低级晶族的单形

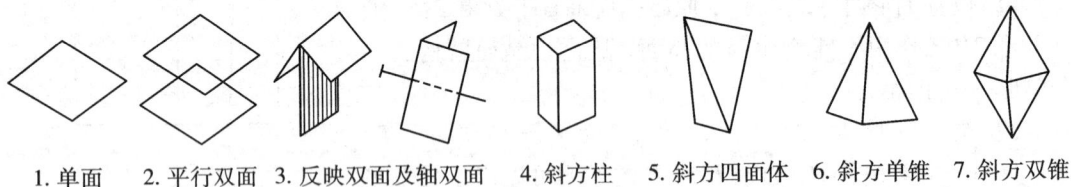

1. 单面　　2. 平行双面　　3. 反映双面及轴双面　　4. 斜方柱　　5. 斜方四面体　　6. 斜方单锥　　7. 斜方双锥

Ⅱ. 中级晶族的单形

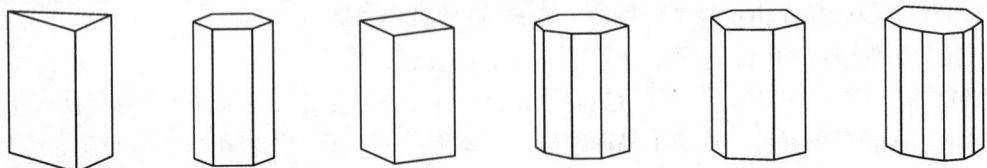

8. 三方柱　　9. 复三方柱　　10. 四方柱　　11. 复四方柱　　12. 六方柱　　13. 复六方柱

续表 1-2

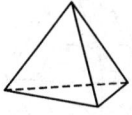 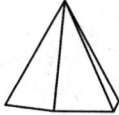 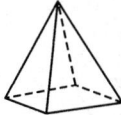 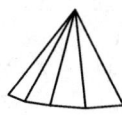 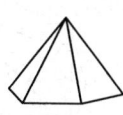 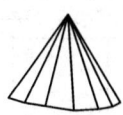

14. 三方单锥　　15. 复三方单锥　　16. 四方单锥　　17. 复四方单锥　　18. 六方单锥　　19. 复六方单锥

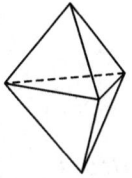 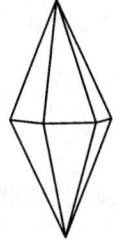 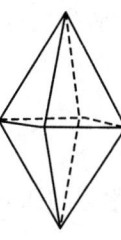  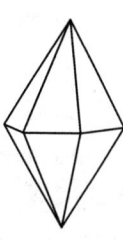 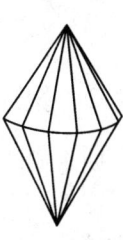

20. 三方双锥　　21. 复三方双锥　　22. 四方双锥　　23. 复四方双锥　　24. 六方双锥　　25. 复六方双锥

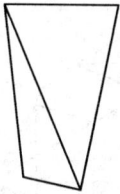 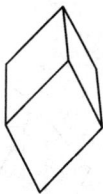 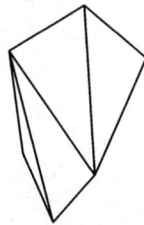 

26. 四方四面体　　　　27. 菱面体　　　　28. 复四方锥三角面体　　29. 复三方锥三角面体

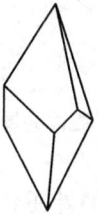    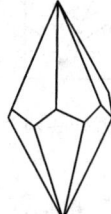 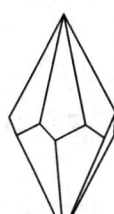

左形　　　右形　　　　　左形　　　右形　　　　　左形　　　右形

30. 三方锥方面体　　　　　31. 四方锥方面体　　　　　32. 六方锥方面体

Ⅲ. 高级晶族的单形

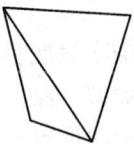 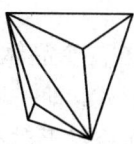 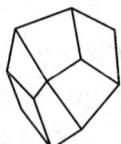 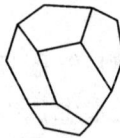 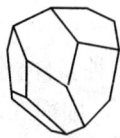 

左形　　　右形

33. 四面体　　34. 三角三四面体　　35. 四角三四面体　　36. 五角三四面体　　37. 六四面体

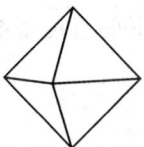  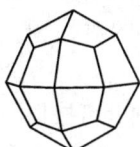 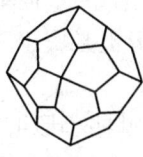 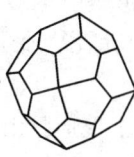 

左形　　　右形

38. 八面体　　39. 三角三八面体　40. 四角三八面体　　41. 五角三八面体　　42. 六八面体

续表1-2

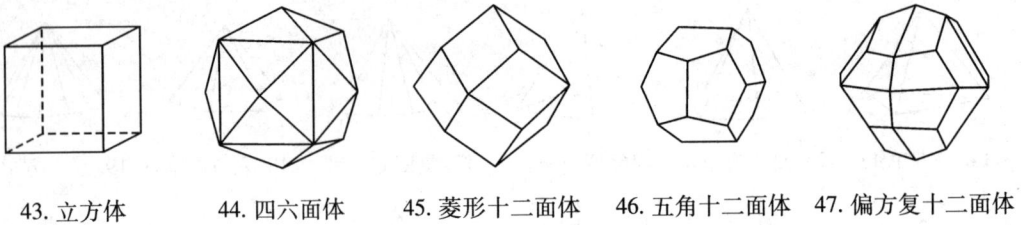

43. 立方体　　44. 四六面体　　45. 菱形十二面体　　46. 五角十二面体　　47. 偏方复十二面体

1.4.2 聚形

两个或两个以上单形的聚合称为聚形。

图1-24、图1-25分别表示了具有同一对称型的四方柱和四方双锥($L^4 4L^2 5PC$)、立方体和菱形十二面体($3L^4 4L^3 6L^2 9PC$)的聚合。

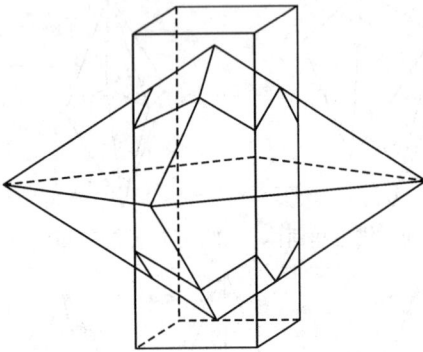

图1-24　四方柱和四方双锥的聚形

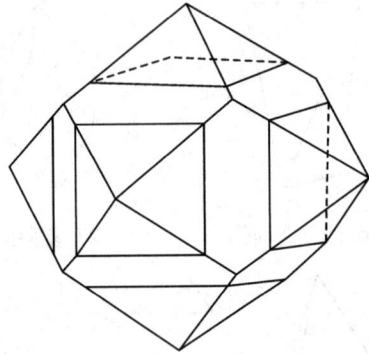

图1-25　立方体和菱形十二面体的聚形

显然，有多少种单形相聚，其聚形上就会出现多少种不同的晶面，它们的性质各异，对于理想形态而言，同一单形的晶面同形等大。同时，还可看出，在聚形中，各单形的晶面数目及晶面的相对位置都没有改变；但由于单形彼此相互割切，致使晶面的形态与原来在单形中的相比，可能会有所变化。因此，绝不能依据晶面的形态来判定组成该聚形的单形的名称。

聚形的形态多种多样，但只能是47种单形中单形的聚合。在一个晶体的内部，只能有一种形式的空间格子，因而在外形上，只能反映出一种宏观对称形式，即一种对称型。而一种空间格子在外形上可以反映出多种外观形态，聚形上不同的晶面相对于对称要素的位置是不同的，因而属于不同的单形的晶面不能通过对称要素的操作而重复。

综上所述，聚形是由单形组成的，但单形的聚合不是任意的，必须是属于同一对称型的单形才能相聚；换句话说，聚形也必属于一定的对称型，且聚形中的每一单形的对称型都与其一致。

在分析判别一个聚形是由哪些单形组成时，可按以下步骤进行：

(1)找出全部对称要素，确定聚形所属对称型和晶系；

(2)观察聚形中有几种不同形状的晶面，以确定是由几种单形组成；

（3）数出每种形状相同的晶面数目，确定每个单形由几个晶面构成；

（4）根据所属对称型、晶面数目、晶面的相对位置以及与对称要素间相互关系，便可确定出每个单形的名称。

1.5 晶体定向与晶面符号

在晶体的对称型、单形和聚形确定后，仍不能获得晶体形态的完整描述。对称性不是决定外形的唯一因素，同一类对称型有不同的几种单形，由其组成的聚形由于晶面相对位置不同，形态有很大差异，所以要确切描述晶体的形态，必须进一步确定晶面在空间的相对位置。如图 1-26 所示的两个晶体，同属于 $L^4 4L^2 5PC$ 对称型，都是四方柱和四方双锥组成的聚形，要确切地描述它们，就必须确定晶面在空间的相对位置。另外，由于晶体的各向异性，要描述不同方向的物理性质，也必须定向。

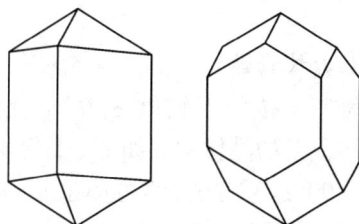

图 1-26 由四方柱和四方双锥组成的两种聚形

在晶体学中，晶体定向就是确定晶面在空间的相对位置（即确定一个坐标系）。具体来说就是按晶体的对称特征选择坐标系，将晶体按对称特征放置于该坐标系中，以一定的符号表示法表示出晶面在空间的位置。

晶体定向在矿物鉴定以及在矿物形态、内部结构和物理性质的研究工作中具有极为重要的意义。

1.5.1 晶体定向

晶体定向就是在晶体上选择坐标系统，即选择坐标轴（结晶轴或晶轴）和确定各坐标轴上的单位长（轴单位）之比（轴率）。

1. 晶轴

如图 1-27、图 1-28 所示，交于晶体中心的三条或四条直线，它们分别称为 x、y、(u)、z 轴；晶轴之间的夹角称为轴角，分别表示为 $\alpha(y \wedge z)$、$\beta(z \wedge x)$、$\gamma(x \wedge y)$。

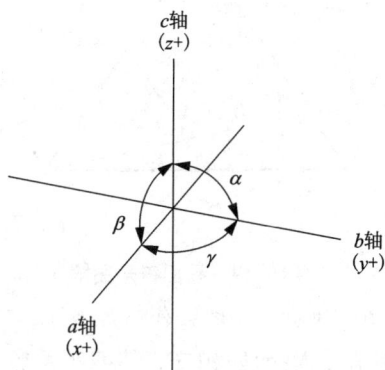

图 1-27 三轴定向

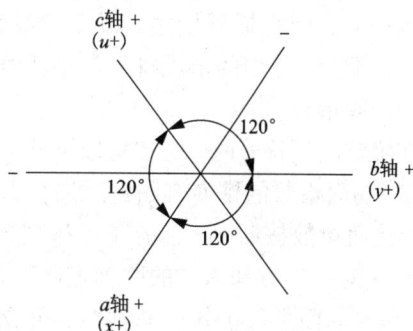

图 1-28 四轴定向的 3 个水平轴

晶轴的方向与数学中规定的一致，但与之不同的是晶轴之间的夹角不一定正交。

三方晶系及六方晶系为四轴系统，在水平方向上为 x、y、u 三条互成 $120°$ 夹角的坐标。

2. 轴率

轴单位是晶轴的长度单位，即作为晶轴的行列的结点间距。x、y、z 轴上的轴单位分别用 a_0、b_0、c_0 表示。由于结点间距极小，一般以埃（Å）为单位，需借助 X 射线分析方法方能测出，一般往往根据晶体外形，测量出它们的长度之比，$a : b : c$ 这个比率为轴单位之比，即轴率。

3. 晶体常数

轴率 $a : b : c$ 及轴角 α、β、γ 合称为晶体常数。各晶系对称程度不一样，晶体常数也不一样。各晶系的晶体常数如下：①等轴晶系 $a = b = c$，$\alpha = \beta = \gamma = 90°$；②四方晶系 $a = b \neq c$，$\alpha = \beta = \gamma = 90°$；③三方及六方晶系 $a = b \neq c$，$\alpha = \beta = 90°$，$\gamma = 120°$；④斜方晶系 $a \neq b \neq c$，$\alpha = \beta = \gamma = 90°$；⑤单斜晶系 $a \neq b \neq c$，$\alpha = \gamma = 90°$，$\beta \neq 90°$；⑥三斜晶系 $a \neq b \neq c$，$\alpha \neq \beta \neq \gamma \neq 90°$。

晶轴是晶格中一个行列的方向，但晶轴的选择不是任意的，应遵循选轴原则：

（1）必须使晶轴平行于晶胞中相交于一点的三条行列，并以各行列上的结点间距为轴单位。

（2）应符合晶体本身所固有的对称规律。为了使定向统一，优先选对称轴为晶轴；当对称轴的数量不能满足需要时，则选用对称面的法线作补足；当二者都不够时，则选用平行于发育晶棱的方向。

（3）在上述前提下，尽可能使晶轴相互垂直或趋于垂直，并使轴单位趋近于相等，即尽可能使之趋向于：$\alpha = \beta = \gamma = 90°$，$a = b = c$。

1.5.2 晶面符号和单形符号

1. 晶面符号

表示晶面在空间相对位置的符号称为晶面符号。通常采用的是英国矿物学家米勒尔（Miller W H）于 1839 年创建的符号，称为米氏符号。

米氏符号用晶面在三个晶轴上的截距系数的倒数比来表示。如图 1-29，晶面 HKL 在 x、y、z 轴上的截距分别为 $2a$、$3b$、$6c$。2、3、6 称为截距系数，其倒数比 $1/2 : 1/3 : 1/6 = 3 : 2 : 1$。去掉比例符号后用小括号括之，写作（321），读作三二一，即为该晶面的米氏符号。小括号中的数字称为晶面指数。

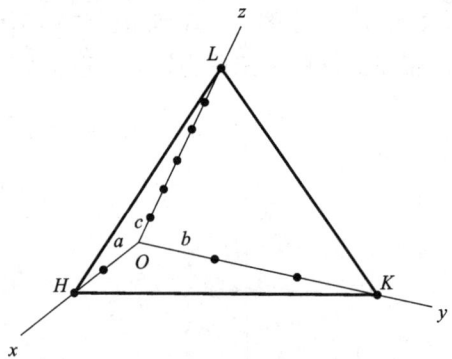

图 1-29 晶面符号图解

在确定晶面符号时，应注意以下几点：

（1）晶面指数的排列有固定顺序。对三轴定向者，晶面指数按照 xyz 轴的顺序排列，一般写作（hkl）；对于三方和六方的四轴定向，指数按 $xyuz$ 顺序排列，一般写作（$hki l$）。

（2）当晶面平行于某一晶轴时，可看成是与该晶轴在无限远处相交，其截距系数为 ∞，倒数为 0。因此晶面在此晶轴上的指数为 0。

（3）由于晶轴有正负之分，所以晶面指数根据晶面截晶轴于正端或负端也有正负之分。

如相交于负端，则在相应指数之上加"－"号，如$(\bar{3}21)$。

（4）同一晶体上，任何两个互相平行的晶面，它们对应的晶面指数的绝对值读数是相同的，但正负号彼此恰恰相反。

2. 单形符号

单形符号简称形号，是指以简单的数字符号的形式来表征一个单形的所有组成晶面及其在晶体上取向的一种结晶学符号。具体来说，单形符号就是在单形中选择一个代表晶面，把该晶面的符号用{ }括起来，代表一种单形，即为形号。

习惯上，选择单形的代表晶面定形号时，一般选择正指数最多的晶面作代表面，同时遵循先前、次右、后上的原则。如图1-30所示立方体六个晶面的晶面符号，不难看出立方体前端（100）晶面为该单形的代表晶面，因此以它作单形面，其形号为{100}。

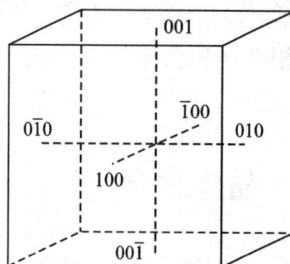

图1-30　立方体的晶面符号

1.5.3　晶棱符号与晶带符号

晶体上各个晶面相互间不是孤立的，它们可以通过一定的方式连接起来，从而构成晶面间的某种组合。

晶体上彼此间交棱且相互平行的一组晶面的集合称为晶带。这里所指的交棱，既包括晶体上已经相交而存在的实际晶棱，也包括实际并未相交，但延展晶面后即可相交的可能晶棱。

一个晶棱的各个晶面，既可彼此连接而构成封闭的环带，也可不连接成封闭的环带。

晶带在晶体中的方向可用晶带轴来表示。晶带轴是指用来表示晶带方向的一根直线，它平行于该晶带中的所有晶面，也就是平行于该晶带中各个晶面的公共交棱方向。

晶带符号是以晶带轴的取得来表示晶带的一种结晶学符号，为平行晶带轴的晶棱的符号，其构成和形式均与晶棱符号相同。晶带符号与晶棱符号虽然形式上相同，但含义不同，晶棱符号只代表一个晶棱方向，而晶带符号则代表与此晶棱方向平行的一组晶面。

晶棱符号是根据晶棱在结晶学坐标系中的方向，以简单的数字符号形式来表征它在晶体中取向的一种结晶学符号，即表示晶棱在空间位置的符号。晶棱符号只规定晶棱取向而不涉及它具体的位置，因而任何晶棱都可平移到坐标原点，故其确定的方法如下：

将晶棱平移，使之通过晶轴的交点，然后在其上任取一点，求出此点在三个晶轴上的坐标(x, y, z)，并以轴单位来度量，即得晶棱符号：$\dfrac{x}{a} : \dfrac{y}{b} : \dfrac{z}{c} = r : s : t$，去掉比例符号，用[ ]括起来，即得晶棱符号$[rst]$。

图1-31　晶棱符号的表示方法

如图1-31，设晶体上有一晶棱OP，将其平移使之通过晶轴交点，并在其上任意取一点M，M点在三个晶轴上的坐标为$1a$、$2b$、$3c$，

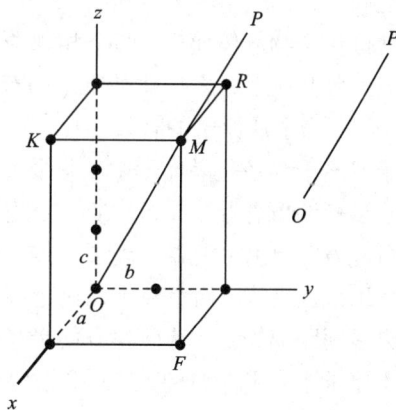

则 $r:s:t=\dfrac{1a}{a}:\dfrac{2b}{b}:\dfrac{3c}{c}=1:2:3$，其晶棱符号为 [123]。

由于晶体是一个封闭的几何多面体，每一晶面与其他晶面相交，必有两个以上互不平行的晶棱。因此，晶体上任一晶面至少属于两个晶带，这一规律称为晶带定律。它也可以这样来表示，即任何两个晶棱（晶带）相交处的平面，必定是晶体上的一个可能晶面，而任何两个晶面相交处的晶棱，必定是晶体上的一个可能晶棱（晶带）。例如，萤石之（100）晶面，既属 [001] 晶带，又属 [010] 晶带，即任一晶面至少属于两个晶带。

1.6　晶体化学

晶体化学将讨论晶体的化学成分与晶体结构的关系。而晶体的化学成分及其内部结构，是决定晶体各项性质的两个最基本的因素。

前面我们讨论了晶体构造的几何规律，对构造中的点都是作为几何点来考虑的。但是实际晶体构造中的点是实在的质点，即各种化学元素的原子或离子。它们的结构、大小和相互之间的作用力视元素的种别而不同。因此，晶体结构取决于组成它的原子或离子的相对大小、数量比以及它们的电子层的结构和相互间的作用力（化学键）。

1.6.1　原子半径与离子半径

根据波动力学的观点，原子或离子围绕核运动的电子在空间形成一个电磁场，其作用范围可视为球形。这个球形的大小可视为原子或离子的体积，球的半径即为原子半径或离子半径。而在晶体结构中，各个原子或离子的中心，保持一定间距，这是相互作用着的原子静电引力和斥力达到平衡的结果。它说明每个原子和离子各自都有一个其他原子或离子不能侵入的作用范围，这个作用范围通常被看做是球形的，它的半径被称为原子和离子的有效半径。

在晶体结构中，原子或离子间距可以看做是相邻两个原子或离子有效半径之和。

对离子化合物晶体而言，一对相邻接触的阴、阳离子中心之间的距离是这两个离子的有效半径之和。

对共价化合物晶体而言，两个相邻原子中心的距离是这两个原子的有效共价半径之和，若是单质，则上述距离之半即是原子的有效共价半径。在金属单质晶体中，两相邻原子中心间距的一半，为金属原子的有效半径。

原子或离子半径是晶体学中的重要参数，其大小对结构中质点排列方式的影响很大。原子或离子半径的概念并不十分严格，首先，一种原子在不同的晶体中，与不同的元素相结合，其半径可能发生变化；其次，离子晶体中存在极化，常使电子云向正离子方向移动，导致正离子的作用范围变大，而负离子作用范围变小；此外，共价键的增强和配位数的减少都可使原子或离子间距离缩短，从而相应使半径减少。

关于原子半径和离子半径变化趋势的一般规律，在普通化学中已有阐述，这里不再赘述。

1.6.2　球体最紧密堆积原理

在晶体结构中，质点之间趋向于尽可能相互靠近，形成最紧密堆积，以达到内能最小，而使晶体处于最稳定状态。质点间的这种紧密堆积，在形式上相当于球体的紧密堆积。这就是所谓的球体最紧密堆积原理。

1. 等大球体的最紧密堆积

我们首先从纯几何的角度考察等大球体作最紧密堆积时的情况。

（1）等大球在一个层内的最紧密堆积只有一种方式（图1-32），此时，在 A 球的周围有6个球相邻接触，每3个球围成1个空隙。其中一半是尖角向下的 B 空隙，另一半是尖角向上的 C 空隙，两种空隙相间分布。

（2）第二层堆积：球只能置于第一层球的三角孔上才是最紧密的，此时，第二层球可置于第一层球尖端向上的三角孔上，也可置于第一层球尖端向下的三角孔上，但这两种堆积方式的结果是一样的，因为将前者旋转180°后，便与后者完全相同。因此，两层球作最紧密堆积的方式依然只有一种，但第二层上存在着两类不同的空隙，一类是连续穿透两层的双层空隙，另一类是未穿透两层的单层空隙。

图 1-32　等大球体平面内的最紧密排列及空隙

（3）第三层堆积：继续堆积第三层球时，则有两种不同的方式（图1-33）：第一种方式是堆积在单层空隙位置，即第三层球的中心与第一层球的中心相对，第三层球重复了第一层球的位置［图1-33(b)］；另一种方式是堆积在穿透第一、二层的双层空隙位置，即第三层球置于第一层和第二层重叠的三角孔之上，即第三层球不重复第一层球的位置［图1-33(a)］。

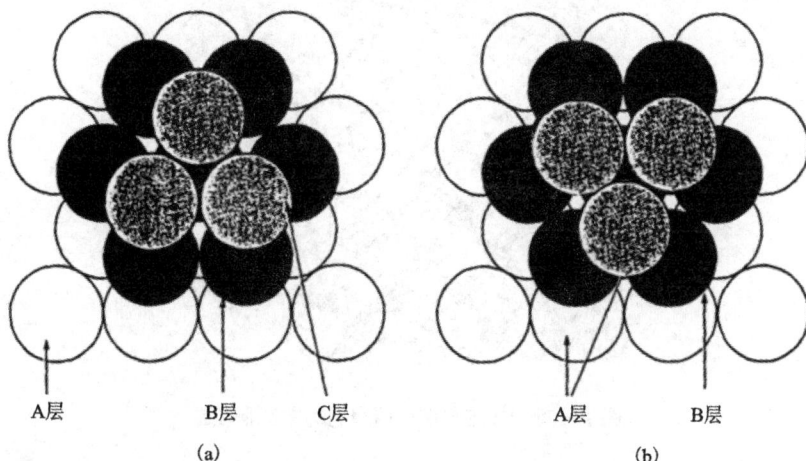

A层　　B层　　C层

(a)

A层　　B层

(b)

图 1-33　立方(a)和六方(b)最紧密堆积俯视图

如果在上述第一种方式的基础上，使第四层球与第二层球重复，并按 ABAB……两层重复一次的规律连续堆积，结果其球体在空间的分布与空间格子中的六方格子一致，我们称为六方最紧密堆积［图1-34(b)］，其最紧密排列层平行(0001)面。

如果在上述第二种方式的基础上，我们使第四层球与第一层球重复，并按 ABCABC……三层重复一次的规律连续堆积，则其球体在空间的分布与空间格子中的立方面心格子一致，我们称为立方最紧密堆积[图1-34(a)]，其最紧密排列层平行(111)面(图1-35)。

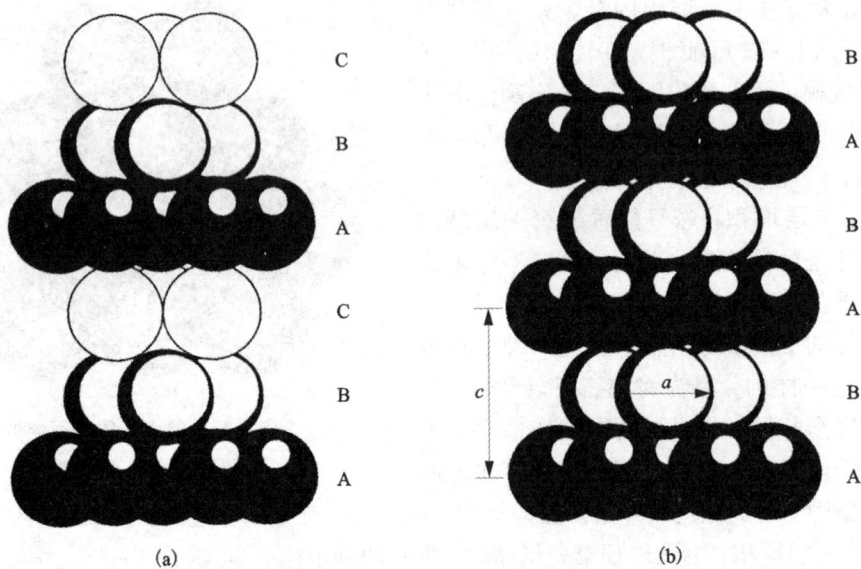

图1-34 立方(a)和六方(b)最紧密堆积侧视图

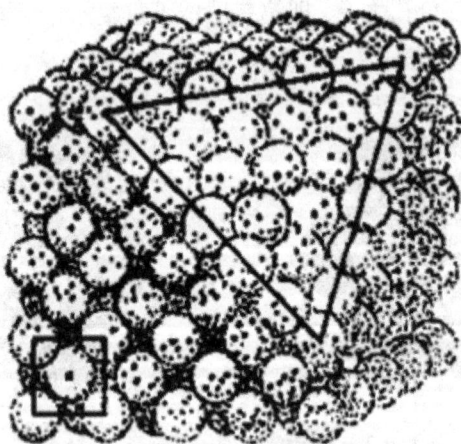

图1-35 立方密堆积(111)面最密排列层

以上两种方式是晶体构造中最基本和最常见的最紧密堆积方式。尽管还可能有诸如ABCBABCB……一系列不同方式，但在晶体构造中出现很少。此外，等大球体还有其他堆积方式，但不是最紧密堆积，如体心立方堆积、简单立方堆积、简单六方堆积、体心四方堆积、四面体堆积等。

在等大球最紧密堆积中，球体之间仍存在空隙，空隙占整体空间的25.95%。按照空隙周围球体的分布情况，有下列两种空隙：

（1）四面体空隙：是上述未穿透两层的，由 4 个球体所围的空隙[图 1-33(b)]，此 4 个球体中心之连线恰好连成一个四面体形状。

（2）八面体空隙：是上述连续穿透两层的、由 6 个球体所围的空隙[图 1-33(a)]，此 6 个球体中心之连线恰好连成 1 个八面体形状。

在六方和立方最紧密堆积中，球体周围的四面体空隙和八面体空隙分布情况虽有不同（前者上、下相对成对排列，后者上下错开相间排列），但数目却是相同的，即每一个球周围有 6 个八面体空隙和 8 个四面体空隙。八面体空隙是由 6 个球围成的，每个球只能分到空隙的 1/6。既然 1 个球周围有 6 个八面体空隙，那么(1/6)×6=1，即在最紧密堆积中，平均 1 个球有 1 个八面体空隙，n 个球堆积，便有 n 个八面体空隙。同理，在最紧密堆积中，平均 1 个球有 2 个四面体空隙，n 个球的堆积，便有 $2n$ 个四面体空隙。

实际晶体中，金属晶格的晶体结构可看成是等大的金属阳离子球体的最紧密堆积。如自然金的晶体结构就可以看成是 Au 原子按立方最紧密堆积方式构成。

2. 非等大球体的紧密堆积

对非等大球体堆积，可看成较大的球体做等大球体的紧密堆积，而较小的球按其大小，充填在八面体或四面体空隙中，形成不等大球体的紧密堆积。这种堆积方式，在离子晶格中，由于阴、阳离子的大小不等，此时可以看做是半径较大的阴离子作等大球体的最紧密堆积，阳离子则按其本身半径的大小，较小的阳离子充填四面体空隙，而较大的阳离子充填八面体空隙。但在实际晶体中，阳离子的大小不一定无间隙地充填在空隙中，当阳离子的尺寸稍大于空隙，将会略微"撑开"阴离子堆积；当阳离子的尺寸较小，填充在阴离子空隙内则有余量。这两种结果都将对晶体结构及性能产生影响。

1.6.3　配位数与配位多面体

1. 配位数

在晶体结构中，每个原子或离子周围最邻近的原子或异号离子的数目，称为该原子或离子的配位数。

在单质晶体中，如果原子作最紧密堆积，无论是作哪种方式的最紧密堆积，每个原子周围总是有 12 个原子核邻接，配位数为 12。许多金属单质的晶格的配位数都为 12。

在共价键结合的晶格中，无论是单质或化合物，由于共价键具有饱和性与方向性，配位数不受球体最紧密堆积规律的支配，配位数偏低，一般都不大于 4。

在离子化合物晶体中，阳离子的配位数具有重要意义。由于阳离子充填阴离子所构成的四面体和八面体空隙，其配位数应为 6 或 4，但在阴离子不成最紧密堆积的情况下，就会存在其他的配位数。

在离子晶体中，阴阳离子形成了非等大球体的堆积（图 1-36），此时，只有当异号离子相互接触时，才是稳定的[图 1-36(a)]；如果阳离子变小，直到阴离子相互接触，结构仍是稳定的[图 1-36(b)]，但已达到稳定的极限；如果阳离子更小，则使阴阳离子脱离接触，这样的结果是不稳定的，将引起配位数的改变[图 1-36(c)、图 1-36(d)]。由此可见，配位数的大小，从几何的观点看，取决于阴、阳离子的相对大小。当阴离子相同时，阳离子越小，其配位数亦越小。换句话说，阴、阳离子大小相差悬殊，配位数越小；大小越接近，配位数越大。

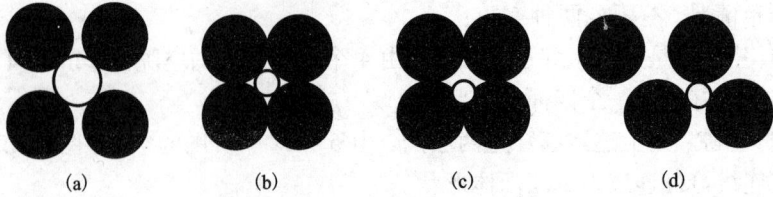

图1-36　阳离子配位稳定性图解

2. 配位多面体

在晶体结构中，与某一阳离子(或中心离子)成配位关系而相邻结合的各个阴离子(或周围原子)，它们的中心连线所构成的多面体称配位多面体。阳离子位于配位多面体中心，与它配位的各阴离子的中心则位于多面体的角顶上。

在晶体结构中，各阳离子配位多面体必然会通过共有的阴离子而相互连接，连接方式可为共角顶、共棱或共面。其中，以共角顶连接的方式最为常见，而当配位多面体共棱，特别是共面时，会降低晶体结构的稳定性。对高电价低配位数的阳离子，这个效应更为明显。这是因为当配位多面体共棱或共面时，与其共角顶相比，其中心阳离子之间的距离缩短，从而使斥力增加，稳定性降低(表1-3)。

表1-3　配位多面体连接方式的稳定性比较

配位多面体	中心阳离子间距		
	共角顶	共　棱	共　面
四面体	1	0.58	0.33
八面体	1	0.71	0.58

在晶体结构中，有几种阳离子存在时，电价高、半径小、配位数低的阳离子趋向于远离。例如，在镁橄榄石 $Mg_2[SiO_4]$ 中，氧作六方最紧密堆积，Si 和 Mg 则分别充填在其四面体和八面体空隙之中，电价高，半径小，配位数低的 Si^{4+} 充填四面体空隙形成配位四面体，而这些四面体彼此远离不相连，其间为 Mg 的八面体隔开，以保持晶体结构的稳定性。

此外，由于各种原因(共价键，或不成最紧密堆积)，在实际晶体结构中，配位多面体的形状也会发生畸变和形式多样化。

1.6.4　化学键与晶格类型

晶体构造中，质点之间存在的相互结合力，称为化学键。具有不同化学键的晶体，在晶体结构、物理性质和化学性质上都有很大的差异。根据晶体中占主导地位的化学键的类型可以将晶体结构划分为不同的晶格类型。

1. 根据对应的基本键型划分的晶格类型

晶体中，原子和分子间相互结合的键有4种基本类型，即离子键、共价键、金属键和分子键。对应于这4种基本键型，可将晶体结构分为以下4种不同的晶格类型。

(1)离子晶格——离子键：组成离子晶格的单元，是丢失了价电子的阳离子和获得外层电子的阴离子，它们彼此间以静电作用力相互维系。

离子晶格中，离子间的具体配置方式取决于阴、阳离子的电价以及它们离子半径的比值等因素。

离子晶格的特点：①由于一个离子可以同时与若干异号离子相结合，而且无论在哪个方向都有可能相互吸引，即离子均具有球形对称，因此，离子键没有方向性和饱和性的限制。离子晶格一般呈最紧密堆积，具有较高的配位数，具脆性而无延展性。②由于电子皆属于一定的离子，质点间电子密度很小，对光的吸收较少，而使光易于通过。因此，光学性质上表现为折射率及反射率均低，透明或半透明，非金属光泽等。③由于不存在自由电子，故一般为不良导体，但熔化后可以导电。

（2）原子晶格——共价键：组成原子晶格的单元，是彼此间以共价键相结合的原子，即由共用电子对而使原子结合在一起。

由于共价键具有方向性和饱和性，因而晶格中原子间的排列方式主要受键的取向所控制。原子晶格矿物不一定呈最紧密堆积，晶体一般具有较大的硬度和较高的熔点、不导电（熔体也不导电）、透明—半透明、玻璃—金刚光泽。

（3）金属晶格——金属键：组成金属晶格的单元，是丢失了价电子的金属阳离子，它们彼此间借助于整个晶格内运动着的"自由电子"而相互维系，形成金属单质或金属互化物。

在金属晶格中，由于每个原子的结合力都是呈球形对称分布的，没有方向性和饱和性，而且各个原子又具有相同或近于相同的半径，因而它们通常形成紧密堆积，具有较高的配位数。由于自由电子的存在，晶体为良导体，不透明，高反射率，金属光泽，有延展性，硬度一般较小。

（4）分子晶格——分子键：分子晶格中存在着真实的分子，分子间由范德华力相维系，它们相互间的空间配置方式主要取决于分子本身的几何特征，而分子内部的原子之间，则一般均以共价键相结合。

由于分子键是相当弱的，所以分子晶格矿物一般硬度小，熔点低，可压缩性大，热膨胀率大，电学性质和光学性质变化范围很大。

此外，在许多氢氧化物和其他含水矿物的晶格中，其羟基间存在的一种特殊的键型，称为氢键，其性质介于其共价键和分子键之间。键强大于分子键，但仍属于一数量级。它具有方向性和饱和性，氢键在多数矿物晶格中不单独存在，也不占主导地位。

2. 根据化学键的数量划分晶格类型

在晶体结构中，既可以只存在一种化学键，又可以同时存在多种化学键。从此角度出发，我们把晶格划分为如下两种类型：

（1）单键型晶格：在某些晶体结构中，基本上只存在单纯的一种键力。例如自然金（Au）的晶体结构中，只存在金属键；金刚石（C）的晶体结构中，只存在共价键；NaCl 的晶体结构中，只存在离子键。它们都属单键型晶格。

在多数晶体结构中，其化学键为某种过渡型键。如金红石 TiO_2 中 Ti—O 间的键，就是一种以离子键为主而向共价键过渡的过渡型键，两种键融合在一起，不能分开，但从键力本身而言，是以离子键为主的，因而应归属离子晶格。这种情况也属单键型晶格。

（2）多键型晶格：在晶体结构中，有多种键力存在，这几种键性在晶体结构中是明确地彼此分开的，属多键型晶格。

例如，石墨（C）：在（0001）面上，C 原子间以共价键相连构成六方网格；而 C 原子最外层有四个电子,有三个电子与相邻的 C 原子配对形成共价键,尚多余一个电子便在整层内流动,类似金属键的自由电子。所以,石墨在(0001)面上具有共价键和金属键,而在垂直 C 轴方向,层与层间靠分子间力联系,层间为分子键。层内的共价键、金属键与层间的分子键明确地彼此分开,属多键型晶格。其晶格类型的归属,以晶体的主要性质来定,如石墨,应归属分子晶格。

1.6.5 类质同象

晶体结构中某种质点(原子、离子或分子)被他种类似质点所顶替(置换、取代),仍保持原有晶体构造类型,只是晶体常数稍有变化,这种现象称为类质同象。

例如,如图 1-37 所示,闪锌矿 ZnS 中的锌,可部分地(不超过 26%)被铁所代替,随FeS 含量的增加(图 1-37 中依 a—b—c—d—e 的顺序 Fe 含量增加),颜色逐渐变深,但其晶格构造不变,只是晶胞常数 a_0 发生微小增大的变化。

图 1-37　闪锌矿的类质同象系列

类质同象反映出晶体的构造取决于化学成分,反过来晶体构造又对化学成分的变化起着限制作用。

类质同象是指质点的相互代替,它不能与两种晶体具有相同的晶形或两种晶体具有相同的结构形式(同形结构)相混淆,在后两种情况下,并不存在类质同象的代替关系。

类质同象代替不是随意的,它必须满足如下条件:

(1)互相顶替的质点大小必须近似,只有当两种质点的半径差不超过较小质点半径的15%时,才可以在晶体结构中相互代替。

（2）置换前后电价总和应保持不变，若变化，就会导致电价的不平衡，从而引起晶体结构的破坏。

（3）化学键性相似，否则同样会引起晶体结构的破坏。

此外，温度、压力、pH 和介质浓度等外界条件对类质同象也有重要影响。如温度增高有利于矿物中类质同象代替，温度下降则类质同象代替较弱；压力增大，既能限制类质同象代替的范围，又能促使固溶体离溶。

类质同象是矿物中一个极为普遍的现象，它是引起矿物化学成分变化的一个主要原因。研究类质同象具有如下的实际意义：①根据类质同象所引起的矿物物理性质有规律的变化，可以大致确定矿物的组分；②以类质同象形式存在于其他矿物中的微量元素可以作为矿产综合利用的对象；③根据类质同象可大致判断矿物形成环境；④以类质同象形式存在的有益或有害元素是影响矿石加工和冶炼方法的因素之一。

1.6.6　同质多象

同种化学成分的物质，在不同的外界条件（温度、压力、介质）下，形成不同结构的晶体的现象，称为同质多象。这些成分相同，而结构不同的晶体称为同质多象变体。

例如，金刚石和石墨就是碳（C）的两个同质多象变体，它们的结构截然不同，前者属于等轴晶系，后者属于六方晶系。

同质多象各变体之间，在一定的外界条件下可以相互转变。但同质多象的转变，有的是可逆的（双向的），有的是不可逆的（单向的）。如 α - 石英$\Longrightarrow\beta$ - 石英的转变在 573℃ 时瞬时完成，而且可逆；$CaCO_3$ 的斜方变体文石在升温条件下转变为三方变体方解石，但温度降低则不再形成文石。

同质多象转变的难易，一般与变体间结构的差异程度有关，差异愈大，转变愈难，且往往是不可逆的。

同质多象变体之间结构的差异，有如下几种类型：

（1）配位数不同，结构类型也不同。如碳的两种变体，金刚石（配位数为4，等轴晶系）和石墨（配位数3，六方晶系）。

（2）配位数不同，结构类型相同。如 $CaCO_3$ 的两种变体，方解石（配位数6，三方晶系，岛型结构）和文石（配位数9，斜方晶系，岛型结构）。

（3）配位数相同，但结构类型不同。如 TiO_2 的变体金红石和锐钛矿，配位数都是4，但前者是四方晶系链型结构，后者为四方晶系架型结构。

（4）配位数、结构类型都相同，仅晶体构造上有某些差异。如 ZnS 的两种变体，闪锌矿（等轴）和纤维锌矿（六方），配位数都是4，结构都属配位型，只是阴离子的堆积方式不同，前者为立方最紧密堆积，后者为六方最紧密堆积。

思考题

1. 晶体和非晶体的根本区别是什么？各列举出若干种生活中常见的晶体和非晶体。

2. 晶体和非晶体之间可以相互转变（如玻璃化和脱玻化），那么能否说晶体和非晶体之间的这种相互转变是可逆的？为什么？

3. 简述层生长理论及其意义。

4. 试述面角守恒定律及其意义。

5. 如何理解"所有晶体都具对称性"及"晶体的对称是有限的"？并阐明其理由。

6. 试以空间格子规律阐述晶体的均一性、异向性和对称性。

7. 简述晶体的对称分类及其划分依据，并分别写出各晶系的晶胞参数特征。

8. 请分别列出在等轴、四方、斜方晶系中(100)、(110)、(111)所可能代表的单形名称。

9. 对三方晶系的晶体，既可以进行三轴定向也可以四轴定向，两种定向在几何常数上有什么差别？

10. 从几何角度来看，配位数为4、6、8和12的配位多面体除为正多面体外还可能有其他的形状。请给出这几种其他形状的图形来。

11. 简述最紧密堆积原理及其适用条件，并举一晶体结构实例予以说明。

12. 黄铁矿的晶形有时呈立方体，有时呈五角十二面体，此即同质多象现象，此话对吗？为什么？试述键性、晶格类型和晶体的物理性质之间的相互关系。

13. 已知离子半径：

(1) $r_{Ca^{2+}} = 0.100$ nm，$r_{Hg^{2+}} = 0.102$ nm

(2) $r_{Na^+} = 0.098$ nm，$r_{Cu^+} = 0.096$ nm

请问 Ca^{2+} 与 Hg^{2+}、Cu^+ 与 Na^+ 之间能否发生类质同象替代？为什么？若能，请各举一矿物实例。

参考文献

[1] 罗谷风. 结晶学导论. 北京：地质出版社，1989

[2] 潘兆橹. 结晶学及矿物学(上、下册). 北京：地质出版社，1993

[3] 刘宝兴. 矿石学. 北京：冶金工业出版社，1994

第2章 矿物学基础

矿物是组成矿石的基础，是决定矿石性质的重要因素。不同种类的矿物，由于成分和结构不同，物理性质就各不相同，因此，可以通过物理性质的差异来识别矿物。本章主要介绍矿物的概念、矿物的化学组成、矿物的形态以及矿物的物理性质。

2.1 矿物的概念

矿物一般是指由地质作用所形成的天然固态单质或化合物，矿物的概念通常表述为：矿物是具有稳定的化学组成和晶体结构的天然无机物质。然而，某些由地质作用所形成的天然液态和气态单质或化合物也常被称为矿物。因此，矿物的广义概念应该是指由地质作用所形成的天然单质或化合物，是地壳中进行的各种地质作用的产物，包括固态、液态和气态三种形态。但是，由于气态和液态矿物各有其特殊的属性而被纳入其他学科的研究领域，矿物学通常把固态矿物(特别是晶质矿物)作为它的主要研究对象。

目前已知的矿物有 3000 多种，其中绝大多数都是固态无机物。然而，少数非晶质矿物(如水铝英石、褐铁矿)、一些成分稳定的天然液态物质(如自然汞)和气态物质(天然气、二氧化碳)也常被称为矿物。琥珀也是一种特殊的矿物，其天然形态为固体，但实际上是一种有机物组成的树脂化石。因此，目前人们对矿物的认识，包括了所有由地质作用所形成的天然产物，不仅包括无机物质和晶质物质，也包括有机物质和非晶质物质。相对而言，矿物是以天然固体无机物质为主，而液态矿物、气态矿物以及固态有机物仅占数十种。

来自地球以外其他天体的天然单质或化合物，一般称为宇宙矿物。近代对月岩及陨石的研究表明，组成它们的矿物与地球上的矿物类似。只是为了强调它们的来源，称为月岩矿物和陨石矿物，或统称为宇宙矿物。

由人工方法所获得的某些与天然矿物相同或类似的单质或化合物，称为合成矿物，如人造金刚石、人造水晶等。

矿物应具有一定的化学成分。矿物的化学成分可用化学式表达，如闪锌矿和石英可分别表示为 ZnS 和 SiO_2。但实际上所有矿物的成分都不是严格固定的，而是在一定范围内变化的。例如，闪锌矿中通常含有 Fe^{2+} 替代部分的 Zn^{2+}，$Zn:Fe$(原子数)可在 1:0 至 6:5 之间变化，此时，其化学式则写为 $(Zn,Fe)S$。石英的成分非常接近于纯的 SiO_2，但仍含有微量的 Al^{3+} 或 Fe^{3+} 等类质同象杂质。

需要指出，尽管矿物的概念已不局限于天然固体无机物质，但是成分的相对均一性仍是矿物的一个重要特征。矿物成分的均一性表现在不能用物理的方法把它分成在化学成分上互不相同的物质，这也是区分矿物与岩石的根本标志。对于煤和石油而言，尽管有人也笼统地称之为矿物，但它们并不具备均一的化学成分，因此它们并非矿物，而是岩石和混合物。

2.2　矿物的化学组成

矿物的化学组成和晶体结构，是决定矿物一切性质的两个最基本的因素。矿物的化学组成，不但是区别不同矿物的重要依据，而且也是人类利用矿物资源的一个重要方面。

2.2.1　地壳的化学成分

化学元素是形成矿物的物质基础。元素在矿物中的结合主要取决于两种因素：①元素本身的性质，即元素的原子结构及其特性；②矿物形成的地质环境和物理化学条件。

化学元素在地壳中的分布是极不均匀的。分布最多的氧元素是分布最少的氡元素含量的 10^{18} 倍。元素在地壳中的平均含量称为克拉克值，实际中可用质量百分数或原子百分数来表示。在地壳中分布最多的元素是 O、Si、Al、Fe、Ca、Na、K、Mg 等 8 种，占地壳中元素总量的 98% 左右。表 2-1 为常见的 8 种元素的克拉克值。

表 2-1　常见 8 种元素的克拉克值

元素	质量克拉克值/%	原子克拉克值/%	元素	质量克拉克值/%	原子克拉克值/%
O	46.60	62.55	Ca	3.63	1.94
Si	27.72	21.22	Na	2.83	2.64
Al	8.13	6.47	K	2.59	1.42
Fe	5.00	1.92	Mg	2.09	1.84

资料来源：据 Mason B，1966；引自潘兆橹，1993。

2.2.2　组成矿物的主要元素的离子类型

组成矿物的主要元素在矿物中的存在形式，取决于元素本身的原子或离子的化学行为，以及其所处的地质环境和物理化学条件。天然矿物，除少数以单质存在外，绝大多数是由两种或两种以上化学元素组成的化合物。在化合物中，阴、阳离子间的结合主要受其外层电子的构型所制约。根据离子的价电子层构型，通常将其分为以下 3 种类型。

1. 惰性气体型离子

惰性气体型离子，也称做8e 构型离子，是指离子的价电子构型具有与惰性气体原子相同的电子构型，即离子的最外层电子构型为 ns^2np^6（8 个价层电子，故称为8e 构型）。这类离子包括元素周期表中 s 区和 p 区的碱金属、碱土金属及一些非金属元素的离子（图 2-1）。这些碱金属、碱土金属元素的电离势较低，离子半径较大，易与氧或卤族元素以离子键结合形成含氧盐、氧化物或卤化物。

2. 铜型离子

铜型离子，也称做18e 或 18+2e 构型离子，是离子的价电子构型具有与铜离子相同的电子构型，即离子的最外层电子构型为 $ns^2np^6nd^{10}$ 或 $ns^2np^6nd^{10}(n+1)s^{1-2}$（18 或 18+2 个价层电子，故称为18e 或 18+2e 型），其电子构型与 Cu^+ 或 Cu^{2+} 相似。这类离子包括周期表中

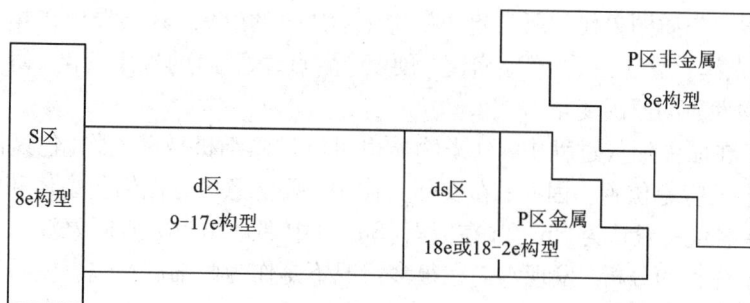

图2-1 主要元素的离子类型分类

的 ds 区的 I_B、II_B 副族及其 P 区金属的离子,如图 2-1 所示。这些元素的电离势较高,离子半径较小,极化能力很强,通常主要以共价键与硫结合形成硫化物及其类似化合物和硫盐。

3. 过渡型离子

过渡型离子,也称做 9~17e 构型离子,是离子的价电子构型为 $ns^2np^6nd^{1-9}$(9~17 个价层电子,故称为 9~17e 构型)。此类离子包括周期表中 d 区的各副族元素的离子,如图 2-1 所示。此类离子的性质也介于惰性气体型离子和铜型离子之间。离子的价层电子数越接近 8 的,其亲氧性越强,趋于形成氧化物和含氧盐;离子的价层电子数越接近 18 者,其亲硫性越强,易形成硫化物及类似化合物;而居中间位置的 Mn、Fe 等离子,则明显具有双重倾向,这主要是受其所处环境的氧化还原条件所支配:在还原条件下,多与硫结合生成硫锰矿(MnS)、黄铁矿或白铁矿(FeS_2);而当氧的浓度很高时,便与氧结合生成软锰矿(MnO_2)、菱锰矿($MnCO_3$)、赤铁矿(Fe_2O_3)、磁铁矿($FeFe_2O_4$)、菱铁矿($FeCO_3$)等。

必须注意的是,离子的结合还与其所处的环境有关,如 W 具有明显的亲氧性,但在缺氧富硫的条件下,也可形成辉钨矿(WS_2);而铜型离子在氧化环境下则形成氧化物和含氧盐。

2.2.3 矿物化学成分的变化

矿物的化学成分并不是绝对固定的,它可以在一定范围内发生变化。引起矿物化学成分变化的原因很多,其中主要因素有类质同象现象的存在、胶体的作用以及矿物中水的作用。

1. 类质同象

类质同象是矿物学中一个普遍的现象,它是引起矿物化学成分变化的一个主要原因。例如,在菱镁矿 $MgCO_3$ 和菱铁矿 $FeCO_3$ 之间,由于镁和铁可以互相代换,可以形成一系列 Mg、Fe 含量不同的类质同象混合物。如菱镁矿 $MgCO_3$、铁菱镁矿(Mg, Fe)CO_3、镁菱铁矿(Fe, Mg)CO_3、菱铁矿 $FeCO_3$,这些矿物具有相同的晶格类型,只是晶格常数稍有变化。

在闪锌矿(ZnS)中,锌的晶格位置可以部分地被外来的铁所占据,而形成具有铁的类质同象混入物的闪锌矿(Zn, Fe)S 或称铁闪锌矿。它们的晶格类型相同,只是晶格常数稍微有所变化。

地壳中有许多元素本身很少或根本不形成独立矿物,而主要是以类质同象混入物的形式赋存于一定的矿物的晶格中。例如,Re 经常赋存于辉钼矿中,Cd、In、Ga 经常存在于闪锌矿中。因此,类质同象的研究有助于阐明矿床中元素赋存状态、寻找稀有分散元素、进行矿床的综合评价。同时，由于类质同象的形成与矿物的生成条件有关，因而类质同象的研究有助于了解成矿环境。类质同象代替所引起的矿物化学成分的变化，还会导致矿物的一系列物理性质(如颜色、光泽、条痕、折光率、密度、硬度、熔点，等等)的规律变化，研究类质同象还有助于分析矿物性质的原因变化。

需要指出，在晶体形成过程中，外来物质也可以呈微细机械混入物(包裹体)状态存在，并不占据晶格中的特定位置。因此，在实际工作中，要注意区分微细包裹体和类质同象的差异。例如，早些时候一般认为 Nb、Ta 在锡石(SnO_2)中都是作为类质同象混入物代替 Sn 的，但最近经过电子探针的分析，发现它们在很多情况下是作为微细矿物包裹体而存在的。

2. 胶体及胶体矿物

胶体是一种直径为 1 ~ 100 nm 大小的物质微粒分布于另一种物质中所形成的混合物。前者称为"分散相"，后者称为"分散媒介"。胶体矿物中的分散相主要为固体，分散媒介主要是液体。

含有胶体颗粒的溶液，称为胶体溶液，胶体溶液凝结后形成胶凝体。地壳上形成的胶体矿物，常常是由这种方式形成的。例如蛋白石($SiO_2 \cdot nH_2O$)、铝英石($mAl_2O_3 \cdot nSiO_2 \cdot pH_2O$)、水针铁矿($FeOOH \cdot nH_2O$)等。随着时间增加，胶凝体脱水，逐渐由非晶体变成晶体，这就是胶体的老化作用。经老化而成的矿物称为变胶体矿物。例如石髓(SiO_2)就是由蛋白石($SiO_2 \cdot nH_2O$)脱水老化作用而形成的。

根据胶体质点带有电荷的正负不同，可将胶体分为正胶体及负胶体两种，在自然界中负胶体比正胶体分布广泛得多。负胶体吸附介质中的阳离子，例如 MnO_2 负胶体可以吸附 Cu、Pb、Zn、Co、Ni、Li、K、Ba 等40余种阳离子。正胶体吸附配阴离子，例如 Fe_2O_3 正胶体能吸附 V、P、As、Cr 的配阴离子 $H_2VO_4^-$、$H_3VO_7^-$、PO_4^{3-}、AsO_4^{3-}、CrO_4^{2-} 等。在黑色页岩及煤中常有 Mo、V、U、Co、Ni、Pb 等元素的富集，常常是由于上述矿石形成过程中腐殖酸在其中起了作用，因为腐殖酸为负胶体，它能吸附 Ca、Mg、H、Al、Cu、Ni、Co、Zn、Ag、Be 等元素。

由于胶体的吸附作用，造成大部分胶体矿物的成分不稳定。胶体作用所形成的矿物广泛地存在于地表，因此，表生矿物化学成分的变化主要在于胶体的吸附。胶体的吸附现象能使一些黏土矿物中的成分与介质中的成分发生离子交换，从而造成其化学成分的变化。例如，胶岭石能把其成分中的 Ca、Mg 与介质中的 Ni 交换而使胶岭石中含有一定数量的 Ni。

3. 矿物中的水

在很多矿物中，水起着重要的作用，矿物的许多性质决定于水的性质。根据水是否参加矿物晶格而把水分为两类：一类是不参加晶格的，总称为吸附水；一类是参加晶格的，包括以水分子形式存在的结晶水和以 OH^-、H^+、H_3O^+ 离子形式的结构水。

1)吸附水

不参加晶格的吸附水是渗入在矿物和矿物集合体中的普通水，它呈 H_2O 分子状态。吸附水在矿物中含量是不固定的。当温度达到 100 ~ 110℃，吸附水就全部从矿物中逸出。

2)晶格水

参加到晶格中的水当以分子的形式存在时有以下几种形式：

(1)结晶水。它在晶格中具有一定的位置；水分的数量与矿物的其他成分之间常成简单比例。例如，石膏 $CaSO_4 \cdot 2H_2O$、镍华 $Ni_3[AsO_4]_2 \cdot 8H_2O$、苏打 $Na_2CO_3 \cdot 10H_2O$。因此水分子在这里起构造单位的作用。它们通常以一定的配位形式围绕着阳离子(有的也围绕着阴离子），形成了很独特的配位数子。这种矿物可看成是"配位化合物"，即所谓"结晶水化物"。例如六水硫镍矿（$NiSO_4 \cdot 6H_2O$）中，因 Ni^{2+}（7.8 nm）的半径很小，与 SO_4^{2-} 的半径相差很大，不能形成稳定晶格，因此由六个水分子包围了镍离子后增大了它的体积，但并未改变其电价，由此可与 SO_4^{2-} 形成稳定的晶格，故构造式为 $[Ni(H_2O)_6]^{2+}[SO_4]^{2-}$。

由于结晶水参加到晶体结构中，作为结构单位存在，故只有当矿物加热到一定温度后才会全部或部分地失去水分，随着失水作用的发生，矿物的晶格也开始破坏，同时引起物理性质的变化。例如芒硝（$Na_2SO_4 \cdot 10H_2O$），含有十个结晶水，在空气中蒸发、温度在33℃以上时，则十个结晶水全部逸出，而变成无水芒硝 Na_2SO_4；相应地，它的性质也产生变化。

将结晶水从晶格中逸出的温度一般不超过600℃，一般为 100~200℃。由于在不同晶格中，水分子与晶格的联系紧密程度不一样，因此其逸出温度也有所不同。

（2）沸石水。由于其存在于沸石类矿物中而得名。沸石具有海绵状的原子结构，在这种结构中有大的孔穴和孔道，水就占据在这些孔穴和孔道中，位置不十分固定；水的含量的变化是渐变的，并且不破坏晶格，只有物理性质有所改变。

当加热时，在 80~110℃ 的范围内，这种水就被驱除。加热而脱水的沸石能重新吸水恢复其原先的物理性质。沸石水就其性质来讲，处于结晶水与吸附水之间的过渡位置。

（3）层间水。这种水存在于胶岭石 $Mg_3(OH)_4[Si_4O_8(OH)_2] \cdot nH_2O$ 及某些黏土矿物中。胶岭石具有层状结构，水分子即处在层间，水分子本身亦联结成层，并杂有交换性的阳离子 Na^+、Ca^{2+} 等。水的含量多少受交换阳离子的种类和矿物所处的空气的潮湿程度的控制。水可以被吸入或排出，当水排出或吸入时，结构层间的距离也相应地缩小或增加。因此，胶岭石具有吸水膨胀的性质。

当温度升到110℃时矿物中的层间水就大量地气化逸出，矿物的相对密度、折射率也就随着增高。层间水就其性质来说是介于吸附水与结晶水之间的。

（4）结构水。结构水以 OH^- 或 H^+、H_3O^+ 离子的形式存在，但以第一种为常见。例如高岭石 $Al_4(Si_4O_{10})(OH)_8$、天然碱 $Na_3H[CO_3]_2 \cdot 2H_2O$、水云母 $(K, H_3O)Al_2(AlSi_3O_{10})(OH)_2$。

结构水与结构联系较紧密，因此将它从矿物中逸出需要较高的温度，在 600~1000℃ 之间。当其逸出时，结构完全破坏，晶体结构重新改组。

有时在一种矿物中可以存在几种形式的水。研究水在矿物中存在形式最好的方法是热分析法。此外，X 射线结构分析、电子衍射和中子衍射法也很有效。

2.2.4 矿物的化学式及其计算

1. 矿物化学式的表示方法

矿物的化学成分是以矿物的化学式来表示的，即用组成矿物的化学元素符号，按一定原则表示出来，它是以单矿物的化学全分析所得的各组分的相对质量分数为基础而计算出来的。具体表示方法通常有实验式和晶体化学式两种。

1）实验式

实验式表示矿物中各组分的种类及其数量比。如白云母的实验式为 $K_2O \cdot 3Al_2O_3 \cdot 6SiO_2 \cdot 2H_2O$ 或 $H_2KAl_3Si_3O_{12}$。这种化学式不能反映出矿物中各组分之间的相互关系。

2）晶体化学式

目前，矿物学中普遍采用的是晶体化学式，又称结构式。它既能表明矿物中各组分的种类及其数量比，又能反映出它们在晶格中的相互关系及其存在形式。例如白云母的结构式应写作 $K\{Al_2[(Si_3Al)O_{10}](OH)_2\}$，表明白云母是一种具层状结构的铝的铝硅酸盐矿物，部分 Al^{3+} 进入四面体空隙替代 1/4 的 Si^{4+}，另有部分 Al^{3+} 则以六次配位的形式存在于八面体空隙中，K^+ 为了补偿由 Al^{3+} 替代 Si^{4+} 所引起的层间电荷而进入结构层间，此外白云母的组成中还有结构水。

晶体化学式的书写规则如下：

(1)基本原则是阳离子在前，阴离子或配阴离子在后。配阴离子需用方括号括起来。如石英 SiO_2、方解石 $Ca[CO_3]$。对于某些更大的结构单元，也可用大括号括起来，如白云母 $K\{Al_2[(Si_3Al)O_{10}](OH)_2\}$。

(2)对于复化合物，阳离子按其碱性由强至弱、价态从低到高的顺序排列，如白云石 $CaMg[CO_3]_2$、磁铁矿 $FeFe_2O_4$（即 $Fe^{2+}Fe_2^{3+}O_4$）。

(3)附加阴离子通常写在阴离子或配阴离子之后，如白云母 $K\{Al_2[(Si_3Al)O_{10}](OH)_2\}$、氟磷灰石 $Ca_5[PO_4]_3F$。

(4)矿物中的水分子写在化学式的末尾，并用圆点将其与其他组分隔开。当含水量不定时，则常用 nH_2O 或 aq 表示。如石膏 $Ca[SO_4]\cdot2H_2O$、蛋白石 $SiO_2\cdot nH_2O$ 或 $SiO_2\cdot aq$。

(5)互为类质同象替代的离子，用圆括号括起来，并按含量由多到少的顺序排列，中间用逗号分开，如铁闪锌矿 $(Zn,Fe)S$、黄玉 $Al_2[SiO_4](F,OH)_2$。

2. 矿物化学式的计算

矿物的化学式是根据单矿物的化学全分析数据计算得出的，但由此得到的仅是实验式。要写出矿物的晶体化学式，则还需依据晶体化学理论及晶体结构知识，对矿物中各元素的存在形式做出合理的判断，并按照电价平衡原则，将其分配到适当的晶格位置上。必要时还需进一步结合 X 射线结构分析资料加以确证。

单矿物的化学全分析的结果，通常是以矿物中的各元素或氧化物的质量分数(%)给出，其一般允许误差≤1%，即各组分的质量分数之总和应在 99%～101%，否则不能用于矿物化学式的计算。矿物化学式的计算和表示方法，也可分为实验式和晶体化学式两种。

1)实验式的计算

对于成分较简单的矿物化学式计算，只需将各组分的质量分数(%)分别除以其相应成分的原子量或分子量，即得到各组分的原子数或分子数，然后再将原子数或分子数化为简单整数，即可写出矿物的实验化学式。某黄铜矿的实验式计算实例如表 2-2 所示。

表 2-2 某黄铜矿的化学式计算

组分	质量分数 ω_B/%	原子量	原子数	原子数之比	化学式
Cu	34.54	63.55	0.5435	1	
Fe	30.30	55.85	0.5425	1	$CuFeS_2$
S	35.03	32.06	1.0926	2	
合计/%	99.87				

2)晶体化学式的计算

自然界中许多的矿物成分复杂,尤其是大多数硅酸盐矿物,通常存在复杂的类质同象替代,且同种阳离子能以不同的配位形式存在于不同的晶格位置上(如 Al^{3+} 有四次配位和六次配位之分)。因而,晶体化学式的计算还要结合晶体化学知识确定不同离子在晶格中的位置。

晶体化学式计算最常用的是以氧原子数为基准的氧原子计算法。现以某单斜辉石(化学通式为 $XY[Z_2O_6]$)为例,说明氧原子法计算矿物晶体化学式的具体步骤(表2-3)。

表2-3 某单斜辉石晶体化学式的氧原子计算法

组分	质量分数/%	分子量	分子数	O 原子数	阳离子数	以 O=6 为基准的阳离子数
SiO_2	52.25	60.08	0.8697	1.7394	0.8697	1.92
Al_2O_3	2.54	101.96	0.0249	0.0747	0.0498	0.11
TiO_2	0.72	79.90	0.0090	0.0180	0.0090	0.02
Fe_2O_3	1.81	159.68	0.0113	0.0339	0.0226	0.05
FeO	1.95	71.85	0.0271	0.0271	0.0271	0.06
MnO	0.64	70.94	0.0090	0.0090	0.0090	0.02
MgO	14.97	40.30	0.3715	0.3715	0.3715	0.82
CaO	24.38	56.08	0.4347	0.4347	0.4347	0.96
Na_2O	0.56	61.98	0.0090	0.0090	0.0180	0.04
H_2O^-	0.11	—	—	—	—	—
合计/%	99.93			2.7173		

按氧原子总数为6计算的阳离子公倍数为:6/2.7173=2.2081

资料来源:矿物的化学全分析数据源于徐登科,1979。

(1)首先检查矿物的化学分析结果是否符合精度要求。表2-3中单斜辉石的各组分的质量分数总和为99.93%,符合化学式计算的精度要求。

(2)将各组分的质量分数除以该组分的分子量,求出各组分的分子数。

(3)用各组分的分子数乘以其氧原子系数得到各组分的氧原子数,将各组分的氧原子数相加即得各组分的氧原子数总和($\sum O$)。

(4)用各组分的分子数乘以其相应的阳离子的系数,求得各组分的阳离子数。

(5)矿物通式中的氧原子基准数除以氧原子数总和($\sum O$),得到阳离子公倍数。

(6)以各组分的阳离子数乘以阳离子公倍数,即得出矿物单位分子中的阳离子数。

(7)参照矿物的化学通式,分析不同离子的类质同象替代关系,将矿物中各阳离子尽可能合理地分配到晶格中相应的位置上,保持阴阳离子电荷平衡。

(8)写出矿物的晶体化学式:

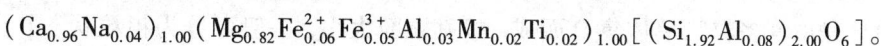

$(Ca_{0.96}Na_{0.04})_{1.00}(Mg_{0.82}Fe^{2+}_{0.06}Fe^{3+}_{0.05}Al_{0.03}Mn_{0.02}Ti_{0.02})_{1.00}[(Si_{1.92}Al_{0.08})_{2.00}O_6]$。

2.3 矿物的形态

矿物的形态是指矿物的单体形态及集合体形态。在自然界，矿物多数以集合体形态出现，但是发育较好的具有几何多面体形状的晶体也不少见。

晶体形态是其化学成分、内部晶体结构的外在反映，在矿物鉴定上具有重要意义。另外，矿物的形态也受外部生成环境的影响，所以矿物最后长成什么样子，是其化学成分、内部结构及生成环境相互作用的结果。根据详细的矿物形态研究，有助于阐明矿物形成的过程。

2.3.1 矿物单体的形态

矿物晶体通常具有一定的常见形态，称为晶体习性。有些矿物的晶体习性是相当稳定的，如尖晶石、黄铁矿等，但多数矿物晶体如方解石、磷灰石、绿柱石、长石等，具有多种习性。

根据单晶体在三维空间发育程度不同，即相对比例的不同，可将晶体习性大致分成3类：

1. 单向延展型

单体沿一维空间发育延展，呈针状、纤维状。如水晶、绿柱石、电气石、角闪石和金红石等。

2. 双向延展型

晶体两维空间发育延展，呈板状、片状、鳞片状和叶片状。如重晶石、云母、石墨和绿泥石等。

3. 三向延展型

晶体三维空间发育延展，呈粒状或等轴状。如黄铁矿、磁铁矿、石榴子石和橄榄石等。

上述分类是相对的，还存在过渡类型，如介于柱和板之间，则成板条状。自然界晶形态多种多样，在描述晶体习性时，要从实际出发。

2.3.2 矿物的集合体形态

同种矿物多个单体聚集在一起的整体就叫做矿物集合体。矿物多数是以集合体状态出现。其集合体形态千姿万态，丰富多彩。研究矿物集合体不仅在矿物鉴定及矿物成因研究上有很大意义，而且矿物集合体中的颗粒大小和它们的相互关系等等的研究对选矿、技术加工方面也有一定参考价值。

矿物集合体形态是取决于单体的形态和它们集合方式的。根据集合体中矿物颗粒大小（或可辨度）可分为以下3种形态：肉眼可以辨认单体的为显晶集合体，显微镜下才能辨认单体的为隐晶集合体，在显微镜下也不能辨认单体的为胶态集合体。

1. 显晶集合体形态

按单体的形态及集合方式不同，有粒状、柱状、针状、囊状、放射状、纤维状、板状、片状、鳞片状、晶簇状、树枝状等。

粒状集合体是由许多粒状单体集合而成，按其颗粒大小，一般可分为粗粒状、中粒状、细粒状等。柱状集合体是由许多柱状矿物单体集合而成，按照长径比的不同又可分为短柱状、长柱状、针状和纤维状集合体。晶簇状集合体是一组具有共同基底的单晶的集合体，其中发育最好的晶体与基底近于垂直。树枝状集合体是单体按双晶或平行连生的规律在某些方向迅速生长所成的树枝状集合体，如自然铜、软锰矿、可溶性盐类、矾类矿物等均可形成树枝状（或泉华状）集合体。

2. 隐晶和胶态集合体

常见的隐晶和胶态集合体包括以下几种类型。

1）结核体

结核体是围绕某一中心自内向外逐渐生长而成，组成结核体的物质可以是细晶质或胶体非晶质的。最常形成结核状的矿物有纤核磷灰石、方解石、菱铁矿、褐铁矿、蛋白石、黄铁矿、白铁矿等。结核体形状多样，有球状、瘤状、不规则状等，大小极不一致，其直径可以从几毫米直到几米。结核体的内部构造有放射状、同心层状和致密块状。有的结核中心部分是空的，可以为其他物质所充填。

2）分泌体

分泌体系形状不规则或球状的空洞及胶体或晶质自洞壁逐渐向中心沉积（充填）而成。这与结核的形成程序正好相反。分泌体的特点是多数的组成物质具有由外向内的同心层状构造，各层在成分和颜色上往往有所差别而构成条带状色环，如玛瑙。

3）钟乳状集合体

它是由溶液或胶体因水分蒸发凝固而成。将其形状与常见物体类比而给予不同名称，如葡萄状、梨状、肾状等；附着于洞穴顶部自上向下而垂者称石钟乳；溶液下滴至洞穴底部而凝固，逐渐向上长者称石笋；石钟乳与石笋上下相连即成石柱。这些形态在石灰岩溶洞中构成琳琅满目的奇景。

钟乳状体常具有同心层状、放射状，致密状或结晶粒状构造，这是凝胶再结晶的结果。钟乳状体中如表面圆滑、带漆光或玻璃光泽、横切面呈放射状、同心层状者称为玻璃头。如褐铁矿的褐色玻璃头、赤铁矿的红色玻璃头、硬锰矿的黑色玻璃头等。石钟乳、石柱沿垂直方向生长，地壳运动可以使它倾斜，故可根据其倾斜方向推断地质变动及其变动方向。

4）粉末状集合体

矿物呈粉末状散附在其他矿物或岩石表面上。常见下列几类：被膜状，矿物成薄层覆盖于其他矿物或岩石的表面上。盐华，由可溶性盐类所组成的被膜，如干旱地区地面出露的白硝。皮壳状，矿物成较厚的壳层覆盖于其他矿物或岩石表面上。

2.4 矿物的物理性质

矿物的物理性质取决于矿物本身的化学成分和内部结构。由于矿物是晶体，矿物的物理性质也就具有晶体所共有的均一性、异向性和对称性的特性。不同种矿物，由于成分和结构不同，物理性质各异，因此可以借助物理性质的差异来识别矿物。

矿物的性能各异，应用领域十分广泛。如冰洲石因可获得偏振光而成为激光偏光材料；利用石英的压电性在电子工业中作振荡元件；石墨因相对密度小、轻、耐高温等特性，在航空、宇航工业可作轻质材料。对矿物性能的研究，将会大大促进国民经济和科学技术的发展。

2.4.1　矿物的力学性质

1. 矿物的密度与相对密度

矿物的密度，是指单位体积矿物的质量，单位为 g/cm^3。矿物的相对密度是指矿物的质量与同体积水在4℃时质量之比。工业上经常采用相对密度的概念，矿物的相对密度在数值上等于矿物的密度。

矿物相对密度的变化幅度很大，可由小于1(如琥珀)~23(如铂族矿物)。自然金属元素矿物的相对密度最大，盐类矿物相对密度较小。矿物的相对密度决定于其化学成分和内部结构，主要与组成元素的原子量、原子和离子半径及堆积方式有关。此外矿物的形成条件——温度和压力对矿物的相对密度的变化也起重要的作用。矿物相对密度可分为3级：

(1)轻级。相对密度小于2.5，如石墨(2.5)、自然硫(2.05~2.08)、食盐(2.1~2.5)、石膏(2.3)等。

(2)中级。相对密度2.5~4，大多数矿物的相对密度属于此级。如石英(2.65)、斜长石(2.61~2.76)、金刚石(3.5)等。

(3)重级。相对密度大于4，如重晶石(4.3~4.7)、磁铁矿(4.6~5.2)、白钨矿(5.8~6.2)、方铅矿(7.4~7.6)、自然金(14.6~18.3)等。

应该指出，同一种矿物，由于化学成分的变化、类质同象混入物的代换、机械混入物及包裹体的存在、孔洞与裂隙中空气的吸附等等对矿物的相对密度均会造成影响。所以，在测定矿物相对密度时，必须选择纯净、未风化矿物。

2. 矿物的硬度

矿物的硬度是指矿物抵抗外来机械作用力(如刻划、压入、研磨等)侵入的能力。

早在1822年，Friedrich Mohs提出用10种标准矿物来衡量矿物的硬度，这就是所谓的摩氏硬度计。按照矿物的软硬程度分为10级：①滑石；②石膏；③方解石；④萤石；⑤磷灰石；⑥正长石；⑦石英；⑧黄玉；⑨刚玉；⑩金刚石。各级之间硬度的差异不是均等的，等级之间只表示硬度的相对大小。

利用摩氏硬度计测定矿物硬度的方法很简单。将预测矿物和硬度计中某一矿物相互刻划，如某一矿物能划动方解石，说明其硬度大于方解石，但又能被萤石所划动，说明其硬度小于萤石，则该矿物的硬度为3到4之间，可写成3~4。

矿物的硬度是矿物的重要物理常数和鉴定标志。某些矿物的硬度的细微变化常与形成条件有关，因此根据硬度可以探讨矿物的成因。矿物的硬度在工业技术上有重要意义。例如，高硬度的金刚石广泛用于研磨、切割、抛光等重要工具，低硬度的石墨是重要的固体润滑剂。

3. 矿物的解理

矿物晶体在外力作用下严格沿着一定结晶方向破裂，并且能裂出光滑平面的性质称为解理，这些平面称为解理面。

解理是晶体异向性的表现之一，矿物晶体的解理严格受其内部结构的控制。解理面一般平行于面网密度最大的面网、阴阳离子电性中和的面网、两层同号离子相邻的面网以及化学键力最强的方向。例如石墨，在平行{0001}方向易裂成解理，这是由于石墨具有层状结构，层内原子间距(c−c)为1.42Å，层间距离为3.40Å；层内为共价键以及派键，层间为分子键。所以层与层间连接力较弱，解理就沿层的方向{0001}产生。

根据晶体在外力的作用下裂成光滑的解理面的难易程度，可以把解理分成下列5级：

（1）极完全解理。矿物在外力作用下极易裂成薄片。解理面光滑、平整，很难发生断口。例如云母、石墨、石膏等。

（2）完全解理。在外力作用下，很易沿解理方向裂成平面（不成薄片）。解理面平滑，较难发生断口，如方解石、方铅矿、萤石等。

（3）中等解理。在外力作用下，可以沿着解理方向裂成平面。解理面不太平滑，易出现断口，如白钨矿、普通辉石等。

（4）不完全解理。矿物在外力作用下，不容易裂出解理面。解理面不平整，容易成为断口，如磷灰石等。

（5）极不完全解理（即无解理）。矿物受外力的作用后，极难出现解理面。在碎块上常为断口，如石英、石榴子石等。

4. 裂开与断口

裂开与断口也是矿物在外力作用下发生破裂的性质。

裂开也是矿物晶体在外力作用下，沿着一定结晶方向破裂的性质。裂开的表面称为裂开面。裂开与解理很相似，但它们的成因不同。裂开产生原因大致是：①裂开面可能是沿着双晶接合面特别是聚片双晶接合面发生。②裂开面的产生还可能是因为沿某一种面网存在有他种成分的细微包裹体，或者是固溶体离溶物，这些物质作为该方向面网间的夹层，因而使得矿物产生裂开，例如，磁铁矿沿{111}方向裂开。可见，裂开是由一些非固有原因所导致的定向破裂，裂开只发生在某一矿物种的某些矿物个体中，在另一些个体中可以没有；而对于解理来说，凡是具有解理的矿物种，其所有矿物个体中都存在解理。对于某些矿物来说，裂开可作为一种鉴定特征，有时还可以帮助分析矿物成因和形成历史。

断口与解理不同，在晶体或非晶体矿物上均可发生，是指矿物在外力作用下破裂后所呈现的断口特征。断口常具有一定的形态，因此也是鉴定矿物的特征之一。矿物断口的形状主要有下列几种：

（1）贝壳状。断口呈圆形的光滑曲面，面上常出现不规则的同心条纹，如石英和玻璃质体。

（2）锯齿状。断口呈尖锐的锯齿状，延展性很强的矿物具有此种断口，如自然铜。

（3）纤维状及多片状。端口面呈纤维状或细片状，如纤维石膏、蛇纹石等。

（4）参差状。断口面参差不齐，粗糙不平，大多数矿物具有此种断口，如磷灰石。

（5）土状。端面呈细粉状，断口粗糙，为土状矿物所特有，如高岭石、铝矾土等。

5. 弹性与挠性

矿物受外力作用发生弯曲形变，但当外力作用取消后，则能使弯曲形变恢复原状，此性质称为弹性。例如云母、石棉等矿物均具有弹性。弹性的实质是：一些层状结构的矿物，其单位层之间存在着一定的离子键连接力，当受外力弯曲时，这些离子键也被拉长或压短，各单位层能够变弯和移动。当外力取消后，这些离子键恢复正常，并使各个单位层恢复到原位。

如当外力作用取消后，歪曲了的形变不能恢复原状，则此性质称为挠性。例如滑石、绿泥石、至石等矿物均有挠性。具挠性的矿物，在其内部结构中，单位层与层之间，靠余键相连，当它受外力弯曲时，两层之间可相对移动，能够形成新的余键而处于平衡，没有恢复力，因而弯曲后不能恢复原状。

6. 延展性

矿物在锤击或拉引下，容易形成薄片和细丝的性质称为延展性。

通常温度升高，延展性增强。延展性是金属矿物的一种特性，金属键的矿物在外力作用下的一个特征就是产生塑性形变，这就意味着离子能够移动重新排列而失去黏结力，这是金属键矿物具有延展性的根本原因。金属键程度不同，则延展性也有差异。自然金属矿物，如自然金、自然银、自然铜等都具有良好的延展性。当用小刀刻划具有延展性的矿物时，矿物表面被刻之处立即留下光亮的沟痕，而不出现粉末或碎粒，据此可区别于脆性。

2.4.2 矿物的光学性质

矿物的光学性质，主要是指矿物对光线的吸收、反射和折射所表现出的各种性质。用肉眼能够观察的光学性质主要有矿物的颜色、条痕、光泽和透明度等。

1. 矿物的颜色

颜色是矿物的重要光学性质之一。许多矿物具有典型的颜色，如孔雀石的绿色、蓝铜矿的蓝色、斑铜矿的古铜色等，对于鉴定矿物具有重要的实际意义。

矿物对可见光选择性地吸收是其呈现不同颜色的主要原因。不同颜色的光波，一般用不同波长来表示。可见光波波长约在 390 ~ 760 nm 之间，其间波长由长至短依次显示红、橙、黄、绿、青、蓝、紫等色。它们的混合色就是白色。

当矿物受白光照射时，便对光产生吸收、透射和反射等各种光学现象。如果矿物对光全部吸收时，矿物呈黑色；如果对白光中所有波长的色光均匀吸收，则矿物呈灰色；基本上都不吸收则为无色或白色。如果矿物只选择吸收某些波长的色光，而透过或反射出另一些色光，则矿物就呈现颜色。矿物吸收光的颜色和被观察到的颜色之间为互补关系(图 2 – 2)。例如，照射到矿物上的白光中的绿色被吸收，矿物则呈现绿色的补色——红色。

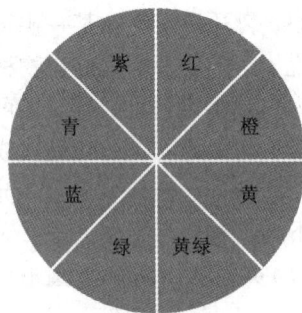

图 2 – 2　互补色
(图中对角扇形区为互补色)

此外，由于光波多次反射、散射、干涉等物理光学作用，亦能影响矿物的呈色，如晕色、锖色、变彩等。

(1)晕色：某些透明矿物的表面常呈现出一种彩虹般的色带，称为晕色，如云母、方解石、石英。主要是由于矿物内部的解理面或裂隙对光连续反射，引起光的干涉而产生。

(2)锖色：某些不透明矿物，经风化后表面产生氧化薄膜，引起反射光的干涉作用，使矿物表面呈现各种颜色，称为锖色。如斑铜矿具有独特的、色彩斑驳的蓝、靛、紫色，可作为鉴定特征。

(3)变彩：某些透明矿物在转动时或沿不同角度观察，可呈现不同颜色的变化，称为变彩。引起变彩的原因大多数是由于矿物内部有微细的叶片状包裹体，对光发生干涉和反射的结果，如拉长石呈现蓝色、绿色、金黄色等变彩。

应该指出，由于矿物的成分、结构、键型是复杂的，引起颜色变化的因素也是复杂的。一种矿物的颜色往往是各种呈色机理所产生的总效应，如蓝宝石(合少量 Fe 和 Ti 的刚玉)的颜色是由 d – d 电子跃迁和离子间电子转移综合引起，即由 Fe^{2+}、Fe^{3+}、Ti^{3+} 的 d – d 电子跃

迁和 $Fe^{2+} + Ti^{4+} / Fe^{3+} + Ti^{3+}$ 的电子转移(Fe^{2+} 的一个电子转移给 Ti^{4+}，形成 $Fe^{3+} + Ti^{3+}$ 的组合)，产生对红光强烈吸收，使矿物染成深蓝或蓝绿色。

在矿物学中还将矿物的颜色分为自色、他色和假色。自色是指由矿物本身固有的成分、结构所决定的颜色，对矿物鉴定有着重要的意义；他色是由杂质、气液包裹体等所引起的颜色；假色是因物理光学效应而产生的颜色，如上所述的晕色、锖色、变彩等。

2. 矿物的条痕

矿物的条痕是指矿物粉末的颜色。一般是将矿物在白色无釉瓷板上刻划后，观察其留下的粉末颜色。矿物的条痕可以消除假色，减弱他色，因而比矿物颜色更稳定。所以，在鉴定各种彩色或金属色的矿物时，条痕色是重要的鉴定特征之一。例如，赤铁矿的颜色可呈铁黑色，也可呈钢灰色，但其条痕色总是樱红色。然而，浅色矿物(如方解石、石膏)的条痕色皆为白色或灰白色，则毫无鉴定意义。

有些矿物由于类质同相混入物的影响，使条痕发生变化。如闪锌矿 $(Zn, Fe)S$，当铁含量高时，条痕呈褐黑色；含铁低时，条痕则呈淡黄色或黄白色。由此可见，某些矿物随着成分的变化，条痕也稍有变化。因此，根据条痕色的微细变化，可大致了解矿物成分的变化。

3. 矿物的透明度

矿物的透明度是指矿物可以透过可见光的程度。透明度的大小可以用透射系数 Q 来表示。若投入矿物的光线强度为 I_0，当透过 1 cm 厚的矿物时，其透射光的强度为 I，则 I/I_0 的比值称为透射系数。透射系数大，矿物透明；反之，矿物半透明或不透明。

矿物的透明与不透明不是绝对的，例如自然金本是不透明矿物，但金箔亦能透过一部分的光。因此，在研究矿物透明度时，应以同一厚度为准。根据矿物在岩石薄片(其标准厚度为 0.03 mm)中透光的程度，矿物的透明度可分为 3 级：

(1)透明：矿物在 0.03 mm 厚的薄片上能透光，如石英、长石、角闪石。

(2)半透明：矿物在 0.03 mm 厚的薄片上透光能力弱，如辰砂、锡石。

(3)不透明：矿物在 0.03 mm 厚的薄片上不能透光，如方铅矿、黄铁矿、磁铁矿。

影响透明度的因素还有矿物中的包裹体、气泡、杂质、裂隙及矿物的集合方式等。

4. 矿物的光泽

矿物的光泽是指矿物表面对光的反射能力。光泽的强弱用反射率 R 来表示。反射率是指光垂直入射矿物光面时的强度(I_0)与反射光强度(I_r)的比值，即 $R = I_r/I_0$，通常用百分率表示。反射率越大，光泽就越强。按照反射率的大小，光泽分为 4 级：

(1)金属光泽：$R > 25\%$，呈金属般的光亮，条痕黑色、灰黑、绿黑或金属色，不透明，如自然金、黄铁矿、方铅矿。

(2)半金属光泽：$R = 19\% \sim 25\%$，呈弱金属般的光亮，不透明，条痕深彩色(棕色、褐色)，如铬铁矿、黑钨矿。

(3)金刚光泽：$R = 10\% \sim 19\%$，如同金刚石般的光亮，条痕为浅色(浅黄、橘黄、橘红)或无色，透明 – 半透明，如金刚石、辰砂、雌黄。

(4)玻璃光泽：$R = 4\% \sim 10\%$。如同玻璃般的光亮，条痕无色或白色，透明，如石英、长石、方解石。

一般来说，矿物的光泽与条痕色相关，条痕色越深，光泽越强。但也有少数矿物的光泽(反射率)与条痕色的关系与上述情况不一致。如石墨的条痕色为黑色，但反射率较低($R =$

6.0% ~17.0%）；磁铁矿的条痕色为黑色，但反射率也不高（$R = 21.1\%$）。

上述光泽的分级，是指矿物的平坦晶面或解理面上对光的反射情况。如果矿物表面不光滑或呈集合体时，会使光产生多次的折射和散射，形成一些特殊的光泽。如珍珠光泽、丝绢光泽、油脂光泽、松脂光泽、沥青光泽和土状光泽。

珍珠光泽：矿物呈现如同珍珠表面或蚌壳内壁那种柔和的光泽，如石膏、云母的极完全解理面上具珍珠光泽。

丝绢光泽：透明矿物呈纤维状集合体时，表面具丝绢状光亮。如石棉、纤维石膏等。

油脂光泽、松脂光泽和沥青光泽：见于矿物不平坦的断口上。无色透明的矿物其断口具油脂光泽，如石英；黄色－黄褐色矿物其断口为松脂光泽，如雄黄；黑色矿物的断口则为沥青光泽，如沥青铀矿。

土状光泽：呈粉末状或土状集合体的矿物，表面光泽暗淡如土，如高岭石、褐铁矿等。

5. 矿物的发光性

发光性是指物体受外加能量激发，能发出可见光的性质。物体具有受激发光的现象，则被称为发光体。

根据发光激发源的不同，可将发光分为：光致发光，如由可见光、红外光和紫外光等激发；阴极射线发光，如由电子束激发；辐射发光，如由 X 射线、γ（伽玛）射线等激发；热致发光，由热能激发。此外，还有电致发光、摩擦发光、化学发光等。

根据发光持续时间的长短又分为荧光和磷光两种类型。如果发光体一旦停止受激，发光现象立即消失，称为荧光；如果激发停止后，仍持续发光则称为磷光。能发荧光或磷光的物体分别称为荧光体或磷光体。

矿物的发光主要与矿物中的晶体缺陷和杂质元素有关，大多数组分纯净的矿物是不发光的。例如，有些矿物中因含铈而呈现淡蓝色发光，因含钐等元素而呈现褐红色发光。含稀土元素的萤石和方解石常产生荧光；在钙的碳酸盐中有镧系元素代替钙时常产生磷光。

矿物的发光性，对于某些矿物的鉴定具有实际意义。例如，在地质工作中，常用轻便的紫外光灯来探测具有荧光性的矿物，如白钨矿被紫外光照射时可发出荧光，很容易与石英区分。

2.4.3 矿物的磁性与电性

1. 矿物的磁性

矿物的磁性是指矿物能够被永久磁铁和电磁铁吸引，或矿物本身能够吸引铁质物体的性质。

矿物的磁性可以用磁化系数或比磁化系数表示。磁化系数也称为体积磁化系数，是指矿物在外加磁场中磁化的难易程度，在数值上等于在磁场中的磁化强度与外加磁场强度的比值，是一个无量纲的系数。磁化系数越大，说明矿物越容易磁化。比磁化系数是指单位质量的矿物颗粒在单位磁场中所产生的磁矩，在数值上等于磁化系数与矿粒密度之比。同样，比磁化系数越大，说明矿物越容易被磁化。按照比磁化系数可将矿物的磁性分为以下 4 种。

1）强磁性矿物

比磁化系数 $> 3000 \times 10^{-6}$ cm³/g，在弱磁场磁选机中（磁场强度 1500 奥斯特左右）就能够回收。属于这类矿物的主要有磁铁矿、磁赤铁矿、钛磁铁矿、磁黄铁矿等。

2）中磁性矿物

比磁化系数在 $600 \sim 3000 \times 10^{-6}$ cm^3/g 之间，要分选这类矿物，磁场强度一般要达到 $2000 \sim 8000$ 奥斯特，如钛铁矿、铬铁矿及假象赤铁矿等。

3）弱磁性矿物

比磁化系数在 $15 \sim 600 \times 10^{-6}$ cm^3/g 之间，要分选这类矿物，磁场强度一般要在 $10000 \sim 20000$ 奥斯特。属于这类矿物的种类很多，如大多数铁、锰矿物——赤铁矿、镜铁矿、褐铁矿、菱铁矿、水锰矿、硬锰矿、软锰矿等；一些含钛、钨的矿物——金红石、黑钨矿等；部分含铁、钛的非金属矿物——黑云母、角闪石、绿泥石等。

4）非磁性矿物

比磁比系数 $< 15 \times 10^{-6}$ cm^3/g，目前采用磁选法尚难以分选。属于这类矿物的种类很多，如大部分非金属矿物和部分金属硫化物。

应当指出，矿物的磁性受很多因素影响，不同产地不同矿床的同一种矿物的磁性往往不同，有时甚至差别很大。这是由于它们在生成过程的条件不同，杂质含量不同，结晶构造不同等所引起。另外，各类矿物的比磁化系数的范围，特别是弱磁性矿物和非磁性矿物的界限并不是极其严格的，随着磁选技术的发展，磁选机的处理的矿物范围也会不断扩大。所以上述分类是大致的。对于一个具体的矿物而言，其磁性大小应通过矿物磁性的测定才能确定。

2. 矿物的电性

1）矿物的导电性

矿物对电流的传导能力称为矿物的导电性。它主要取决于矿物的能带结构类型，可分为绝缘体、良导体、半导体矿物。

（1）绝缘体矿物。一般是离子键和共价键矿物。

（2）良导体矿物。一般是金属键矿物，如自然金、自然铜等。

（3）半导体矿物，如黄铁矿、方铅矿等。半导体矿物中，杂质元素的存在及晶格缺陷对其导电性能影响很大。因此，可以利用杂质元素来改变半导体矿物的导电性能。

2）矿物的压电性

某些矿物晶体，在机械作用的压力或张力影响下，因变形效应而呈现的荷电性质，称为压电性。在压缩时产生正电荷的部位，在伸张时，就产生负电荷。在机械地一压一张的相互不断地作用下，就可以产生一个交变电场，这种效应称为压电效应。反过来具有压电性的矿物晶体，把它放在一个交变电场中，它就会产生一伸一缩的机械振动，这种效应称为电致伸缩。当交变电场的频率和压电性矿物本身机械振动的频率一致时，就会发生特别强烈的共振现象。

矿物的压电性只发生在无对称中心，具有极性轴的各类矿物中（如 α 石英）。由于石英振动频率稳定、质地坚硬和化学性质稳定，已成为一种广泛使用的天然压电材料。

3. 矿物的焦电性

某些矿物晶体，当受热或冷却时，在晶体的某些结晶方向产生电荷的性质称为焦电性。如电气石晶体加热到一定温度时，其 Z 轴的一端带正电，另一端则带负电；若将已热的晶体冷却，则两端电荷变号。矿物的焦电性主要存在于无对称中心或具有极性轴的介电质矿物晶体中，如电气石、方硼石、异极矿等。晶体的焦电性已在红外探测中得到应用。

思考题

1.矿物学上划分离子类型的依据是什么？不同类型的离子各有何特点？

2.何谓胶体矿物？其主要特性有哪些？

3.举例说明水在矿物中的存在形式及作用。不同形式的水在晶体化学式中如何表示？

4.引起矿物化学成分变化的主要原因有哪些？

5.何谓晶体习性？并举例说明其主要影响因素。

6.如何描述矿物集合体的形态？

7.鲕状集合体能否称为粒状集合体？为什么？

8.试总结矿物的颜色、条痕、透明度和光泽之间的相互关系。

参考文献

[1] 赵珊茸.结晶学与矿物学.北京：高等教育出版社，2003

[2] 方奇，于文涛.晶体学原理.北京：国防工业出版社，2002

[3] 钱逸泰.结晶化学导论(第2版).合肥：中国科技大学出版社，1999

[4] 陈丰，林传易，张蕙芬等.矿物物理学概论.北京：科学出版社，1995

[5] 潘兆橹.结晶学及矿物学(第3版).北京：地质出版社，1993

[6] 罗谷风等.基础结晶学与矿物学.南京：南京大学出版社，1993

[7] 邵美成.鲍林规则与键价理论.北京：高等教育出版社，1993

[8] 潘兆橹，万朴.应用矿物学.武汉：武汉工业大学出版社，1993

第3章 矿物分类及性质

自然界每一种矿物都有其相对固定的化学组成和内部构造，从而具有一定的形态、物理性质和化学性质。另一方面，各种矿物并不是彼此孤立的，它们之间由于在化学组成或内部构造上有某些类同之处而表现出相似的特征。为了揭示矿物之间的相互联系及其内在的规律性，系统、全面地研究矿物，就必须对矿物进行科学的分类。在矿物分类的基础上，本章对不同类型典型矿物的结构和性能进行了简要介绍。

3.1 矿物的分类与命名

3.1.1 矿物的分类

矿物的分类方法很多，如化学成分分类、晶体化学分类、地球化学分类、成因分类等。但目前矿物学中所广泛采用的是以矿物的化学组成和晶体构造为依据的晶体化学分类。因为成分和晶体构造决定了矿物的性质，并与一定的生成条件有关，在一定程度上也反映了自然界的化学元素结合的规律。因此，这是一种比较合理的分类方法。其分类体系如表 3 – 1 所示。

表 3 – 1 矿物的晶体化学分类体系

类 别	划分依据	举 例
大类	化合物类型和化学键	含氧酸盐大类
类	阴离子获配离子种类	硅酸盐
亚类	配离子构造	架状构造硅酸盐亚类
族	晶体构造和阳离子性质	长石族
亚族	阳离子种类	钾长石亚族
种	一定的晶体构造和一定的化学组成	正长石 K[AlSi$_3$O$_8$]
亚种或变种	晶体构造相同,在化学组成或者在形态、物理性质方面有差异	紫水晶

矿物种是矿物分类的基本单位。所谓"种"，应当把它理解为具有一定的晶体构造和一定的化学组成的独立单位。这里所谓的"一定"也是有相对意义的，由于类质同象的代替，它们可以在一定的范围内产生变化。对于连续类质同象系列，通常可根据端员组分所占的不同比例而划分为几个矿物种。如橄榄石的类质同象系列可分为镁橄榄石 Mg[SiO$_4$]、镁铁橄榄石

$(Mg, Fe)_2[SiO_4]$、铁橄榄石 $Fe_2[SiO_4]_3$ 3 个矿物种。根据上述分类原则,本书采用如下的具体分类:

第一大类:自然元素;

第二大类:硫化物及其类似化合物;

第三大类:氧化物和氢氧化物;

第四大类:卤化物;

第五大类:含氧盐,包括:硅酸盐类、硼酸盐类、磷酸盐类、硫酸盐类、钨酸盐类和碳酸盐类。

3.1.2 矿物的命名

每一种矿物都有它自己的名称。矿物命名的依据一般是以该矿物的化学成分、物理性质、形态等,也有的是以发现该矿物的地名或人名来命名的。举例如下:

(1)根据成分命名:自然金 Au、钨锰铁矿 $(Mn, Fe)[WO_4]$。

(2)根据性质命名:重晶石(密度大)、方解石(具菱面体解理)、孔雀石(孔雀绿色)、电气石(具压电性和热电性)。

(3)根据形态命名:石榴石(晶形呈四角三八面体或菱形十二面体,状似石榴子)、十字石(双晶呈十字形)。

(4)根据两种特征命名:黄铜矿($CuFeS_2$、铜黄色)、绿柱石(绿色、柱状晶形)、方铅矿(PbS、立方体晶形及解理)。

(5)根据地名命名:高岭石(我国江西高岭地方产者最著名)、香花石(发现于我国香花岭)。

(6)根据人名命名:章氏硼镁石(为纪念我国地质学家章鸿钊而命名)。

对于呈现金属光泽的或者是可以从中提炼金属的矿物,我国习惯上称之为某某矿,如黄铜矿、方铅矿等;对于呈现非金属光泽的矿物,往往称为某某石,如方解石、重晶石等;对于宝玉石类矿物,常称之为某某玉,如刚玉、软玉等;对于地表次生矿物,常称之为某华,如钴华、锑华等。

3.2 自然元素类矿物

自然元素矿物是指某种元素以单质形式产出的矿物。目前已知的自然元素矿物近 90 种,约占地壳总重量的 0.1%。这类矿物虽然在自然界数量不多,分布也极不均匀。但其中有些可富集成具有工业意义的矿床,如自然铜、自然金、自然铂、金刚石、石墨和自然硫等。

组成自然元素矿物的元素约二十多种,根据元素的属性和元素间的结合方式,将本大类矿物划分为以下 3 类:金属元素、半金属元素、非金属元素。由于金属、半金属和非金属元素的原子性质、晶体构造和键性不同,所以它们的物理性质差别很大。

3.2.1 金属元素矿物

金属元素主要为贵金属钌(Ru)、铑(Rh)、钯(Pd)、锇(Os)、铱(Ir)、铂(Pt)和金(Au)等元素和铜(Cu)元素,铁陨石中常见 Fe、Co、Ni。金属元素间的类质同象十分普遍,形成金属混晶矿物如银金矿(Au,Ag),也可形成互化物如铁镍矿(Ni_3Fe)。金属元素及其互化物构成的矿物具典型的金属键;金属元素及其互化物矿物多为等轴晶系,少数为六方晶系;矿物在物理性质上呈现典型的金属特性:金属色、金属光泽、不透明、低硬度(锇、铱为例外)、无解理、大相对密度、强延展性、强导电性和强导热性。

1.自然铜族

本族包括自然铜、自然银、自然金等矿物。自然金是金在自然界中最主要的存在形式。由于 Au 和 Ag 的原子半径相近、晶体结构类型相同、地球化学性质相似,故可形成完全类质同象。而铜的原子半径较小,在高温时才与金形成类质同象。

1)自然铜 Cu

(1)化学组成:原生自然铜中往往含有少量的 Au、Ag、Fe 等混入物,而次生自然铜的化学成分则较纯净。

(2)晶体结构及形态:自然铜的晶体结构为等轴晶系,原子呈立方最紧密堆积,它们位于立方晶胞的角顶和各个面的中心,构成按立方面心排列的铜型结构。自然铜完好的晶体很少见,以单晶出现时可见有立方体{100}、八面体{111}、菱形十二面体{110},亦可有四六面体{410}等单形,可依(111)成双晶。自然铜的形态通常呈不规则树枝状、片状或致密块状集合体。

(3)物理性质:铜红色,表面常因氧化而出现棕黑色锖色,条痕铜红色,金属光泽,不透明,无解理,断口呈锯齿状,硬度 2.5~3,相对密度 8.4~8.95,具延展性,熔点 1083℃,为热和电的良导体。

(4)鉴定特征:自然铜呈铜红色,表面氧化膜呈棕黑色,密度大,强延展性。经常与孔雀石、蓝铜矿伴生。

2)自然金 Au

(1)化学组成:自然金成分中常有 Ag 类质同象置换 Au,两者可形成完全类质同象系列。当成分中含 Ag <5% 时称自然金;含 Ag 在 5%~15% 时称含银自然金;含 Ag 在 15%~50% 时称银金矿;含 Ag 在 50%~85% 时称金银矿;含 Ag 在 85%~95% 时称含金自然银;含 Ag >95% 时称为自然银。此外,自然金化学成分还有少量的 Bi、Pt、Cu、Pd、Te、Se、Ir 等元素。

(2)晶体结构及形态:自然金的晶体结构为等轴晶系,原子呈立方最紧密堆积,形成按立方面心排列的铜型结构。自然金通常呈不规则粒状集合体,此外还可见树枝状、鳞片状、薄片状、网状、纤维状,偶见较大的团块状集合体。肉眼可辨的单个晶体少见,常见的单形有:立方体{100}、八面体{111}、菱形十二面体{110}、四六面体{210}及四角三八面体{311},常依(111)形成双晶。

(3)物理性质:颜色和条痕均为金黄色(随着 Ag 含量的增加色变浅,银金矿为淡黄至奶黄色);金属光泽;无解理;硬度 2~3;相对密度 15.6~18.3,纯金为 19.3;具延展性;有高度导电导热性。

(4)鉴定特征:金黄色,强金属光泽,密度大,富延展性;在空气中不氧化,化学性质稳定。

2.自然铂族

自然铂族分为具铜型结构的自然铂和锇型结构的自然锇两个亚族。前者包括自然铂、自然钯、自然铱和自然铑,为等轴晶系,呈八面体或立方体晶形。后者包括自然锇、自然钌等,为六方晶系，呈六方板状晶形，硬度(约为6)明显高于前者(约为4)。

本族矿物一般为银白色和钢灰色，硬度比自然金族高，也具有与自然金族类似的其他金属特性。铂族元素矿物主要出现于基性、超基性岩浆岩中，常与铜镍硫化物和铬铁矿共生。

本族矿物的晶体结构有自然铂和自然锇两种不同类型，前者具有铜型结构，包括自然铂、自然铱、自然钯等，晶体为等轴晶系，偶尔出现八面体或立方体晶形。后者为锇型结构，即原子呈六方最紧密堆积形成的结构，包括自然锇、自然钌等，晶体为六方晶系，呈六方板状晶形。

自然铂的主要特征如下：

(1)化学组成：自然铂(Pt)的化学组成中常含 Fe、Ir、Pd、Rh、Ni 等类质同象混入物。

(2)晶体结构及形态：自然铂的晶体结构为等轴晶系、铜型结构。自然铂的形态以不规则细小颗粒状、粉状、葡萄状常见，有时形成较大的块体集合体。单晶少见，属于六八面体晶类，偶见立方体{100}或八面体{111}的细小晶体。

(3)物理性质：自然铂的颜色为锡白色，表面一般带浅黄色，颜色视铁含量多少由银白至钢灰色，条痕钢灰色。金属光泽，无解理，断口锯齿状，硬度 4~4.5，相对密度 21.5(纯铂)，熔点 1774℃。具延展性，微具磁性，电和热的良导体。

(4)鉴定特征：自然铂为锡白、银白至钢灰色，密度大，在空气中不氧化，在普通酸类中不溶解。

3.2.2 半金属元素矿物

半金属元素主要包括 As、Sb、Bi 3 个自然元素。晶体均同三方晶系。完好晶形少见，一般呈粒状、片状。新鲜面锡白或银白色，金属光泽，氧化后则暗淡无光。具平行{0001}完全解理。由于砷、锑、铋原子量依次增大，因而矿物相对密度由砷至铋递增。另外，由砷至铋非金属性递减，因此砷的非金属性较强，不具金属的延展性。

本类矿物在自然界中除自然铋较常见外，自然砷、自然锑在自然界极为罕见。锑和铋可形成连续类质同象系列；但砷和锑只有在高温下才形成固溶体，而低温时则分解成砷锑金属互化物(AsSb)或砷和锑；而砷与铋甚至成熔融状态亦不相混。

自然铋的主要特征如下：

(1)化学组成：自然铋(Bi)成分较纯，偶含微量 Fe、S、Te、As、Sb 等元素。

(2)晶体结构及形态：自然铋的晶体结构为三方晶系。自然铋单晶形态属于复三方偏三角面体晶类，但单晶少见，常见的自然铋形态呈粒状、片状、致密块状或羽毛状的集合体。

(3)物理性质：自然铋新鲜断面呈微带浅黄的银白色，在空气中易变成具浅红的锖色，条痕灰色，金属光泽，{0001}完全解理，硬度 2~2.5，相对密度 9.70~9.83，具弱延展性，熔点 271℃，具有逆磁性。

(4)鉴定特征：自然铋呈浅红的锖色，完全解理，硬度较低和密度较大。自然铋在地表条件下易于氧化形成铋华和泡铋矿。

3.2.3 非金属元素矿物

非金属元素，主要是硫和碳等。硅可呈微粒包体产于地幔岩中，C、Si、N、P 形成碳化物、硅化物、氮化物和磷化物。非金属元素和类似物矿物化学键类型变化很大。

1. 自然硫族

硫是化学元素中最活泼的元素之一，它能跟很多物质生成化合物。自然硫主要存在于火山岩或沉积岩中。其晶体一般呈双锥状或厚板状，晶体的集合体通常为致密块状或粉末状。自然硫有一股硫磺味道。用手紧握硫的晶体，放在耳边，可以听见其碎裂的声音。其产于火山岩、沉积岩中及硫化矿床风化带，常与方解石、白云石、石英等组合，其双锥状晶形，金刚光泽，加上黄亮鲜艳的硫黄色，与基岩形成鲜明反差，有较好观赏性。

自然硫的主要特征如下：

(1)化学组成：自然硫(S)一般不纯净，火山作用成因的自然硫往往含少量的 Se、As、Te，其他矿床产出常夹有黏土、有机质、沥青等机械混入物等。

(2)晶体结构及形态：自然硫的晶体结构为正交(斜方)晶系。自然硫为分子结构，硫分子由八个硫原子以共价键结合而成，上下两个四方环交错排列，构成环状分子。形态为斜方双锥晶类，晶形常呈双锥状或厚板状，由菱方双锥、菱方柱、板面等组成。常见的集合体形态为致密块状、粉末状。

(3)物理性质：自然硫呈黄色，因含杂质而带各种不同色调，淡黄色条痕。不透明，晶面呈金刚光泽，断口呈油脂光泽，硬度 1~2，解理不完全，贝壳状断口。相对密度 2.05~2.08，不导电，摩擦带负电。

(4)鉴定特征：自然硫以其黄色、油脂光泽、硬度小、性脆和有硫臭味为特征。

此外，自然硫易溶于 CS_2，易燃，火焰呈蓝紫色。

2. 金刚石族

金刚石的主要特征分述如下：

(1)化学组成：金刚石(C)成分中可含有 N、B、Si、Al、Na、Ba、Fe、Cr、Ti、Ca、Mg、Mn等元素。其中以 N、B 为主，是目前金刚石分类的基本依据。首先根据是否含 N 分为两类：含 N 者为 I 型，I 型又据 N 的存在形式进一步分为 I_a 型和 I_b 型。I_a 型中 N 含量大于 0.1%，以细小片状的形式存在，增强了金刚石的硬度、导热性、导电性，天然金刚石中 98% 为 I_a 型。I_b 型中 N 含量很小，N 以单个原子置换金刚石中的 C，I_b 型绝大多数见于人造金刚石中，而仅占天然金刚石的 1% 左右。不含 N 或含量极微(<0.001%)者为 II 型，又根据是否含 B 进一步分为 II_a 型和 II_b 型。II_a 型一般不含 B，具良好的导热性，天然的金刚石中 II_a 型 B 的含量很小。II_b 型含 B 杂质元素，往往呈天蓝色，具半导体性能，II_b 型金刚石在自然界中罕见。此外，还可出现混合型金刚石，即同一颗粒金刚石内，N 的分布不均匀，既有 I 型区，又有 II 型区；或既有 I_a 型区，又有 I_b 型区。

(2)晶体结构及形态：金刚石晶体结构为等轴晶系、立方面心晶胞。碳原子除位于立方体晶胞的角顶及面中心外，将立方体平分为 8 个小立方体，在相间排列的小立方体中心还存在着碳原子。碳原子以共价键与周围的另外 4 个碳原子相连，键角 109°28′16″，形成四面体配位，整个结构可视为以角顶相连接的四面体的组合。碳原子间以共价键联结，致使金刚石具有高硬度、高熔点、不导电、在温度压力变化很大的范围内化学性质很稳定的特性。

金刚石单晶形态为六八面体晶类或六四面体晶类，其单形主要是八面体、菱形十二面体及它们的聚形，少数为八面体、菱形十二面体与立方体、四六面体成聚形。自然界中金刚石大多数呈单晶产出，常见圆粒状或碎粒状，颗粒一般为米粒或绿豆大小。由于熔蚀作用常见晶体呈浑圆状，晶面弯曲，并出现蚀像，不同的单形有不同的蚀像，如八面体晶面出现三角形，立方体晶面出现四边形熔蚀坑。

（3）物理性质：纯净金刚石为无色透明，常因含微量元素而呈不同色调，含 Cr 呈天蓝色，含 Al 呈黄色，还可有褐、灰、白、绿、红、紫等色调，含石墨包体者呈黑色。晶面金刚光泽，断口油脂光泽。解理｛111｝中等、｛110｝不完全。硬度 10，相对密度 3.47～3.56，一般为3.52，性脆，抗磨性强。金刚石不导电，导热性好，室温下其热导率是铜的 5 倍，表面疏水而亲油，化学性质稳定。金刚石具有发光性，经日光曝晒后，夜间或置于暗室中发淡青蓝色磷光，故有"夜明珠"之称；在紫外线照射下发绿色、天蓝色或紫色磷光，也有部分金刚石不发光。

（4）鉴定特征：金刚石具有极高的硬度，标准的金刚光泽，晶形轮廓常呈浑圆状。

3. 石墨族

石墨的主要特征如下：

（1）化学组成：石墨成分纯净者极少，往往含各种杂质如黏土、沥青及 SiO_2、Al_2O_3、FeO 等各类氧化物混入物。

（2）晶体结构及形态：石墨为六方晶系，具典型层状结构。石墨碳原子成层排列，每层碳原子构成一个六方环状网，上层面网的碳原子对着下层面网六方环的中心。石墨层内为共价键和部分金属键，而层间则为分子键，这种结构决定了它在物性上表现出明显的异向性。而金属键的存在，决定了石墨具有金属光泽、良好的导电性和导热性。石墨晶体属于复六方双锥晶类、六方板状晶形。石墨完好晶体少见，一般为鳞片状或块状、土状集合体。

（3）物理性质：石墨的颜色为铁黑至钢灰色，条痕均为光亮黑色，金属光泽，隐晶质集合体光泽暗淡，平行｛0001｝解理极完全，硬度 1～2，相对密度 2.09～2.26，解理片具挠性，有滑感，易污手，具良好导电性。

（4）鉴定特征：石墨呈黑色，硬度低，密度小，有滑感。

3.3 硫化物及其类似化合物

硫化物及其类似化合物包括一系列金属、半金属元素与 S、Se、Te、As、Sb、Bi 结合而成的矿物。该类矿物种数有 350 种左右，硫化物就占了 2/3 以上，其他为硒化物、碲化物、砷化物、锑化物和铋化物。

本类矿物约占地壳总质量的 0.15%，其中绝大部分为铁的硫化物，其他元素的硫化物及其类似化合物只相当于地壳总质量的 0.001%。尽管其分布量有限，但却可以富集成具有工业意义的矿床，主要有色金属，如 Cu、Pb、Zn、Hg、Sb、Bi、Mo、Ni、Co 等均以本类矿物为主要来源，故本类矿物在国民经济中具有重大意义。

依据成分中硫离子价态的不同和配阴离子的存在与否，硫化物矿物相应分为三类：单硫化物（简单硫化物），硫以 S^{2-} 形式与阳离子结合而成；双硫化物（复硫化物），硫以哑铃状对阴离子 $[S_2]^{2-}$ 形式与阳离子结合而成；硫盐矿物，硫与半金属元素、锑或铋组成锥状配阴离子 $[AsS_3]^{3-}$、$[BiS_3]^{3-}$，以及由这些锥状配阴离子相互连接组成复杂形式的配阴离子与阳离子结合而成。

本类化合物的化学成分除硫以外的最主要元素为铁、钴、镍、钼、铜、铅、锌、银、汞、镉、铋、锑、砷等。硫化物性质上的特点区别于标准离子晶格的晶体。这是因为在硫化物及其类似化合物中原子间的键性复杂，不仅表现共价键性，还显示一定的离子键性，甚至还有金属键性。绝大多数硫化物及其类似化合物呈金属色、显金属光泽、条痕色深而不透明。仅少数硫化物如雄黄、雌黄、辰砂、闪锌矿等具金刚光泽,半透明。单硫化物和硫盐矿物硬度低,其摩斯硬度在 2～4 之间,双硫化物及其类似化合物,其硬度增高至 5～6.5 左右,同时缺乏解理或解理不完全,这一类矿物的熔点低,相对密度一般在 4 以上。

3.3.1 单硫化物及其类似化合物

常见的单硫化物及其类似化合物包括方铅矿、闪锌矿、辰砂、磁黄铁矿、镍黄铁矿、黄铜矿、斑铜矿、辉锑矿、雄黄、雌黄、辉钼矿、铜蓝等。

1.辉铜矿

(1)化学组成:Cu_2S,常含 Ag 混入物,有时含有 Fe、Co、Ni、As、Au 等,其中有的是机械混入物。

(2)晶体结构及形态:辉铜矿有高温和低温变体,六方晶系的高温变体称六方辉铜矿,105℃以上稳定;460℃以上稳定的等轴变体称等轴辉铜矿;低温变体为斜方晶系。辉铜矿晶体极少见,为柱状或厚板状。辉铜矿通常呈致密块状、粉末状(烟灰状)。

(3)物理性质:新鲜面为铅灰色,风化表面黑色,常带锖色;条痕灰黑色,金属光泽,不透明。解理平行{110}不完全,硬度 2.5～3,相对密度 5.5～5.8,略具延展性。

(4)鉴定特征:铅灰色,硬度小,弱延展性,小刀割划可留下光亮沟痕,常与其他铜矿物共生或伴生,呈铜的蓝绿色焰色反应。溶于 HNO_3 中,呈绿色,将小刀置其中可镀上金属铜。

2.辉银矿

(1)化学组成:Ag_2S。常有混入物 Cu、Pb、Te、Se 等,其中 Cu 为常见的类质同象混入物。

(2)晶体结构及形态:Ag_2S 有两种变体:$\beta - Ag_2S$ 是在 179℃以上稳定的高温等轴变体,称辉银矿。$\alpha - Ag_2S$ 是在 179℃以下形成的单斜晶系的低温变体,称螺状硫银矿。矿物学上应用辉银矿这一名词常是泛指上述两变体的总称。高温变体为等轴晶系、赤铜矿型结构,即 S 离子位于立方晶胞的角顶及其中心,Ag 位于两个 S 离子之间,配位数为 2,S 呈四面体配位,配位数为 4。辉银矿晶体形态属于六八面体晶类,晶体常呈等轴状。常见单形包括立方体、八面体、菱形十二面体、四角三八面体,完好晶形少见,多呈浸染状、细脉状、网状、树枝状、毛发状及致密块状。晶体可成平行连生的形态。

(3)物理性质:铅灰色至铁黑色;亮铅灰色条痕;新鲜断口为金属光泽,风化面则暗淡无光。解理平行{110}和{100}不完全;贝壳状断口;硬度 2～2.5,相对密度 7.2～7.4,具挠性和延展性。

(4)鉴定特征:铅灰色、相对密度大、弱延展性,常与自然银等银矿物共生。于 HNO_3 中分解,再加 HCl 则出现白色 AgCl 沉淀。

3.方铅矿

(1)化学组成:PbS,成分中常含 Ag、Bi、Sb、Se 等。

(2)晶体结构及形态:方铅矿晶体为等轴晶系,NaCl 型结构,立方面心格子。硫离子按立方密堆积,铅离子充填于八面体空隙,阴阳离子的配位数均为 6,化学键为离子键到金属键的过渡类型。晶体形态属于六八面体晶类,常呈立方体、八面体晶形,有时以八面体与立方体聚形出现。集合体常呈粒状或致密块状。方铅矿的晶体形态具标型意义,一般高温热液阶段发育成立方体或立方体与八面体聚形，低温热液阶段则以八面体为主。

（3）物理性质：铅灰色，条痕灰黑色，金属光泽，硬度2～3，解理平行｛100｝完全，相对密度7.4～7.6；具弱导电性。

（4）鉴定特征：铅灰色、黑色条痕，强金属光泽，立方体完全解理，硬度小、密度大；溶于 HNO_3，并有 $PbSO_4$ 白色沉淀。

4.闪锌矿

（1）化学组成：ZnS，成分中通常含有 Fe 等各种类质同象混入物。

（2）晶体结构及形态：等轴晶系，硫离子成立方紧密堆积，锌离子充填于半数的四面体空隙，阴阳离子的配位数均为4。晶体形态属于六四面体晶类，粒状晶体，晶形常呈四面体、立方体、呈菱形十二面体，见以｛111｝为接合面的双晶。闪锌矿一般呈粒状集合体；有时呈葡萄状、同心圆状，反映出胶体成因的特征。

（3）物理性质：颜色变化大，从无色或浅黄变化到棕褐色、黑色，当含铁量增多时，颜色变深；条痕白色～褐色，光泽由树脂光泽至半金属光泽，从透明至半透明。具有平行｛110｝的六组完全解理，硬度3.5～4，相对密度3.9～4.1，随含 Fe 量的增加硬度增加、密度降低；不导电。

（4）鉴定特征：晶形，多组解理，条痕白色～褐色，经常与方铅矿密切共生。

5.辰砂

包括 HgS 三个同质多象变体：三方晶系的辰砂、等轴晶系的黑辰砂以及六方晶系的六方辰砂。后两者在自然界分布稀少。

（1）化学组成：HgS，有时含 Se、Sb、Cu、Te 等。

（2）晶体结构及形态：三方晶系，变形 NaCl 型结构。晶体形态属三方偏方面体晶类，晶体常见，呈菱面体或板状、柱状晶形。双晶常见，常成以 c 轴为双晶轴的贯穿双晶（矛状双晶）。集合体呈不规则粒状，致密块状以及粉末状和皮壳状。

（3）物理性质：鲜红色或猩红色，表面呈铅灰色之锖色，条痕鲜红色，金刚光泽，半透明。三组完全解理，性脆，硬度2～2.5，相对密度8.0～8.2；不导电。

（4）鉴定特征：猩红色及红色条痕，密度大，硬度低。

6.磁黄铁矿

（1）化学组成：一般用 $Fe_{1-x}S$ 表示，一般 $x = 0～0.223$，其相应的成分范围是 $FeS～Fe_7S_8$。磁黄铁矿成分中还可有少量的 Ni、Co、Mn、Cu 代替 Fe，并有 Pb、Zn、Ag、In、Bi、Ga 和铂族元素等机械混入物。

（2）晶体结构及形态：磁黄铁矿有两个同质多象变体，在320℃以上稳定的为高温六方晶系变体和在320℃以下稳定的为低温单斜晶系变体。晶体形态为复六方双锥晶类，晶形一般呈板状，少数为锥状、柱状或桶状。常见为粒状、致密块状集合体或呈浸染状。

（3）物理性质：暗青铜黄色，带褐色锖色，有时呈黄棕色，亮灰黑色条痕，金属光泽，不透明。性脆，硬度3.5～4.5，相对密度4.6～4.7，具弱磁性至强磁性（磁性强弱随铁含量而变化，铁越多，磁性越弱）。

（4）鉴定特征：暗青铜黄色，具磁性。

7.红砷镍矿

（1）化学组成：NiAs。Sb 可代替 As，有时高达6%，称为锑红砷镍矿。此外，常含有少量

S、Fe、Co、Bi 和 Cu。

(2)晶体结构及形态：六方晶系，红砷镍矿结构为一典型结构，As 原子呈六方最紧密堆积，Ni 原子位于于八面体空隙。晶体形态为复六方双锥晶类，晶体常呈柱状或板状，完好晶体少见，常呈致密块状、粒状集合体和具有梳状、放射状结构的肾状体，有时呈网状和树枝状。

(3)物理性质：新鲜面呈淡铜红色，风化面常具灰或黑色的锖色；条痕褐黑色；金属光泽，不透明；解理不完全，断口不平坦，性脆，硬度 5~5.5；相对密度 7.6~7.8；具良导电性。

(4)鉴定特征：淡铜红色，金属光泽，导电。木炭上吹管烧之，有 As 的被膜(白色)反应。

8. 镍黄铁矿

(1)化学组成：通常以$(Fe，Ni)_9S_8$表示其化学式，实际上$\sum Me：S=9：8$的情况不常见，一般均有不同程度的偏离，除类质同象混入物 Co 外，还发现 Cu、Ag、Rh、Pd、Se、Te 等。

(2)晶体结构及形态：等轴晶系。晶体形态为六八面体晶类，完整晶体未发现。在磁黄铁矿中经常呈叶片状或火焰状规则连生，系固溶体分离的产物。亦常呈微粒或细脉状被包裹在磁黄铁矿、黄铜矿等矿物中。

(3)物理性质：古铜黄色，绿黑色或亮青铜褐色条痕，金属光泽，不透明。八面体$\{111\}$解理完全，性脆，硬度 3~4，相对密度 4.5~5，不具磁性。

(4)鉴定特征：由于镍黄铁矿常呈极细的析出体连生在磁黄铁矿中，肉眼识别困难。一般在显微镜下根据较磁黄铁矿稍淡的色调和具$\{111\}$解理与磁黄铁矿区分。此外，可采用试镍反应进一步鉴定，矿粉在玻璃片上用HNO_3加热溶解，再加氨水稀释后吸于滤纸上，加一滴二甲基乙二醛肟溶液，则呈现桃红色。

9. 黄铜矿

(1)化学组成：$CuFeS_2$，混入物有 Mn、Sb、Ag、Zn、In、Bi 等。

(2)晶体结构及形态：四方晶系，晶体结构类似闪锌矿，其晶胞好似由两个闪锌矿晶胞叠加而成。黄铜矿有两种同质多象变体：低温四方晶系和高温等轴晶系变体，二者转变温度是550℃；高温变体的阳离子呈无序分布，低温有序。黄铜矿晶体形态属于四方偏三角面体晶类，晶形呈四方四面体、四方偏三角面体、四方双锥。单晶体不常见，主要呈致密块状或分散颗粒状集合体产出，有时呈脉状。

(3)物理性质：黄铜色，表面常有蓝、紫褐色的斑状锖色，绿黑色条痕，金属光泽。解理不完全，性脆，硬度 3~4，相对密度 4.1~4.3。

(4)鉴定特征：黄铁矿相似，以其更深的黄铜黄色和较低的硬度加以区别。以其脆性与自然金(强延展性)区别。

10. 斑铜矿

(1)化学组成：Cu_5FeS_4。由于斑铜矿经常含有黄铜矿、辉铜矿、铜蓝等显微包裹体，其成分的实际变动很大。此外，斑铜矿中常见 Ag 混入物。

(2)晶体结构及形态：有两个同质多象变体。228℃以上为高温等轴晶系变体，低温变体属四方晶系。高温等轴晶系变体的晶体形态为六八面体晶类，可呈立方体、立方体和八面体聚形，晶体极少见，常呈致密块状或不规则粒状。

(3)物理性质：新鲜断面呈暗铜红色，风化面常呈暗紫或蓝色斑状锖色，因而得名；条痕灰黑色，金属光泽，不透明；性脆，硬度3，相对密度4.9～5.3；具导电性。

（4）鉴定特征：特有的暗铜红色及锖色；溶于硝酸和有铜的焰色反应。

11. 辉锑矿

（1）化学组成：Sb_2S_3，含少量 As、Pb、Ag、Cu、Fe 等混入物。

（2）晶体结构及形态：斜方晶系，链状结构。晶体形态为斜方双锥晶类，晶体常见，沿 c 轴呈柱状、针状或矢状，柱面具有明显的纵纹。通常呈柱状、针状、束状、放射状集合体和柱状晶簇产出。

（3）物理性质：铅灰色或钢灰色，表面常有蓝色的锖色；条痕灰黑色，金属光泽；不透明；解理平行{010}完全，解理面上常有横的聚片双晶纹；性脆，硬度2～2.5，相对密度4.5～4.6。

（4）鉴定特征：铅灰色，柱状晶形，柱面有纵纹，解理面有横纹。将 KOH 滴在辉梯矿矿物上可显示橘黄色，随后变为褐红色。

12. 辉铋矿

（1）化学组成：Bi_2S_3。最主要的类质同象混入物为 Pb、Cu 和 Fe；此外，还有 As、Au、Ag 等混入物。

（2）晶体结构及形态：斜方晶系，与辉锑矿结构相同。晶体形态为斜方双锥晶类，晶体沿 c 轴呈柱状，有时为板状、针状或毛发状，晶面大多具纵纹。常呈柱状、针状或毛发状、放射状、粒状、致密块状集合体产出。

（3）物理性质：锡白色（带铅灰色），表面常有黄色的锖色；条痕灰黑色或铅灰色，较辉锑矿更强的金属光泽，不透明。解理平行{010}完全，但解理面上无横纹；硬度2～2.5，相对密度6.4～6.8。

（4）鉴定特征：与辉锑矿相似，但可以锡白色、较强的金属光泽、解理面上无横纹、与 KOH 不起反应等与辉锑矿区分。辉铋矿与辉锑矿不共生。

13. 雌黄

（1）化学组成：As_2S_3，类质同象混入物 Sb，可达3%。

（2）晶体结构及形态：单斜晶系，层状结构。晶体形态为斜方柱晶类，晶体常呈短柱状或板状，晶面常弯曲，有平行柱面的纵纹，晶体少见，可与雄黄成规则连生。集合体常呈片状、梳状、放射状或具放射状结构的肾状、球状、皮壳状或粉末状等。

（3）物理性质：柠檬黄色，条痕鲜黄色，油脂光泽至金刚光泽，硬度1.5～2，解理平行{010}极完全，薄片具挠性，硬度1～2，相对密度3.4～3.5。

（4）鉴定特征：与自然硫相似，但雌黄呈柠檬黄色，鲜黄色条痕，具一组完全解理，密度较自然硫大，由此可区分。

14. 雄黄

（1）化学组成：As_4S_4。成分比较固定，一般含杂质较少。

（2）晶体结构及形态：单斜晶系，具有分子型结构，As 与 S 之间以共价键相联系，由 As_4S_4 构成环状分子，环间以分子键联系。晶体形态为斜方柱晶类，晶体较少见，有时可见沿 c 轴呈柱状、短柱状或针状，柱面上有细的纵纹。通常呈粒状、致密块状，有时呈土状、粉末状、皮壳状集合体。

(3)物理性质：橘红色，条痕淡橘红色，晶面具金刚光泽，断口为树脂光泽，透明－半透明。解理平行{010}完全，性脆，硬度 1.5～2，相对密度 3.56。阳光久照发生破坏，转变为红黄色粉末。

(4)鉴定特征：橘红色、条痕淡橘红色，可与辰砂区分。此外，雄黄以吹管焰烧之产生白烟并发出蒜臭味。条痕加 KOH 分解出黑色或褐黑色的砷。

15. 辉钼矿

(1)化学组成：MoS_2。自然界的辉钼矿成分几乎都近于理论值，一个重要的微量类质同象混入物是 Re，最高可达 2%；此外，辉钼矿中可含有 Os、Pt、Pd、T1、Ru、Rh 等铂族元素，辉钼矿中 S 被 Se、Te 代替最高可达 25%。

(2)晶体结构及形态：辉钼矿有两种多型：2H 型(六方晶系)和 3R 型(三方晶系)，其物理性质彼此间极为相似。辉钼矿为层状结构，晶体中由钼离子组成的面网，夹在上下由硫离子组成的面网之间，共同构成一个结构层，Mo 为六次配位，与 S 构成三方柱形配位多面体，而结构层可视为以 Mo 为中心的三方柱彼此共棱构成。晶体形态为复六方双锥晶类，晶体主要呈六方板状、片状。通常呈片状或鳞片状，有时呈细小颗粒状集合体。

(3)物理性质：铅灰色，条痕在素瓷板上为亮铅灰色，在涂釉瓷板上为黄绿色(可与石墨相区别)，金属光泽，不透明。解理平行{0001}极完全，薄片具挠性，有滑腻感，硬度 1～1.5，相对密度 4.7～5.0。

(4)鉴定特征：与石墨相似，但辉钼矿铅灰色，在涂釉瓷板上有特征的黄绿色条痕，金属光泽比石墨强，密度也较大，可与石墨区分。

16. 铜蓝

(1)化学组成：CuS ($Cu_2S \cdot CuS_2$)，混入物有 Fe、Ag、Se 等。

(2)晶体结构及形态：六方晶系，具复杂层状结构。晶体形态为复六方双锥晶类，晶体少见，呈板状、片状。通常呈粉末状、被膜状或煤灰状附于其他硫化物之上。

(3)物理性质：靛青蓝色，条痕灰黑色，暗淡至明显金属光泽，不透明。解理平行{0001}完全，薄片可弯曲，性脆，硬度 1.5～2，相对密度 4.59～4.67。

(4)鉴定特征：铜蓝与辉铜矿、斑铜矿相似，但可据其特有的靛蓝色，完全解理等区分。

3.3.2 双硫化物及其类似化合物

阴离子为 $[S_2]^{2-}$、$[Se_2]^{2-}$、$[Te_2]^{2-}$、$[As_2]^{2-}$ 等对阴离子；阳离子主要是 Fe、Co、Ni 等过渡型离子。结构中往往是由哑铃状对阴离子近似于按立方紧密堆积而成。但由于对阴离子的存在，对称性有所降低。对阴离子本身之间具有强烈的共价键，其键长很短，如对硫离子中 S－S 之距离(20.5 nm)小于二倍硫离子半径之和(35 nm)，因而相应地使金属阳离子与这些对阴离子之间的距离缩短，使晶体结构趋向于紧密；缺乏解理或解理不完全，这是对阴离子成哑铃状在结构中交错配置，使各方向键力比较相近所造成的。

该类矿物的种类也较多，其中最为常见的矿物包括黄铁矿、白铁矿、毒砂等。

1. 黄铁矿

(1)化学组成：FeS_2，混入物有 Co、Ni、As、Sb、Cu、Au、Ag 等。

(2)晶体结构及形态：等轴晶系，晶体结构与方铅矿相似，即哑铃状对硫离子代替了方铅矿结构中简单硫离子的位置，铁离子代替了铅离子的位置。晶体形态为偏方复十二面体晶类，晶体完好，常呈立方体和五角十二面体，较少为八面体，在立方体晶面上常能见到三组互相垂直的晶面条纹。集合体呈粒状、致密块状、浸染状或球状，亦有呈煤烟状者。隐晶质变胶体黄铁矿称胶黄铁矿。

(3)物理性质：浅黄铜色，表面常具有黄褐色锈色，条痕绿黑色或褐黑色，强金属光泽，不透明。断口参差状，性脆，硬度6~6.5，相对密度4.9~5.2。

(4)鉴定特征：晶形完好、晶面有条纹。致密块状者与黄铜矿相似，但据其浅黄铜黄色、硬度大，可与之区别。

2. 白铁矿

(1)化学组成：FeS_2，常含混入物As、Sb、Bi、Ni、Co、Cu等。有部分Fe呈三价态。

(2)晶体结构及形态：斜方晶系，晶体结构中，铁离子位于斜方晶胞的角顶和中心，哑铃状对硫离子之轴向与c轴相斜交，而它的二端位于铁离子两个三角形的中点。虽然白铁矿和黄铁矿具有完全相同的配位型，但晶体结构的对称程度却完全不同。晶体形态为斜方双锥晶类，晶体通常呈板状，有时呈双锥状，较少为短柱状、矛头状。集合体呈结核状、肾状、钟乳状、皮壳状等。白铁矿可与黄铁矿、磁黄铁矿规则连生。

(3)物理性质：淡黄铜色，微带浅灰或浅绿色调，新鲜面近于锡白色(较黄铁矿色浅)；条痕暗灰绿色；金属光泽，不透明；断口不平坦，性脆，硬度6~6.5，相对密度4.85~4.9；弱导电性。

(4)鉴定特征：白铁矿与黄铁矿相似，晶形完好时可据晶形、颜色相区别。但当颗粒细小时则需经反光显微镜或X射线粉晶法才能区分。

3. 毒砂

(1)化学组成：FeAsS，常含类质同象混入物Co，它对Fe的置换可以形成从毒砂到铁硫砷钴矿 FeAsS－(Co,Fe)AsS 的系列。此外，Ag、Au、Cu、Pb、Bi和Sb可以机械混入物形式存在。

(2)晶体结构及形态：单斜晶系，白铁矿型结构。晶体形态为斜方柱晶类，晶体多为柱状，有时呈短柱状，集合体往往为粒状或致密块状。

(3)物理性质：锡白色，浅黄锈色，条痕灰黑，金属光泽，不透明；性脆，硬度5.5~6，相对密度5.9~6.29；以锤击之发出As的蒜臭味；灼烧后具磁性。

(4)鉴定特征：毒砂与白铁矿外表相似，但毒砂新鲜面呈锡白色、以锤击之发出蒜臭味可区别。吹管焰下易生成As的白色被膜，白烟有蒜臭味。烧后残渣有磁性。

3.3.3 硫盐矿物

半金属元素As、Sb、Bi与硫组成较复杂的配阴离子 $[AsS_3]^{3-}$、$[SbS_3]^{3-}$、$[BiS_3]^{3-}$、$[AsS_4]^{3-}$ 和 $[SbS_4]^{3-}$ 等，具有这些配阴离子的硫化物通常称为硫盐。与硫盐中配阴离子相结合的阳离子主要是Cu、Ag、Pb等。硫盐矿物中配阴离子可构成多种复杂形式的配位。

黝铜矿是较为常见的硫盐矿物，其主要特征如下：

(1)化学组成：$Cu_{12}Sb_4S_{13}$，与砷黝铜矿 $Cu_{12}As_4S_{13}$ 呈完全类质同象，含类质同象混入物Ag、Fe、Zn、Hg、Co、Ni等。

(2)晶体结构及形态：黝铜矿为等轴晶系。晶体形态为六四面体晶类，常呈四面体晶形。

通常呈致密块状、半自形或他形的粒状、细脉状集合体。

（3）物理性质：钢灰～铁黑色，条痕与颜色相同，砷黝铜矿条痕带樱桃红色调；金属至半金属光泽，在不新鲜断口上变暗，不透明。无解理，性脆，硬度 $3 \sim 4.5$，相对密度 $4.6 \sim 5.1$，具弱导电性。

（4）鉴定特征：颜色和条痕均为铜灰色至铁黑色，明显脆性；有 Cu 的焰色反应。

3.4 氧化物和氢氧化物

氧化物和氢氧化物矿物是一系列金属阳离子与 O^{2-} 与 OH^- 结合而成的化合物。本类矿物目前已发现有 300 种左右，它们占地壳总质量的 17% 左右，其中石英族矿物就占了 12.6%，而铁的氧化物和氢氧化物占了 3.9%。

本类矿物划分为简单氧化物矿物、复杂氧化物矿物和氢氧化物矿物三类。

3.4.1 简单氧化物矿物

简单氧化物是由一种金属阳离子与氧结合而成的化合物。由于阳离子价次的不同，可以组成 A_2X、AX、A_2X_3、AX_2 型的化合物。主要有刚玉、赤铁矿、金红石、板钛矿、锐钛矿、锡石、软锰矿、石英、鳞石英、方石英、蛋白石、钛铁矿、钙钛矿、尖晶石等，这类矿物的晶体结构比较简单，只有石英族矿物较为复杂。

1. 刚玉族

本族化合物属 A_2X_3 型，主要矿物有刚玉 $\alpha - Ai_2O_3$ 和赤铁矿 $\alpha - Fe_2O_3$。

1）刚玉

（1）化学组成：Al_2O_3，有时含微量 Fe、Ti 或 Cr 等。

（2）晶体结构及形态：三方晶系，晶体结构中，O^{2-} 成立方最紧密堆积，而 Al^{3+} 则在两氧离子层之间，充填 2/3 的八面体空隙，组成共面的 AlO_6。晶体形态为复三方偏三角面体晶类，晶体多呈桶状、柱状、近似腰鼓状，少数呈板状或叶片状。

（3）物理性质：刚玉的颜色多种多样，是由成分中的杂质所造成的，当颜色美丽，且透明无瑕时，可根据不同的颜色命名为白宝石、红宝石、蓝宝石、绿宝石、黑星石、金宝石等，常见颜色为黄灰色和蓝灰色。玻璃光泽至金刚光泽，在（0001）面上呈珍珠光泽；透明或半透明。无解理，硬度 9，仅次于金刚石；相对密度 $3.95 \sim 4.10$。熔点高达 2050℃。

（4）鉴定特征：以其晶形和高硬度作为鉴定特征。

2）赤铁矿

（1）化学组成：Fe_2O_3，有时含 Ti、Al、Mn、Fe^{2+}、Ca、Mg 混入物。

（2）结构特点：自然界 Fe_2O_3 的同质多象变体有两种：$\alpha - Fe_2O_3$ 与 $\gamma - Fe_2O_3$。前者为三方晶系，刚玉型结构，在自然界稳定，称赤铁矿。后者为等轴晶系，具尖晶石型结构，在自然界不如 $\alpha - Fe_2O_3$ 稳定，处于亚稳定状态，称为磁赤铁矿。晶体形态为复三方偏三角面体晶类，完好晶体较少见，单晶体常呈板状。常呈现晶质的板状、鳞片状、粒状及隐晶质的致密块状、鲕状、豆状、肾状、粉末状等集合体形态。片状、鳞片状、具金属光泽者称为镜铁矿；细小鳞片状或贝壳状赤镜铁矿集合体称为云母赤铁矿；依（0001）或近于（0001）连生的镜铁矿集合体为铁玫瑰；红色粉末状的赤铁矿为铁赭石或赭色赤铁矿；表面光滑明亮的红色钟乳状赤铁矿集合体为红色玻璃头。

(3)物理性质：晶质赤铁矿呈铁黑至钢灰色，常带浅蓝锖色；具特征的樱桃红或红棕色条痕；金属光泽至半金属光泽，有时光泽暗淡；无解理，性脆，硬度 5.5~6，相对密度 5.0~5.3；隐晶质或粉末状呈暗红色至鲜红色。

(4)鉴定特征：樱红色或红棕色条痕是鉴定赤铁矿的最主要特征。此外，各种形态特征和无磁性可与相似的磁铁矿、钛铁矿相区别。

2. 金红石族

本族化合物属 AX_2 型，主要包括金红石、锡石和软锰矿。它们的晶体结构均属金红石型。另外，还包括 TiO_2 的其余两个同质多象变体锐钛矿和板钛矿。

1)金红石

(1)化学组成：TiO_2，常含 Fe、Nb、Ta、Cr、Sn 等。

(2)晶体结构及形态：四方晶系，晶格中氧离子近似成六方紧密堆积，而钛离子位于变形八面体空隙中，构成 TiO_6 八面体配位，钛离子配位数为 6，氧离子配位数为 3，TiO_6 配位八面体沿 c 轴成链状排列，链间由配位八面体共顶相连。晶体形态为复四方双锥晶类，常具完好的四方柱状或针状晶形。针状、纤维状晶体有时作为包裹体见于透明水晶中，有时成致密块状集合体。晶体常具平行 c 轴的柱面条纹，常以(011)为双晶面成膝状双晶、三连晶或环状双晶。

(3)物理性质：常见暗红、褐红色，黄、橘黄色者较少见，富铁者黑色；条痕浅黄至浅褐色，金刚光泽，微透明；解理平行{110}中等，性脆，硬度 6~6.5，相对密度 4.2~4.3。

(4)鉴定特征：以其四方柱形、双晶、颜色为特征。

2)锡石

(1)化学组成：SnO_2，常含 Fe、Ti、Nb、Ta 等元素。

(2)晶体结构及形态：四方晶系，金红石型结构。晶体形态为复四方双锥晶类，晶体常呈双锥状、双锥柱状，有时呈针状，可以(011)为双晶面形成膝状双晶。集合体常呈不规则粒状，致密块状少见。由胶体溶液形成的纤维状锡石(木锡石)呈葡萄状或钟乳状，具同心带状构造，常为热液后期产物；热液偏胶体锡石呈致密隐晶质块体。由于锡石在不同成因条件下具有不同的形态，故晶形亦具有标型特征的意义。

(3)物理性质：纯净的无色，一般为黄棕色至深褐色，条痕白色至淡黄色，金刚光泽，断口油脂光泽。解理平行{110}不完全，贝壳状断口，性脆，硬度 6~7，相对密度 6.8~7.0。

(4)鉴定特征：锡石的晶形和颜色与金红石、磷钇矿和锆石很相似，但其密度远较后三者为大。

3)软锰矿

MnO_2 有 3 种变体：$\alpha - MnO_2$(四方晶系)、$\beta - MnO_2$ 软锰矿(四方晶系)、$\gamma - MnO_2$ 斜方锰矿(斜方晶系)，以下叙述的软锰矿是 $\beta - MnO_2$。

(1)化学组成：MnO_2，常含有少量吸附水。碱金属、碱土金属、Fe_2O_3、SiO_2 等可能作为机械混入物存在。

(2)晶体结构及形态：四方晶系，金红石型结构。晶体形态为复四方双锥晶类，晶体平行 c 轴成柱状或近等轴状，但很少见。有时成针状、棒状、放射状集合体，也有呈烟灰状者。

(3)物理性质：钢灰至黑色，表面常常带浅蓝的锖色，条痕蓝黑至黑色(其他锰的氧化物则常具褐色至褐黑色条痕）；半金属光泽，不透明。解理平行(110)完全；断口不平坦。硬度随形态和结晶程度而异，显晶质者 6~6.5，隐晶或块状集合体可降至 1~2，能污手，性脆。相对密度 4.7~5.0。

（4）鉴定特征：以其晶形、解理、条痕和硬度与其他黑色锰矿物相区别。

3. 石英族

本族矿物包括同一 SiO_2 成分的一系列同质多象变体，如 α-石英、β-石英、α-磷石英、β_1-磷石英、β_2-磷石英、α-方石英、β-方石英、柯石英、斯石英等，此外，还有含 H_2O 的 SiO_2 矿物蛋白石。

1）石英

（1）化学组成：SiO_2，为 α-石英和 β-石英的总称，两者相转变温度在 570℃，常含少量气态、液态和固态物质的机械混入物。

（2）晶体结构及形态：α-石英属三方晶系，$[SiO_4]$ 四面体以角顶相连，在 c 轴方向呈螺旋状排列；晶体形态为三方偏方面体晶类，常呈柱状晶体，柱面有横纹。β-石英属六方晶系；晶体形态为六方偏方面体晶类，具有典型的双锥习性，六方双锥发育，有时可见六方柱。隐晶质的石英称石髓（玉髓），具有不同颜色条带的或花纹相间分布的石髓称为玛瑙。

（3）物理性质：纯净的 α-石英无色透明，因含微量色素离子或细分散包裹体，或存在色心而呈各种颜色，并使透明度降低，玻璃光泽，断口呈油脂光泽。无解理，贝壳状断口，硬度 7，相对密度 2.65，具压电性。β-石英通常呈灰白色、乳白色，玻璃光泽，断口油脂光泽，相对密度 2.53。β-石英在自然界中易于转变为 α-石英。

（4）鉴定特征：α-石英以其晶形、无解理、贝壳状断口、硬度为其特征，如由 β-石英转变而成，仍保持六方双锥的假象。

2）蛋白石

（1）化学组成：$SiO_2 \cdot nH_2O$，成分中的吸附水含量不定，并常含 Fe、Ca、Mg 等混入物成分。

（2）晶体结构及形态：一般认为蛋白石属于非晶质矿物，但有的资料表明，蛋白石由极微小的低温方英石晶粒所组成。蛋白石无一定的外形，通常为致密块状、钟乳状、结核状、皮壳状等；半透明带乳光变彩的蛋白石称贵蛋白石，半透明带有红色、橘红或黄色变彩的蛋白石则称火蛋白石，另一种黄褐色而具木质结构的木质硅化物质称木蛋白石。

（3）物理性质：颜色不定，通常为蛋白色，因含各种混入物而呈现不同颜色，无色透明者罕见，通常微透明，玻璃光泽或蛋白光泽，并具变彩，硬度 5~5.5，相对密度视含水量和吸附物质的多少介于 1.9~2.9 之间。

（4）鉴定特征：以其蛋白光泽和变彩为鉴定特征，有时类似于石髓，但硬度较低。

3.4.2 复杂氧化物矿物

复杂氧化物是由两种或两种以上的金属阳离子与氧化合而成的化合物，其组成为 ABO_3、AB_2O_4 或 AB_2O_6。这类矿物在成分与结构上均比较复杂，其中包括铁、钛、铬等氧化物。

1. 钛铁矿族

本族矿物组成为 ABX_3，A 代表二价铁、镁、或锰，B 代表四价的钛。钛铁矿的主要特征如下：

（1）化学组成：$FeTiO_3$。Fe-Mg、Fe-Mn 间可形成完全类质同象代替，故可形成（Fe，Mg，Mn）TiO_3（含镁锰钛铁矿）、（Mg，Fe）TiO_3（镁钛矿）、（Mn，Fe）TiO_3（红钛锰矿）等。

（2）晶体结构及形态：三方晶系，晶体结构与刚玉相似，不同点在于刚玉中三价阳离子 Al 的位置被二价铁和四价 Ti 替换并相间排列而成。因此，其对称程度较刚玉为低。晶体形态为菱面体晶类，完整晶形少见，常呈不规则粒状、鳞片状或厚板状。钛铁矿呈致密粒状块体出现较少，多呈晶粒散布于其他矿物颗粒之间，或呈定向片晶存在于钛磁铁矿、钛赤铁矿、钛普通辉石、钛角闪石等矿物之中，为固溶体分离的产物。

（3）物理性质：铁黑色或钢灰色；条痕钢灰色或黑色，当含有赤铁矿包裹体时，呈褐色或带褐的红色；金属-半金属光泽，不透明。无解理，性脆，硬度 5～5.5。相对密度 4.0～5.0。具弱磁性。

（4）鉴定特征：据晶形、条痕、弱磁性可与赤铁矿或磁铁矿区别。但因颗粒细小分散不易识别，需用化学鉴定，或在显微镜下鉴定。

2. 尖晶石族

本族化合物属 AB_2X_4 型，A 代表二价的镁、铁、锌、锰；B 代表三价的铁、铝、铬。

1）尖晶石

（1）化学组成：$MgAl_2O_4$，常含 Fe、Zn、Mn、Cr 等组分，类质同象非常普遍。二价阳离子 Mg-Fe 间为一完全类质同象系列，其二端员分别称镁尖晶石 $MgAl_2O_4$ 和铁尖晶石 $Fe\ Al_2O_4$；Mg-Zn 间的类质同象替代也很普遍，Zn^{2+} 端员为锌尖晶石 $Zn\ Al_2O_4$。三价阳离子 Al-Cr 间为一完全类质同象系列，其二端员分别称镁尖晶石 $MgAl_2O_4$ 和镁铬铁矿 $MgCr_2O_4$。

（2）晶体结构及形态：等轴晶系，尖晶石型结构。氧离子呈立方最紧密堆积，二价阳离子充填 1/8 的四面体空隙，三价阳离子充填 1/2 的八面体空隙，配位四面体和配位八面体共有角顶相连接。晶体形态为六八面体晶类，单晶体常呈八面体形，有时为八面体与菱形十二面体组成的聚形，双晶依尖晶石律（111）成接触双晶。

（3）物理性质：颜色随阳离子种类不同变化很大，通常呈红色（含 Cr）、绿色（含 Fe^{3+}）或褐黑色（含 Fe^{2+} 和 Fe^{3+}）等，玻璃光泽。无解理，偶有平行（111）裂理，硬度 8，相对密度随成分不同变化也较大，变化范围在 3.55～4.6 之间。

（4）鉴定特征：八面体形态，硬度大，尖晶石律双晶，吹管火焰不熔为特征。

2）铬铁矿

（1）化学组成：$FeCr_2O_4$。三价阳离子 Cr^{3+} 可被 Al^{3+}、Fe^{3+} 等取代；二价阳离子 Fe^{2+} 可被 Mg^{2+} 代替。此外，铬铁矿中常有数量不多的 Mn、Zn、Ca、V、Ti 等。

（2）晶体结构及形态：等轴晶系，正尖晶石型结构。晶体形态为六八面体晶类，细小八面体晶形，一般多呈粒状或致密块状集合体。

（3）物理性质：暗棕色至黑色，条痕棕色、褐色，半金属光泽；无解理；硬度 5.5，相对密度 4.43（镁铬铁矿）～5.09（铬铁矿）；具弱磁性。

（4）鉴定特征：黑色，棕、褐色条痕，弱磁性，据此可以与类似矿物磁铁矿等相区分。

3）磁铁矿

（1）化学组成：$FeFe_2O_4$，常含 Mg、Mn、Ti、V、Cr 等元素。Fe^{3+} 常被 Al^{3+}、Ti^{4+}、V^{3+}、Cr^{3+} 代替；Fe^{2+} 则易被 Mg^{2+}、Mn^{2+}、Ni^{2+}、Co^{2+}、Zn^{2+}、Ca^{2+} 等代替，形成钛磁铁矿、钒钛磁铁矿、铬磁铁矿等。

（2）晶体结构及形态：等轴晶系，倒置尖晶石型结构。在它的结构中半数的三价阳离子充填 1/8 的四面体空隙，另外半数的三价阳离子和二价阳离子一起充填 1/2 的八面体空隙。晶体形态为六八面体晶类，单晶体常呈八面体和菱形十二面体。集合体通常成致密粒状。

（3）物理性质：铁黑色，条痕黑色，半金属光泽，不透明。无解理，有时具 (111) 裂理，性脆，硬度 $5.5 \sim 6$，相对密度 $4.9 \sim 5.20$，具强磁性。将矿物加热至 578℃，其铁磁性消失，变为顺磁性。

（4）鉴定特征：以其晶型、黑色条痕和强磁性，可与其相似的矿物如赤铁矿、铬铁矿等相区别。

4）黑钨矿

（1）化学组成：$(Fe, Mn)WO_4$，一般 FeO 介于 $4.8\% \sim 18.9\%$ 之间，MnO 介于 $4.7\% \sim 18.7\%$ 之间，常含 Mg、Ca、Nb、Ta、Sn、Zn 等。黑钨矿是 $FeWO_4 - MnWO_4$ 类质同象系列的中间成员，此系列中，含 $FeWO_4$ 或 $MnWO_4$ 分子在 80% 以上的分别称为钨铁矿和钨锰矿。

（2）晶体结构及形态：单斜晶系。晶体结构中，六个 O^{2-} 围绕 $Mn^{2+}(Fe^{2+})$ 构成 $Mn(Fe)O_6$ 配位八面体，它们以棱相连接平行 c 轴方向成锯齿形的链体分布；W^{6+} 同样与其周围六个 O^{2-} 连接而形成 WO_6 配位八面体，它们亦共棱连接构成链体，并位于 $Mn(Fe)O_6$ 配位八面体所组成的链体之间，以其四个角顶与上下链体相连接，因而晶体结构可以看为平行于 c 轴的链状结构。晶体形态为斜方柱晶类，晶体常沿 (100) 呈厚板状或平行 c 轴呈短柱状，有时呈柱状、毛发状等。完好晶体较少见，集合体多为板状。

（3）物理性质：颜色和条痕均随 Fe、Mn 含量而变化，含 Fe 越高颜色越深，一般为红褐色至黑色，条痕黄褐色至黑色；金刚－半金属光泽。解理平行 {010} 完全，性脆，硬度 $4 \sim 4.5$，相对密度 $7.12 \sim 7.2$，具微磁性。

（4）鉴定特征：黑钨矿以其板状晶体形态，褐黑色，{010} 完全解理和相对密度较大为其鉴定特征。

3.4.3　氢氧化物矿物

1. 水镁石族

水镁石的主要特征如下：

（1）化学组成：$Mg(OH)_2$。Fe^{2+}、Mn^{2+}、Zn^{2+} 能以类质同象混入物代替 Mg^{2+}，从而形成不同变种，如锰水镁石、铁水镁石、锌水镁石、锰锌水镁石等。

（2）晶体结构及形态：三方晶系、层状结构。羟离子(OH^-) 呈六方最紧密堆积，镁离子允填于每两层相邻的羟离子之间的全部八面空隙，组成配位八面体的结构层，每一大层由两层 $(OH)^-$ 与夹于其间的一层镁离子所组成，结构层内属离子键，结构层间以氢氧键相维系。由于晶体结构的特点，使水镁石具有板状晶形，低的硬度及平行 {0001} 的极完全解理。晶体形态为复三方偏三角面体晶类，晶体呈板状或叶片状。集合体通常呈板状、鳞片状、浑圆状、不规则粒状；有时出现平行纤维状集合体，这种纤维状水镁石称为纤水镁石或水镁石石棉。

（3）物理性质：白色、灰白色，当具 Fe、Mn 混入物时呈绿色、黄色或褐红色；新鲜面和断口上呈玻璃光泽，解理面上呈珍珠光泽；解理平行 {0001} 极完全，薄片具挠性，硬度 2.5，相对密度 $2.3 \sim 2.6$；具热电性。

（4）鉴定特征：以其形态、低硬度和 {0001} 极完全解理为鉴定特征。水镁石易溶于盐酸，不起泡。

2. 铝的氢氧化物

铝的氢氧化物包括硬水铝石（AlOOH）、一水软铝石（勃姆石）（AlOOH）和三水铝石[Al(OH)₃]三种矿物。其中以硬水铝石最常见，这三种矿物通常与其他矿物形成细分散机械混合物。大多呈胶态，为含水的氧化铁（如褐铁矿）、含水的铝硅酸盐（如高岭石）、赤铁矿、蛋白石等矿物所胶结，称为铝土矿。

1) 硬水铝石（一水硬铝石）

(1) 化学组成：AlOOH。Mn^{2+}、Fe^{3+}可代替 Al，使矿物染红色，如铁硬水铝石、锰硬水铝石；有时含 Ca、Si、Ti、Ca、Mg 等。

(2) 晶体结构及形态：斜方晶系，链状结构。硬水铝石与一水软铝石为同质二象。晶体形态为斜方双锥晶类，晶体可呈板状、柱状或针状。集合体通常呈片状、鳞片状或隐晶质及胶态豆状、鲕状。

(3) 物理性质：白、灰白、黄褐、灰绿色，或由于含 Mn^{2+}、Fe^{3+}而变成褐至红色；条痕白色；玻璃光泽。解理平行{010}完全，贝壳状断口，性脆，硬度 6.5~7，相对密度 3.2~3.5。

(4) 鉴定特征：本矿物以其较大的硬度与三水铝石、一水软铝石、云母等相区别。置于试管中灼烧，可爆裂成白色鳞片。

2) 三水铝石族

(1) 化学组成：Al(OH)₃，常有类质同象混入物 Fe 和 Ga。此外，还有少量 CaO、MgO、SiO_2等杂质。

(2) 晶体结构及形态：单斜晶系，层状结构。结构类似水镁石，但铝离子充填于每两层相邻的羟离子之间的 2/3 八面体空隙，组成配位八面体的结构层。晶体形态为斜方柱晶类，晶体呈假六方板状，极为少见；集合体呈放射纤维状、鳞片状、皮壳状、钟乳状或鲕状、豆状、球粒状结核或呈细粒土状块体。主要呈胶态非晶质或细粒晶质。

(3) 物理性质：白色，由于杂质带有不同的灰、绿和褐色，玻璃光泽，解理面珍珠光泽，透明至半透明，解理平行{001}极完全，硬度 2.5~3.5，相对密度 2.30~2.43；具泥土味。

(4) 鉴定特征：以其极完全解理、低硬度、小密度为鉴定特征。

3. 铁的氢氧化物

铁的氢氧化物包括针铁矿（FeOOH），水针铁矿（FeOOH·nH_2O），纤铁矿（FeOOH）和水纤铁矿（FeOOH·nH_2O）。在自然界，铁的氢氧化物的聚集体实际上常呈针铁矿、纤铁矿、水针铁矿、水纤铁矿和更富于水的氢氧化铁胶凝体以及硅的氢氧化物、泥质物质的混合物，有时还含有 Cu、Pb、Ni、Co、Au 等，这种混合物由于矿物颗粒很细，不易分开，肉眼亦难于区别，故统称为褐铁矿。"铁帽"即主要由褐铁矿组成。

褐铁矿常呈致密块状或胶态（肾状、钟乳状、葡萄状、结核状、鲕状），似胶态条带状，或土状、疏松多孔状等。亦有呈细小针状结晶者，则多为针铁矿。呈细小鳞片状者多为纤铁矿（又称红云母）。有时褐铁矿由黄铁矿氧化而来，并保存有黄铁矿的假象，称假象褐铁矿。

1) 针铁矿

(1) 化学组成：$\alpha-FeO(OH)$，混入物组分与针铁矿成因有关。

(2) 晶体结构及形态：斜方晶系、硬水铝石型结构。晶体形态为斜方双锥晶类，单晶体少见，呈针状、板状或鳞片状；集合体常成豆状、肾状、钟乳状或土状，切面具平行或放射状纤维状构造。

（3）物理性质：褐黄、褐红、暗褐至黑色，条痕褐黄色，金刚－半金属光泽。解理平行 $\{010\}$ 完全，参差状断口，性脆，硬度 5～5.5，相对密度 4～4.3。

（4）鉴定特征：以其胶体形态和褐黄色条痕为特征。

2）纤铁矿

（1）化学组成：$FeOOH$。组分中常有少量 SiO_2 和 CO_2 杂质存在。含有不定量的吸附水者称水纤铁矿（$FeOOH \cdot nH_2O$）。

（2）晶体结构及形态：斜方晶系，一水软铝石型结构。晶体形态为斜方双锥晶类，晶体常呈片状。常见集合体为鳞片状或纤维状集合体。

（3）物理性质：暗红色至红黑色，条痕橘红或砖红色，金刚光泽。$\{010\}$ 解理完全，硬度 4～5，相对密度 4.09～4.10。

（4）鉴定特征：纤铁矿与赤铁矿相似，可以其片状、鳞片状晶形，橘红或砖红色条痕及较小密度与赤铁矿相区别。

4.锰的氢氧化物

1）水锰矿

（1）化学组成：$MnOOH$ 混入物有 SiO_2、Fe_2O_3、Al_2O_3 和 CaO 等。

（2）晶体结构及形态：单斜晶系。形态为斜方柱晶类，晶体常呈柱状，柱面具纵纹；双晶面依 $\{011\}$ 呈接触或穿插双晶，并常成聚片双晶。在热液矿床晶洞中可见到柱状晶簇。在沉积矿床中多呈隐晶集合体，亦有成鲕状、钟乳状者。

（3）物理性质：暗钢灰至铁黑色，条痕红棕色；半金属光泽；解理平行 $\{010\}$ 完全，断口不平坦状，性脆，硬度 3.5～4；相对密度 4.2～4.33。

（4）鉴定特征：水锰矿与软锰矿、硬锰矿相似，可以红棕色条痕大致区别之。

2）硬锰矿

（1）化学组成：硬锰矿是钡和锰的氧化物，其化学式目前尚未能最后确定下来，一般表示为 $BaMn^{2+}Mn_9^{4+}O_{20} \cdot 3H_2O$。硬锰矿是在地表条件下形成的次生矿物，其成分变化很大。Mg、Co、Cu 可代替 Mn^{2+}；Ca、U、Sr、Na、K 可代替 Ba，有时 70% 的 Ba 可为上述离子所代替。其中所含的水，类似于沸石水的性质。

（2）晶体结构及形态：单斜晶系。晶体少见，通常呈葡萄状、肾状、皮壳状、钟乳状或土状，此外有致密块状和树枝状。

（3）物理性质：黑色至暗钢灰色，条痕褐色至黑色，半金属光泽，土状者呈土状光泽，不透明。硬度 4～6。相对密度 4.7。

（4）鉴定特征：以其胶体形态、黑色条痕、较高的硬度和葡萄状形态，来和其他的氧化锰区别；亦可以从条痕的颜色，来和褐铁矿区别。

3.5 卤化物

卤素化合物为金属阳离子与卤族（氟、氯、溴、碘）阴离子相化合的化合物。卤素化合物矿物的种数约在 100 种左右。

该类化合物化学成分组成中的阳离子主要是属于惰性气体型离子的钾、钠、钙、镁、铝等元素，此外，还有部分属于铜型离子的银、铜、铅、汞等元素。卤素化合物的晶体化学特征为阴离子 F^-、Cl^-、Br^-、I^-，在周期表上同为 VIIA 族，性质相似，但这些阴离子的半径大小不同，显著影响着化合物形成时对阳离子的选择；阳离子性质也影响结构中的键性，由惰性气体型离子组成的卤素化合物中，表现离子键性；而由铜型离子组成的卤素化合物中，由表现共价键性。该类化合物一般为透明无色，呈玻璃光泽，密度不大，导电性差；而由铜型离子所组成的卤素化合物，一般显浅色，呈金刚光泽，透明度降低，密度增大，导电性增强，并具延展性。

卤素化合物主要是氟化物和氯化物，而溴化物和碘化物则极少见。

3.5.1　氟化物矿物

1. 萤石

(1)化学组成：CaF_2，Ca 可以部分地被稀土元素 Y、Ce 所置换，含量可达(Y，Ce)：Ca = 1：6，F 可以被 Cl 置换。

(2)晶体结构及形态：等轴晶系。晶体结构相当于钙离子呈立方最紧密堆积，而氟离子位于所有四面体空隙位置上，阴阳离子的配位数分别为 4 和 8，以配位立方体形式表示，则氟离子位于立方体的每一角顶，钙离子位于立方体的中心。晶体形态为六八面体晶类，常呈立方体、八面体或菱形十二面体及它们的聚形。集合体呈晶粒状、块状、球粒状，偶尔见土状块体。

(3)物理性质：常见紫色、蓝色或绿色萤石，玻璃光泽，硬度 4，性脆，解理平行{111}完全，相对密度 3.18，显荧光性。

(4)鉴定特征：晶形、八面体完全解理和硬度为鉴定特征。此外进行荧光试验也可辅助鉴别。

2. 冰晶石

(1)化学组成：Na_3AlF_6。因与冰相似而得名。成分通常很纯，有时可含极微量的 Ca、Fe、Mn 及有机质等。

(2)晶体结构及形态：单斜晶系。斜方柱晶类，晶形外观类似立方体。通常呈致密块状，有时呈片状或粒状。

(3)物理性质：无色或白色，玻璃至油脂光泽。无解理，参差状断口，性脆，硬度 2～3，相对密度 2.95～3.1。

(4)鉴定特征：假立方体晶形，硬度低，无解理。

3.5.2　氯化物矿物

1. 石盐

(1)化学组成：NaCl。常含有 Br、Rb、Cs、Sr 等以及气泡、卤水、泥质、有机质等包裹体，Ca、Mg 氯化物的机械混入物。

(2)晶体结构及形态：等轴晶系。晶体结构表现为阴离子按立方最紧密堆积，阳离子充填全部八面体空隙，阴阳离子的配位数均匀为 6。六八面体晶类，单晶体呈立方体形。盐湖中形成的晶体，在{100}面常有漏斗状阶梯凹陷，特称漏斗晶体。集合体呈粒状、致密块状或疏松盐华状，也有呈巨大晶簇者，有时呈豆状、柱状。晶面往往因溶解而使光泽黯淡或显油脂状，棱角变圆。

（3）物理性质：纯净者透明无色，玻璃光泽，风化面现油指光泽。硬度2，性脆；解理平行{100}完全；相对密度2.1~2.2。易溶于水，味咸。烧之呈黄色火焰，熔点804℃。

（4）鉴定特征：立方体完全解理，易溶于水，味咸。

2. 钾盐

（1）化学组成：KCl。Br和微量Rb、Cs以类质同象方式置换Cl和K，常含液态和气态的包裹体和Fe_2O_3等。

（2）晶体结构及形态：等轴晶系、氯化钠型结构。晶体形态为六八面体晶类，单晶体呈立方体形，或立方体与八面体的聚形。集合体通常为粒状或致密块状，偶成柱状、针状、皮壳状。

（3）物理性质：纯净者无色透明，由于存在细微气态包裹体而呈白色，存在Fe_2O_3混入物而呈红色，玻璃光泽。硬度2，脆性比石盐小，解理平行{100}完全，参差状断口，相对密度1.97~1.99。易溶于水，味咸且涩。烧之呈紫色火焰，熔点790℃。

（4）鉴定特征：与食盐颇为相似，但以紫色火焰与石盐（浓黄）相区别。

3. 光卤石

（1）化学组成：$KMgCl_3 \cdot 6H_2O$。类质同象混入物有Br、Rb、Cs，偶尔有Li和Ti；机械混入物以石盐、钾盐、硬石膏和赤铁矿等为常见；此外常含有黏土、卤水以及N_2、H_2、CH_4等包裹体。

（2）晶体结构及形态：斜方晶系。晶体形态为斜方双锥晶类，晶体可呈假六方锥形，很少见到，通常呈粒状或致密块体。

（3）物理性质：纯净者为无色或白色，常因含细微氧化铁而呈红色，含氢氧化铁混入物而显黄褐色；新鲜断面呈玻璃光泽，在空气中很快变暗并呈油脂光泽。无解理，性脆。硬度2~3，相对密度1.60。具强潮解性。味辛、辣、苦、咸。发强荧光。易溶于水，溶于水时发特殊的碎裂声，这是由于含有处在高压下的气泡爆破所致。

（4）鉴定特征：常与石盐和钾盐共生，易于潮解，味苦、咸，无解理，强荧光可与石盐、钾盐相区别。

3.6　含氧酸盐类矿物

3.6.1　硅酸盐类矿物

硅酸盐矿物种类繁多，约占矿物种总数的24%，占地壳总重量75%左右。

组成硅酸盐的阳离子元素有57种之多，主要是惰性气体型离子和过渡型离子。阴离子部分除$[SiO_4]^{4-}$配阴离子及它们相互连接而成的一系列复杂配阴离子外，有时还存OH^-、F^-、Cl^-、O^{2-}以及附加阴离子。

硅酸盐结构中Si^{4+}与O^{2-}结合时，以四次配位的形式最为稳定，键长0.16nm，所以在硅酸盐矿物中它总是以配位四面体的形式出现于结构中。在结构化学上是用硅的sp^3杂轨道加以解释的，这四个杂化轨道形状相同，分别指向四面体的四个角顶，键角为109°28′16″，与相应的氧原子构成四个键力很强的σ键。因此，硅酸盐矿物的结构中，总是将$[SiO_4]^{4-}$看成是一个不可分割的整体。根据硅氧四面体在结构中的连接方式的不同，可以区分出下列 4 种类型的结构：岛状及环状结构、链状结构、层状结构和架状结构。

1. 岛状及环状结构硅酸盐矿物

岛状及环状结构硅酸盐矿物既包括孤立四面体和双四面体硅氧骨干的矿物，也包括环状硅氧骨干的矿物。这些矿物的结构里，配阴离子彼此之间都是靠其他阳离子来联系。由于岛状结构硅酸盐矿物结构比较紧密，所以一般密度、硬度和折射率都较大。常见岛状结构硅酸盐矿物的特征分述如下。

1）锆石

(1) 化学组成：$Zr[SiO_4]$，常含有少量的 Hf。

(2) 晶体结构及形态：四方晶系。晶体结构中 $[SiO_4]^{4-}$ 是孤立的，彼此间借 Zr^{4+} 连接起来，Zr^{4+} 的配位数为 8。晶体形态为复四方双锥晶类，一般都呈单晶体出现，呈柱状习性。

(3) 物理性质：常呈黄色至红棕色，无色者少见，金刚光泽，浅色者透明度较好，深色者在薄片中透明，硬度 7.5，相对密度 4.6 ~ 4.7。

(4) 鉴定特征：以其呈四方柱及四方双锥的聚形为特征。

2）橄榄石

橄榄石包括一组成分类似同属正交晶系的矿物，一般化学式为 $X_2[SiO_4]$。其 X 通常为 Mg^{2+}、Fe^{2+}、Mn^{2+} 等。Mg^{2+} 和 Fe^{2+} 是最常见的组成部分，可以形成以 $Mg_2[SiO_4]$ 镁橄榄石及 $Fe_2[SiO_4]$ 铁橄榄石为两个端员组分的完全类质同象系列。

(1) 化学组成：$(Mg, Fe)_2[SiO_4]$。

(2) 晶体结构及形态：正交晶系。晶体结构表现为 $[SiO_4]^{4-}$ 由金属阳离子 Mg^{2+}、Fe^{2+} 连接起来。氧离子近似成六方紧密堆积，八面体空隙被二价阳离子占据。晶体形态为斜方双锥晶类，晶体呈柱状或厚板状。但晶形完好者少见，一般为粒状。

(3) 物理性质：灰橄榄绿色，玻璃光泽。解理平行{010}和{100}不完全，常见贝壳状断口，硬度 6.5 ~ 7；相对密度随成分不同而变化大，一般为 3.27 ~ 4.37。

(4) 鉴定特征：以其黄绿色、粒状、解理性差、难熔特征。

3）蓝晶石

(1) 化学组成：$Al_2[SiO_4]O$。化学成分为 Al_2SiO_5 的矿物有三种同质多象变体：蓝晶石、红柱石和矽线石。其共同点是硅均与氧结合成硅氧四面体，有半数的铝与氧结合成铝氧配位八面体。

(2) 晶体结构及形态：三斜晶系。晶体形态为平行双面晶类，常呈扁平的柱状晶形，有时呈放射状集合体。

(3) 物理性质：一般呈蓝色，玻璃光泽，{100}解理完全，硬度 5.5 ~ 7，表现出极其显著的各向异性，故蓝晶石又名二硬石，相对密度 3.53 ~ 3.64。

(4) 鉴定特征：根据其颜色，硬度的各向异性以及主要产于结晶云母片岩中等易于区分。

4）红柱石

(1) 化学组成：$Al_2[SiO_4]O$，可含少量的 Fe^{3+} 和 Na、K 等。

(2) 结构特点：正交(斜方)晶系。晶体形态为斜方双锥晶类，单晶体呈柱状，其横切面接近于正方形，类似四方柱。集合体呈粒状或放射状。放射状集合体形似菊花，故名菊花石。

（3）物理性质：常呈灰白色或肉红色，玻璃光泽。{110}解理清晰，硬度6.5~7.5，相对密度3.15~3.16。

（4）鉴定特征：以柱状形态，解理交角近于垂直，常呈肉红色为特征。

5）石榴石族

（1）化学组成：石榴石因形似石榴子而得名。一般化学式为$X_3Y_2[SiO_4]_3$表示，其中X代表二价阳离子，主要为Ca^{2+}、Mg^{2+}、Fe^{2+}、Mn^{2+}等，Y代表三价阳离子，主要为Al^{3+}、Fe^{3+}、Cr^{3+}等。类质同象广泛存在。石榴石族矿物分成铝系和钙系两个系列，铝系石榴石包括镁铝榴石$Mg_3Al_2[SiO_4]_3$、铁铝榴石$Fe_3Al_2[SiO_4]_3$、锰铝榴石$Mn_3Al_2[SiO_4]_3$等，钙系石榴石包括钙铝榴石$Ca_3Al_2[SiO_4]_3$、钙铁榴石$Ca_3Fe_2[SiO_4]_3$、钙铬榴石$Ca_3Cr_2[SiO_4]_3$等。

（2）晶体结构及形态：等轴晶系。结构中二价阳离子作八次配位，形成畸变配位立方体，三价阳离子作六次配位，这一结构很紧密，各方向的键力很少有差异。晶体形态为六八面体晶类，常呈完好晶形，常呈菱形十二面体、四角三八面体，或二者之聚形，通常在富Ca岩石（如矽卡岩）中，多形成钙系石榴子石，以菱形十二面体为主；而在富Al岩石中，多形成铝系石榴子石，往往呈四角三八面体晶形。集合体常为致密粒状或致密块状。

（3）物理性质：石榴石的颜色各种各样，它受成分影响（如钙铬石榴石因含铬呈鲜绿色），但没有严格的规律性；玻璃光泽，断口油脂光泽。解理不完全或无解理，有脆性。硬度5.6~7.5，相对密度3.5~4.2。

（4）鉴定特征：石榴石根据其特征的晶形，颜色及油脂光泽，高硬度等很易与其他矿物区分。

6）黄晶（黄玉）

（1）化学组成：$Al_2[SiO_4](F,OH)_2$，F^-可被OH^-置换，置换的最高量占氟含量的30%左右。

（2）晶体结构及形态：正交晶系。晶体结构表现为氧离子作最紧密堆积，但是这种堆积方式比较复杂，是立方和六方最紧密堆积结合的结果。晶体形态为斜方双锥晶类，柱状晶形，柱面常有纵纹。经常呈不规则粒状、块状集合体。

（3）物理性质：无色透明或其他淡色调，玻璃光泽。解理平行{001}完全，硬度8，相对密度3.52~3.57。

（4）鉴定特征：柱状晶形，高硬度和平行{001}解理为特征。

7）符山石

（1）化学组成：$Ca_{10}(Mg,Fe)_2Al_4[SiO_4]_5[Si_2O_7]_2(OH,F)_4$，其化学式是根据结构分析得到的理想式。然而，根据大量的化学分析计算所得的成分式与之不完全一致，说明其成分和结构的研究有待深入。因类质同象代替普遍，成分变化很大。

（2）晶体结构及形态：四方晶系，结构类似石榴石，但含有单四面体和双四面体两种配阴离子。晶体形态为复四方双锥晶类，晶体常沿z轴呈短柱状、四方柱状。常有致密块状和粒状或柱状集合体。

（3）物理性质：褐、黄等色，玻璃光泽，硬度6~7，相对密度3.33~3.43。

（4）鉴定特征：根据晶形易于识别。呈致密块状时与石榴石难以区别，需在偏光显微镜下鉴定。

8）绿柱石

（1）化学组成：$Be_3Al_2[Si_6O_{18}]$，常含有碱金属和 H_2O。

（2）晶体结构及形态：六方晶系。结构中硅氧四面体组成六方环垂直 c 轴平行排列，上下两个环错动 $25°$，环与环之间借 Be^{2+}、Al^{3+} 连接。Be^{2+} 作四次配位，形成扭曲了的铍氧四面体；Al^{3+} 作六次配位，形成铝氧八面体。Be^{2+}、Al^{3+} 均分布在环的外侧，所以在环中心平行 c 轴有宽阔的孔道，以容纳大半径的阳离子如 K^+、Cs^+，以及 H_2O 分子。晶体形态为六方双锥晶类，单晶体呈柱状，通常发育完整。柱面上常有平行 c 轴的条纹。

（3）物理性质：呈不同色调的绿色，翠绿色的亚种称祖母绿，蔚蓝色的亚种称海蓝宝石；玻璃光泽。硬度 $7.5 \sim 8$，相对密度 $2.66 \sim 2.83$。

（4）鉴定特征：以其六方柱状形态和柱面上条纹为特征。

9）电气石

（1）化学组成：$NaR_3Al_6[Si_6O_{18}](BO_3)_3(OH)_4$，其中 R 为 Mg^{2+} 时，称镁电气石；R 为 Fe^{2+} 时，称黑电气石；R 为 $(Li^+ + Al^{3+})$ 时，称锂电气石；R 为 Mn^{2+} 时，称为钠锰电气石。均为类质同象系列的端员矿物。

（2）晶体结构及形态：三方晶系。电气石的晶体结构，经不同学者作过结构分析，其结果颇有分歧，但都肯定硅氧四面体连接成六连环（也有人称为复三方环）。关于电气石结构的解释，公认的模式如下：硅氧四面体组成 $[Si_6O_{18}]^{12-}$ 六连环，而 Mg^{2+} 与 O^{2-} 及 OH^- 组成层状的水镁石型结构，三个 $MgO_4(OH)_2$ 配位八面体与六连环相接，共用硅氧四面体角顶上的一个 O^{2-}。三个配位八面体的交点，适位于连环的中轴线上，被 OH^- 所占据。在该 OH^- 离子的对角处，也是 OH^- 离子的所在。$(BO_3)^{3-}$ 三角形与配位八面体层共用一个 O^{2-}。晶体形态为复三方单锥晶类，晶体呈短柱状，长柱状甚至针状，柱面上常有纵纹，横断面呈球面三角形。集合体呈棒状、放射状、束针状，亦成致密块状或隐晶质块体。

（3）物理性质：黑电气石一般呈绿黑色至深黑色，锂电气石常呈玫瑰色、蓝色或绿色，也有呈无色者，镁电气石的颜色变化于无色到暗褐色之间，玻璃光泽。无解理，硬度 $7 \sim 7.5$，相对密度 $3.03 \sim 3.25$。电气石还有明显的压电性和焦电性。

（4）鉴定特征：柱状晶形，柱面上有纵纹、横断面呈球面三角形、无解理和高硬度作为特征。

2. 链状结构硅酸盐矿物

链状结构硅酸盐矿物有单链和双链等。单链中每个硅氧四面体以两个角顶分别与相邻的两个硅氧四面体连接成一维无限延伸的连续链。其配阴离子可以用 $[Si_2O_6]_n^{4n-}$ 表示。硅氧四面体彼此之间共用两个角顶构成一向延伸的单链 $[Si_2O_6]^{4-}$，双链相当于两个单链组合而成，硅氧四面体部分共用两个角顶，部分共用三个角顶相互连接构成一向延伸的双链 $[Si_4O_{11}]^{6-}$，例如角闪石族矿物中的双链，其配阴离子可以用 $[Si_4O_{11}]_n^{6n-}$ 表示。常见链状结构硅酸盐矿物分述如下。

1）辉石族矿物

本族矿物为重要的造岩矿物，主要出现在岩浆岩及变质岩中。

（1）化学组成：化学式为 $XY[Si_2O_6]$，其中 $X = Ca^{2+}$、Mg^{2+}、Fe^{2+}、Mn^{2+}、Ni^{2+}、Na^+、Li^+，$Y = Al^{3+}$、Fe^{3+}、Cr^{3+}、Ti^{4+}、Si^{4+}、Al^{3+}。硅氧骨干中的 Si 在自然界中少量可为 Al 代替。

（2）晶体结构及形态：辉石的晶体结构，最突出的地方是每一硅氧四面体均以两个角顶与相邻的硅氧四面体连接，形成沿一个方向无限延伸的单链，链与链之间借 Mg、Fe、Ca、Al 等金属离子相连，链的方向即 c 轴的方向，链上的重复周期约 0.52 nm。链与链之间有两种不同大小的空隙，小者记为 M_1，大者记为 M_2，如果阳离子大小相当，则任意占据某一空隙，若不等，则大阳离子占据 M_2，Na、Ca 即如此，而 Mg、Fe 则占有 M_1。M_1 的配位多面体接近于正八面体，它们相互共棱，又以角顶与硅氧四面体链的非桥氧角顶相接，M_2 的配位多面体，形状很不规则，如果是 Mg^{2+}、Fe^{2+}、Al^{3+} 等占据时，则作六次配位，如果是 Ca^{2+}、Na^+ 等较大离子占据时，则作八次配位。根据 M_2 位置上主要阳离子种类，分为斜方和单斜两个亚族。斜方辉石（正辉石）的 M_2 主要为 Mg、Fe 等小半径阳离子，不含大半径阳离子 Ca、Na，常见的斜方辉石为顽火辉石 $Mg_2[Si_2O_6]$、紫苏辉石 $(Mg、Fe^{2+})_2[Si_2O_6]$ 等；单斜辉石（斜辉石）以含阳离子 Ca、Na 为特点，常见的单斜辉石包括钙铁辉石 $CaFe[Si_2O_6]$、普通辉石 $Ca(Mg, Fe, Ti, Al)[(Si, Al)_2O_6]$、锂辉石 $LiAl[Si_2O_6]$ 等。

辉石晶体形态与 $[SiO_4]$ 四面体链相适应，辉石晶体呈平行于链方向的柱状，横截面呈假正方形或八边形。

（3）物理性质：辉石解理平行于链的延长方向和 {110} 方向，其交角近于 90°。本族矿物的颜色随成分而异，含铁的颜色较深；玻璃光泽。{110} 解理中等；部分矿物具有裂开。硬度 5~6，相对密度 3.1~3.6。

（4）鉴定特征：多为柱状或短柱状晶体，两组近于垂直的解理。

2）角闪石族矿物

角闪石族矿物包括斜方角闪石和单斜角闪石两个亚族。属双链结构硅酸盐，是与辉石一样重要的造岩矿物，广泛分布于各种成因类型的岩石中。

（1）化学组成：化学通式为 $A_{0-1}X_{2-3}Y_5[Si_8O_{22}](OH)_2$。其中 A = K^+、Na^+、Ca 等阳离子；X = Na^+、Li^+、K^+、Ca^{2+}、Mn^{2+}、Fe^{2+}、Mg^{2+} 等；Y = Mn^{2+}、Fe^{2+}、Mg^{2+}、Fe^{3+}、Al^{3+} 和 Ti^{4+} 等阳离子。通式包括八个四面体位置，四面体位置中的阳离子以 Si^{4+} 为主，其次为 Al^{3+}，还可以有少量 Cr^{3+}、Ti^{4+}、Fe^{3+} 等。附加阴离子 $(OH)^-$ 可以部分为 Cl^-、F^- 和 O^{2-} 代替。角闪石族矿物的化学组成极其复杂。典型矿物种：透闪石 $Ca_2Mg_5[Si_4O_{11}]_2(OH)_2$、阳起石 $Ca_2(Mg, Fe)_5[Si_4O_{11}]_2(OH)_2$、普通角闪石 $(Ca, Na)_{2-3}(Mg, Fe, Al)_5[Si_3(Si, Al)O_{11}]_2(OH, F)_2$。

（2）晶体结构及形态：硅氧四面体以角顶相连接形成平行 c 轴的双链（带）。这种双链可以看成由两个单链结合而成，配阴离子团为 $[Si_4O_{11}]^{4-}$。双链间以 Y 类阳离子连接。这种阳离子位于双链中活性氧及氢氧根离子组成的八面体空隙中，配位数为 6。它们彼此共棱连接形成八面体链，与 Si-O 四面体双链平行，X 类阳离子将相背的双链连接起来，这种配位多面体位置配位数 6~8。在相背的双链间，分布着与 c 轴平行的连续而宽大的空隙，它们可以为 A 类阳离子所充填。

角闪石族矿物的晶体形态与 Si-O 四面体链相适应，角闪石晶体通常为一向延长柱状晶体。集合体呈针状、放射状、纤维状等。

（3）物理性质：角闪石族矿物的颜色、密度、折光率均与成分中的 Fe 有关。它们随着 Fe 含量增高而颜色加深，密度、折光率亦均增大。平行链方向的 {110} 解理完全，其解理夹角为 56° 或 124°。

（4）鉴定特征：解理夹角为56°或124°，据此可区别于辉石。

3）硅灰石

（1）化学组成：$Ca_3[Si_3O_9]$，少量Fe、Mn和Mg可置换Ca。

（2）晶体结构及形态：硅灰石结构中的单链不同于辉石型单链，它可以视为硅氧双四面体与硅氧四面体交替地连接而成，链的延伸方向与b轴平行，配阴离子为$[Si_3O_9]^{6-}$。Ca^{2+}与O^{2-}形成配位八面体，以共棱的方式相连，也形成平行于b轴的链，两个钙氧配位八面体的长度相当。晶体形态为平行双面晶类，单晶体呈平行{100}或{001}的片状或板状。常呈片状、放射状或纤维状集合体。

（3）物理性质：白色或灰白色，玻璃光泽。{100}解理完全，硬度4.5～5，相对密度2.86～3.09。

（4）鉴定特征：以其浅色、纤维状形态为特征。

3. 层状结构硅酸盐矿物

层状结构硅酸盐矿物每一硅氧四面体均以三个角顶分别与相邻的三个硅氧四面体相连接，组成在二维空间内无限延展的层。例如滑石$Mg_3[Si_4O_{10}](OH)_2$，其配阴离子可以用$[Si_4O_{10}]_n^{4n-}$来表示。

凡是硅氧四面体以三个角顶彼此相连，同时又分布在一个平面内的硅酸盐矿物，都属于层状结构硅配盐。硅氧四面体通过位于同一平面上的桥氧在两度空间内相互连接所形成的结构单位，叫做结构片，简称片；结构片内位于同一平面内的质点构成结构面，简称面。结构片底面上所有的氧都是桥氧，电荷都已达到平衡。尖端的一个氧，尚有一个单位的负电荷未得到中和，为活性氧（自由氧），它必须与片外的其他阳离子相接。由自由氧离子所形成的结构面呈六边形网格，与之相配位的其他阳离子，其半径大小必须能适应此种网格的大小，才能构成晶格并使之稳定。符合此要求的是Mg^{2+}、Fe^{2+}、Al^{3+}、Li^+、Fe^{3+}等。这些离子作六次配位，与氧形成配位八面体，彼此共棱相接构成八面体片。八面体片与硅氧四面体片连接成结构层，简称层。每个六连环里，最多只能有三个Me离子。如三个位置上均有阳离子占位时，则称做三八面体型；如果只有两个位置被占时，则称做二八面体型。前者限于二价阳离子Mg^{2+}、Fe^{2+}等；后者限于三价阳离子Al^{3+}、Fe^{3+}等。

八面体片中的每个八面体，如果是由$MeO_2(OH)_4$组成，说明结构层仅由一个四面体片T和一个八面体片O所构成，用1:1型或TO型表示，如高岭石、蛇纹石族等矿物；如果八面体片中的每个八面体是由$MeO_4(OH)_2$组成，在每个八面体的上下，均有一个指向相反的四面体与之相连，构成2:1型或T-O-T型结构层，云母族和蒙脱石-皂石族矿物都属于这种类型。

结构单元在垂直网片方向周期性地重复叠置均成矿物的空间格架，而在结构单元层之间存在着空隙称层间域。如果结构单元层内部电荷已达平衡则在层间域中无其他阳离子存在，也很少吸附水分子或有机分子，如高岭石、叶蜡石等矿物的结构；如果结构单元层内部电荷未达平衡，即尚存在一定的层电荷，如Na、K、Ca等充填，还可以吸附一定量的水分子或有机分子，如云母、蒙脱石等矿物的结构，层间域中不同离子的存在或分子吸附，将影响晶配参数和矿物的物理性质。常见层状结构硅酸盐矿物分述如下。

1）蛇纹石

（1）化学组成：$Mg_6[Si_4O_{10}](OH)_8$。

（2）晶体结构及形态：单斜晶系，属于1:1型的三八面体型结构。单晶体为叶片状或鳞片状晶形，极为罕见。通常呈致密块状。由于蛇纹石结构层的卷曲，使其形态呈波纹状或纤维状。可呈细粒叶片状、纤维状或胶状隐晶质集合体产出。

（3）物理性质：一般呈绿至绿黄色，蜡状光泽至玻璃光泽，半透明至不透明。硬度 3～4，相对密度 2.44～2.62。

（4）鉴定特征：绿至绿黄色颜色、蜡状光泽、较小的硬度和纤维状集合体。

2）高岭石

（1）化学组成：$Al_4[Si_4O_{10}](OH)_3$。

（2）晶体结构及形态：三斜晶系，1:1 二八面体型结构，有三分之一的八面体晶位是空缺的，地开石和珍珠陶土是高岭石的两个多型。单晶体呈菱形片状和六方片状，很罕见；多呈土状集合体产出。

（3）物理性质：纯者白色，由于掺杂其他矿物或有机质而带上深浅不一的黄色、褐色、灰色等色调；致密块状无光泽或土状光泽。硬度 1～3，相对密度 2.61～2.68。潮湿后有可塑性，但不膨胀。

（4）鉴定特征：根据其呈土状、硬度低、具可塑性等易于鉴别。灼烧后与硝酸钴作用呈 Al 反应（蓝色）。

3）滑石

（1）化学组成：$Mg_3[Si_4O_{10}](OH)_2$。

（2）晶体结构及形态：单斜晶系，2:1 型三八面体结构，不含层间物，结构层与结构层借微弱的分子键相维系。晶体形态为斜方柱晶类，微细晶体呈六方或菱形板状，但很少见。通常呈致密块状、片状或鳞片状集合体。致密块状的滑石称块滑石。

（3）物理性质：无色透明或白色，玻璃光泽，解理面显珍珠光泽晕彩。{001}解理完全，硬度 1，相对密度 2.58～2.83。富有滑腻感。

（4）鉴定特征：低硬度，有滑感，较浅的颜色以及片状形态。滑石灼烧后与硝酸钴作用变为玫瑰色。

4）叶蜡石

（1）化学组成：$Al_2[Si_4O_{10}](OH)_2$。

（2）晶体结构及形态：有两种多型，即三斜晶系和单斜晶系。叶蜡石的晶体结构与滑石相似，但属 2:1 二八面体型。晶体形态为斜方柱晶类，晶体少见。常呈叶片状、鳞片状或隐晶质致密块状，有时呈放射叶片状集合体。

（3）物理性质：纯者为白色，或呈浅绿、浅黄或淡灰色；半透明，玻璃光泽，致密块状者呈油脂光泽，解理面呈珍珠光泽。{001}解理完全，硬度 1～2，相对密度 2.65～2.90。隐晶质致密块体具贝壳状断口。具滑腻感。

（4）鉴定特征：以硬度低、颜色浅、有滑感为特征。叶蜡石灼烧后与硝酸钴作用变为蓝色。

5）蒙脱石

（1）化学组成：$Na_x(H_2O)_4\{Al_2[Al_xSi_{4-x}O_{10}](OH)_2\}$。蒙脱石又称微晶高岭石或胶岭石，成分复杂，变化很大。Si 除被 Al 代替外，亦可被少量的 Ti 和 Fe^{3+} 代替。八面体中的 Al 可以被 Mg、Fe^{2+} 以及 Zn、Li、Cr 等代替。在层间除能进入交换阳离子和 H_2O 以外，同时也能进入有机液体。

（2）晶体结构及形态：单斜晶系、层状结构。一般认为蒙脱石的晶体结构与叶蜡石相同，具三层型结构单元层，属二八面体型。结构单元层中因 4 次配位的 Si 被 Al 代替和 6 次配位的 Al 被 Mg、Fe^{2+} 等代替而产生的负电荷，由层间可交换的阳离子（Na 和 Ca）来补偿。层间可交换阳离子的种类和水分子含量的变化对层面间距影响很大。蒙脱石常呈土状隐晶质块体，有时成细小鳞片状集合体。

（3）物理性质：白色，有时为浅灰、粉红、浅绿色；无光泽。鳞片状者解理 {001} 完全，硬度 2 ~ 2.5，相对密度 2 ~ 2.7。甚柔软，有滑感。加水膨胀，体积能增加几倍，并变成糊状物。具很强的吸附力和阳离子交换能力。

（4）鉴定特征：遇水膨胀为其主要特征。

6）云母族矿物

（1）化学组成：化学式可用 $X\{Y_{2\sim3}[Z_4O_{10}](OH,F)_2\}$ 通式表示，式中 X 主要是 K^+，次为 Na^+，也可有少量的 Ca^{2+}、Ba^{2+}、Rb^+、Cs^+、H_3O^+ 等；Y 主要是 Mg、Al 和 Fe，也可以有 Mn、Li、Cr、Ti 等离子。Z 主要是位于 Si—O 四面体层的 Si 和 Al，Al:Si = 1:3，少数情况下有 Fe^{3+} 和 Cr^{3+} 存在。典型矿物种包括白云母 $KAl_2[AlSi_3O_{10}](OH)_2$、黑云母 $K(Mg,Fe)_3[Si_3$ $AlO_{10}](OH,F)_2$、锂云母 $KLi_{2-x}Al_{1+x}[Al_{2x}Si_{4-2x}O_{10}](OH,F)_2(x=0\sim0.5)$ 等。

（2）晶体结构及形态：多数云母属单斜晶系。云母族的晶体结构与滑石、叶蜡石相似，结构单元层为 2:1（TOT）型。根据云母结构层内八面体层阳离子的种类和充填数可将云母划分为二八面体型和三八面体型两种：三价阳离子（如 Al）只充填了八面体空隙的 2/3，称二八面体型云母（如白云母）；二价阳离子（如 Mg、Fe^{2+}）充填全部八面体空隙，称三八面体型云母（如黑云母、金云母）。由于云母结构中 $[(Si,Al)O_4]$ 网层接近于六方对称，使云母晶体常具有假六方板、片状或柱状晶形，或假六方三连晶。常见按云母律形成双晶，双晶轴平行（001），而与（001）和（110）交棱垂直；亦可按此双晶律形成穿插三连晶。

（3）物理性质：云母的颜色和透明性随成分变化很大，由纯白云母的无色、浅黄色到黑云母的深褐色、黑色等，透明至不透明；玻璃光泽，解理面呈珍珠光泽晕彩。硬度为 2 ~ 3，具有 {001} 极完全解理，薄片具弹性。相对密度与化学成分的变化有关，在 2.8 ~ 3.4 范围内变化。

（4）鉴定特征：云母类矿物具有 {001} 极完全解理，薄片具弹性。

7）绿泥石族矿物

（1）化学组成：绿泥矿族矿物的一般分子式为：$X_mY_4O_{10}(OH)_8$，$X = Li^+$、Al^{3+}、Fe^{3+}、Fe^{2+}、Mg、Mn、Cr^{3+}，均占据八面体空隙，$m = 5\sim6$；Y 为 Al、Si 及少量 Ti、Cr^{3+}、Fe^{3+}，位于四面体空隙中。由于类质同象代替广泛，代替比例变化大，所以成分复杂，矿物种属多。绿泥石矿物为一族层状结构硅酸盐矿物。通常所称的绿泥石，指主要为 Mg 和 Fe 的矿物种，即斜绿泥石、鲕绿泥石等。

（2）晶体结构及形态：单斜晶系、层状结构。晶体结构由带负电荷的四面体与带正电荷的八面体片交替组成 2:1 型结构单元层。晶体呈假六方片状或板状，薄片具挠性，集合体呈鳞片状、土状。

（3）物理性质：绿泥石族矿物的颜色随含铁量的多少呈深浅不同的绿色。玻璃光泽，解理面可呈珍珠光泽。{001} 解理完全，解理片具挠性。硬度 2 ~ 3，相对密度 2.6 ~ 3.3。

（4）鉴定特征：绿泥石与云母极相似，但前者具有特征的绿色，有挠性而无弹性。

4. 架状结构硅酸盐矿物

架状结构硅酸盐矿物每一硅氧四面体均以其全部四个角顶与相邻的四面体连接，组成在三维空间中无限扩展的骨架。此时，每个氧离子都是桥氧。当硅氧四面体彼此共用四个角顶时构成向三维空间发展的骨架状 $[SiO_2]$，但是在硅酸盐中，这种架状结构并不完全由硅氧四面体组成，而必须有一部分硅氧四面体（SiO_4）被铝氧四面体（AlO_4）所代替，这样才能出现多余的负电荷，而成为架状结构，这种结构可用通式 $[(Al_xSi_{n-x})O_{2n}]^{x-}$ 表示。长石、霞石、白榴石、沸石均为架状结构硅酸盐矿物。常见架状结构硅酸盐矿物分述如下。

1）长石族矿物

（1）化学组成：长石族矿物主要为 Na、Ca、K 和 Ba 的铝硅酸盐，一般化学式可以 $M(T_4O_8)$ 表示，其中 M = Na、Ca、K 和 Ba，以及少量的 Li、Rb、Cs、Sr 等，为离子半径较大的一价或二价的碱金属及碱土金属阳离子；T = Si、Al，以及少量的 B、Fe^{3+} 等，它们多数为离子半径较小的四价或三价阳离子。大多数长石都包括在钾长石 $K(AlSi_3O_8)$—钠长石 $Na(AlSi_3O_8)$—钙长石 $Ca(Al_2Si_2O_8)$ 的三成分系中，即相当于由钾长石、钠长石和钙长石三种简单的长石端员分子组合而成。

（2）晶体结构及形态：长石族矿物具有类似的晶体结构。由 $(Si,Al)O_4$ 四面体连接成的四方环组成沿 c 轴的折线状链，平行 c 轴有四面体和四面体交互排列的链，大半径阳离子充填在骨架的空隙之中。而链在(001)和(010)方位具连接成层的特点。长石晶体外形上 [001] 和 [010] 晶带发育及 {001} 和 {101} 解理发育都与此有关。长石族矿物晶体属单斜或三斜晶系的架状结构硅酸盐矿物，晶体平行 c 轴延长成柱状或厚板状，常见聚片双晶，在晶面或解理面上可见细而平行的双晶纹。

（3）物理性质：长石族矿物的物理性质非常近似，颜色呈浅色，较常见的为灰白色和肉红色；玻璃光泽，半透明。(001)和(010)解理完全，解理交角等于或近于90°；硬度6~6.5，相对密度2.5~2.7。

（4）鉴定特征：可根据晶体形态、双晶及解理初步判断，准确鉴定一般要使用光学显微镜等手段。

2）白榴石族

（1）化学组成：本族矿物系一般式为 $R[AlSi_2O_6]$ 的铝硅酸盐，R 代表 K、Cs 和 Li。

（2）晶体结构及形态：四方晶系，常呈假等轴晶系；温度在 780℃ 以上时，转变为等轴晶系变体。白榴石的晶体结构中含有由硅氧四面体与铝氧四面体组成的四连环和六连环，它们彼此相连。晶体形态：通常所见的白榴石晶体仍保留着等轴晶系的外形（为副像），呈完整的四角三八面体，有时可与立方体或菱形十二面体相聚而成聚形，晶面上有时可见双晶条纹。常呈粒状集合体。

（3）物理性质：白色或无色，有时带淡黄色、肉红色或灰色；玻璃光泽或光泽暗淡，透明，硬度5.5~6，相对密度2.47~2.50。

（4）鉴定特征：白榴石色浅，经常呈完好的四角三八面体晶形，产于碱性火山岩中。

3）沸石族矿物

（1）化学组成：沸石族矿物为含水的架状铝硅酸盐，沸石族矿物受热时，有沸腾现象，因而得名。一般化学式为 $M_xD_y[Al_{x+2}Si_{n(x+2y)}O_{2n}]\cdot mH_2O$，式中 M 代表 Na^+、K^+ 等一价阳离子；D 代表 Mg^{2+}、Ca^{2+}、Sr^{2+}、Ba^{2+} 等二价阳离子。式中有部分的 Al 可被 Fe^{3+} 所置换。沸石族矿物的化学组成可以在相当大范围内变化，使得许多沸石只能给出近似的化学式。

(2)晶体结构及形态：沸石的晶体结构与其他架状硅酸盐差别很大，沸石结构中具有宽阔的空洞和较宽的通道，并被 Na^+、K^+、Ca^{2+} 等离子和水分子——沸石水所占据。沸石的结构是由硅氧四面体和铝氧四面体组成的骨架，这种骨架类型很多，已知者共23种。可以按照所谓的二次结构单位 SBU(secondary building unit)而划分成若干不同类型。所谓 SBU 是由沸石结构中的四面体骨架，经过简化演变而成。如果将各个相互连接的四面体中心彼此连接起来，所连成的最简单图案，便构成了 SBU。据研究整个沸石族矿物包括人造沸石在内，二次结构单位只有 8 种，分别被命名为：①简单四联环，简记为S4R；②简单六联环，简记为S6R；③简单八联环，简记为S8R；④双层四联环，简记为D4R；⑤双层六联环，简记为D6R；⑥复合 4-1(T_5O_{10}单位)，简记为 4-1；⑦复合 5-1(T_8O_{16}单位)，简记为 5-1；⑧复合 4-4-1($T_{10}O_{20}$单位)，简记为 4-4-1。

其中后三种符号 4-1、5-1、4-4-1 表示二次结构单位，T_5O_{10}、T_8O_{16} 和 $T_{10}O_{20}$ 是其结构的构型。二次结构单位在结构中组成了一些多面体，这些多面体围成的空腔，称为笼。除了笼这种空腔以外，沸石结构里还有许多一定的孔径管道存在。各种沸石结构之间的差别在于它们持有笼的形状大小和通道体系不同。脱水后的沸石，其结构好像是疏松多孔的海绵体，具有很强的吸附性，除了能吸附水分子外，还能吸附一些有机分子或其他物质，所以可用作清洁剂以去除某些混入物。

(3)物理性质：沸石多为无色或白色，因含杂质而染成其他颜色，或因阳离子交换后，有色素离子的进入而染色，有的沸石有发光性，相对密度轻，一般在 1.9~2.3 间，个别含 Ba、Zn 等元素的沸石，密度较大。

已知天然沸石大约有 36 种，人造沸石已经超过 100 种。这些沸石矿物种分布数量上极不均衡，且不易鉴别，需借助于 X 射线、光学显微镜、差热、红外光谱等方法确定。

3.6.2 碳酸盐类矿物

1. 概述

碳酸盐是金属阳离子与碳酸根 $[CO_3]^{2-}$ 化合而成的盐类。已知碳酸矿物约 100 种，它们构成地壳总重量的 1.7% 左右。碳酸盐矿物中最主要的阳离子是 Ca^{2+} 和 Mg^{2+}，其次是 Fe^{2+}、Mn^{2+} 以及 Zn^{2+}、Pb^{2+}、TR^{3+}(稀土离子)等。阴离子部分除 $[CO_3]^{2-}$ 外，有时还有附加阴离子 OH^-、F^-、Cl^- 等等，但其中以 OH^- 为主要。此外，一些碳酸盐矿物中还存在结晶水。

晶体结构中存在的 $[CO_3]^{2-}$ 配阴离子，它较一般的阴离子为大，能够与半径较大的金属阳离子 Ca^{2+}、Mg^{2+}、Fe^{2+}、Mn^{2+}、Ba^{2+}、Sr^{2+}、Pb^{2+}、Zn^{2+} 等结合成稳定的无水化合物；对于 Cu^{2+} 等，可形成以 OH^- 附加阴离子为主的碳酸盐，如孔雀石 $Cu_2[CO_3](OH)_2$；对于三价金属阳离子，主要是 TR^{3+}，往往形成含附加阴离子 F^- 的无水碳酸盐，如氟碳铈矿$(Ce,La)[CO_3]F$。

碳酸盐矿物中常出现复盐，如白云石 $CaMg[CO_3]_2$，其阳离子有固定的比例，在结构中呈有序分布，与无序的含镁方解石比较，对称性相应降低。

碳酸盐矿物中，多数结晶成单斜晶系或正交晶系；其次为三方晶系和六方晶系；属于等轴晶系、四方晶系和三斜晶系者则极少。

2. 几种重要的碳酸盐矿物

1)方解石

（1）化学组成：$CaCO_3$，常含锰和铁等。

（2）晶体结构及形态：三方晶系。常见完好晶体，可呈六方柱、菱面体、复三方偏三角面体等，聚片双晶或接触双晶极为常见。方解石的集合体形态也是多种多样的。由片状（板状）或纤维状的方解石，呈平行或近似平行的连生体，分别称为层解石和纤维方解石。还有致密块状（石灰岩）、粒状（大理岩）、土状（白垩）、多孔状（石灰华）、钟乳状（石钟乳）和鲕状、豆状、结核状、葡萄状、被膜状及晶簇状等。

（3）物理性质：纯净的方解石无色透明，称冰洲石，常为无色或白色，含杂质可被染成黄色或褐色，玻璃光泽。具完全解理，硬度3，相对密度2.6～2.9。

（4）鉴定特征：菱面体完全解理，硬度3。与冷稀 HCl 相遇剧烈起泡，有钙的焰色反应（橘黄色）。

2）文石（霰石）

（1）化学组成：$CaCO_3$。

（2）晶体结构及形态：正交晶系。晶体结构中，Ca^{2+} 近似成六方紧密堆积（在方解石中 Ca^{2+} 近似成立方紧密堆积），每个 Ca^{2+} 与其相接触的氧离子不是6个（在方解石中 Ca^{2+} 与其相邻的氧离子是6个），而是9个，所以 Ca^{2+} 配位数为9。单晶体常呈柱状或尖锥状，接触双晶常见。

（3）物理性质：无色或白色，玻璃光泽，断口油脂光泽，硬度3.5～4，解理平行｛010｝不完全，相对密度2.94，遇冷稀 HCl 即剧烈发生气泡。

（4）鉴定特征：文石与方解石相似，加 HCl 剧烈起泡，但文石不具菱面体解理，晶形呈柱状、矛状，相对密度和硬度都稍大于方解石。在硝酸钴溶液中煮沸，方解石粉末只微带青色，文石则呈浓红色、紫色。

3）白云石

（1）化学组成：$CaMg[CO_3]_2$，常含铁和锰，偶含钴、锌等。

（2）晶体结构及形态：三方晶系。白云石结构中的 Ca 和 Mg 在位置上的分布和含镁方解石结构中 Ca 和 Mg 在位置上的分布是不同的，前者的 Ca 和 Mg 沿 c 轴方向交替分布，而含镁方解石中的 Ca 和 Mg 在位置上是可以任意置换的，因此从结构看，含镁方解石是无序的，而白云石是有序的。单晶体常呈菱面体，晶面常弯曲成马鞍形，有时呈柱状或板状，常见聚片双晶。集合体常呈粒状、致密块状，有时呈多孔状、肾状。

（3）物理性质：无色或白色，玻璃光泽，硬度3.5～4，性脆，解理平行｛1011｝完全，解理面常弯曲，相对密度2.86。

（4）鉴定特征：白云石可以借其马鞍形的晶体外形，遇冷稀 HCl 反应微弱而与方解石及菱镁矿区别。

4）菱镁矿

（1）化学组成：$MgCO_3$。$MgCO_3$ 与 $FeCO_3$ 之间可形成完全类质同象，但在自然界产出的菱镁矿中含 Fe 量一般不高（<8%）。

（2）晶体结构及形态：三方晶系，与方解石结构相同。晶体形态为复三方偏三角面体晶类，晶体较少见，呈菱面体状、短柱状或复三方偏三角面体状。通常呈粒状、土状、致密块状集合体或隐晶质致密块状集合体。在风化带中常呈隐晶质偏胶体的陶瓷状。

（3）物理性质：白色或浅黄白色、灰白色，有时带淡红色调，含 Fe 者呈黄至褐色、棕色；

陶瓷状菱镁矿多呈雪白色；玻璃光泽。解理｛1011｝完全；陶瓷状菱镁矿具贝壳状断口。性脆。硬度 3.5～4.5。相对密度 2.9～3.1，含 Fe 者相对密度增大。

（4）鉴定特征：与方解石相似，区别在于菱镁矿粉末加冷 HCl 不起泡或作用极慢，加热 HCl 则剧烈起泡。

5）孔雀石

（1）化学组成：$Cu_2[CO_3](OH)_2$，含微量机械混入物。

（2）晶体结构及形态：单斜晶系。晶体结构中 Cu^{2+} 为六个 O^{2-} 和 OH^- 所包围，形成八面体配位。八面体共棱相连接，组成一条平行于 c 轴的双链结构，C（IV）在 3 个 O^{2-} 之间组成 $[CO_3]^{2-}$ 并连接各链。单晶体呈柱状、针状或纤维状，但极少见；容易成燕尾双晶，并且双晶比单晶更常见。集合体呈晶簇状、肾状、葡萄状、皮壳状、充填脉状、粉末状、土状等。在肾状集合体内部具有同心层状或放射纤维状的特征，由深浅不同的绿色至白色组成环带。土状孔雀石称为铜绿（或称石绿）。

（3）物理性质：深绿至鲜绿色，条痕淡绿色，玻璃光泽，纤维状集合体呈丝绢光泽，土状者光泽暗淡，硬度 3.5～4，解理平行｛201｝完全，平行｛010｝中等，相对密度 3.9～4.0。

（4）鉴定特征：以其绿色、条痕淡绿色和肾状、葡萄状等为鉴定特征。

6）蓝铜矿

（1）化学组成：$Cu_2[CO_3]_2(OH)_2$。

（2）晶体结构及形态：单斜晶系。晶体为柱状或厚板状，集合体呈粒状、致密块状、晶簇状、钟乳状、放射状、土状或皮壳状、薄膜状等。

（3）物理性质：深蓝色，条痕为天蓝色，晶体呈玻璃光泽；土状块体为浅蓝色，贝壳状断口；硬度 3.5～4，相对密度 3.7～3.9，常与孔雀石共生。

（4）鉴定特征：蓝色，常与孔雀石等铜的氧化物共生，遇 HCl 起泡。

3.6.3　硫酸盐类矿物

1. 概述

硫酸盐类矿物以最高的价态 S^{6+} 与 4 个 O^{2-} 结合成硫酸根 $[SO_4]^{2-}$，再与金属阳离子形成硫酸盐。目前已知的硫酸盐矿物种数有 185 种。虽然它们只占地壳总重量的 0.1%，但在硫酸盐矿物中，与硫酸根化合的金属阳离子有 20 余种。其中最主要的是 Ca^{2+}、Mg^{2+}、K^+、Na^+、Ba^{2+}、Sr^{2+}、Pb^{2+}、Fe^{3+}、Al^{3+} 和 Cu^{2+}。阴离子部分除 $[SO_4]^{2-}$ 外，有时还有附加阴离子 OH^-、F^-、Cl^-、O^{2-} 以及 CO_3^{2-} 等，其中以 OH^- 为最主要。此外，许多硫酸盐矿物中存在结晶水。

硫酸盐矿物晶体结构中 SO_4^{2-} 配阴离子较一般的阴离子为大，它与大离半径的二价阳离子 Ba^{2+}、Sr^{2+}、Pb^{2+} 结合成稳定的无水化合物，如重晶石 $BaSO_4$；而离子半径较小的二价阳离子，如 Mg^{2+}、Cu^{2+} 等，则往往以组成水合离子的方式形成含水硫酸盐，如泻利盐 $MgSO_4 \cdot 7H_2O$。

2. 几种重要的硫酸盐矿物

1）重晶石

（1）化学组成：$BaSO_4$，常含 Sr 和 Ca。

（2）晶体结构及形态：正交晶系。晶体结构中 Ba^{2+} 处于 7 个 SO_4^{2-} 之间而为它们当中的12个 O^{2-} 所包围，故其配位数为12，而 O^{2-} 则与一个 S^{6+} 和 3 个 Ba^{2+} 接触，故其配位数为 4。常以良好的单晶体出现，一般为平行于 {001} 的板状或厚板状，有时呈柱状，少数为三向等长。

（3）物理性质：常为无色或白色，有时呈黄、褐、淡红等色，玻璃光泽，解理面显珍珠光泽，硬度 3～3.5，性脆，解理平行 {001} 和 {210} 完全，平行 {010} 中等，相对密度 4.5 左右。

（4）鉴定特征：以其相对密度较大、解理和晶形为特征。

2）石膏

（1）化学组成：$CaSO_4 \cdot 2H_2O$。

（2）晶体结构及形态：单斜晶系。晶体结构中 Ca^{2+} 联结 SO_4^{2-} 四面体构成双层的结构层，而 H_2O 分子则分布于双层结构层之间，Ca^{2+} 的配位数为 8，除与属于相邻的 4 个 SO_4^{2-} 相联结外，还与 2 个 H_2O 分子中的 O^{2-} 联结。单晶体常呈具 {010} 板状，双晶以 (100) 为双晶面的燕尾双晶，和以 (101) 为双晶的箭头双晶（或称巴黎双晶）。集合体多呈致密块状或纤维状。细晶粒状块体称之为雪花石膏；纤维状的集合体称为纤维石膏。由扁豆状晶体所形成似玫瑰花状集合体较少见。此外，还有土状、片状集合体。

（3）物理性质：通常呈白色，无色透明晶体称透石膏，玻璃光泽，解理面显珍珠光泽，纤维状集合体呈丝绢光泽。解理平行 {010} 极完全，硬度 2，相对密度 2.30～2.37。

（4）鉴定特征：低硬度，具有一组极完全解理及各种特征之形态可以鉴别。致密块状石膏，以其低硬度和遇酸不起泡可与碳酸盐矿物相区别。

3）硬石膏

（1）化学组成：$CaSO_4$。

（2）晶体结构及形态：正交晶系。晶体结构中，在 (100) 和 (010) 面上 Ca^{2+} 和 SO_4^{2-} 分布成层，而在 (001) 面上 SO_4^{2-} 则成不平整的层，Ca^{2+} 居于 4 个 SO_4^{2-} 之间而为 8 个 O^{2-} 所包围，配位数为 8，每个 O^{2-} 则与一个 S(VI) 和两个 Ca^{2+} 相连接，故配位为 3。晶体少见，通常呈厚板状晶体，亦有时呈柱状；可呈接触双晶或聚片双晶。集合体呈纤维状、致密粒状或块状。

（3）物理性质：纯净者透明，无色或白色，常因含杂质而呈暗灰色，有时微带红色或蓝色，玻璃光泽，解理面显珍珠光泽，硬度 3～3.5，解理平行 {010} 和 {100} 完全，平行 {001} 中等，相对密度 2.9～3.0。

（4）鉴定特征：硬石膏可以二组相互垂直解理作为鉴定特征。与石膏的区别是硬度较大，指甲刻不动。

3.6.4 其他含氧酸盐矿物

1.硼酸盐类矿物

硼砂

（1）化学组成：$Na_2[B_4O_5(OH)_4] \cdot 8H_2O$。

（2）晶体结构及形态：单斜晶系。晶体结构中 6 个 H_2O 分子围绕 Na^+ 构成的配位八面体所成的链和 $[B_4O_5(OH)_4]^{2-}$ 四联双环配阴离子联结，平行于 c 轴方向构成平行于 {100} 的结构层，而这些层与层之间则借氢键相维系。单晶体常呈 {100} 板状或沿 c 轴延伸的短柱状。

（3）物理性质：白色或微带绿、蓝色调，条痕白色，玻璃光泽，土状者暗淡，解理平行

{100} 完全，硬度 2~2.5，相对密度 1.66~1.72。性极脆，易溶于水。

(4)鉴定特征：以其白色、易溶于水、具甜味、烧时膨胀成玻璃状体为鉴定特征。

2. 磷酸盐矿物

1) 磷灰石

(1)化学组成：$Ca_5[PO_4]_3(F, Cl, OH)$。

(2)晶体结构及形态：六方晶系。晶体结构中，一种 Ca^{2+} 位于上下两层的 6 个 PO_4^{8-} 四面体之间，与 6 个 PO_4^{8-} 四面体当中的 9 个角顶上的 O^{2-} 相连接，这种 Ca^{2+} 的配位数为 9。晶体常呈六方柱状、短柱状或厚板状。集合体呈粒状、致密块状。

(3)物理性质：颜色多种多样，其成因不一，玻璃光泽，断口面呈油脂光泽，硬度 5，解理平行 {0001} 不完全，参差状或贝壳状断口，相对密度 2.9~3.2。

(4)鉴定特征：柱状晶形、光泽、硬度为鉴定特征。若为细分散状态则需依靠化学鉴定：以钼酸胺粉末置于矿物上，加一滴硝酸，则生成黄色磷钼酸胺沉淀，此为试磷之有效方法(当有碳酸盐和有机质在时常出现蓝色沉淀)。

2) 独居石

(1)化学组成：$(Ce, La, Y, Th\cdots)[PO_4]$。它是一种稀土磷酸盐矿物，也称为磷铈镧矿，化学组成以 Ce_2O_3、La_2O_3、PO_4 为主，经常有 Th 混入。独居石这个名字是源于它经常以单晶体存在而来的。

(2)晶体结构及形态：单斜晶系。独居石的晶体结构由孤立 $[PO_4]$ 四面体组成，Ce 与 6 个 $[PO_4]$ 四面体连接，Ce 的配位数为 9。晶体形态为斜方柱晶类，常成小的板状晶体。

(3)物理性质：棕红色、黄色、有时至黄绿色；油脂光泽。{100} 解理完全，性脆。硬度 5~5.5，相对密度 4.9~5.50，因含 Th、U 而具放射性。

(4)鉴定特征：独居石化学性质稳定，且相对密度大，常见于重砂中，并可富集成砂矿床。在 X 射线下发绿光，在阴极射线下不发光。

3) 绿松石

(1)化学组成：$CuA_6[PO_4]_4(OH)_8 \cdot 4H_2O$。

(2)晶体结构及形态：三斜晶系。单晶体极少见，通常成致密的隐晶质块体，或呈皮壳状。

(3)物理性质：苹果绿或蓝绿色，条痕白色或淡绿色，蜡状光泽，硬度 5~6，解理平行 {001} 完全，平行 {010} 中等，相对密度 2.6~2.8。

(4)鉴定特征：以其绿色，硬度较高和蜡状光泽为鉴定特征。

3. 钨酸盐、钼酸盐矿物

1) 白钨矿

(1)化学组成：$Ca[WO_4]$。

(2)晶体结构及形态：四方晶系。晶体结构中，Ca^{2+} 和 $[WO_4]^{2-}$ 均绕 c 轴成四次螺旋式排列，而在 c 轴方向上 Ca^{2+} 和 $[WO_4]^{2-}$ 则相间分布。$[WO_4]^{2-}$ 配位四方四面体的短轴均与 c 轴平行。Ca^{2+} 与周围 4 个 $[WO_4]^{2-}$ 中的 8 个 O^{2-} 相结合，其配位数为 8。单晶体呈近于八面体的四方双锥形。集合体多呈不规则粒状，较少呈致密块状。

(3)物理性质：通常为白色，有时微带浅黄或浅绿；油脂光泽或金刚光泽，性脆。解理依 {101} 中等，参差状断口，硬度 4.5，相对密度 6.1。在 X 射线、阴极射线和短波长的紫外线照射下均发出淡蓝色荧光。

（4）鉴定特征：白钨矿以色浅、油脂光泽、密度大为鉴定特征。在紫外线照射下发浅蓝色荧光。

2）钼铅矿

（1）化学组成：$Pb[MoO_4]$。

（2）晶体结构及形态：四方晶系，与白钨矿结构类似。单晶体常呈四方板状或双锥状，双晶依$\{001\}$或$\{100\}$发育。

（3）物理性质：橙黄至蜡黄色，金刚光泽，硬度 3.0，解理平行$\{101\}$完全，相对密度 6.5 ~7.0。

（4）鉴定特征：蜡黄色，金刚光泽，密度大为鉴定特征。

4. 铬酸盐和硝酸盐矿物

1）铬铅矿

（1）化学组成：$Pb[CrO_4]$，偶含少量 Ag 和 Zn。

（2）晶体结构及形态：单斜晶系。单晶体常呈沿 c 轴方向伸长的柱状，有时由菱方柱$\{110\}$和板面$\{401\}$组成尖锐的假菱面体状。

（3）物理性质：鲜橘红色，条痕橘黄色，金刚光泽，硬度 2.5 ~3.0，性脆，解理平行$\{110\}$中等，相对密度 5.99，溶于热 HCl 中并放出氯气。

（4）鉴定特征：铬铅矿以其柱状形态、橘红色、金刚光泽和相对密度大为鉴定特征。

2）钠硝石

（1）化学组成：$NaNO_3$。

（2）晶体结构及形态：三方晶系，方解石型结构。单晶体呈菱面体。

（3）物理性质：无色或白色，含杂质可被染成黄色或褐色，玻璃光泽，硬度 1.5 ~2，解理平行$\{10\bar{1}1\}$完全，性脆，相对密度 2.24 ~2.29，味微咸，易溶于水。

（4）鉴定特征：以其易溶于水，在炭板上加热时发生燃烧以及焰色呈浓黄色为特征。

思考题

1. 自然金属元素矿物的晶体化学特征与形态、物性的关系如何？

2. 试以金刚石、石墨为例说明同质多象的概念。

3. 简单氧化物和复杂氧化物有何区别？

4. 氧化物常见有砂矿，而硫化物则没有，为什么？

5. 以金红石、尖晶石和水镁石为例，说明它们各自的结构与形态和物理性质之间的关系。

6. 同属于刚玉型结构的刚玉和赤铁矿，为何两者在物理性质上差异如此明显？

7. 如何区别金红石和锡石；钛铁矿、铬铁矿和磁铁矿？

8. 在硅酸盐矿物中，硅氧骨干的类型与矿物的形态、物性有何关系？

9. 从硅氧骨干特点分析辉石族和闪石族矿物物理性质差异的本质。

参考文献

［1］李英堂，田淑艳，汪美凤编.应用矿物学.北京：科学出版社，1995

［2］潘兆橹主编.结晶学及矿物学（第 3 版）.北京：地质出版社，1993

［3］王濮，潘兆橹，翁玲宝等编.系统矿物学.北京：地质出版社，1982

第4章　岩石与矿石

岩石是在各种不同的地质作用下产生的，是由一种或多种矿物有规律地组合而成的矿物集合体。根据成因，岩石可分3大类：岩浆岩、沉积岩和变质岩。当岩石中含具有经济价值的矿物可以开采和加工提取其所含有用组分时则成为矿石。矿体是赋存于地壳中具有一定的形状、产状和大小的矿石自然聚集体；矿体是矿床的基本组成单位。不同的地质作用形成不同类型的矿床及其矿石。根据对矿石的研究目的不同和对矿石的加工利用方法的不同，对同一种矿石就会有不同的分类。矿产在地下的埋藏量称为矿产储量，根据储量的可靠程度和工业用途，国家规定了统一的标准对矿产储量进行分类分级。

4.1　岩石与矿石的概念

4.1.1　岩石

岩石就是人们通常所说的石头，是天然产出的具有一定结构构造的矿物集合体，是构成地壳和上地幔的物质基础。按成因分为岩浆岩、沉积岩和变质岩。其中岩浆岩是由高温熔融的岩浆在地表或地下冷凝所形成的岩石；沉积岩是在地表条件下由风化作用、生物作用和火山作用的产物经水、空气和冰川等外力的搬运、沉积和成岩固结而形成的岩石；变质岩是由先成的岩浆岩、沉积岩或变质岩，由于其所处地质环境的改变经变质作用而形成的岩石。从地表深至16 km的岩石圈中，岩浆岩大约占95%，沉积岩不足5%，变质岩最少。

4.1.2　矿石

当岩石中含有可被利用的有用矿物，并达到一定数量、可被开采利用时，则被称为矿石。通常，从金属矿床中开采出的并具有冶炼金属价值的固体物质均称做矿石。矿石一般是由矿石矿物（有用的矿物）与其伴生的脉石矿物所构成。必须指出，矿石的定义是相对的，它不仅取决于现代的技术条件，而且还要根据一个国家的具体资源和国民经济的需要而定。如金属铂，早在两百多年以前就被发现，但当时人们不会利用，认为铂是有害杂质。直到19世纪人们掌握了冶炼制取铂的方法，查明了铂的可贵性质以后，富含铂的矿物集合体，就变成为极有用的铂矿石。

矿石矿物是指在工业上能从其中提取一种或数种有用金属元素的矿物。矿石矿物大多数是不透明矿物，往往具有金属光泽，如黄铜矿、方铅矿分别为铜、铅的矿石矿物。但也有一些是透明矿物。矿石矿物有时作为自然金属产出，如自然金、铂等，但其大多数为化合物。工业上所用的各种金属是从许多种金属矿物中提炼出来的。一种金属元素可以从几种不同的矿石矿物中提取出来，如铜可从辉铜矿、斑铜矿、黄铜矿、赤铜矿、自然铜及孔雀石等中提炼；同样有的矿石矿物也可以提取两种或者两种以上的金属元素，如钾钒铀矿可提取铀和钒。在矿石中只含有一种有用矿物或金属的称为单一矿石，如只含一种有用铜矿物的铜矿石；当矿石中含有两种或两种以上有用矿物或金属的称为复合矿石，如铅锌矿石、铜钴镍矿石。有些岩石因其化学成分或物理特性，可被看做是广义的矿石。如石灰岩、白云岩等。

脉石矿物，又称无用矿物，是指矿石中目前不能利用的矿物，经选矿后进入尾矿而被抛弃，如矽卡岩型铜矿石中的各种矽卡岩矿物。

矿石矿物和脉石矿物的概念是相对的。随着选、冶工艺技术的提高和综合利用的开展，过去认为是无用的脉石矿物，现在很可能被工业利用而称为矿石矿物。如20世纪初，一些铜矿石中的黄铁矿被列为脉石矿物，在选冶过程中被抛弃。直到1920年，从黄铁矿中提取S的工艺成功后，黄铁矿才被列入矿石矿物的行列，现在，黄铁矿已经是制备硫酸的主要矿物原料。

4.2 岩石类型

4.2.1 岩浆岩

1. 岩浆作用与岩浆岩

岩浆在地下深处天然生成的，富含挥发性成分的高温(温度范围)黏稠的硅酸盐熔浆流体，称为岩浆。在现代的火山活动地区，我们可以亲眼看到从地壳内喷出的大量炽热的气体和熔融物质。通过对火山喷出物的研究，得知岩浆由两部分组成：一部分是以硅酸盐熔浆为主体，这部分大致相当于岩浆冷却后所形成的岩浆岩的成分；另一部分是挥发组分及少量成矿金属(如 Cu、Pb、Zn、V、Ti、Ni、Cr、Au、Ag 等，占岩浆的 1%~2%)。

岩浆的温度范围为 700-1200℃之间、压力随地壳深度的增大和所含挥发分的增多而增大。在高温、高压作用下，岩浆具有极大的物理-化学活性，可以顺着地壳脆弱地带侵入上部，或者沿着构造裂隙喷出地表。

岩浆的发生、运移、聚集、变化及冷凝成岩的全部过程，称为岩浆作用。岩浆作用主要有两种方式：一种是岩浆上升到一定位置，由于上覆岩层的外压力大于岩浆的内压力，迫使岩浆停留在地壳之中冷凝而结晶，这种岩浆活动称侵入作用；另一种是岩浆冲破上覆岩层喷出地表，这种活动称喷出作用或火山活动。

岩浆作用过程中，地下深处炽热的岩浆(熔融或部分熔融物质)在地下或在地表冷凝形成的岩石称为岩浆岩。岩浆岩和岩浆成分不完全相同，它是失去了大量挥发分的岩浆冷凝物。

岩浆岩的化学成分相当复杂，地壳中所有元素在火成岩中均以发现，但其含量却很不相同。含量最多的是 O、Si、Al、Fe、Mg、Ca、Na、K 和 Ti 等，这些元素称为造岩元素。它们的总和约占火成岩总重量 99.25%。在火成岩中，这些元素常用氧化物重量百分比表示，在不同的火成岩中它们的含量变化较大。各种氧化物含量变化范围：SiO_2：34%~75%；Al_2O_3：10%~20%；Fe_2O_3：0%~5%；MgO：1%~25%；CaO：0%~15%；Na_2O：0%~10%；K_2O：0%~10%。火成岩中除了造岩氧化物外，还有很多微量元素，如 Pb、Zn、W、Mo、Sn、Nb、Ta 等，这些元素含量虽然很低，但可富集成矿，所以通常称为成矿元素。

岩浆岩中的矿物种类较多，总数有 1000 种以上，但常见的只有二十余种。它们是岩浆岩分类和鉴定的主要依据。根据化学成分和颜色，可把岩浆岩矿物分为两大类：

1）铁镁矿物（暗色矿物）

铁镁矿物是指 FeO 与 MgO 含量较高，SiO_2 含量较低的硅酸盐类矿物，包括橄榄石类、辉石类、角闪石类、黑云母类矿物。这些矿物颜色较深，故又称暗色矿物。它们的含量多少，决定了各种岩浆岩的颜色深浅。暗色矿物在火成岩中的含量（体积分数）通常称为色率，它是火成岩鉴定和分类的重要标志之一。

2）硅铝矿物（浅色矿物）

硅铝矿物是指 K、Na、Ca 等阳离子与 SiO_2、Al_2O_3 组成的铝硅酸盐类矿物，这类矿物中基本不含 Fe、Mg 元素，主要包括石英、钾长石类、斜长石类、似长石类（白榴石、霞石）等矿物。这些矿物颜色较浅，故又称浅色矿物。

不同的矿物组合，形成了不同的岩浆岩。

2. 岩浆岩的结构和构造

岩浆岩的结构是指岩石的结晶程度、颗粒大小、形状特征及彼此之间的相互关系等所反映出的特征。岩浆岩的构造是指岩石中不同矿物集合体之间或矿物集合体与岩石的其他组成部分之间的排列及充填空间的方式所构成的岩石特征。岩浆岩的结构构造是区分和鉴定岩浆岩的重要标志之一，也是岩浆岩分类和判别其形成条件的重要依据。

1）岩浆岩的结构

主要指岩石中矿物颗粒本身的特点（结晶程度、颗粒的性质、大小）及颗粒之间的相互关系。岩浆岩的结构与沉积岩和变质岩相比，特点是矿物颗粒互相严密咬合，边界蜿蜒曲折，同时由于不同矿物结晶顺序和结晶能力、条件等的差别，其自形程度也存在差异。岩浆岩的结构主要有以下几种：

（1）根据岩石中结晶部分和非晶质部分（玻璃）的比例，岩浆岩的结构可分为全晶质结构、玻璃质结构、半晶质结构 3 类（见图 4-1）。

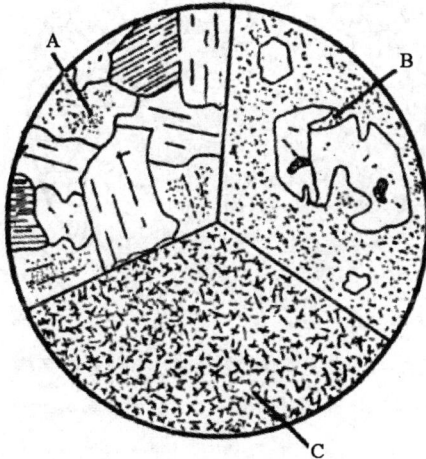

图 4-1 按结晶程度划分的 3 种结构

A—全晶质结构；B—半晶质结构；C—玻璃质结构

全晶质结构：岩石全部由已结晶的矿物组成。

玻璃质结构：岩石几乎全部由未结晶的火山玻璃所组成。

半晶质结构：岩石由部分晶体部分玻璃组成。

（2）根据岩石中矿物颗粒的大小分：根据肉眼观察，首先区分出显晶质结构和隐晶质结构两类。显晶质结构，是指在肉眼观察时，基本上能分辨矿物颗粒者；隐晶质结构，则指矿物颗粒很细，肉眼无法分辨出颗粒者。

显晶质结构　按矿物颗粒绝对大小，岩浆岩的结构可分为：

粗粒结构：晶粒直径 >5 mm。

中粒结构：晶粒直径 1~5 mm。

细粒结构：晶粒直径 0.1~1 mm。

微粒结构：晶粒直径 <0.1 mm。

而颗粒很大，粒径大于 1 cm 以上的矿物，可称为巨晶、伟晶。

隐晶质结构　按矿物颗粒绝对大小，分为：

等粒结构：岩石中同种主要矿物颗粒大小大致相等。

不等粒结构：岩石中同种主要矿物颗粒大小不等。

斑状结构：岩石中矿物颗粒分为大小截然不同的两群，大的称为斑晶，小的及不结晶的玻璃质称为基质。其中没有中等大小的颗粒，可与不等粒结构相区别。

似斑状结构：岩石也是由两群大小不同的矿物颗粒组成，但斑晶和基质基本上是同一时代的产物，是在相同或接近的物理化学条件下结晶的，因此基质是显晶质的。斑状结构和似斑状结构的区别，斑状结构中斑晶和基质是不同时代的产物，而似斑状结构中斑晶和基质是同时代的产物（见图 4-2）。

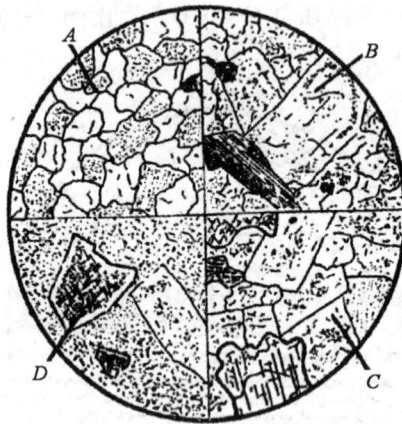

图 4-2　按矿物颗粒相对大小划分的结构
A—等粒结构；B—似斑状结构；C—不等粒结构；D—斑状结构

2）岩浆岩的构造

构造主要指岩石中不同颗粒集合体分布与排列的特点，即某一部分颗粒与其他部分颗粒的关系，是比较宏观的组构。岩浆岩最常见的构造如下。

（1）块状构造：各部分均匀分布，无定向排列，为岩浆岩最常见的构造。

（2）流纹构造：部分（先结晶的）矿物晶粒定向排列，反映岩浆在部分矿物结晶而仍呈塑性时,曾有过流动。在喷出岩中,有时可见不同成分的隐晶质或玻璃质构成大致平行的弯曲细纹,也是岩浆半凝固时流动造成,称流纹构造。

（3）气孔构造：岩石中有圆形或拉长圆形的空洞,洞壁较圆滑,为岩浆迅速减压冷凝时,气体析出,在黏稠的岩浆中成为气泡。气孔若被后来形成的矿物充填,则称为杏仁构造。

3. 岩浆岩的分类

根据岩浆冷凝时在地壳中所处部位不同,岩浆岩的产状有喷出岩和侵入岩之分。岩浆在侵入过程中,在地下深处冷凝而成的岩石,称深成岩;在浅处冷凝而成的岩石,称浅成岩;当岩浆冲破上覆岩层喷出地表,喷出地表的熔岩在地表冷凝而成的岩石,称喷出岩。

岩浆岩根据 SiO_2 的含量不同,又可分为超基性岩（$SiO_2 < 45\%$）、基性岩（SiO_2: $45\% \sim 53\%$ 之间）、中性岩（SiO_2: $52\% \sim 66\%$ 之间）、酸性岩（SiO_2: $> 66\%$）4 类。每一产状的岩浆岩大都有各种不同 SiO_2 含量的岩类,从而形成不同种类的岩石。

除了岩石化学成分之外,矿物成分也是岩浆岩分类的重要依据之一。在岩浆岩中常见的一些矿物,由于岩石类型不同,它们的成分和含量也而随之发生有规律的变化。通常,超基性岩中没有石英,长石也很少,主要由暗色矿物组成;而酸性岩中暗色矿物很少,主要由浅色矿物组成;基性岩和中性岩的矿物组成介于两者之间,浅色矿物和暗色矿物各占有一定的比例。

虽然各类岩浆岩的主要矿物不外乎石英、正长石、斜长石、黑云母、白云母、角闪石、辉石、橄榄石等,但不同成分的岩浆岩其矿物成分也不相同。

根据岩浆岩的化学成分、产状以及矿物成分和结构、构造的关系可以把岩浆岩进行分类,如表 4 - 1 所示。

4. 常见的岩浆岩

（1）花岗岩（granite）是地壳中广泛分布的一种岩石类型。呈肉红、浅灰、灰白等色,一般为中粗粒等粒结构,有时为似斑状结构,块状构造,以钾长石及富钠斜长石为主,大多数情况下钾长石多于斜长石,并以含较多石英为其特征。此外可含少量黑云母、角闪石等暗色矿物。

（2）流纹岩（rhyolite）为花岗质岩浆的喷出相。肉红、灰白、黄白色,以隐晶质及斑状结构较常见,多具流绞构造,斑晶为钾长石或石英,偶为钠质斜长石,石英斑晶常被熔蚀成浑圆状,时代新的流纹岩中钾长石无色透明,称透长石;基质为隐晶质长石、石英;岩石断面细微似瓷状。

（3）闪长岩（diorite）为浅灰~绿色,等粒结构,块状构造。以普通角闪石和斜长石为主,基本上没有石英。当有明显数量石英（$>10\%$）时,称石英闪长岩;如钾长石增多,称正长闪长岩;如钾长石、石英均增多,斜长石多于钾长石,石英 $>20\%$ 时,为花岗闪长岩,钾长石多于斜长石,即为典型的花岗岩。

（4）辉长岩（gabbro）灰黑、暗绿色,等粒结构,斑状结构很少见,主要由富钙斜长石和普通辉石构成,可有少量角闪石和橄榄石,肉眼可根据暗色矿物与闪长岩区别。

（5）安山岩（andesite）以带灰的绿色或紫红色最常见,隐晶质结构,有时有斜长石或辉石、角闪石的斑晶。此外,有时有气孔构造。深色的安山岩与玄武岩肉眼不易区分,如果斑晶为角闪石,则一般可定为安山岩,安山岩中有时可找到黑云母,玄武岩一般极少见黑云母,此外安山岩中斜长石多较粗短,断面呈近方形的矩形。

表4-1　岩浆岩分类表

	超基性岩			基性岩			中性岩			酸性岩	
	钙碱性	偏碱性	过碱性	钙碱性	碱性	过碱性	钙碱性	钙碱性-偏碱性	过碱性	钙碱性	碱性
	橄榄石-苦橄岩岩石类	金伯利岩石类	霓霞岩-霞石岩类／碳酸岩类	辉长岩-玄武岩类	碱性辉长岩-碱性玄武岩类	碱性辉长岩-霞石玄武岩类	闪长岩-安山岩类	正长岩-粗面岩类／二长岩-粗安岩类	霞石正长岩-响岩类	花岗岩-流纹岩类	碱长花岗岩-碱流纹岩类
SiO_2（质量分数/%）	38~45	20~38	38~45／<45	45~53			53~66			>66	
K_2O+Na_2O（质量分数/%）	平均3.6	<3.5	<20	平均4.6		平均7	平均5.5	平均9	平均14	平均6~8	
δ^* 值	<3.5			<3.3	3.3~9	>9	<3.3	3.3~9	>9	<3.3	3.3~9
石英含量（体积分数/%）	不含	不含	可含	不含	不含或少含	不含	<20	不含或少含	不含	>20	<15
似长石含量（体积分数/%）			含量变化大		不含或少含	>5		不含或少含	5~50	不含	<15
长石种类及含量			可含少量碱性长石	以基性长石为主	以碱性长石为主，斜长石次之，中长石、更长石	碱性长石	中性斜长石，可含碱性长石	碱性长石为主，可含中性斜长石	碱性长石	碱性长石及中酸性斜长石	碱性长石
铁镁矿物种类	橄榄石、斜方辉石、单斜辉石为主	橄榄石、透辉石、镁铝榴石、金云母	碱性暗色矿物为主	以辉石为主，可含橄榄石、角闪石	单斜辉石（含钛普通辉石）为主，碱性辉石次之，富铁橄榄石也较多	碱性辉长石为主	角闪石为主，辉石、黑云母次之	碱性辉石、碱性角闪石为主，富铁云母次之	碱性辉石、碱性角闪石为主，富铁云母次之	黑云母为主，角闪、石次之，辉石较少	碱性角闪石、富铁黑云母为主，碱性辉石较少
色素 %	>66		30~90	40~90			15~40			<15	
代表性侵入岩 深成岩（全晶质中粗粒、似斑）	纯橄榄岩、橄榄岩、二辉橄榄岩		霓霞岩、磷霞岩／碳酸岩	辉长岩、苏长岩、斜长岩	碱性辉长岩	碱性辉长岩	闪长岩	正长岩、二长岩	霞石正长岩	花岗岩、花岗闪长岩	碱长花岗岩
代表性侵入岩 浅成岩（全晶质、细中粒、斑状）	苦橄玢岩	金伯利岩	碳酸岩	辉绿岩	碱性辉绿岩	碱性辉绿玢岩	闪长玢岩	二长斑岩	霞石正长斑岩	花岗斑岩、花岗闪长（斑）岩	霓细花岗岩
代表性喷出岩	苦橄岩、玻基纯橄岩	金伯利岩	霞石岩	拉斑玄武岩、高铝玄武岩	碱性玄武岩	碱玄武岩、玄武岩一白	安山岩	粗面岩、碱性粗面	响岩	流纹岩、英安岩	碱性流纹岩、碱流纹

注：脉岩、火山碎屑岩未列入表内。$\delta^* = (K_2O + Na_2O)^2 / (SiO_2 - 43)$

（6）玄武岩（basalt）为灰黑、绿黑等色，有时带紫红色。细粒或隐晶质结构，粒度常较其他喷出岩粗，有时在放大镜下可以辨认出长石等矿物颗粒。常见斑晶为斜长石、辉石、橄榄石等。玄武岩的特征是气孔构造常较发育，斑晶斜长石多为长条板状。

4.2.2 沉积岩

1.沉积作用与沉积岩

沉积岩是组成岩石圈的3大类岩石之一。它是在地壳表层的条件下，在地球外营力导致的岩石圈上部、水圈、生物圈和气圈的相互作用过程中，地壳上先期已存在的岩石(岩浆岩、变质岩和早先形成的沉积岩)的风化产物、火山物质、有机质等，经搬运、沉淀、埋藏和成岩作用而形成的一类岩石。

沉积岩在地壳表层分布甚广，占陆地面积的75%，而海底几乎全由沉积物覆盖。但以体积而言，沉积岩仅占岩石圈体积的5%，而岩浆岩和变质岩约占95%。由此可见，沉积岩主要分布在岩石圈的上部和表层部分。至于沉积岩在地壳表层的具体厚度，则变化很大，有的地方可达几十千米，如高加索地区仅中生代和新生代的沉积物厚度就达20～30 km；有的地方则很薄，甚至没有沉积岩的分布，直接出露岩浆岩和变质岩。

在沉积岩中蕴藏着大量矿产。根据第十九届国际地质学会统计资料，世界资源总储量的75%～85%是沉积成因和沉积变质成因的。煤、石油、油页岩和天然气矿产等有机矿产以及盐类矿产，几乎全部是沉积成因的。铁矿的90%、铅锌矿的40%～50%、铜矿的25%～30%、锰矿和铝矿的绝大部分以及其他许多金属和非金属矿产，也都是沉积成因或与沉积有成因关系。

2.沉积岩的结构和构造

不同的沉积岩是在不同的地质环境中形成的。因此，沉积岩的成分、结构和构造等特征，在一定程度上反映了当时的形成环境。

（1）沉积岩的结构：指沉积岩的颗粒形状、大小和颗粒之间的关系。碎屑物质被胶结物胶结起来的一种结构叫做碎屑结构。根据颗粒的形状和大小，沉积岩又可分为砾状结构和角砾状结构(颗粒直径大于2 mm)、砂状结构(颗粒直径0.1～2 mm)、粉砂状结构(颗粒直径0.01～0.1 mm)、泥质结构(颗粒直径小于0.01 mm)。由矿物晶粒组成的沉积岩，它们的结构叫做结晶粒状结构，如化学沉淀形成的石灰岩，就是由方解石晶粒集合而成。

（2）沉积岩的构造：指沉积岩的一部分物质与另一部分物质在空间上的分布和它们彼此之间的关系。沉积岩的最典型构造是层理，这是由沉积物的成分、结构、颜色等不同所造成的成层排列的性质。层与层之间的面称为层面。在层面上常常留下一些能反映沉积环境的痕迹，常见的有波痕(受波浪影响，使沉积物表面呈波状)、雨痕(雨点打在泥质等细粒沉积物上的凹痕)、泥裂(泥质等细粒沉积物晒干后产生的多边形裂纹)等。此外在沉积岩中还常能见到结核和化石，沉积岩中呈球状或不规则形状的、成分与周围岩石不同的硬团块称为结核，组成结核的物质有的是碳酸盐，有的是硫化物，有的是硅质，有的是磷酸盐和锰质等。

3.沉积岩分类

以物质来源为主要考虑因素，沉积岩可分成三大类，即由母岩风化产物组成的沉积岩、由火山碎屑物质和深部卤水组成的沉积岩和由生物遗体组成的沉积岩。

母岩风化产物形成的沉积岩是最主要的沉积岩类型，它还可以根据母岩风化产物的类型

（碎屑物质及溶解物质）及其搬运沉积作用的不同（机械的和化学的）再划分为两类：碎屑岩和化学岩及生物化学岩。碎屑岩根据粒度可细分为砾岩、砂岩、粉砂岩和黏土岩等；化学岩根据其成分，可细分为碳酸盐岩、硫酸盐岩、卤化物岩、硅岩及其他化学岩等。

主要由火山碎屑物质组成的沉积岩即火山碎屑岩，还可以根据其岩性特征再细分。

主要由生物遗体组成的沉积岩即生物岩或有机岩，还可以根据其是否可燃，再划分为可燃生物岩（如煤和油页岩）和非可燃生物岩。

4. 常见的沉积岩

（1）砾岩：砾石直径大于 2 mm，含量占 50% 以上，被硅质、钙质、泥质等胶结而成的岩石，具砾状结构；若岩石碎屑是带棱角的则形成角砾岩，具角砾状结构。

（2）砂岩：由直径 0.01~2 mm 的砂粒被铁质、钙质、泥质、硅质等胶结所形成的岩石，具碎屑结构。主要成分为石英，其次是长石。根据胶结物的不同，可分为硅质砂岩、钙质砂岩和铁质砂岩。按碎屑成分可分为石英砂岩、长石砂岩和硬砂岩等。

（3）粉砂岩：0.1~0.01 mm 粒级的碎屑颗粒超过 50%，物质成分以石英为主，常含较多的白云母，钾长石和酸性斜长石含量较少，岩屑极少见到，黏土基质含量较高。

（4）页岩：是黏土岩的一种，由直径小于 0.01 mm 的极细颗粒压紧而成。泥质结构，具有明显的叶片状层理。按成分可分为炭质页岩，钙质页岩，硅质页岩和铁质页岩。富含有机质的页岩叫做油页岩。

（5）石灰岩：化学成分为碳酸钙，矿物成分主要是方解石，一般呈灰白色至深灰色，结构有致密状、结晶粒状、鲕状等。硬度不大，遇盐酸起泡。石灰岩可以是从溶液中沉淀碳酸钙而成，也可以由生物作用形成，如珊瑚灰岩。石灰岩中如果含硅质较多，致使硬度增大，与盐酸反应较弱，则叫做硅质石灰岩。

4.2.3 变质岩

1. 变质作用与变质岩

原先存在的岩石（岩浆岩、沉积岩、早期变质岩）受到高温高压和化学活动性流体的影响下，改变了原来的矿物成分、结构构造而形成另一种性质的岩石，即成变质岩。这种改造过程称变质作用，一般发生在固态条件下。变质岩中的成分既有原岩成分，也有变质过程中新产生的成分。变质岩矿物成分可分为两类：一类是与岩浆岩、沉积岩相同的，如石英、长石、云母、角闪石、辉石等，它们大多是原岩残留下来的，也可以在变质作用中形成；另一类是变质作用产生的为变质岩所特有的矿物，如石墨、滑石、石榴石、红柱石、蓝晶石、矽线石等，称为变质矿物。

变质作用和沉积作用、岩浆作用之间存在一定的区别和联系。变质作用与岩浆作用之间比较容易区别，它们之间的界线是熔融，而和沉积成岩作用之间的重要标志是矿物组合的变化，一般认为以浊沸石开始出现为标志。

原岩受变质作用的程度不同，变质情况也不同，一般分为低级变质、中级变质和高级变质。变质级别越高，变质程度也就越深。如沉积岩黏土质岩石在低级变质作用下形成板岩，在中级变质时形成云母片岩，在高级变质作用下则形成片麻岩。

岩石在变质过程中会形成新的矿物，所以变质过程也是一种重要的成矿过程，如中国鞍山的铁矿就是由一种前寒武纪火成岩变质形成的，这种铁矿占全世界铁矿储量的 70%。此外如锰钴铀共生矿、金铀共生矿、云母矿、石墨矿、石棉矿都是变质作用形成的。

2. 变质岩的结构和构造

变质岩的结构和构造，具有对原生岩石特点的继承性，因此，不仅有在变质过程中矿物重结晶所形成的变晶结构（例如粒状变晶、鳞片变晶、纤维状变晶和斑状变晶等结构）和变质构造（例如千枚状、片状、条带状等构造）以及交代结构（例如混合岩化结构和构造），还有原岩残留的所谓变余结构和构造（例如碎裂结构，层纹构造等）。现将主要的几种结构和构造描述如下：

（1）千枚状构造：岩石中的片状矿物定向排列所形成的一种构造。具有千枚状构造的变质岩，因其组成矿物细小，肉眼无法辨认，仅在层理面上见有丝绢光泽。

（2）片状构造：是由云母、绿泥石和角闪石等片状和柱状矿物平行排列而成的一种构造。矿物颗粒较千枚状构造粗，一般肉眼可辨认。

（3）片麻状构造：是由浅色的粒状矿物与定向的暗色片状、柱状矿物相间排列而成的一种构造。

（4）变晶结构：它是在变质过程中，矿物重结晶所形成的结构。常根据变晶矿物的形态和矿物间的关系，细分为粒状变晶结构（重结晶的矿物粒径基本一致，彼此无定向的紧密相嵌）、鳞片变晶结构（由重结晶的片状矿物定向排列的一种结构）和斑状变晶结构（即在粒径较小的矿物中由相对较大的、重结晶形态较好的晶体所形成的一种结构）等。

3. 变质作用类型及其代表性岩石

对变质作用类型的进一步划分，自变质岩作为一门独立学科的出现就提出许多分类，下面简要介绍常见的变质作用类型及其代表性岩石。

（1）区域变质作用：是指大面积的岩石，因为温度增高和压力的作用等多种因素下，发生了程度不等的重结晶和变形的一类变质作用。区域变质作用形成的岩石普遍具有结晶片理及其他方向性组构。其发生常常与构造运动有关，伴随岩石变形。形成的岩石以具有鳞片变晶结构及片理构造、片麻状构造为特征。常见的区域变质岩有板岩、千枚岩、片岩、片麻岩、变粒岩、斜长角岩、麻粒岩、榴辉岩等。

（2）接触变质作用：是指在岩浆作用影响下，围岩主要受岩浆体温度的影响而产生的一种局部性变质作用。通常规模不大，围岩主要受岩浆散发的热量及挥发分的作用。当围岩仅受岩浆体温度影响而发生重结晶作用、变质结晶作用，变质前后化学成分基本相同，这类变质作用称为热接触变质作用。当围岩除受岩浆体温度影响外，由于挥发组分的影响，岩体和围岩发生交代作用，致使接触带附近的岩体和围岩的化学成分也发生变化，称为接触交代变质作用。代表性岩石有板岩、角岩、大理岩、石英岩等。

（3）动力变质作用：是一种由于构造作用过程中所产生的强应力作用下，岩石发生破碎、变形，在破碎、变形的同时，伴有一定重结晶作用。其发育常受断裂构造控制，原岩的变化主要以脆性变形和塑性变形为主。代表性岩石有构造角砾岩、糜棱岩等。

（4）气液变质作用：是由于热的气体及溶液作用于已形成的岩石，使已有的岩石产生矿物成分、化学成分及结构构造的变化，称为气液变质作用。气液变质作用通常沿构造破碎带及矿脉边缘发育，如云英岩、次生石英岩、蛇纹岩等。

（5）混合岩化作用：为一种超深变质作用，由变质作用向岩浆作用转变的过渡性地质作用。一般认为，当发生大规模区域变质作用时，在地下深处温度较高的地方，区域变质岩常伴随着流体相物质的大量渗透、注入、重结晶和混合交代等复杂的变质过程，从而使岩石的矿物组成、结构、构造发生深刻的改变，生成一系列特殊类型的岩石，总称混合岩，例如眼球状混合岩、混合花岗岩等。

4. 常见的变质岩

常见的变质岩主要有板岩、千枚岩、片岩等。它们的矿物组成、结构构造和表面特征分述如下：

(1)板岩：具板状构造，外观致密，矿物成分主要为黏土类矿物。但肉眼无法辨认，颜色为灰至黑色，是轻微区域变质形成的隐晶质岩石。

(2)千枚岩：具千枚状构造，矿物颗粒极细，肉眼不易辨认，但可见到由绢云母、绿泥石细鳞片显现出来的丝绢光泽，颜色多呈浅绿、褐红、浅灰及暗灰色，为泥质岩石经低级变质作用而成。

(3)片岩：具片状构造，主要由片状矿物和柱状矿物组成，此外尚可含石英和少量长石，矿物颗粒肉眼一般都能辨认，是中等程度的变质岩，常见的有云母片岩、绿泥石片岩，滑石片岩等。

(4)片麻岩：具片麻状构造，主要由长石、石英等粒状矿物组成，其次含有少量的云母、角闪石，是变质程度较深的变质岩。由岩浆岩变质而成的片麻岩称为正片麻岩，由沉积变质而成的片麻岩称为副片麻岩。

(5)石英岩：具块状构造，主要成分为石英，一般为白色，致密坚硬，是由砂岩经接触变质或区域变质而成。质纯的石英岩常常是极好的玻璃原料。

(6)大理岩：主要由粒状的方解石组成，一般呈白色，如果含杂质则可能有不同颜色，由石灰岩经接触变质或区域变质而成。大理岩是重要的建筑石材和雕刻原料，如云南大理县盛产的大理岩便驰名全国。

(7)角岩：这是一类致密的、组成矿物肉眼无法辨认的由热接触变质所产生的典型岩石。各种成分的粒度很细小的原岩，经热变质后都可形成不同矿物组合的角岩，常见的角岩主要有泥质角岩、钙质角岩、镁质角岩、长英质角岩等。

(8)混合岩：为混合岩化作用所产生的一类岩石。这类岩石一般由两个部分组成，即原岩中未变的矿物(称为基体矿物)和在混合岩化过程中新生成的矿物(称为脉体矿物)。岩石的命名通常是根据基体矿物和脉体矿物的比例进行的，如混合岩化片岩、条带状混合岩、混合花岗岩，等等。其中基体部分因原岩成分而异，脉体部分为长英质"注入"的结果。

4.3 矿石类型

由于对矿石的研究目的不同，工业上对矿石的加工利用方法的不同，对同一种矿石就会从不同的角度进行研究，因此就有不同的分类。从目前已有的资料和研究程度来看，对矿石的分类大致有成因类型、自然类型、工业类型和工艺类型等。

4.3.1 矿石的成因类型

根据矿石的不同成因类型来进行分类，即矿石的成因类型。这种分类以成矿作用为主要依据，适当考虑成矿地质环境和成矿物质来源等3个因素来划分的矿石类型。这种分类与矿床成因分类一致,如铁矿石可分为:岩浆型磁铁矿矿石、矽卡岩型铁矿石、沉积型铁矿石、变质型铁矿石、热液型铁矿石等。这种分类反映了人们对矿石成因和成矿过程的认识程度,其作用是通过对矿床(矿石)成因的研究,总结成矿规律和矿床地质特征,以指导地质勘探工作。这种分类研究程度较高,是目前最主要的分类方法,但不能满足选矿工作的需要。

按矿床的不同成因,相应形成的矿石分类如下:

1)内生矿床及其矿石

(1)岩浆矿床及其矿石:①早期岩浆矿床及其矿石;②中期岩浆矿床及其矿石;③晚期岩浆矿床及其矿石;④熔离矿床及其矿石。

(2)伟晶岩矿床及其矿石。

(3)气化-热液矿床及其矿石:①矽卡岩矿床及其矿石;②热液矿床及共矿石:a.高温热液矿床及其矿石;b.中温热液矿床及其矿石;c.低温热浓矿床及其矿石。

2)外生矿床及其矿石

(1)风化矿床及其矿石:①风化残余矿床及其矿石;②淋滤矿床及其矿石。

(2)沉积矿床及其矿石:①机械沉积矿床及其矿石;②化学沉积矿床及其矿石。

3)变质矿床及其矿石

(1)接触变质矿床及其矿石。

(2)区域变质矿床及其矿石。

(3)混合岩化矿床及其矿石。

4.3.2 矿石自然类型

矿石自然类型是按矿石结构构造、矿物共生组合、主元素和有害元素含量高低、围岩岩性、脉石矿物含量、氧化程度等不同,按矿石自然特性进行的分类,是研究矿石质量特征,矿体内部结构构造,进行矿石加工技术试验,划分矿石工业类型和技术品级的基础依据。如根据矿石的氧化率,一般将硫化矿床划分为硫化矿石、氧化矿石、混合矿石三类。由于不同自然类型的矿石,技术加工处理方法各异,它们在矿床中又有一定的分布规律,占一定比例的储量,所以将这类矿床的矿石划分为三带,对分采、分选是很必要的。但这种划分还相当粗略。就硫化矿石而言,含黄铜矿的黄铁矿矿石与含铅锌的黄铁矿矿石,其选矿方法、选矿流程和回收率均有很大差别。

4.3.3 矿石工业类型

矿石工业类型是在划分矿石自然类型的基础上,根据加工技术试验结果和加工处理的需要,为经济合理地开发利用矿产资源,将采选冶方法及工艺流程不同的矿石,按工业要求划分矿石工业类型。工业类型的划分必须具备的条件是:该类型矿石加工特性具明显的差异,需要单独加工处理;集中赋存于一定空间,具有一定规模,并需要和可能分别开采;在分采分选的基础上,具有明显的经济效益。在进行矿石工业类型划分时主要考虑以下几个方面:

(1)根据共生矿物的种类,可以划分为单一矿石和综合矿石。如可将铜矿划分为铜锡矿石、铜金矿石、铜铅锌矿石和单铜矿石等,可将铅锌矿划分为铅锌矿石、单铅矿石和单锌矿石等,它们的选矿处理方法各不相同,必须区别对待。

(2)根据含有用组分的高低,矿石可划分为富矿石(高品位矿石)和贫矿石(低品位矿石)。有的富矿石可不经过选矿而直接冶炼,而贫矿石必须经过选矿后才能冶炼。

(3)根据矿石的结构、构造,可划分为块状矿石和浸染状矿石等等。如某矿的致密块状富镍矿可直接冶炼,而浸染状矿石则必须经过浮选富集才能冶炼,所以需将矿石划分类型,分采、分选,分别处理。

(4)根据围岩或脉石的成分,矿石可划分为含磷砾岩、含磷砂岩、含铜砂岩、含铜页岩等。由于围岩或脉石成分不同,选矿指标及效果相差很大。例如某氧化铅锌矿,砂岩型矿石可用浮选,而灰岩型矿石则只有用碱浸等方法处理;又如某铜矿,其围岩主要为硅化大理岩,但经常混入部分黑色片岩,影响其磨矿操作及指标,经试验得知黑色片岩比硅化大理岩难磨30%,它的含量增多,会使精矿矿品位下降11%,故为保证精矿品位,在黑色片岩增多时,需相应地调整药剂用量。为了稳定操作及选别指标,一般采取配矿的办法,将黑色片岩控制在5%以下,这就需要按围岩或脉石成分划分出矿石类列。

(5)根据选矿的难易进度,可划分3种:易选矿石(精矿品位大于国家规定的最低要求,回收率大于90%)、较易选矿石(精矿品位大于国家规定的最低要求,回收率70%~90%)和难选矿石(精矿品位大于国家规定的最低要求,回收率50%~70%)。

4.3.4 矿石的工艺类型

矿石的工艺类型是指按矿石工艺性质,主要是矿石选矿工艺性质的差别,对矿石所作的分类。它以矿石物质成分的研究为基础,以为制定选冶工艺流程提供可靠依据为目的。矿石的工艺性质通常是在矿石自然类型的基础上细分的,它与矿石工业类型有时相似,有时又不同。

在以往的矿床评价工作中,都要求划分矿石工业类型和自然类型。但这两种分类往往不足以完全反映矿石工艺性质的差异,不能为选冶试验和生产提供可靠依据。由此而造成选冶生产指标低,大量有用组分损失于尾矿的例子屡见不鲜。因此,在选矿的生产实践中,往往还根据矿石特性的变化及选别行为的不同而划分矿石的工艺类型。例如,某铜矿次生富集带发育较好,金属品位高,储量大。但选矿试验及生产实践表明,次生富集带不同地段的矿石,在相同的浮选条件下,有的泡沫发黏,难于操作,会造成金属损失;有的泡沫却不发黏。经过对矿石物质组成及特性进行试验研究,结果证明泡沫发黏与铅矾的含量有关。当铅矾含量大于0.4%时,浮选泡沫发黏;低于0.4%时,泡沫正常。因此,根据选矿工艺的需要,划分了次生富集带矿石的工艺类型,以便在生产实践中根据矿石的不同工艺类型采取和相应的措施。划分的依据主要是:①矿石中铅矾的含量;②矿石的氧化程度;③矿石中铜矿物的种类及含量。

结果共分4个类型,如表4-2。

表4-2 某矿次生富集带矿石的工艺类型

类别	矿石工艺类型	种类	主要标志
I	铜蓝、黄铁矿矿石	易选矿石	铅钒含量<0.4%,铜蓝占全部铜矿物的80%以上
II	含铅钒的铜蓝~黄铁矿矿石	黏矿石	铅钒含量>0.4%,铜蓝占全部铜矿物的80%以上
III	铜蓝、黄铜矿~黄铁矿矿石	易选矿石	铅钒含量<0.4%,次生铜矿物含量>50%,以铜蓝为主,次为辉铜矿,原生铜矿物以黄铜矿为主
IV	辉铜矿~黄铁矿矿石	难选易浮矿石	铅钒含量<0.4%,辉铜矿占全部铜矿物75%以上

4.4 主要成矿作用及其矿石

4.4.1 成矿的地质作用

成矿作用即是在地球的演化过程中，使分散在地壳和上地幔中的化学元素，在一定的地质环境中相对富集而形成矿床的作用。它是地质作用的一部分。所以成矿作用与地质作用一样，按作用的性质和能量来源，可划分内生成矿作用、外生成矿作用和变质成矿作用三大类，相应地形成内生矿床、外生矿床和变质矿床。

1.内生成矿作用

内生成矿作用是指在内力地质作用过程中，即在地球内能的作用下导致矿床形成的各种地质作用。内力地质作用是由地球自转所产生的旋转能、内部热能(包括放射能、地幔即岩浆的热能等)及重力能所引起的各种地质作用，包括地壳运动、岩浆作用、变质作用和地震作用等。这类成矿作用除火山成矿作用到达地表外，一般是在地壳不同深度、温度和压力下进行的，或多或少与岩浆作用有关。根据内力地质作用方式和特征的不同，将内力成矿作用又分为岩浆成矿作用、伟晶岩成矿作用、气化－热液成矿作用、火山成矿作用等。

2.外生成矿作用

外生成矿地质作用主要是指在太阳能的影响下，在岩石圈上部、水圈、大气圈和生物圈的相互作用过程中，使得地壳表层形成矿床的各种地质作用，其能源主要是太阳能。太阳的辐射热能引起气候变化、风吹雨刷、流水的作用、冰川的滑动等，从而使地壳表面的物质发生破坏、改造和建设。这种地质作用都发生在地球的地面和靠近地表的极浅部。外生矿床的成矿物质主要来源于地表的矿物、岩石和矿床、生物有机体、火山喷发物，部分可来自星际物质(陨石)。

外生成矿作用可分为风化成矿作用和沉积成矿作用两大类。根据成矿地质条件又再分为若干亚类。

3.变质成矿作用

变质成矿作用是指由于地质环境的改变，特别是经过深埋或其他热动力事件，使已由内生成矿作用和外生成矿作用形成的矿床或含矿岩石的矿物组合、化学成分、物理性质以及结构构造发生改变而形成新的矿床，或者成为另一类性质不同、质量不同矿床的地质作用。

变质成矿作用，按其产生的地质环境不同，可分为接触变质成矿作用、区域变质成矿作用和混合岩化成矿作用3类。变质矿床根据成矿作用可分为接触变质矿床、区域变质矿床和混合岩化矿床3类变质矿床。

4.4.2 内生成矿作用及其矿石

1.岩浆成矿作用及其矿石

在岩浆活动及演化过程中，直接由熔融状态的岩浆进行结晶的阶段，称为岩浆期。此时期是岩浆岩形成的主要时期。在岩浆期中，岩浆内的有用物质发生集聚，由此生成的矿床即为岩浆矿床，其矿石就是岩浆矿石。

铬、矾、钛、镍、铁、金刚石以及铂族金属，多由此类矿床生成。岩浆矿床的成矿作用一般可分为结晶分异作用和熔离作用两种。

结晶分异作用是指岩浆中的各种物质，随着岩浆温度、压力的下降，依次从岩浆熔融体中结晶出来的现象。在结晶分异过程中，有时是有用矿物比硅酸盐矿物先结晶，于是有用矿物就具有自形晶结构，并因重力而下沉或上浮，逐渐聚集成浸染状、条带状组成的矿床。如我国西部某地发现的铬铁矿、铂矿，东北某地发现的金刚石矿床等，都是这样形成的。这种矿床及其矿石叫做早期岩浆矿床及其矿石。也有的时候是硅酸盐矿物先结晶，有用矿物是在剩下的含矿熔融体再进行结晶时析出的，这时有用矿物一般呈他形晶结构，并作为硅酸矿物间的充填物，主要为浸染状，其次为块状。如四川某钒钛磁铁矿矿床就是这样形成的。这种矿床及其矿石称为晚期岩浆矿床及其矿石。

熔离（液态分离）作用是指在高温岩浆中能够混熔的物质，当岩浆温度降低时可能得到分离的作用。如岩浆岩中的硫化铜镍物质，在岩浆逐渐冷却时，即从硅酸盐熔融体学分离出来，只有在硅酸盐矿物几乎完全结晶后，这种早就分离以来的液态硫化铜镍物质才开始结晶，所以多为他形晶结构，呈浸染状或致密状构造。硫化铜镍矿床就是这样形成的。这种矿床及其矿石叫做熔离矿床及其矿石。如甘肃某铜镍矿床，四川、广西等地也存在这类矿床。

岩浆矿床的主要矿石有：

(1)铬铁矿石：主要产在纯橄榄岩等超基性岩中。矿石矿物为铬铁矿，脉石矿物为橄榄石、辉石以及它们发生次生变化后的蛇纹石等。矿石多为自形晶、半自形晶结构，浸染状或块状构造。在铬铁矿石中经常有铂族元素矿物存在。

(2)钒钛磁铁矿矿石：主要产在辉长岩等基性岩中。矿石矿物主要为磁铁矿、钛铁矿，有的还含有钛铁尖晶石(Fe_2TiO_4)，有时可见少量的赤铁矿、黄铁矿、磁黄铁矿、黄铜矿等。磁铁矿中含有呈类质同象的钒钛铁矿时，它一般与磁铁矿形成连晶。脉石矿物为斜长石、辉石和角闪石等。呈他形晶结构，钛铁矿少数呈粒状，多呈叶片状固溶体分离结构存在于磁铁矿中；块状及浸染状构造。

当钛铁矿呈粒状和大的叶片状结构时，对选矿有利。但当钛铁矿呈细小叶片状结构和呈钛铁尖晶石存在时，则会给选矿造成困难。

(3)硫化铜镍矿石：主要产于辉长岩、橄榄岩等基性和超基性岩中。矿石矿物主要有镍黄铁矿、磁黄铁矿（常含镍）和黄铜矿（也常含镍），其他有黄铁矿、磁铁矿等。脉石矿物以辉岩、橄榄岩、斜长石为主。浸染状构造。镍黄铁矿与磁黄铁矿紧密共生，常形成乳滴状、网格状等圆溶体分离结构。此外，矿石矿物也有呈文象状等粒连晶结构的。

在一般情况下，硫化铜镍矿石中的磁黄铁矿总是含有不少镍，黄铜矿也含镍，所以在选矿时可将镍黄铁矿、磁黄铁矿和黄铜矿一起捕收。因此，镍黄铁矿与磁黄铁矿复杂的固溶体分离结构也就无碍于选矿了。

由于浮选不能回收硅酸镍，所以在进行硫化铜镍矿石选矿前，应查明有多少镍是以硅酸镍的方式存在的。

这类矿石中还常含砷铂矿等铂族矿物及呈类质同象混入的钴、硒、碲等，应注意综合利用。

2. 伟晶岩作用及其矿石

伟晶岩是岩浆演化的一种较特殊的产物。是在岩浆活动的晚期，当有大量挥发分存在时，在侵入体冷凝的最后阶段便有可能形成伟晶岩及相应的矿床。所以，伟晶岩一般位于侵入体的顶部或附近围岩中，其主要成分与母岩(侵入体)一致，仅在结构构造和形态、产状上与母岩体有显著区别。各种不同成分的岩浆在一定条件下都可形成伟晶岩。

地壳中的大部分伟晶岩都不含矿或不能形成工业矿体，仅有少数伟晶岩能形成矿床。它们是某些稀有金属和稀土元素矿产的重要来源。长石、石英和云母等则是伟晶岩的主要矿产，此外，许多宝石类矿物，如绿柱石、黄玉、电气石、水晶、锂辉石等也产在伟晶岩中。

化学成分复杂是伟晶岩矿石的一个特点。据统计，伟晶岩矿石中集中有 40 种以上的化学元素，它们主要是氧和亲氧元素 Si、Al、K、Na、Ca 等，稀有、稀土分散和放射性元素 Li、Be、Nb、Ta、Cs、Zr、Hf、La、Ce、U、Th 等，金属元素 Sn、W、Mo、Fe、Mn 等，以及挥发组分 F、Cl、B、P 等。最主要的矿石结构有伟晶结构、粗粒结构、细粒结构、文象结构等 4 种。一般而言，伟晶岩矿石中有用矿物个体粗大，所以便于选矿，有时仅需敲打、手选就能得到合格的精矿。

3. 气化－热液成矿作用及其矿石

气化－热液是在地下一定深度内自然形成的具有一定温度和压力的气态和液态的混合溶液。气化－热液的成分以水为主，可含有各种元素及溶解在其中的气体，但主要呈液态。其温度一般为几十到几百摄氏度，压力随深度和地质环境的不同而变化，可从几十万帕至几千万帕。

气化－热液在许多类型的成矿过程中都具有参与作用。在内生成矿作用中，包括岩浆成矿作用和伟晶岩成矿作用，气化－热液是它们演化过程某一阶段的产物，并且对成矿或多或少地起过积极的作用。对于热液矿床，气化－热液不仅是主要的含矿介质，而且是重要的成矿营力。它们对于矿质的萃取、携带、搬运和沉淀起着极其重要的作用。

气化－热液作用，根据其生成的地质条件不同，可形成接触交代矿床及热液矿床两类。

1)接触交代矿床及其矿石

接触交代成矿作用是指在中酸性－中基性侵入岩类与碳酸盐类岩石等钙镁质岩石的接触带或附近，由于含矿气化－热液与围岩进行交代作用而形成矿产的作用，所形成的矿床称为接触交代矿床。由于接触交代作用能形成一套在矿物组合和结构构造等方面具有独特性的岩石，称为矽卡岩，所以接触交代矿床也称为矽卡岩矿床。矽卡岩矿床是气化－热液成矿作用中的一种重要矿床类型。

在我国，这类矿床分布极广，矿种繁多，其主要矿石有：

(1)矽卡岩型铜铁矿石。这类矿石赋存于花岗闪长岩－闪长岩和石灰岩的接触带内。矿石矿物主要为磁铁矿、假象赤铁矿(在矿床的浅部)，少量有黄铁矿、黄铜矿、磁黄铁矿等。脉石矿物主要为透辉石、石榴石、绿泥石、方解石和石英等。矿石构造以块状为主，也有浸染状，少数为脉状。

这类矿石在我国长江中下游分布甚广，以湖北铁山为代表。此外，河北、河南、海南岛等地均有分布。

(2)矽卡岩型铜矿石。这类矿石赋存于中酸性岩浆岩和石灰岩、白云片的接触带内。矿石矿物以黄铜矿为主，此外有磁铁矿、磁黄铁矿及黄铜矿等，有时也可见辉钼矿。脉石矿物以石榴石、透辉石、阳起石等矽卡岩矿物为主，有少量石英、绿泥石。矿石构造以致密块状和浸染状为主，有时可见细脉状。

在选矿中，这类原生矿石一般比较简单，但它经氧化后可形成褐铁矿、孔雀石、蓝铜矿、自然铜等氧化矿石以及辉铜矿、铜蓝等次生硫化矿石，其选矿工艺则较原生矿石复杂。另外，在这类矿石中经常伴生有铁、锰、钼等金属元素，选矿时应设法综合回收。

在我国安徽、湖北、辽宁、吉林等省均有这类矿石分布。

(3)矽卡岩型钼矿石。矽卡岩型钼矿石赋存于花岗岩和石炭岩的接触带内。矿石矿物以辉钼矿为主，此外有黄铁矿、黄铜矿、方铅矿和闪锌矿等。脉石矿物有石榴石、透辉石和绿泥石等。矿石构造以浸染状和细脉状为主，少数为网脉状。辉钼矿中常含有铼，要综合利用。

这类矿床以东北杨家杖子最为有名，此外在华南地区也有分布。

(4)矽卡岩型钨矿石。这类矿石主要产在矽卡岩中。矿石矿物为黑钨矿、白钨矿，此外有锡石、辉钼石、磁黄铁矿、黄铜矿、辉铋矿等。脉石矿物为石榴石、硅灰石、绿帘石、透辉石、金云母等。矿石以细粒结构为主，多具致密块状、浸染状和细脉状构造。这类矿石主要分布在我国湖南、江西等省。

2)热液矿床及其矿石

地壳中的含矿热水热液在一定的物理化学条件下，以充填作用或交代作用的方式，将矿质沉淀在各种有利的构造和岩石中，从而形成矿石的成矿作用。由热液成矿作用形成的矿床称为热液矿床。

热液矿床可分为若干类型。由于研究的目的不同，分类的方案也不一致。但分类的依据不外乎是温度、压力、热液来源、成矿环境和方式等。从矿石学角度出发，对热液的来源尚不重要，而温度对矿石的结构构造等方面有密切关系，即成矿温度对矿石的工艺性质影响很大。因此，以温度为划分依据，将热液矿床分为3大类：高温、中温和低温热液矿床。

(1)高温热液矿床：高温热液矿床的形成温度一般在 $600 \sim 300 ℃$ 之间，压力为 $2 \times 10^7 \sim 2 \times 10^8 \ Pa(1 \sim 4.5 \ km)$。但也有深度小于 1 km 的浅成高温热液矿床。矿床通常与深成相的花岗岩类岩石有成因联系，尤其与花岗岩和花岗闪长岩关系密切。矿体直接产于岩体内部，或产在岩体附近的围岩中，一般距岩体不超过 1.5 km。成矿围岩通常为非钙质岩石，如硅质沉积岩和变质岩，有时也产在喷出岩中。

该类矿石的矿物共生组合为典型的高温矿物组合。典型的高温金属矿物有磁铁矿、锡石、黑钨矿、白钨矿、黄铜矿、磁黄铁矿、赤铁矿、辉钼矿、辉铋矿、铁闪锌矿和毒砂等，非金属矿物有石英、长石、锂云母、角闪石和石榴石等。伴生组分有铌、钽、钽、稀土，如江西某钨矿、内蒙古某铁矿、陕西某钼矿等部属这类矿床。

常见的矿石有：

石英脉钨矿石：这类矿石一种以钨锰铁矿为主，另一种以钨酸钙矿为主，主要产于石英脉中。矿石矿物除钨锰铁矿、钨酸钨矿外，还有锡石、辉钼矿、黄铁矿、毒砂、磁黄铁矿，有时有黄铁矿、闪锌矿。脉石矿物以石英为主，还有长石、云母、萤石、电气石、绿柱石等。江西、湖南等省这类矿石很多。

高温热液石英 – 锡石矿石：矿石赋存于石英脉中。矿石矿物以锡石、钨锰铁矿为主，还有辉钼矿、辉铋矿、铌坦铁矿、黄铁矿、黄铜矿、毒砂等。脉石矿物有黄玉、绿柱石、云母、电气石、萤石等。

高温热液钼矿石：矿石赋存于变质安山岩和花岗斑岩中。主要的矿石矿物为辉钼矿，次生磁铁矿、黄铜矿、黄铁矿、磁黄铁矿、铜矿等。脉石矿物有石英、长石、云母(黑、白、绢云母）、绿帘石、萤石等。矿石呈浸染状、条带状及脉状构造。

（2）中温热液矿床：矿床形成温度 200～300℃，深度 1～3 km。矿床多与长英质侵入岩体有关。矿床有的产在火成岩体内部，然而大多数情况下是产在岩体顶部的沉积岩和变质岩中。矿石矿物有自然金、黄铜矿、斑铜矿、黄铁矿、闪锌矿、方铅矿、硫砷铜矿、辉铜矿、车轮矿、辉银矿、沥青铀矿、红砷镍矿、辉砷钴矿、黝铜矿和硫盐等。脉石矿物常见钠长石、石英、绢云母、绿泥石、碳酸盐类、绿帘石和蒙脱石等。常见的伴生组分有镓、铟、锗、铼、金、银等。中国中温热液矿床很多，如小秦岭金矿、江西德兴铜矿、云南金顶铅锌矿、四川石棉县的石棉矿等。例如湖南的某铅锌矿，山西和江西的斑岩铜矿等。

常见的矿石类型有：

细脉浸染型铜钼矿石：这类矿石主要赋存于浅成中酸性岩浆岩（花岗斑岩、闪长斑岩）及其附近的沉积岩中，又称斑岩铜矿。矿石矿物以黄铜矿、辉钼矿和黄铁矿为主。山西中条山铜矿中还有斑铜矿。当以铜为主钼为辅时，称为铜钼矿石，钼含量过低时就称为铜矿石。脉石矿物有石英、绢云母、绿泥石、黑云母及方解石等。矿石中有用矿物粒度较细，呈细脉状及条带状构造。

黄铁矿型铜矿石：这类矿石赋存于由喷出岩变质来的变质岩中，有人认为属于火山成矿，伴有热液作用。甘肃某矿是属于这一类型的巨大的黄铁矿型铜矿，其特点是含有大量的黄铁矿和磁黄铁矿，在致密块状矿石中，黄铁矿量可达 90% 以上。矿石矿物还有黄铜矿、闪锌矿、方铅矿等。脉石矿物有石英、绢云母、方解石等。矿石构造除致密块状和浸染状外，还有角砾状、条带状、网脉状。黄铁矿型铜矿氧化后，形成氧化矿石和次生硫化矿石，这给选矿造成一定困难。

铅锌矿石：有热液交代型铅锌矿和热液充填型铅锌矿两种。产于白云岩和石灰岩中，或充填于其裂隙内。矿石矿物除方铅矿、闪锌矿外，还有少数黄铁矿、黄铜矿。脉石矿物主要有方解石、白云母、石英、重晶石等。矿石以致密块状、条带状为主，也有网脉状和角砾状构造。

（3）低温热液矿床：形成温度 50～200℃，深度从近地表到 1500 m，矿床大多产在沉积岩或火山岩中。矿石矿物有自然金、自然银、自然铜、自然铋、黄铁矿、白铁矿、闪锌矿、方铅矿、黄铜矿、辰砂、脆硫锑铅矿、辉锑矿、雄黄、雌黄、红银矿、辉银矿、硒化物和碲化物等。脉石矿物有燧石、玉髓、石英、绿泥石、绿帘石、碳酸盐、萤石、重晶石、冰长石、明矾石、地开石、菱锰矿、沸石等。

低温热液矿床在矿石结构和构造方面，皮壳构造、条带构造、晶洞构造都比较常见。重要的矿产有铅、锌、金、汞、锑、铜、硒、冰洲石、明矾石、重晶石等。低温热液矿床的经济价值也很大，是金和银的重要来源，提供汞、锑、冰洲石和明矾石的全部以及相当多的铜、铅、锌、萤石和重晶石。贵州万山汞矿、湖南锡矿山锑矿很有名。

低温热液锑矿石：主要产于碳酸盐岩地层中，或充填于围岩的裂隙。单锑型的主要矿石矿物为辉锑矿，汞锑型矿石矿物主要有辉锑矿、辰砂等，脉石矿物白云石、重晶石、萤石、伊利石、玉髓等。矿石构造以块状、角砾状、浸染状为主。

低温热液汞矿石：常产于背斜构造内的碳酸盐岩层中，常见断层破碎带和层间破碎带，主要矿石矿物有辰砂、辉锑矿，伴生锑黑辰砂、碲汞矿，时有自然汞，其他有黄铁矿、白铁矿、毒砂及铜、铅、锌硫化物，矿石构造以浸染状、细脉浸染状为主。

4.4.3 外生成矿作用及其矿石

如前所述，外生矿床可分为风化矿床及沉积矿床两类。

1.风化矿床及其矿石

风化矿床的种类很多，有风化壳硅酸镍矿床，风化壳稀土矿床，硫化矿床的氧化也属于这种类型。这里简单介绍风化壳稀土矿床及硫化矿床的氧化以及它们的矿石。

1) 离子吸附型稀土矿床及其矿石

按其形成主要应属于风化壳矿床之列，又可称为离子吸附型含稀土的风化壳矿床。它的发现不仅丰富了我国矿床学的内容，而且为解决国家急需的稀土金属资源作出了贡献。

这类矿床的基本特征是：矿体主要产在花岗岩类岩体近地表的风化壳中，矿石均为土块状，颜色呈蓝褐色、红褐色、灰白色。与之共生的矿物主要是高岭石、白云母、石英和少量铁、锰的氢氧化物与腐殖质。稀土金属既不是以独立的矿物存在，也不呈类质同象形式存在，而是呈金属阳离子状态被高岭土类矿物及少量云母类矿物所吸附。

矿石中的稀土金属品位一般很高（万分之几至千分之几），矿体与下部围岩的接触界线是逐渐过渡的。品位变化在水平方向较小，沿垂直方向则有上低中富下贫的现象，往下即逐渐过渡到含原生稀土矿物的母岩。

2) 硫化矿床的氧化及其矿石

硫化矿床及其矿石在地表由于水、空气的作用，普遍遭到氧化，这对矿石质量及可选性的影响很大。

硫化矿床氧化后、自上而下表现为氧化带、次生富集带和原生带3个带（图4-3）。下面以黄铁矿型铜矿为例加以说明，组成这类矿石的原生矿物主要为黄铁矿、黄铜矿、磁黄铁矿等。分布在地表至潜水面之间的部位。氧化带的厚度决定于风化作用的强度、地下水面的深度、围岩的透水性以及裂隙发育的程度。一般厚几米至几十米，个别也可达几百米。氧化带又可分为如下几个亚带：

(1) 完全氧化亚带（铁帽），典型的反应式为：

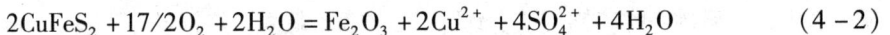

$$2FeS_2 + 15/2O_2 + 4H_2O = Fe_2O_3 + 4SO_4^{2+} + 8H^+ \qquad (4-1)$$

$$2CuFeS_2 + 17/2O_2 + 2H_2O = Fe_2O_3 + 2Cu^{2+} + 4SO_4^{2+} + 4H_2O \qquad (4-2)$$

完全氧化亚带中硫化物完全淋失，氧化形成氧化铁，通常具有蜂窝状、多孔状构造，故称铁帽。

铁帽是硫化物矿床的氧化产物，通常指示下部存在硫化矿床，是重要的找矿标志。

(2) 淋滤亚带：

$$CuFeS_2 + 4Fe^{3+} + 2H_2O + 3O_2 = Cu^{2+} + 5Fe^{2+} + 2SO_4^{2-} + 4H^+ \qquad (4-3)$$

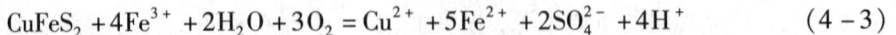

(3) 次生氧化物富集亚带：

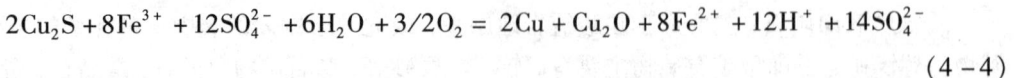

$$2Cu_2S + 8Fe^{3+} + 12SO_4^{2-} + 6H_2O + 3/2O_2 = 2Cu + Cu_2O + 8Fe^{2+} + 12H^+ + 14SO_4^{2-}$$

$$(4-4)$$

从硫化物矿床氧化带淋滤出来的某些金属硫酸盐溶液渗透到潜水面以下，在还原环境中，以交代原生硫化物的方式生成次生硫化物，于是增加了原生矿石中某种金属的含量，提高了矿石的工业价值，故称之为次生硫化物富集作用。发生这种作用的地带称为次生硫化物富集带。次生硫化物是由硫酸盐交代原生硫化物而形成的，其交代顺序是按修曼序列的次序

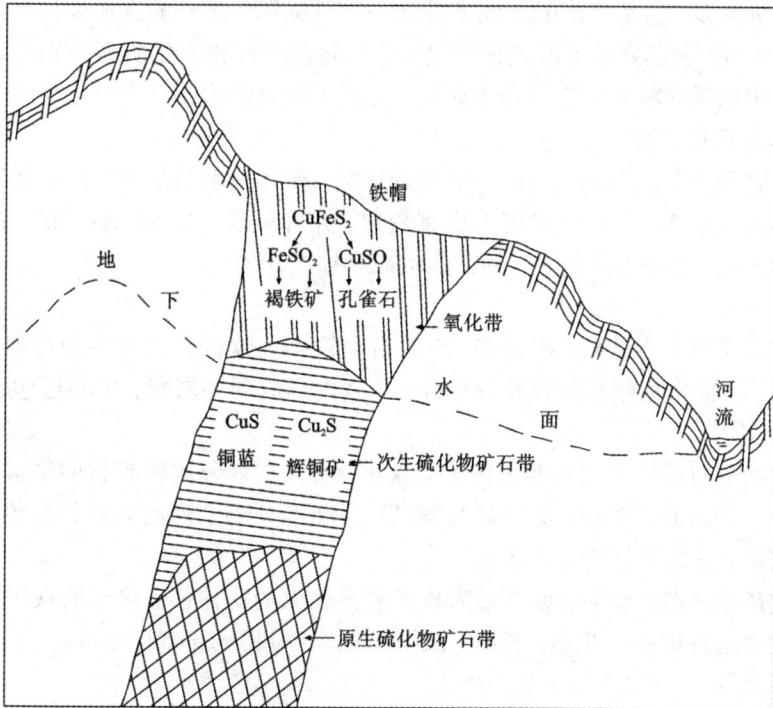

图4-3 硫化物矿床氧化示意图

进行的，即按元素亲硫性减小的次序排列：

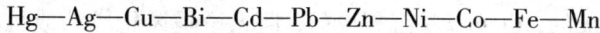

$$Hg—Ag—Cu—Bi—Cd—Pb—Zn—Ni—Co—Fe—Mn$$

在这个序列前面的元素（硫酸盐溶液中的金属离子）置换后面的元素（硫化物的金属离子），产生位于前面元素的金属硫化物（即次生硫化物）沉淀，同时使位于后面的金属形成硫酸盐而进入溶液。

典型的反应式如：

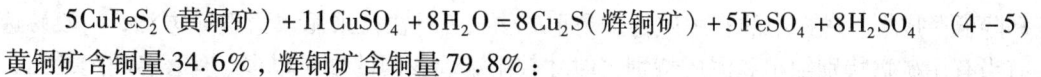

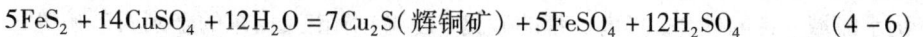

$$5CuFeS_2(黄铜矿) + 11CuSO_4 + 8H_2O = 8Cu_2S(辉铜矿) + 5FeSO_4 + 8H_2SO_4 \quad (4-5)$$

黄铜矿含铜量34.6%，辉铜矿含铜量79.8%：

$$5FeS_2 + 14CuSO_4 + 12H_2O = 7Cu_2S(辉铜矿) + 5FeSO_4 + 12H_2SO_4 \quad (4-6)$$

$$PbS + CuSO_4 = CuS(铜蓝) + PbSO_4 \quad (4-7)$$

铜的次生硫化物富集带形成以后，当潜水面进一步下降，则次生硫化物又被氧化，形成金属含量更高的次生氧化物（赤铜矿、黑铜矿）和自然铜，构成次生氧化物富集亚带。金属氧化物矿床的表生变化，原生金属氧化物矿床的地表露头，在风化作用下，使其中无用甚至有害组分被大气水淋滤掉，有用组分残留下来，形成富矿石。例如，含铁石英岩的去硅作用，菱铁矿床的去碳酸作用，锰矿床和铝土矿床的去硅作用等。

综上可知，硫化矿床氧化后一方面使难溶成分富集，如使铁富集成褐铁矿，提高了铁的品位，有时具有工业价值；另一方面使铜等易溶成分随水淋滤、流走，品位降低。由于氧化矿石多是氧化后残留的物质，或胶体凝聚而成，因此，它的构造多呈疏松状、多孔状和蜂窝状，氧化剧烈时还可形成粉末状，有时亦有胶状构造。所以，这类矿石多容易粉碎，在选矿处理时，矿泥量也多，这是选矿的不利条件之一。可见氧化矿石的选矿要比硫化矿石的选矿困难，所以选矿时，一定要尽可能地把氧化矿石、混合矿石和硫化矿石分别处理。另外对金属元素在矿石中的赋存状态一定要详细研究，这样才能对选矿效果作出正确的估价。

2.沉积作用及其矿石

沉积矿床是和周围的沉积岩在同一时期形成的，矿体一般呈层状、似层状和扁豆状。由于沉积物的连续或不连续，矿体厚度上也有变化，并可形成多层状。铁、锰、铝及石膏等都有这种类型的矿床，下面着重对铁、锰矿床的矿石加以介绍。

1)沉积铁矿石

其主要矿石矿物为赤铁矿、褐铁矿、有时有菱铁矿。脉石矿物主要为石英、方解石。矿石为致密块状，也经常呈鲕状或肾状等集合体，其内部成同心层状，中心还包围着细砂或其他颗粒。

由于高炉冶炼对菱铁矿石的要求低于赤铁矿，所以在划分此种矿石的贫富时，要考虑到铁矿物的种类。如为赤铁矿，赤铁矿与菱铁矿的混合矿石，则富矿的铁品位要大于45%，而菱铁矿石富矿，铁品位仅需大于30%。

我国这类矿石一般品位高，常在砂岩构成规模较大的矿体，是重要的铁矿石类型，如河北龙烟铁矿就属这种矿石。此外，吉林、四川、湖南、湖北等省亦有分布。

2)沉积锰铁矿

沉积锰铁矿是重要的锰矿石类型，主要的矿石矿物有软锰矿、硬锰矿和菱锰矿。脉石矿物主要有石英、方解石、石髓等。矿石为致密状，有时为肾状、葡萄状等。我国广西、湖南、辽宁等地均有此类矿石。

3.砂矿

砂矿可以是风化成的，也可以是沉积成的，但无论是风化成的或沉积成的砂矿，其中的有用矿物都仅限于化学性稳定、性质坚硬、耐磨、密度大的矿物，如金、铂(化学性稳定、密度大)、金刚石(质坚耐磨)、锡石、磁铁矿、黑钨矿(密度大)等。

砂矿的脉石矿物除砾石外，主要为石英、石榴石、云母等耐风化的矿物。

由于砂矿是由碎屑物质组成的，选矿时往往无须破碎、磨矿，这样就减少了选矿工作量和降低了成本。砂矿中的有用矿物多是重矿物，所以往往采用重力选矿方法，一般易选，只有当有用矿物特别细小和泥质特别多时才较困难。我国的砂矿很多，有著名的金沙江、湖南沅水流域一带的砂金，华南一带的砂钨、砂锡，湖南及山东的金刚石砂矿等。

4.4.4 变质成矿作用及其矿石

变质矿床及其矿石种类很多，在我国分布也很广，结合选矿专业的需要，这里重点介绍沉积变质铁矿床及其矿石，沉积变质磷矿床及其矿石。

1.沉积变质铁矿床及其矿石

1)鞍山式沉积变质铁矿床及其矿石

这是一种区域变质的受变质矿床，是我国最重要的铁矿床类型，以鞍山铁矿最出名。主要矿石矿物为磁铁矿或赤铁矿及半假象赤铁矿。脉石矿物主要是石英、角闪石。磁铁矿或赤铁矿呈连续的或断线的条带，并与石英条带相间排列，分布比较均匀，因此矿石多具条状构造，局部可见致密块状。

这种矿石选矿时，磁铁矿石用磁选，赤铁矿石用浮选，半假象赤铁矿石或光经过还原焙烧再磁选，或在浮选外补以磁选和重选。由于贫矿中，部分铁是以硅酸盐状态存在的，有时可高达10%，故选矿时可能影响铁的回收率，这是值得注意的问题。

此类矿床分布甚广，遍及辽宁、河北、山西、山东、江西等省。这种类型的铁矿储量巨大，目前占我国已发现的铁矿石总储量的58%左右。

2）镜铁矿式沉积变质铁矿床及其矿石

此矿床见于祁连山区，因所含矿物以镜铁矿（即云母状赤铁矿）为主而得名。

矿层的围岩以千枚岩和石英岩为主。矿石中的铁矿物除镜铁矿外，还有一般结晶的赤铁矿和菱铁矿。脉石矿物以碧玉、铁白云石和重晶石为主，此外还有少量的石英、方解石、白云石、云母、绿泥石和硫化物等。矿石构造以条带状为主，也有致密块状者。矿石结构，以碧玉及重晶石颗粒较粗，镜铁矿的颗粒则在0.02~0.2 mm左右。

从矿石的矿物成分来讲，这种矿石在选矿上的一个重要问题是要使铁矿物、碧玉和重晶石三者相分离。特别是重晶石，因为它一方面在铁精矿烧结时，不能很好破坏，它所含的硫将进入高炉，从而增加了高炉的脱硫负担，另一方面是重晶石可作为副产品来利用。

2. 沉积变质磷矿床及其矿石

这也是一种受变质矿床，由原来的沉积磷矿石在封闭的条件下经变质而成。江苏海州锦屏磷矿就属于此类。

锦屏磷矿产于片岩、大理岩层中，矿体与围岩界线不清，围岩普遍含有磷。矿石中磷灰石晶体一般为柱状，大小为0.05~0.15 mm。脉石以方解石、白云石、云母、石英为主。矿石具有清晰的片理和条状构造。一般疏松，易于破碎。

4.5 矿体、矿床及矿石储量

4.5.1 矿体

矿体是由矿石组成的具有一定形状、规模和产状的地质体。矿体是采矿的对象，是矿床的组成部分。一个矿床通常包括一个至数个甚至上百个矿体。矿体的产状可以与围岩一致，但大多数情况下是不一致的。（矿体的产状是指矿体的产出空间位置和地质环境。矿体的空间位置一般是由其走向、倾向和倾角来确定的。与矿床产状有关的地质环境还包括矿体的埋藏情况、矿体与地质构造的空间关系、与围岩的空间关系等。）

在大多数情况下，矿体是人为圈定的地质体，也就是根据勘探工程的揭露、样品化验结果，结合矿床地质规律来圈定工业矿体的边界线和连接工业矿体，并不完全是矿体的自然边界线。

4.5.2 矿床

矿床是一个地质学专业术语，是指地壳中由各种地质作用形成的，由有用矿产资源和相关地质要素构成的地质体。构成矿床的前提是要有矿体，此外矿床也还包含矿区的围岩、与成矿有关的地质构造，即与成矿有关的沉积岩、岩浆岩、变质岩等。在一个矿床中，其中的有用矿产资源必须在一定的经济技术条件下，在品位和储量两方面都具有开采价值。因此，矿床不仅是单纯的一个地质概念，而且也是一个严格的经济概念。

一方面，矿床是地质作用的产物，矿床的形成取决于地质作用的规律；另一方面，矿床的范围及其利用价值要随经济技术条件的发展而改变。过去不够矿床条件的某些矿化岩体或岩石，今天可能成为矿床。今天尚不能利用的某些岩石和矿物，在经济、技术更加发展的明天，就有可能作为矿产加以利用。人类总是在向生产的深度和广度的进军中，日益扩大矿产的使用价值和矿床的范围。随着已知矿产的日益消耗，人类将会发现新的矿产类型，不断扩大矿石、矿床的范围。

1. 矿床工业指标的确定

矿床工业指标能保证合理地圈定矿体、计算储量；正确地进行矿床技术经济评价；综合利用矿产资源，减少损失；确定最优的矿床开采方案，从而获得最高经济效果。

(1)边界品位：指在圈定矿体时，对单个样品有用组分含量的最低要求，作为区分矿与非矿的分界标准。它直接影响矿体形态的复杂程度、矿石平均品位的高低、矿石与金属储量的多少。它一般介于尾矿品位与最低工业品位之间。

(2)最低工业品位：是指对工业可采矿体、块段或单个工程中有用组分平均含量的最低要求，亦即矿物原料回收价值与所付出费用平衡、利润率为零的有用组分平均含量。它是划分矿石品级，区分工业矿体(地段)与非工业矿体(地段)的分界标准之一，直接关系到工业矿体边界特征和储量的多少。它常高于边界品位，在圈定矿体时，往往与边界品位联合使用。

(3)矿体最小可采厚度：是指在一定的技术经济条件下，有开采价值的单层矿体的最小厚度。它是区分能利用储量与暂不能利用储量的标准之一。

(4)夹石剔除厚度(最大允许夹石厚度)：是指在储量计算圈定矿体时，允许夹在矿体中间非工业矿石(夹石)部分的最大厚度。大于这一厚度的夹石应予以剔除，小于此厚度的夹石则合并于矿体中连续采样计算储量。

(5)有害杂质平均允许含量：是指块段或单工程中对产品质量和加工过程起不良影响组分的最大允许含量。

(6)共(伴)生组分综合利用指标：与主有用组分共(伴)生的，具有综合利用工业价值的其他有用组分的最低含量标准。

(7)剥采比(剥离比)：指矿床露天开采时，剥离的废石体积与采出每单位重量的矿石数量的比，即剥离量与矿量的比值，单位为 m^3/t。大于此指标者，则不宜露天开采，应考虑地下开采。

(8)最低工业米百分率：它是对矿体厚度(m)与品位(%)乘积要求的综合指标。当品位值为 g/t(贵金属)时，称为最低工业米克吨值。它只用于圈定厚度小于最小可采厚度，而品位远高于最低工业品位的薄而富矿体(矿脉、矿层)：当其厚度与平均品位乘积等于或大于此指标时，则圈为工业可采矿体。所计算储量原为表内储量，否则划入表外(次边际经济的资源量)。

2. 确定矿床工业指标的原则

(1)必须最大限度地合理利用矿产资源，凡是经济上允许的，且采、选、冶技术工艺又能提取回收的各种有用组分，都应综合利用。

(2)应保证技术上的可能性和经济上的合理性：技术上的可能性主要是指根据工业指标

圈定的矿体以及矿石品级、类型分布区适合进行工业开采，并能进行分别选冶；经济上的合理性是指矿山企业在生产期间能获得合理的利润。

（3）对矿石实行优质优用，凡具有一定规模又能单独分采、分选的均应分别开采，制定分别开采的指标。

（4）矿床工业指标是动态的，其必须随具体情况而变化

4.5.3　矿石品级及储量

1. 矿石工业品级

矿石工业品级简称矿石品级，是矿产工业要求的一项内容。在一个工业类型（或自然类型）矿石中，根据矿石的有用组分、有害组分的含量，物理性能、质量的差异以及不同的用途或要求等，对矿石（矿物）所划分的不同等级，称为矿石工业品级。一般高品级矿石多是高品位、低有害组分的矿石，例如磁铁矿矿石，平炉富矿要求（%）：$TFe \geq 56$、$SiO_2 \leq 8$、$S \leq 0.1$、$P \leq 0.1$、$Cu \leq 0.2$、（Pb、Zn、As、Sn 均）≤ 0.04，随品位降低依次划分为高炉富矿、贫矿；菱镁矿按化学成分可分为 5 个品级（如表 4-3）；在一些非金属矿品级划分中工艺性能显得尤为重要，如云母片度、剥分性能和表面平整程度是云母矿石品级的重要的划分标准；石棉纤维的长度、劈分性能、柔韧性等是石棉矿石品级的重要划分标准。金刚石根据它的质量、物理性能等也分为几种不同用途的品级。因此矿石品级的划分，不同矿种有不同的要求。它是合理开采、合理利用矿产资源的重要依据。

表 4-3　菱镁矿矿石品级划分

级别	化学成分/%			
	TFe	SiO_2	S	P
一级品	≥ 62	≤ 8	≤ 0.1	≤ 0.1
二级品	≥ 60	≤ 10	≤ 0.1	≤ 0.1
三级品	≥ 58	≤ 12	≤ 0.12	≤ 0.15
四级品	≥ 56	≤ 13	≤ 0.15	≤ 0.15

2. 矿产储量

矿产储量，简称储量，又称矿量。是指矿产在地下的埋藏量。一般来说包括矿石量和有用组分的储量（如矿山的矿石量××万吨，金属量××万吨）。矿产储量是矿床勘探工作的主要成果，是国家进行国民经济建设规划、矿山设计和生成、选矿厂设计和生产的重要依据。在找矿勘探过程中，对矿床的研究和认识是逐步深入的，不同勘探阶段所计算出来的矿产储量的可靠程度和利用情况是不同的。所以根据储量的可靠程度和工业用途，国家规定了统一的标准对矿产储量进行分类分级。

1）矿产资源及储量的分类分级依据

（1）资源及储量的地质研究可靠程度。对储量的地质研究程度的研究对象有两种不同的理解。在我国的储量规范中是指矿体的局部地段（块段）。根据矿体外部形态要素的控制与研究程度；对影响矿体的地质构造的控制和研究程度；矿体内部结构要素的控制与研究程度

划分出不同级别的矿产储量。

地质可靠程度反映了矿产勘查阶段工作成果的不同精度。我国《固体矿产地质勘查规范总则》（GB/T17766—1999）中，矿产勘查分为勘探、详查、普查和预查4个调查阶段，相应的地质可靠程度为探明的、控制的、推断的和预测的4种。

①预测的：是指对具有矿化潜力较大地区经过预查得出的结果。在有一定的数据并能与地质特征相似的已知矿床类比时，才能估算出预测的资源量。

②推断的：是指对普查区按照普查的精度大致查明矿产的地质特征以及矿体(矿点)的展布特征、品位、质量，也包括那些由地质可靠程度较高的基础储量或资源量外推的部分。由于信息有限，不确定因素多，矿体(点)的连续性是推断的，矿产资源储量的估算所依据的数据有限，可信度较低。

③控制的：是指对矿区的定范围依照详查的精度基本查明了矿床的主要地质特征、矿体的形态、产状、规模、矿石质量、品位及开采技术条件，矿体的连续性基本确定，矿产资源数量估算所依据的数据较多，可信度较高。

④探明的：是指在矿区的勘探范围依照勘探的精度详细查明了矿床的地质特征、矿体的形态、产状、规模、矿石质量、品位及开采技术条件，矿体的连续性已经确定，矿产资源数量估算所依据的数据详尽，可信度高。

(2)矿床技术经济研究程度。我国《固体矿产地质勘查规范总则》中，将之分为：可行性研究；预可行性研究；概略研究。

概略研究：是指对矿床开发经济意义的概略评价。所采用的矿石品位、矿体厚度、埋藏深度等指标通常是我国矿山几十年来的经验数据，采矿成本是根据同类矿山生产估计的。其目的是为了由此确定投资机会。由于概略研究一般缺乏准确参数和评价所必需的详细资料，所估算的资源量只具内蕴经济意义。

预可行性研究：是指对矿床开发经济意义的初步评价。其结果可以为该矿床是否进行勘探或可行性研究提供决策依据。进行这类研究，通常应有详查或勘探后采用参考工业指标求得的矿产资源/储量数，实验室规模的加工选冶试验资料，以及通过价目表或类似矿山开采对比所获数据估算的成本。预可行性研究内容与可行性研究相同，但详细程度次之。当投资者为选择拟建项目而进行预可行性研究时，应选择适合当时市场价格的指标及各项参数，且论证项目尽可能齐全。

可行性研究：是指对矿床开发经济意义的详细评价，其结果可以详细评价拟建项目的技术经济可靠性，可作为投资决策的依据。所采用的成本数据精确度高，通常依据勘探所获的储量数及相应的选冶性能试验结果，其成本和设备报价所需各项参数是当时的市场价格，并充分考虑了地质、工程、环境、法律和政府的经济政策等各种因素的影响，具有很强的时效性。

(3)储量开发的经济意义。在我国的矿产储量分类中根据矿床开发的经济意义将其分为能利用储量和暂不能利用储量。我国新的《固体矿产地质勘查规范总则》中，则分为：经济的、边际经济的、次边际经济的、内蕴经济的、经济意义未定的。

经济的：其数量和质量是依据符合市场价格确定的生产指标计算的。在可行性研究或预可行性研究当时的市场条件下开采，技术上可行，经济上合理，环境等其他条件允许，即每年开采矿产品的平均价值能满足投资回报的要求；或在政府补贴和(或)其他扶持措施条件下,开发是可能的。

边际经济的:在可行性研究或预可行性研究当时,其开采是不经济的,但接近于盈亏边界,只有在将来由于技术、经济、环境等条件的改善或政府给予其他扶持的条件下可变成经济的。

次边际经济的:在可行性研究或预可行性研究当时,开采是不经济的或技术上不可行,需大幅度提高矿产品价格或技术进步,使成本降低后方能变为经济的。

内蕴经济的:仅通过概略研究做了相应的投资机会评价,未做预可行性研究或可行性研究。由于不确定因素多,无法区分其是经济的、边际经济的,还是次边际经济的。

经济意义未定的:仅指预查后预测的资源量,属于潜在矿产资源,无法确定其经济意义。

2)资源量和储量的划分

矿产资源经过矿产勘查所获得的不同地质可靠程度和经相应的可行性评价所获不同的经济意义,是固体矿产资源/储量分类的主要依据。据此,固体矿产资源/储量可分为储量、基础储量、资源量 3 大类 16 种类型,分别用二维形式(图 4-4)和矩阵形式(表 4-4)表示。

(1)资源量:是指查明矿产资源的部分和潜在矿产资源。包括经可行性研究或预可行性研究证实为次边际经济的矿产资源以及经过勘查而未进行可行性研究或预可行性研究的内蕴经济的矿产资源;以及经过预查后预测的矿产资源。可细分为 7 个类型:探明的(可研)次边际经济资源量(2S11)、探明的(预可研)次边际经济资源量(2S21)、控制的次边际经济资源量(2S22)、探明的内蕴经济资源量(331)、控制的内蕴经济资源量(332)、推断的内蕴经济资源量(333)、预测的资源量(334)等。

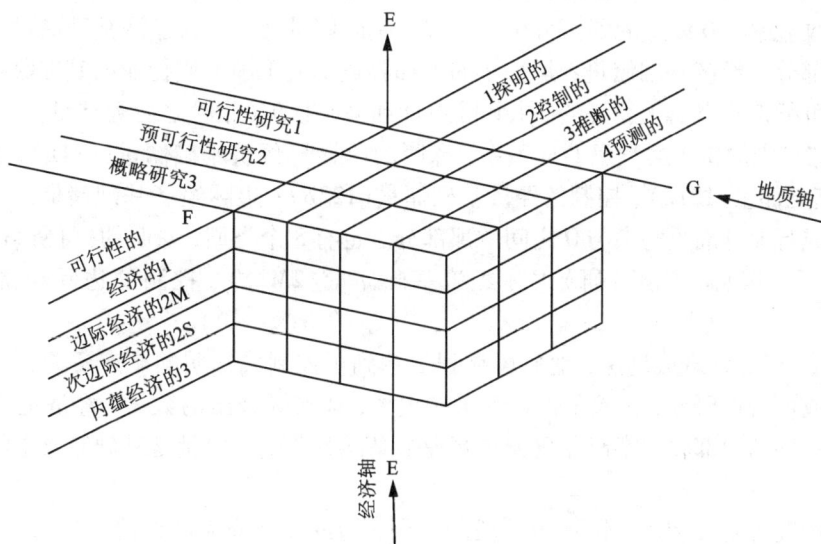

图 4-4 固体矿产资源/储量分类框架图

表4-4 固体矿产资源/储量分类表

储量类别 ＼ 地质可靠程度		查明资源 探明的(001) 可行性研究(010)	预可行性研究(020)	概略研究(030)	控制的(002) 预可行性研究(020)	概略研究(030)	推断的(003) 概略研究(030)	潜在资源 预测的(004) 概略研究(030)
经济意义		可行性研究(010)	预可行性研究(020)	概略研究(030)	预可行性研究(020)	概略研究(030)	概略研究(030)	概略研究(030)
经济的(100)	扣除设计采矿损失	可采储量(111)	预可采储量(121)		预可采储量(122)			
	未扣除设计采矿损失(b)	基础储量(111b)	基础储量(121b)		基础储量(122b)			
边际经济的(2M00)		基础储量(2M11)	基础储量(2M21)		基础储量(2M22)			
次边际经济的(2S00)		资源量(2S11)	资源量(2S21)		资源量(2S22)			
内蕴经济的(300)				资源量(331)		资源量(332)	资源量(333)	资源量(334)

（2）基础储量：经过详查或勘探，地质可靠程度达到控制的和探明的矿产资源，在进行了预可行性或可行性研究后，经济意义属于经济的或边际经济的，也就是在生产期内，每年的平均内部收益率在0以上的那部分矿产资源。基础储量又可分为经济基础储量、边际经济基础储量两部分。经济基础储量：是每年的内部收益率大于国家或行业的基准收益率，即经预可行性或可行性研究属于经济的，未扣除设计和采矿损失（扣除之后为储量）。又可分为3个类型，与储量中的3个类型呈对应关系，探明的（可研）经济基础储量（111b），探明的（预可研）经济基础储量（121b）、控制的经济基础储量（122b）；边际经济基础储量：即内部收益率介于国家或行业基准收益率与0之间的那部分。也有3个类型，探明的（可研）边际经济基础储量（2M11）、探明的（预可研）边际经济基础储量（2M21）、控制的边际经济基础储量（2M22）。

（3）储量：经过详查或勘探，地质可靠程度达到了控制或探明的矿产资源，在进行了预可行性研究或可行性研究，扣除了设计和采矿损失，能实际采出的数量，经济上表现为在生产期内每年平均的内部收益率高于国家或行业的基准收益率。储量是基础储量中的经济可采部分。

根据矿产勘查阶段和可行性评价阶段的不同，储量又可分为可采储量（111）、预可采储量（121）及预可采储量（122）3个类型。

思考题

1. 什么是岩石？什么是矿石？二者有何区别和联系？
2. "矿石矿物就是金属矿物，脉石矿物就是非金属矿物。"这种认识是否正确？为什么？

3.从选矿工艺角度对矿石类型进行划分时主要要考虑哪些因素?

4.什么是矿石、矿体与矿床?

5.按成矿作用的不同,矿床可以分为哪几类?

6.确定矿床工业指标的原则有哪些方面?举例说明。

参考文献

[1] 张志雄等.矿石学.北京:冶金工业出版社,1981

[2] 西安冶金建筑学院,江西大吉山钨矿《矿石学》编写组.矿石学.北京:人民教育出版社,1976

[3] 陈正,岳树勤,陈殿芬.矿石学.北京:地质出版社,1985

[4] 赖来仁.谈谈矿石工艺类型研究.地质与勘探,1981(1):45-47

第二篇 显微镜下矿物鉴定方法

第5章 透明矿物的偏光显微镜鉴定

　　光学显微镜结构简单、操作方便、适用性较强，已成为矿物鉴定和研究的一种常用方法。为了准确确定矿物的种类和特征，仅靠肉眼鉴定是不够的，通常需要对矿物进行光学显微镜下鉴定。一般来说，对浅色或无色条痕的透明矿物，可用偏光显微镜鉴定和研究；对深色或彩色条痕的不透明及半透明矿物，可用反光显微镜进行鉴定和研究。

　　偏光显微镜法(也称透光显微镜法)，是以偏振光为光源，通过观察偏振光透过矿物薄片所产生的光学性质来鉴定透明矿物及部分半透明矿物。此法是运用晶体光学原理和方法，将矿物岩石磨制成厚度为 0.03 mm 的薄片，在偏光显微镜下，根据矿物的晶形及其晶体光学性质来鉴定矿物。本章在介绍晶体光学基本原理的基础上，重点阐述透明矿物晶体在单偏光显微镜、正交偏光显微镜和锥光显微镜下的性质和鉴定特征。

5.1 晶体光学基础

5.1.1 光的波动性

　　晶体光学中所涉及的光是可见光部分，为波长在 390 ~ 770 nm 范围的电磁波(见图 5 - 1)。电磁波是横波，是由两个互相垂直的振动矢量即电场强度 E 和磁场强度 H 来表征，而 E 和 H 都与电磁波的传播方向相垂直，即光波是横波。在光波中，产生感光作用与生理作用的是电场强度 E，因此我们常将 E 称为光矢量，E 的振动称为光振动。不同波长的可见光呈现不同的颜色。当波长由大变小时，相应的颜色由红经橙、黄、绿、蓝、靛连续过渡到紫。各种色光大致波长范围见图 5 - 1。通常所见的白光，实质上就是各色光按一定比例混合成的混合光。

　　光的波长单位常用纳米或埃，晶体光学中常用纳米这个单位，纳米与其他长度单位之间的换算关系如下：

$$1 \text{ nm(纳米)} = 10^{-3} \text{ μm(微米)} = 10^{-6} \text{ mm(毫米)} = 10 \text{Å(埃)} = 3.937 \times 10^{-8} \text{ in(英寸)}$$

5.1.2 光的折射及全反射

1. 光的折射与折射率

光在同一种均质介质中沿直线方向传播。当光从一种介质传到另一种介质时，在两种介

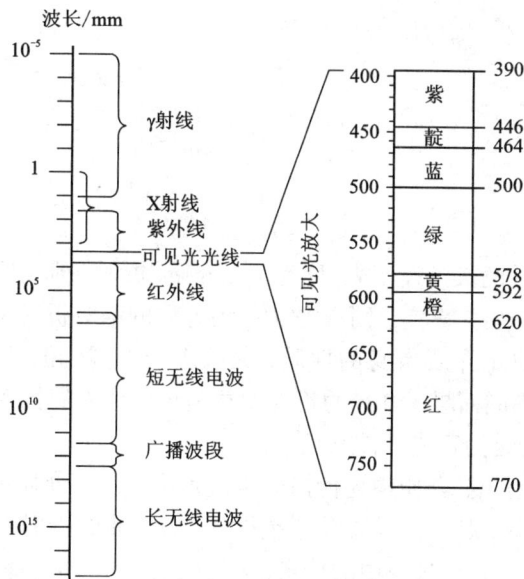

图 5 - 1　电磁波谱

质界面上将会发生程度不同的折射及反射现象。反射光按反射定律反回原介质，折射光按折射定律折射而进入另一种介质。对透明矿物的研究，主要涉及折射光。下面根据惠更斯波前传播原理来证明折射光所遵循的折射定律。

图 5 - 2 中 AB 表示两个不同介质的分界面（与纸面垂直），界面的垂线称为法线。设有一平行光束向界面射来，I_1、I_2 为该光束中的两条代表入射光线。R_1、R_2 为该光束中在折射介质中的两条代表折射光线。入射光线与法线的夹角为 i（入射角），折射光线与法线的夹角为 r（折射角）。v_i 代表光在入射介质中的传播速度，v_r 代表光在折射介质中的传播速度。

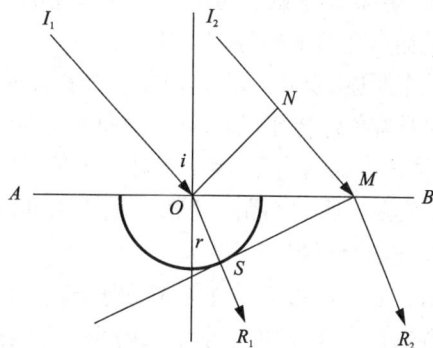

图 5 - 2　光由光疏介质进入光密介质时发生的折射

设在 t_1 瞬间，入射光束的波前到达 ON 面处。根据惠更斯波前传播理论，波前 ON 面上的每一点均可视为发射子波的新波源。故光线 I_1 从 O 点进入折射介质，而光线 I_2 仍在原介质中传播，至 t_2 瞬间，I_2 方能到达界面上 M 点，此时 I_1 已在折射介质中传播了一段距离 $OS = v_r(t_2 - t_1)$。即从 O 点发出并进入折射介质中的子波已形成一个以 OS 为半径的半圆波面。从 M 点向此波面引一切线与半圆切于 S 点，则 MS 即为 t_2 瞬间折射光束的波前，新光束（折射光束 R_1）垂直于新波前（MS）。

由图 5 - 2 可知 $\angle NOM = \angle i$，$\angle OMS = \angle r$

$$MN = OM\sin i \tag{5-1}$$

又

$$OS = OM\sin r \tag{5-2}$$

以式（5 - 2）除以式（5 - 1）即得：

$$\frac{MN}{OS} = \frac{OM\sin i}{OM\sin r}$$

而 $MN = v_i(t_2 - t_1)$, $IS = v_r(t_2 - t_1)$

代入上式即得:

$$\frac{v_i(t_2 - t_1)}{v_r(t_2 - t_1)} = \frac{\sin i}{\sin r}$$

即

$$\frac{v_i}{v_r} = \frac{\sin i}{\sin r} = N_{1-2} \qquad (5-3)$$

对于确定的两种介质说来，N_{1-2} 数，称为第二介质(折射介质)对第一介质(入射介质)的相对折射率。如果入射介质为真空，则 N 称为折射介质的绝对折射率，简称折射率。

折射率的大小既取决于介质本身的性质，又取决于不同光波的波长。同一介质的折射率，因所用光波的波长不同而异，红光的折射率总是小于紫光的折射率。通常介质所指的折射率，如无附加说明，均是为黄光的波长而言。

由式(5-3)中可以看出，介质中光传播的速度愈大，则该介质的折射率愈小；相反，若介质中光传播的速度愈小，则该介质的折射率愈大。即介质的折射率与光在介质中的传播速度成反比($v_i/v_r = N_r/N_i$)。光在真空中的传播速度与在空气中的传播速度之比为 1.00029 : 1，几近相等。光在真空中的传播速度最大为 3×10^8 m/s，其折射率为 1，其他介质对空气而言，都是光密介质，因而晶体的折射率总是大于 1。

介质的折射率 N 值与介质本身的性质有关。如对于硅酸盐等晶体而言，与其晶体结构中氧原子的堆积紧密度有关，如由岛状构造的橄榄石类、单链状构造的辉石类、双链构造的角闪石类、层状构造的云母类至架状构造的长石类和石英类，它们的折射率明显地随构造紧密度降低而有递减的趋势。

综上所述，折射率 N 值决定于光在介质中的传播速度，而后者又决定于光与介质的相互作用。对具有一定特征(如波长、振动方向等)的某种光波而言，其 N 值最终决定于介质的微观结构(晶体的内部结构)。因而折射率 N 值是宏观地反映介质(尤其晶体)微观结构的极其重要的常数。实践证明，在晶体光学的研究中，折射率 N 值是鉴定透明矿物最为可靠的常数之一。

2. 光的全反射

由折射定律可知，当光从折射率较小的介质(光疏介质 n)射入折射率较大的介质(光密介质 N)时，其折射角会小于入射角，即其折射线更靠近法线。当光从折射率较大的介质(光密介质 N)射入折射率较小的介质(光疏介质 n)时，其折射角会大于入射角，即其折射线更靠近界面一些(图5-3)；当折射角等于或大于90°时，光线不再进入第二介质(即折射现象不复存在)，而是全部从界面上反射回来，这种现象称全反射；当折射角等于90°时，此时入射角称为临界角(φ)。临界角(φ)可以用下式表示:

$$\sin\varphi = \frac{n}{N} \qquad (5-4)$$

5.1.3　自然光与偏振光

一切实际的光源，如太阳光、烛光、电灯光等，所发射的光都是自然光。光源中的大量分子或原子所发出的光是间歇的，并且它们在接替时是参差不齐的，光矢量 E 不可能保持一定的方向，没有一个方向较其他方向更占优势，具有这样特征的光，称为自然光。光波在垂直光传播方向的平面内，各方向上都有等幅的光振动[图5-4(a)]。

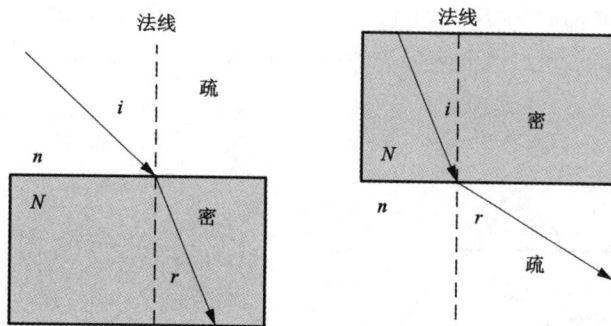

图 5 - 3 光在光密介质和光疏介质中的偏析情况

自然光经过反射、折射、双折射等作用，可以转换为只在某个确定方向上振动的光波，这种光称为偏振光。当偏光的振动方向只有一个，即光波传播方向与电场振动方向所构成的振动面为一平面时，此种偏光为平面偏光，简称偏光或偏振光[图 5 - 4(b)]。晶体光学中主要利用平面偏光，很少利用自然光。研究的主要工具为偏光显微镜，其中装有偏光镜。自然光通过偏光镜后，即变为偏振光。

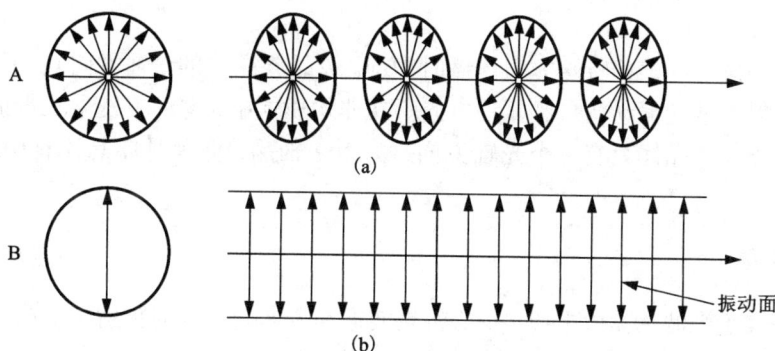

图 5 - 4 自然光和平面偏振光振动特点示意图

(a)自然光；(b)平面偏振光

5.1.4 光波在均质体和非均质体中的传播特点

自然界的物质按其光学特征，可分为光性均质体和光性非均质体两大类。光波在其中的传播情况各不相同。

光性均质体：一切未受应力的高级晶族矿物(如萤石、石榴石等)及非晶质物质(如玻璃、树胶等)属于光性均质体。光波在均质体中传播时，其传播速度不因振动方向不同而发生改变，因此其折射率值不因振动方向而改变，即光性均质体的折射率值只有一个。光波射入均质体中发生单折射现象，基本不改变入射光波的振动特点和振动方向(图 5 - 5)。

光性非均质体：中级晶族矿物(如石英、方解石等)及低级晶族矿物(如长石、橄榄石等)属于光性非均质体。光波在非均质体中传播时，其传播速度随振动方向不同而发生改变，因此其折射率值也因振动方向不同而改变，即光性非均质体的折射率值不止一个。光波射入非均质体中，除特殊方向以外，都要发生双折射现象，分解形成振动方向互相垂直、传播速度不同、折射率不等的两种偏光(图5-6)。当入射光为自然光时，可以改变入射光波的振动特点。当入射光为偏光时，可以改变入射光波的振动方向。

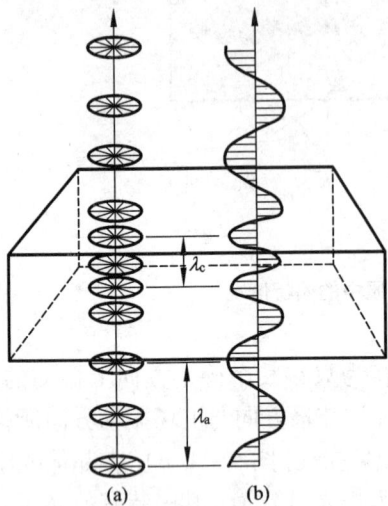

图5-5　光波垂直均质体薄片入射的示意图

(a)自然光；(b)平面偏振光

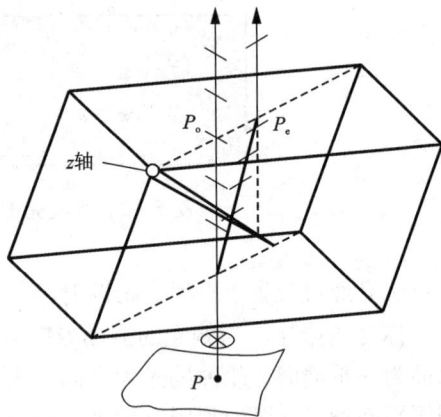

图5-6　冰洲石的双折射现象

光波沿非均质体的某些特殊方向传播时(如中级晶族晶体的 z 轴方向)，不发生双折射，基本不改变入射光波的振动特点和振动方向。在非均质体中，这种不发生双折射的特殊方向称为光轴。中级晶族晶体只有一个光轴方向，称为一轴晶；低级晶族晶体有两个光轴方向，称为二轴晶。

5.1.5　光率体

光率体是表示光波在晶体中传播时，将光波振动方向与该方向折射率值联系起来的一种空间图形。其作法是设想自晶体中心起，沿光波的各个振动方向，按比例截取相应的折射率值，再把各个线段的端点联系起来，便构成了光率体。因光率体图形简单、形象直观，在晶体光学中应用较多。

各类晶体的光学性质不同，所构成的光率体形状也不相同。

1. 均质体的光率体

光波在均质体中传播时，向任何方向振动，其相应的折射率都相等。因此，均质体的光率体是一个圆球体(图5-7)。均质体光率体任何方向的切面(书中所有的光率体切面都通过其中心)都是一个圆切面，圆切面的半径代表均质体的折射率值。

2. 一轴晶光率体

中级晶族矿物晶体属于一轴晶，其光率体为

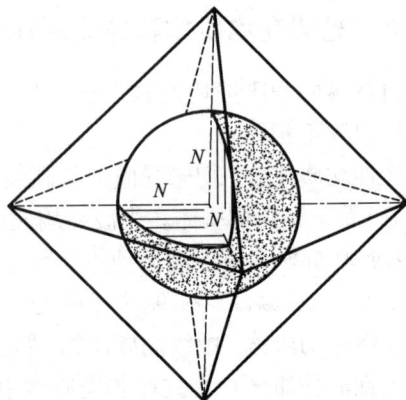

图5-7　均质体的光率体

旋转椭球体，旋转轴（或称直立轴）与 z 轴重合，为光轴方向。通过椭球体中心作任一垂直波法线方向的切面，即得一椭圆（只有垂直光轴方向的切面为圆），椭圆的长短半径的方向分别代表二偏光的振动方向，半径的长度分别代表振动方向上折射率的大小。

以石英、方解石为例，说明一轴晶光率体的构成。

当光线沿石英 z 轴入射，不发生双折射，测得常光的折射率 $N_o = 1.544$，以一定比例取 N_o 值为半径作一圆，即得垂直光轴方向上光率体切面——圆切面 [图 5 – 8(a)]。光线垂直石英 z 轴入射，发生最大双折射，产生两个振动方向相互垂直的光波；其一为常光，振动方向垂直 z 轴，$N_o = 1.544$；另一为非常光，振动方向平行 z 轴，$N_e = 1.553$；在平行 z 轴方向上按比例取 N_e 长度作椭圆的长半径，在垂直 z 轴方向上按比例取 N_o 长度作椭圆的短半径，所构成的椭圆，既得平行光轴方向上光率体切面——椭圆切面 [图 5 – 8(b)]。将此二切面按相应关系的空间组合起来，便构成一个以 z 轴（或光轴）为旋转轴的长形旋转椭球体 [图 5 – 8(c)]。这种光率体的特点是其旋转轴（光轴）为长轴，光波平行光轴振动时的折射率总是大于垂直光轴振动时的折射率，即 $N_e > N_o$。凡具有这种特点的光率体称为一轴晶正光性光率体。相应的矿物称一轴晶正光性矿物。

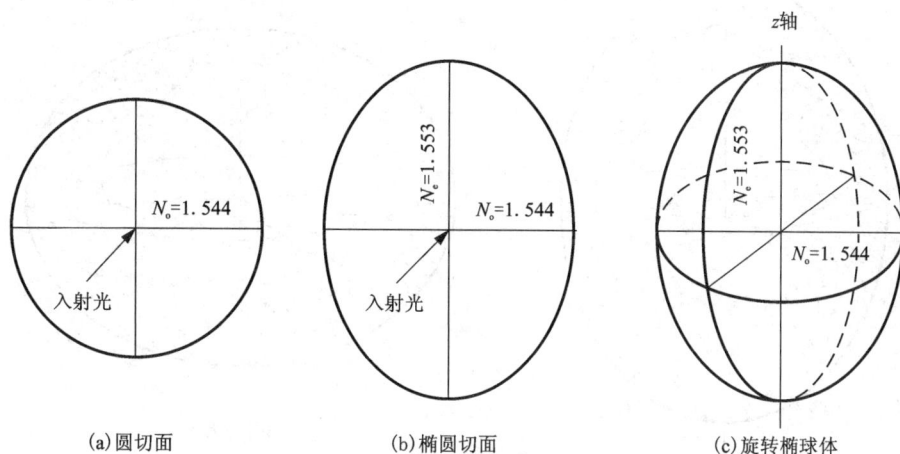

图 5 – 8　一轴晶正光性光率体的构成（以石英为例）

(a) 圆切面　　　　　　(b) 椭圆切面　　　　　　(c) 旋转椭球体

当光线沿方解石 z 轴入射，不发生双折射，测得常光的折射率 $N_o = 1.658$，以一定比例取 N_o 值为半径作一圆，即得垂直光轴方向上光率体切面——圆切面 [图 5 – 9(a)]。光线垂直方解石 z 轴入射，发生最大双折射，产生两个振动方向相互垂直的光波；其一为常光，振动方向垂直 z 轴，$N_o = 1.1.658$；另一为非常光，振动方向平行 z 轴，$N_e = 1.486$；在平行 z 轴方向上按比例取 N_e 长度作椭圆的长半径，在垂直 z 轴方向上按比例取 N_o 长度作椭圆的短半径，所构成的椭圆，既得平行光轴方向上光率体切面——椭圆切面 [图 5 – 9(b)]。将此二切面按相应关系的空间组合起来，便构成一个以 z 轴（或光轴）为旋转轴的扁形旋转椭球体 [图 5 – 9(c)]。与石英的光率体的区别在于其旋转轴（光轴）为短轴。这种光率体的特点是其旋转轴（光轴）为短轴，光波平行光轴振动时的折射率总是小于垂直光轴振动时的折射率，即 $N_e < N_o$。凡具有这种特点的光率体称为一轴晶负光性光率体。相应的矿物称一轴晶负光性矿物。

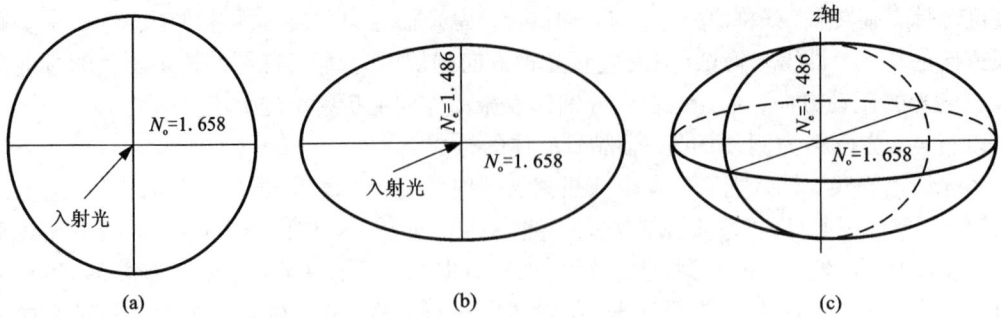

图 5 – 9　一轴晶负光性光率体的构成（以方解石为例）

无论是正光性还是负光性，一轴晶光率体都是旋转椭球体，其旋转轴（直立轴）总是 N_e 轴，水平轴总是 N_o 轴（图 5 – 10）。N_e 和 N_o 为一轴晶光率体的主折射率值。

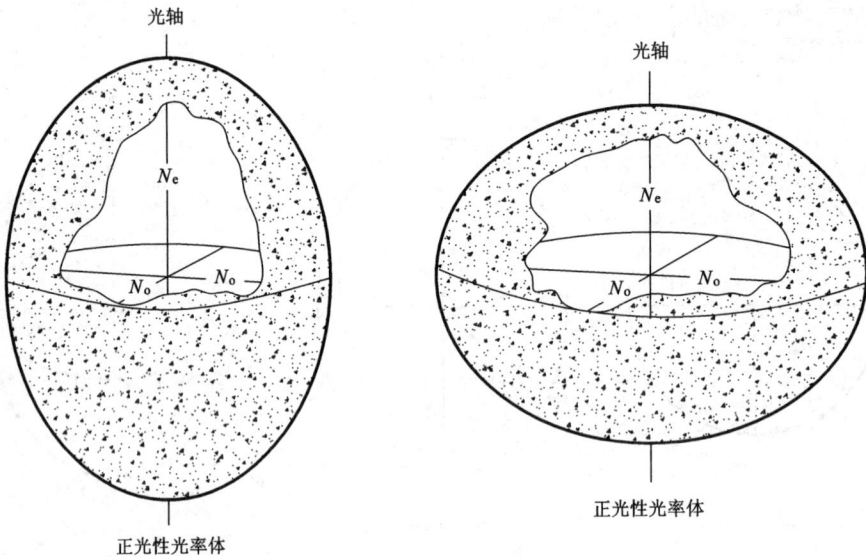

图 5 – 10　一轴晶光性光率体

当 $N_e > N_o$ 时，为正光性；当 $N_e < N_o$ 时，为负光性；N_e 与 N_o 之间的差值是一轴晶矿物的最大双折射率值。

在偏光镜下鉴定矿物时，所遇到的是矿物晶体各方向的光率体切面，一轴晶光率体的主要切面有 3 种（图 5 – 11）。

（1）垂直光轴切面［图 5 – 11（a）］：为圆切面，其半径为 N_o。光波垂直这种切面入射时，不发生双折射，也不改变入射光波的振动方向，其折射率为 N_o，双折射率等于零。一轴晶光率体只有一个这样的圆切面。

（2）平行光轴切面［图 5 – 11（b）］：为椭圆切面，其半径为 N_e 和 N_o。光波垂直这种切面入射时，发生双折射，分解成两束偏光，其振动方向分别与椭圆的长短半径平行，折射率分别等于两主折射率值（N_e 和 N_o）。双折射率等于椭圆切面长短半径（N_e 和 N_o）之差，是一轴晶矿物的最大双折射率。

（3）斜交光轴切面[图 5 – 11（c）]：为椭圆切面，其半径为 N'_e 和 N_o，N'_e 值的大小递变于 N_e 和 N_o 之间。光波垂直这种切面入射时，发生双折射，分解成两束偏光，其振动方向分别平行于椭圆的两轴，双折射率等于椭圆切面两半径（N'_e 和 N_o）之差。双折射率递变于 0 与最大双折射率之间。一轴晶任何斜交切面（椭圆切面）始终有一个半径为 N_o。

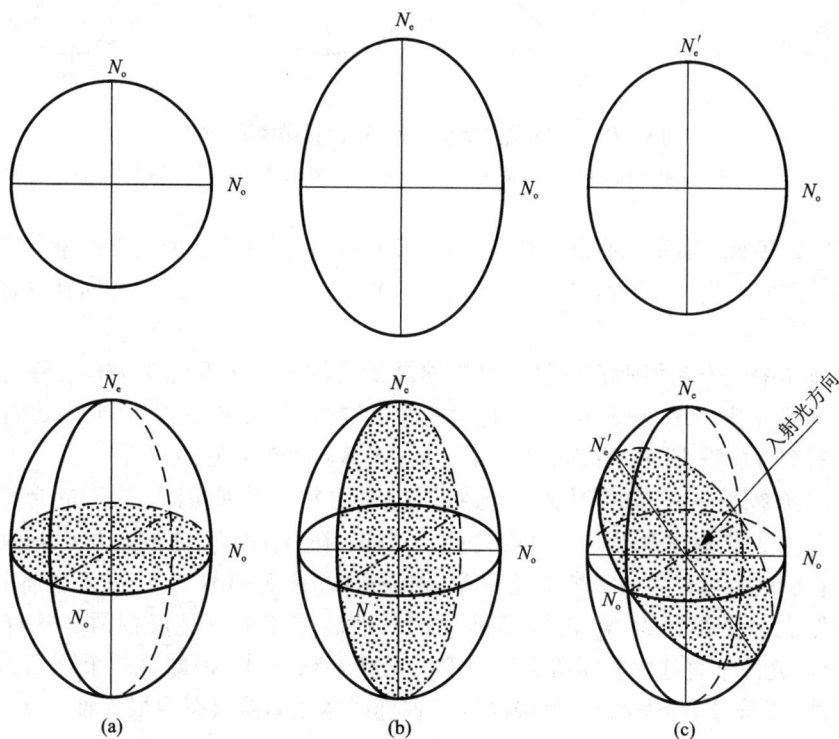

图 5 – 11 一轴晶正光性光率体的主要切面
（a）垂直光轴切面；（b）平行光轴切面；（c）斜交光轴切面

3. 二轴晶光率体

低级晶族矿物晶体属于二轴晶，其光率体为三轴椭球体。这类矿物晶体的三个结晶轴单位不等，表明晶体三维空间方向的不均一性。

以镁橄榄石为例说明二轴晶光率体的构成（图 5 – 12）。镁橄榄石属于斜方晶系，当光波分别平行三个结晶轴入射时，均发生双折射分解形成两种偏光，并构成三个椭圆切面；这三个椭圆切面的主折射率如下：光线平行 z 轴入射，x 轴方向折射率值为 1. 715，y 轴方向折射率值为 1. 651；光线平行 x 轴入射，z 轴方向折射率值为 1. 680，y 轴方向折射率值为 1. 651；光线平行 y 轴入射，x 轴方向折射率值为 1. 715，z 轴方向折射率值为 1. 680；将此三个椭圆切面按相应关系的空间组合起来，便构成一个三轴椭球体[图 5 – 12（d）]。实验测定，平行 x、y、z 三轴的振动方向的分别是 N_g、N_m、N_p 三个主折射率（其中 $N_g > N_m > N_p$），其他振动方向的折射率递变于 N_g、N_m、N_p 之间（分别以 N'_g 和 N'_p 表示，$N_g > N'_g > N_m > N'_p > N_p$），构成二轴晶镁橄榄石的光率体。

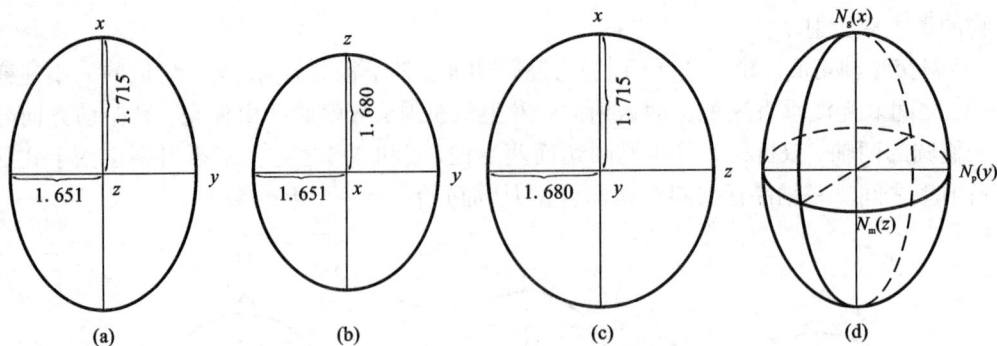

图 5 - 12　二轴晶光率体的构成 (以镁橄榄石为例)

(a) 平行 z 轴入射 ; (b) 平行 x 轴入射 ; (c) 平行 y 轴入射 ; (d) 二轴晶光率体

　　实验证明, 其他二轴晶矿物也都有大、中、小 (N_g、N_m、N_p) 三个主折射率分别与互相垂直的三个振动方向相当, 只是其主折射率值 (N_g、N_m、N_p) 的大小、振动方向在晶体中的位置存在不同。

　　三轴椭球体中三个互相垂直的轴, 为二轴晶矿物的三个主要光学方向, 称为光学主轴 (简称主轴), 即 N_g 轴、N_m 轴和 N_p 轴。包含两个主轴的切面, 称主轴面 (或主切面), 二轴晶光率体中有三个互相垂直的主轴面, 即 N_gN_m 面、N_mN_p 面和 N_pN_g 面。

　　在二轴晶光率体——三轴椭球体中, 通过 N_m 轴可作一系列切面, 它们的半径之一始终为 N_m, 另一半径的长短递变于 N_g 和 N_p 之间, 这样, 在 N_g 和 N_p 之间总可以找到一半径为 N_m, 因此在它们之间可以作出一个半径为 N_m 的圆切面 [图 5 - 13 (a)] ; 在光率体对应的另一边同样可以作出一个半径为 N_m 的圆切面。在三轴椭球体中有且仅存两个这样的圆切面 ((图 5 - 13)。光波垂直这两个圆切面入射时, 不发生双折射, 因此这两个圆切面的法线为二轴晶的光轴 (以符号 OA 表示)。低级晶族三轴椭球体光率体只有两根光轴, 所以此类矿物晶体属于二轴晶。

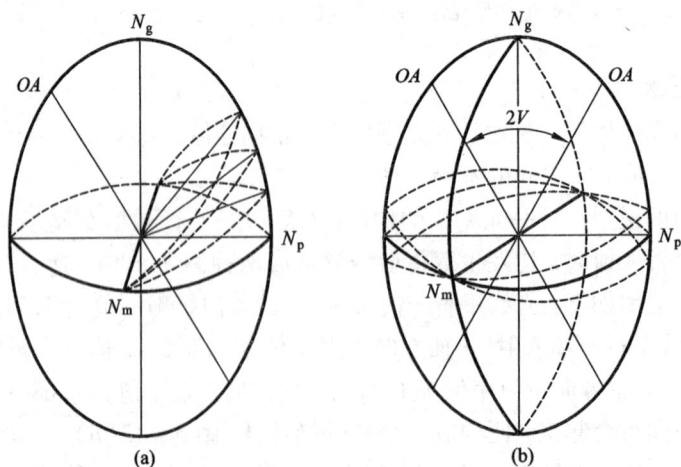

图 5 - 13　二轴晶光率体的圆切面及光轴

包含二光轴的面称为光轴面(与主轴面 $N_g N_p$ 面一致),以符号 AP 表示。垂直光轴面的方向称光学法线(与主轴 N_m 轴一致)。两个光轴之间所夹的锐角称光轴角,以符号 $2V$ 表示[图 5 – 13(b)]。二光轴之间锐角的平分线称锐角等分线,以符号 Bxa 表示;二光轴之间钝角的平分线称钝角等分线,以符号 Bxo 表示。

二轴晶光率体的光性正负根据主折射率 N_g、N_m、N_p 的相对大小来确定的。当 $N_g - N_m > N_m - N_p$ 时,为正光性;此种情况下,其 N_m 值比较接近 N_p 值,以 N_m 为半径所作的二圆切面的法线(即光轴)必定较靠近于 N_g 轴;因此两个光轴之间的锐角等分线 Bxa 必定为 N_g 轴;即当 $Bxa = N_g$,$Bxo = N_p$ 时,为正光性[图 5 – 14(a)]。当 $N_g - N_m < N_m - N_p$ 时,为负光性;此种情况下,其 N_m 值比较接近 N_g 值,以 N_m 为半径所作的二圆切面的法线(即光轴)必定较靠近于 N_p 轴;因此两个光轴之间的锐角等分线 Bxa 必定为 N_p 轴;即当 $Bxa = N_p$,$Bxo = N_g$ 时,为负光性[图 5 – 14(b)]。

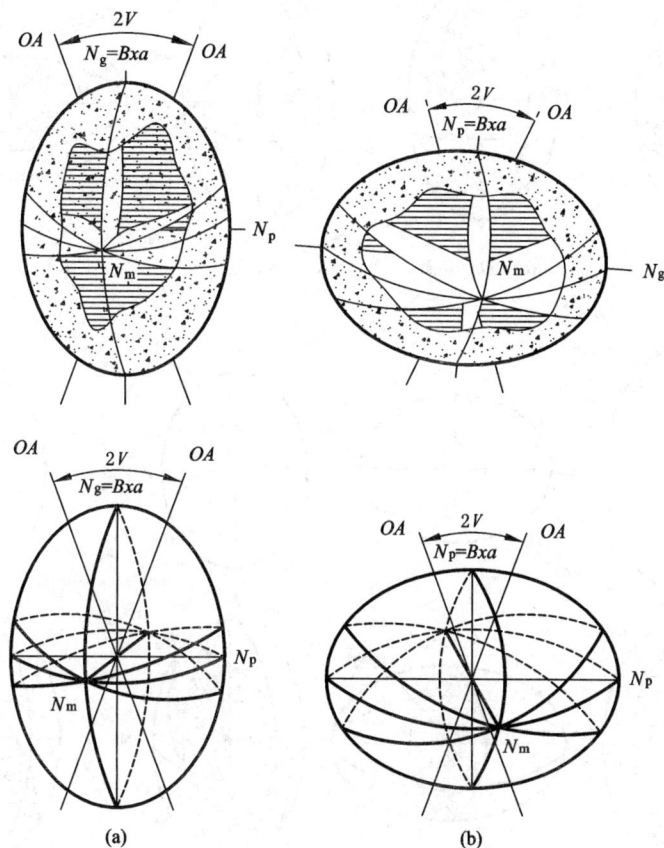

(a)   (b)

图 5 – 14 二轴晶光率体的光性正负

(a)二轴晶正光性光率体;(b)二轴晶负光性光率体

$2V$ 的大小可以按下式求得:

正光性时,$\tan 2V = \sqrt{\dfrac{N_m - N_p}{N_g - N_m}}$　　　　　　　　　　　(5 – 5)

负光性时，$\tan 2V = \sqrt{\dfrac{N_g - N_m}{N_m - N_p}}$ （5-6）

二轴晶光率体的主要切面有 5 种（图 5-15）。

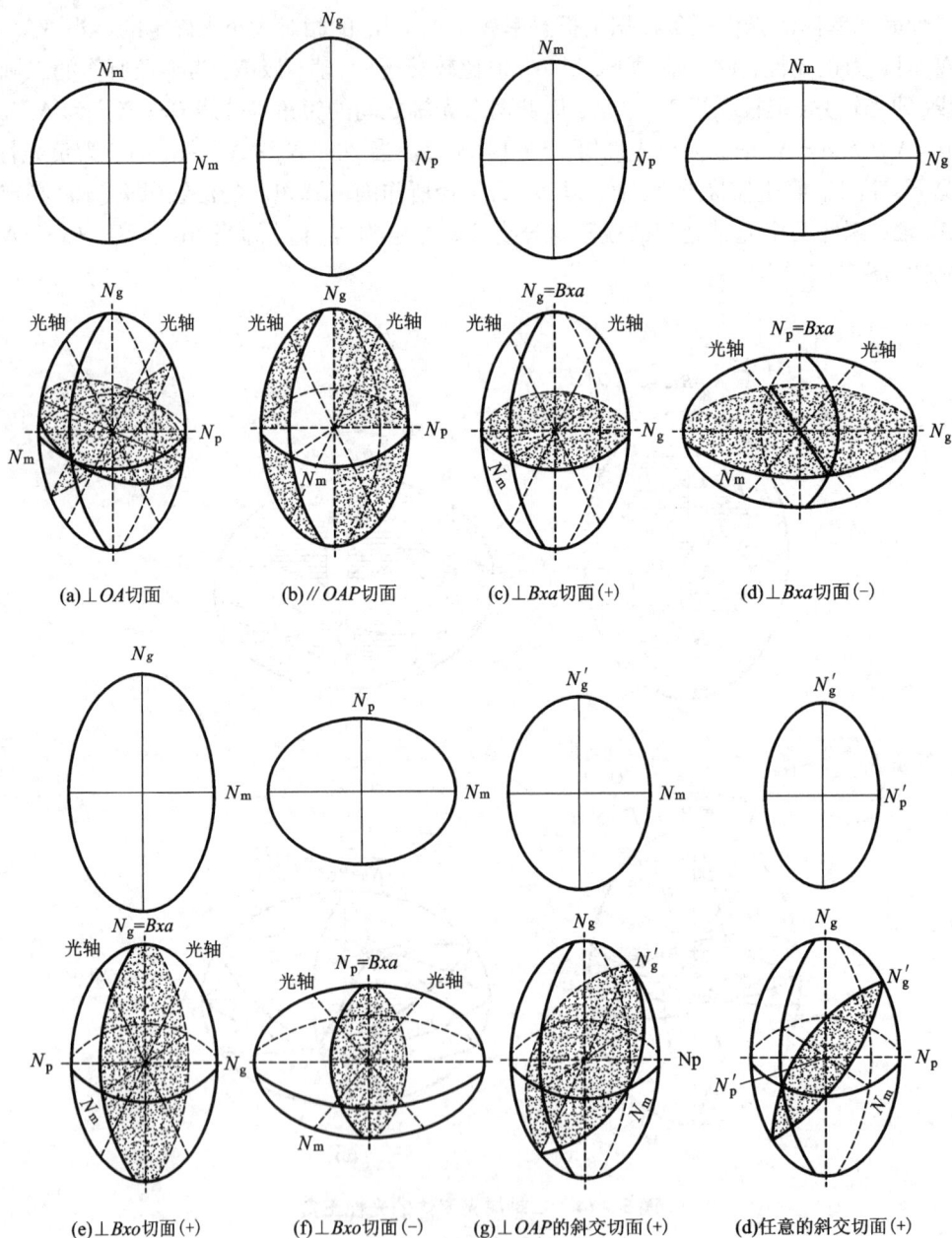

(a)⊥OA切面　　(b)//OAP切面　　(c)⊥Bxa切面(+)　　(d)⊥Bxa切面(-)

(e)⊥Bxo切面(+)　　(f)⊥Bxo切面(-)　　(g)⊥OAP的斜交切面(+)　　(d)任意的斜交切面(+)

图 5-15　二轴晶光率体的主要切面

（1）垂直光轴的切面［图 5-15(a)］：为圆切面，其半径为 N_m。光波垂直这种切面入射时，不发生双折射，也不改变入射光波的振动方向，其折射率为 N_m，双折射率等于零。二轴晶光率体有两个这样的圆切面。

(2)平行光轴的切面[图5-15(b)]：为椭圆切面(即相当于 $N_g N_p$ 主轴面)，其半径为 N_g 和 N_p。光波垂直这种切面入射(即沿 N_m 方向入射)时，发生双折射，分解成两束偏光，其振动方向分别平行主轴 N_g 轴和 N_p 轴，折射率分别等于两主折射率值(N_g 和 N_p)。双折射率等于 $N_g - N_p$，是二轴晶矿物的最大双折射率。

(3)垂直 Bxa 的切面[图5-15(c),(d)]：为椭圆切面，正光性时相当于 $N_m N_p$ 主轴面 [图5-15(c)]，负光性时相当于 $N_m N_g$ 主轴面[图5-15(d)]。光波垂直这种切面入射(即沿 Bxa 方向入射)时，发生双折射，分解成两束偏光，其振动方向分别平行主轴 N_m 轴与 N_p 轴(正光性)，或 N_m 轴与 N_g 轴(负光性)。双折射率等于 $N_m - N_p$(正光性)或 $N_g - N_m$(负光性)，其大小介于零与最大之间。

(4)垂直 Bxo 的切面[图5-15(e),(f)]：为椭圆切面，正光性时相当于 $N_m N_g$ 主轴面 [图5-15(e)]，负光性时相当于 $N_m N_p$ 主轴面[图5-15(f)]。光波垂直这种切面入射(即沿 Bxo 方向入射)时，发生双折射，分解成两束偏光，其振动方向分别平行主轴 N_m 轴与 N_g 轴 (正光性)，或 N_m 轴与 N_p 轴(负光性)。双折射率等于 $N_g - N_m$(正光性)或 $N_m - N_p$(负光性)，其大小介于零与最大双折射率之间。

无论光性是正还是负，垂直 Bxa 切面的双折射率总是小于垂直 Bxo 切面的双折射率。

(5)斜交切面[图5-15(g),(h)]：既不垂直主轴，也不垂直光轴的切面属于斜交切面。这种切面有无数个，皆为椭圆切面。斜交切面大体上可以分为两种类型：①半任意斜交切面 [图5-15(g)]，即垂直主轴面(包含一个主轴)的斜交切面，其椭圆半径中有一个为主轴(N_g 或 N_m 或 N_p)，另一个半径为 N_g' 或 N_p'。②任意斜交切面[图5-15(h)]，其椭圆长短半径分别为 N_g' 和 N_p'。光波垂直这些斜交切面入射时，发生双折射，分解成两束偏光，其振动方向分别平行椭圆长短半径方向，折射率分别等于长短半径，双折射率等于长短半径之差，其大小介于零与最大之间。

5.1.6 光性方位

光性方位表示光率体在晶体中的位置，或表示光率体主轴 N_e、N_g 或 N_g、N_m、N_p 与结晶轴 x、y、z 之间的相互关系。确定晶体的光性方位对在偏光显微镜下鉴定矿物具有重要意义。高级晶族晶体属于均质体，不必考虑其光性方位问题，因此本节只讨论中、低级晶族晶体的光性方位。

1. 中级晶族晶体的光性方位

一轴晶光率体的旋转轴(光轴)与中级晶族晶体的高次对称轴(z 轴)一致。在三方、四方和六方晶系中，无论光性正负，光轴(N_e)分别与 L^3、L^4 和 L^6 或重合。例如一轴晶正光性晶体石英[图5-16(a)]和一轴晶负光性晶体方解石的光性方位[图5-16(b)]。

2. 低级晶族晶体的光性方位

二轴晶光率体为具有三个互相垂直的二次对称轴(主轴)、三个对称面(主轴面)和一个对称中心的三轴椭球体。

在斜方晶系矿物晶体中，光率体的三个主轴 N_g、N_m、N_p 与晶体的三个结晶轴 x、y、z 重合。至于哪一个光率体主轴与哪一个结晶轴重合，因矿物不同而异。例如黄玉的光性方位 (图5-17)：$N_g = x$ 轴，$N_m = y$ 轴，$N_p = z$ 轴；堇青石的光性方位(图5-18)：$N_g = z$ 轴，$N_m = x$ 轴，$N_p = y$ 轴。

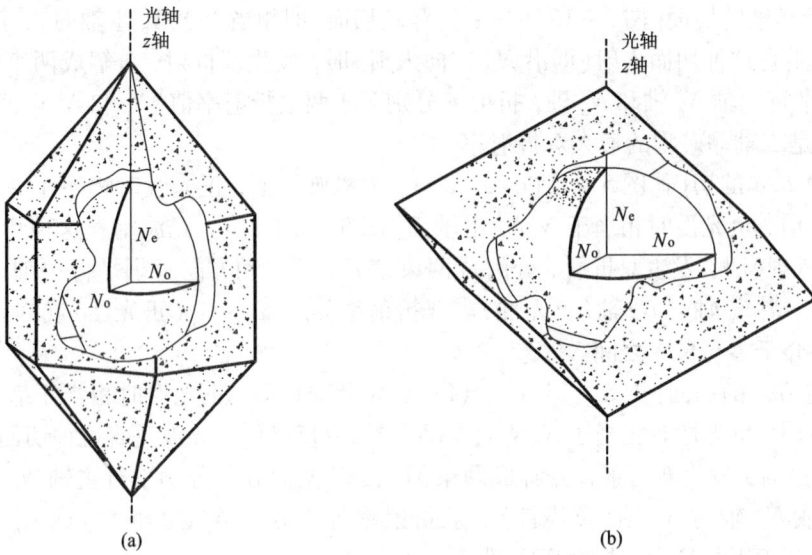

图 5－16　中级晶族晶体的光性方位

（a）一轴晶正光性晶体石英的光性方位；（b）一轴晶负光性晶体方解石的光性方位

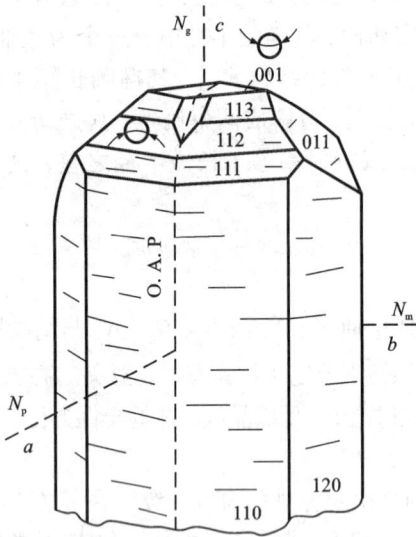

图 5－17　黄玉的光性方位

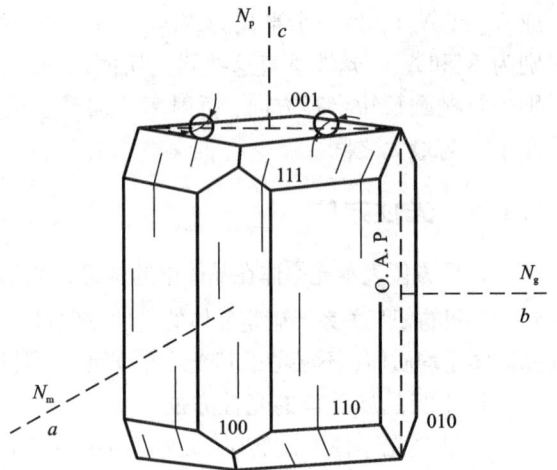

图 5－18　堇青石的光性方位

在单斜晶系矿物晶体中，y 轴为二次对称轴或对称面法线方向，可与光率体的三个主轴之一重合，其余两个主轴与结晶轴斜交。至于哪一个光率体主轴与 y 轴重合，其他两主轴与 z 轴或 x 轴斜交角有多少，因矿物不同而异。例如透辉石的光性方位（图 5－19）：$N_p \wedge x$ 轴 = 22°～32°，$N_m \, // \, y$ 轴，$N_g \wedge z$ 轴 = 38°～48°，光轴面 $// (010)$；黑云母的光性方位（图 5－20）：$N_g \wedge x$ 轴 = 0°～9°，$N_m \, // \, y$ 轴，光轴面 $// (010)$。

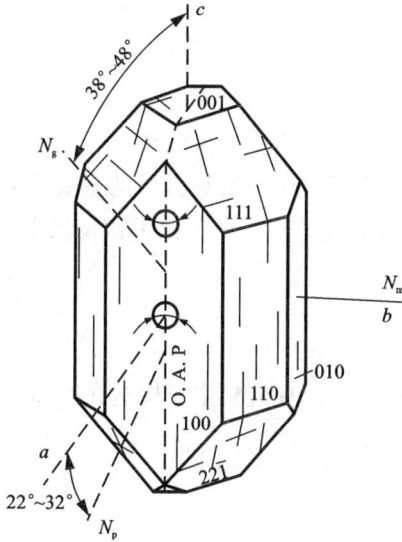

图 5 - 19 透辉石的光性方位

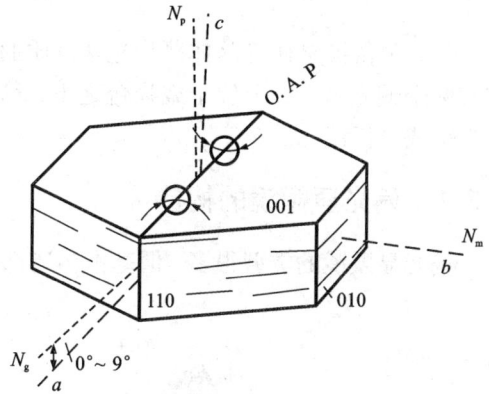

图 5 - 20 黑云母的光性方位

在三斜晶系矿物晶体中，光率体的三个主轴 N_g、N_m、N_p 与晶体的三个结晶轴斜交，其斜交角度因矿物而异，图 5 - 21 为钠长石的光性方位图。

5.1.7 色散

白光是由不同波长的光波组成的可见光，不同波长的光波在同一介质中的传播速度不同，其折射率大小亦不等。介质对不同波长光波的折射率差别，称为折射率色散。非均质体物质对不同波长光波的双折射率值的差别，称为双折射率色散。当光波在介质中传播时，各种波长光波所构成的光率体大小、形状以及在晶体中的光性方位等均可以发生变化。光率体随光波波长不同所发生的这些变化，称为光率体色散。

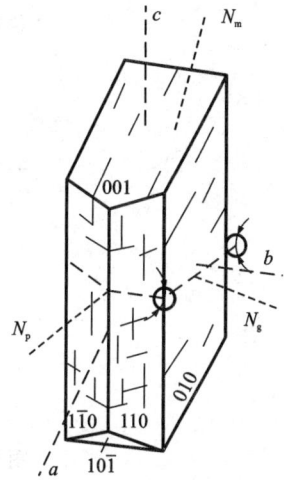

图 5 - 21 钠长石的光性方位图

均质体中，不同波长光波的光率体是一些同心圆球体，其形状与位置无变化，仅其球半径大小发生改变。

在一轴晶中，不同波长光波的光率体，都是以光轴为旋转轴的旋转椭球体，且光轴与 z 轴一致。各波长光波光率体在晶体中的位置不变，但其主折射率(N_e 和 N_o)大小发生变化，且改变不完全一致，因此其光率体大小和形状可以发生变化。

在二轴晶中，不同波长光波的光率体均为三轴椭球体，但其主折射率(N_g、N_m 和 N_p)大小发生变化，且改变不完全一致，因此其光率体大小和形状可以发生变化。由于形状的改变，引起光轴位置、光轴角大小发生变化。在斜方晶系中，各波长光波的光率体在晶体中的位置一般不改变，但三个主轴的大小可以发生变化，且变化幅度不完全相等；在单斜晶系中，各波长光波的光率体不仅形状和 $2V$ 大小不同，而且其位置也发生改变；三斜晶系中，其色散现象比较复杂。

5.2 偏光显微镜

偏光显微镜是研究晶体薄片光学性质的重要仪器，它区别于一般显微镜的主要不同点是它有两个偏光镜，一个位于载物台之下，称下偏光镜或起偏镜；另一个位于物镜之上，称上偏光镜或分析镜。

5.2.1 偏光显微镜的构造

偏光显微镜的类型很多，但基本构造都相似(图 5 - 22)。现就其主要构造介绍如下。

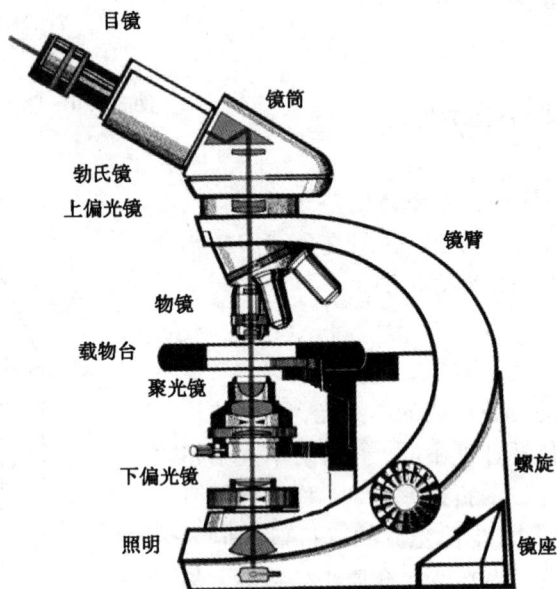

图 5 - 22　偏光显微镜的基本构造示意图

(1)镜座：用以支撑显微镜的全部重量，保证其安放平稳，其外形多为马蹄形、方形等，且常附有光源系统。

(2)镜臂：其下端与镜座相连，上端支撑镜筒，呈弓形或直角形。

(3)镜筒：安装在镜臂上，其上端可安装目镜，下端可安装物镜定位器或物镜转换器。物镜后焦平面与接目镜的前焦平面之间的距离称光学筒长。镜筒中部有试板孔、上偏光镜和勃氏镜等装置。通过转动镜臂上的粗动螺旋或微动螺旋可使镜筒升降，用以调节焦距，有的微动螺旋标有刻度，可读出微动升降距离。

在各种镜筒内，常因装有透镜或棱镜系统而改变物镜所成影像的倍数。在计算显微镜的总放大倍数时，应该乘入镜筒的倍数。

(4)载物台：是可以水平转动的圆形平台，边缘带有 360° 刻度(附游标尺)。物台上有固定螺丝，用以固定物台。物台中心有一可通过光线的圆孔，圆孔旁有一对弹簧夹，用以固定薄片。

（5）反光镜：是一面为平面、一面为凹面的双面镜，可以任意转动以便采纳不同角度的光线。光强较强时用平面镜，弱光源或锥光观察时用凹面镜。新型显微镜自带照明，无须反光镜。

（6）下偏光镜：又称起偏镜，在光源（或反光镜）之上，多用偏光片制成。它的作用是使入射的自然光变成振动方向固定的直线偏光，以 PP 表示其振动方向。

（7）锁光圈：又称光阑，位于下偏光镜之上，可自由开合，控制光的透过量，从而调节光强度。缩小光圈可使光度减弱。

（8）聚光镜：位于物台之下，锁光圈之上，由一组透镜组成。可把从下偏光镜透出的平行偏光聚敛成锥形偏光。其上有手柄，不用时可推向侧面或下降。

（9）物镜：偏光显微镜最重要的光学部件之一，是决定显微镜成像的重要因素。物镜由若干组复式透镜组成，随放大倍数不同其透镜组合也不同。下端的透镜称前透镜，上端的透镜称后透镜。一般前透镜愈小，曲度愈大，镜头愈长，放大倍数愈大。

根据使用时物镜前透镜与矿物光、薄片之间介质的不同，所有物镜可分为干燥物镜与浸没物镜（也称油浸物镜）两大类。干燥物镜使用时前透镜与光薄片之间只有空气。浸没物镜使用时前透镜与光、薄片之间充满浸没液体。

通常显微镜有 3~7 个放大倍数不同的物镜（图 5-23）。物镜放大倍数等于显微镜的光学筒长和物镜焦距的比值。每个物镜都具有不同的数值孔径，以 $N.A$ 标记。光孔角是指物镜前透镜最边缘的光线与前焦点间所组成的角度，以 2θ 标记（图 5-24）。数值孔径与光孔角之间的关系为：

$$N.A = n \cdot \sin\theta$$

式中：n 表示与物镜之间介质的折光率。当介质为空气时，$n = 1$，此时 $N.A = \sin\theta$。

放大倍率

盖玻片修正

物镜种类

数值孔径

图 5-23　物镜的标识

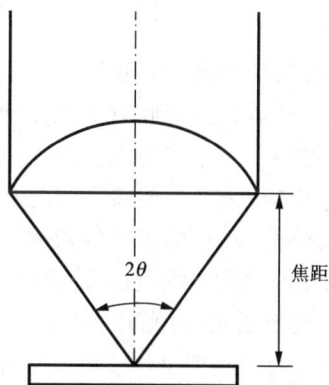

2θ　　焦距

图 5-24　物镜的光孔角

物镜的分辨率（d）就是显微镜的分辨率，它取决于数值孔径的大小及所用光波的波长。分辨率可用下式求得：

$$d = \frac{0.61\lambda}{n \cdot \sin\theta} \tag{5-7}$$

式中：λ 为入射光波长，n 为介质折射率，θ 为半光孔角。

物镜放大倍数与数值孔径之间没有严格关系。通常数值孔径越大，放大倍数也越高。同一放大倍数的物镜，其数值孔径越大，分辨率亦越大。

（10）目镜：由一组安装在金属圆筒中的透镜构成。放大倍数有 5×、10×、20× 等。目镜中通常装有十字丝或分度尺，有的还附有方格网。

显微镜的总放大倍数为目镜放大倍数、物镜放大倍数以及镜筒倍数的乘积。

（11）上偏光镜：又称分析镜，其构造与下偏光镜相同。上偏光镜可以自由推入或拉出，有的上偏光镜还可以转动。

（12）勃氏镜：位于目镜与上偏光镜之间的一个小凸透镜，通常与高倍物镜在正交偏光镜间联合使用，观测矿物干涉图。有的勃氏镜可以升降和移动，以适应不同放大倍数的目镜。有的勃氏镜还附有锁光圈，在观察细小矿物干涉图时，缩小光圈，可以挡掉周围其他矿物透过的光的影响，而使干涉图更清晰。

除上述主要部件外，偏光显微镜中还有一些附件：

（1）测定薄片上光率体椭圆半径名称及光程差的补色器：固定光程差补色器（云母试板、石膏试板）和可变光程差补色器（石英楔、贝瑞克补色器、倾斜补色器等）。

（2）精确观察多色性的附件：滤色片、二色目镜、二色试板等。

（3）测量矿物颗粒大小及百分含量的附件：物台微尺、机械台等。

（4）其他附件：分光目镜、热台、旋转针、费氏台等。

5.2.2　偏光显微镜的调节与校正

在使用显微镜前，应将显微镜各部系统调节校正至能够准确观察测定光学数据的状态。

1. 装卸镜头

（1）装卸目镜：将所需倍数的目镜插入镜筒上端，使其中的十字丝位于视阈的东西、南北方向。

（2）装卸物镜：装卸物镜时需将镜筒提升到一定高度，以免安装时碰坏镜头。因显微镜类型不同，物镜的装卸有下列几种情况：

①弹簧夹型：将物镜上的定位小钉夹于弹簧卡的定位槽中即可。

②转换器型：一般将常用的几个镜头都安装在转换器上，无须经常装卸。要使用不同倍率的物镜时，将所需倍率的物镜旋转至镜筒正下方，恰至弹簧卡住为止，否则将偏离中心。

③其他类型：螺丝扣型及楔形等，多已不大使用。

2. 调节照明（对光）

装好目镜与中倍物镜后，推出上偏光镜与勃氏镜，打开锁光圈，转动反光镜至视阈最明亮为止。若用日光，注意不要把反光镜直接对准日光，以免因光太强而损伤眼睛。若显微镜底座带照明装置，则接通光源照明电路，将亮度调至适度即可。

3. 调节焦距（准焦）

调节焦距是为了能使物相清晰可见，其步骤如下：

（1）将欲观察的矿物薄片置于物台中心，用薄片夹持器夹好，必须使薄片的盖玻璃朝上，否则不能准焦，使用高倍物镜时，甚至会损坏薄片及镜头。

（2）从侧面看着镜筒，转动粗动螺丝，将镜筒下降至最低位置，若用高倍物镜则需降至几乎与薄片接触为止。

（3）从镜筒中观察，同时旋转粗动螺旋，使镜筒缓缓上升至视阈内物相较清楚后，再旋转微动螺旋，直至物相完全清晰为止。

准焦后，物镜前端与薄片之间的距离称工作距离，其与放大倍数成反比，高倍物镜的工作距离极短。在调节焦距时，切忌眼睛看着镜筒内下降镜筒，这样极易损坏镜头和压碎薄片。初学者宜先用低倍物镜，然后再用中倍、高倍物镜准焦。

此外，若使用单筒显微镜工作时，最好把两眼同时睁开，这样既可以保护视力，又便于绘图记录。

4. 校正中心

在显微镜的光学系统中，载物台旋转轴、物镜中轴和镜筒中轴应当严格在一条直线上。此时旋转物台，物相在视阈中心（十字丝交点）的点不动，其余各点绕视阈中心作圆周运动（图 5 - 25）。否则，当旋转物台时，所观察的物相会因旋转而跑到视野边缘甚至视阈之外，妨碍观察，这种情况称为偏心。因此，必须进行校正中心，使物镜中轴与物台旋转轴和镜筒中轴重合。

多数显微镜的镜筒中轴和物体旋转轴是固定的，一般只能校正物镜中轴的位置，通常物镜中心的校正是借助于安装在物镜或转换器上的两个互相垂直的校正螺丝来完成的，也有少数显微镜可以校正物台旋转轴。

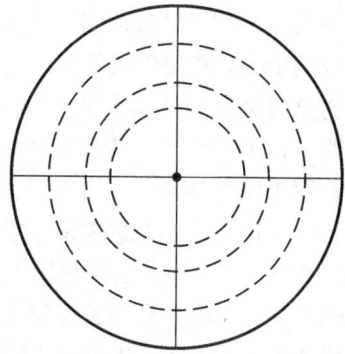

图 5 - 25　物台旋转轴与物镜中轴及镜筒中轴严格在一条直线上，旋转物台质点运动情况

校正中心的具体步骤（图 5 - 26）如下：

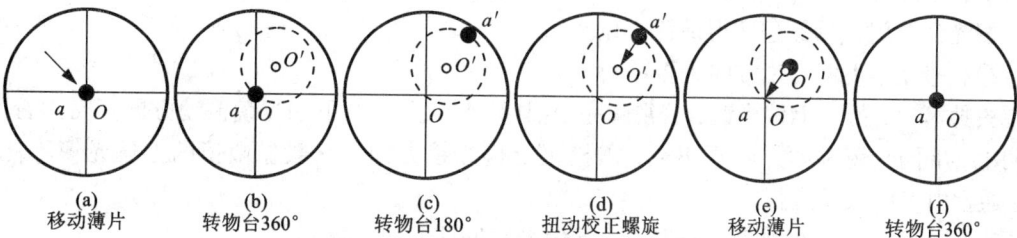

| (a) | (b) | (c) | (d) | (e) | (f) |
| 移动薄片 | 转物台360° | 转物台180° | 扭动校正螺旋 | 移动薄片 | 转物台360° |

图 5 - 26　校正中心的具体步骤

（1）首先必须检查物镜安装位置是否正确，如弹簧夹是否夹在准确位置上、转换器是否恰位于弹簧卡子的位置上。物镜如果安装不准确，则无法校正中心，还可能损坏校正螺丝和镜头。

（2）将薄片在物台上安装好并准焦后，在薄片上选一质点 a 置于十字丝交点 O（视阈中心）[图 5 - 26（a）]，转动物台一周，观察视阈内物相的运动情况。若没有偏心，质点 a 不会离开中心 O；若中心不正，则质点 a 必绕另一圆心 O' 作圆周运动[图 5 - 26（b）]。

（3）若中心不正，转动物台 180°，使质点 a 由十字丝交点 O 移至 a' 处。a' 点 与十字丝交点 O 连线的中点必为质点 a 绕以旋转的偏心圆心 O'[图 5 - 26（c）]。

（4）转动校正螺丝，使质点 a 由 a' 处沿 $a'O$ 连线移动至偏心圆心 O' [图 5 – 26(d)]。

（5）移动薄片，使质点 a 重置于十字丝交点 [图 5 – 26(e)]，转动物台，若质点 a 不再偏离十字丝交点，则校正完成 [图 5 – 26(f)]。若仍有偏心，则按上述步骤重复校正，直到完全校好为止。

（6）若偏心很大，旋转物台时，质点 a 会移至视阈之外，此时需估计偏心圆心 O'（旋转中心）的位置及偏心圆的半径长短。将质点 a 转回十字丝中点后，转动校正螺丝，使质点向远离偏心圆心 O' 的方向移动相当于偏心圆半径的距离。若偏心仍很大，则按偏心大的方法继续校正。若旋转物台质点在视阈内移动，则按偏心小的方法再校正一次。

5. 目镜十字丝的检验

在测定矿物光学性质时，目镜十字丝是否直交很重要。检验时，先将具直边的矿物颗粒置于视阈中心，并使矿物的直边与目镜十字丝横丝平行，记录载物台读数；转动物台 90°，观察矿物直边是否与目镜十字丝纵丝平行。若平行，则说明目镜十字丝是直交的；若不平行，则说明目镜十字丝不正交，需要修理。

6. 偏光镜的校正

正常工作时，偏光显微镜光学系统的上、下偏光镜的振动方向必须分别为东西、南北方向，二者相互正交，分别与目镜十字丝的横丝、纵丝方向一致。因为有些光学现象只需用下偏光镜来观测，因而必须首先确定下偏光镜的振动方向。校正方法如下：

1）下偏光镜振动方向的确定和校正

将含有黑云母的薄片安装在物台上，装上中倍或低倍物镜，调节照明，使视阈最亮，准焦后，找一个具极完全解理缝的黑云母颗粒置于视阈中心，推出上偏光镜，转动物台一周，观察黑云母颜色的变化。由于黑云母对沿解理方向振动的光吸收最强，因而转动物台当黑云母颜色最深时，黑云母解理缝的方向就是下偏光镜的振动方向。应注意黑云母解理方向是否与目镜十字丝之一平行，若不平行，则转动物台使黑云母解理缝方向平行十字丝之一，再旋转下偏光镜至黑云母颜色变得最深为止。

2）检查上、下偏光镜方向是否正交

去掉薄片，推入上偏光镜，若视阈完全黑暗，则说明上、下偏光镜振动方向正交。否则，说明上、下偏光镜振动方向不正交，需校正上偏光镜方向。一般显微镜的上偏光镜不能转动，通常由专门人员进行。

3）检查目镜十字丝是否严格与上、下偏光镜振动方向一致

在岩石薄片中选一具极完全解理的黑云母颗粒置视阈中心，转动物台，使黑云母解理缝与十字丝之一平行。推入上偏光镜，如果黑云母变黑暗（消光），则说明目镜十字丝与上、下偏光镜振动方向一致。如果黑云母不全黑，则需转动物台使黑云母变黑暗。推出上偏光镜，转动目镜使十字丝之一与黑云母解理缝方向平行。此时，目镜十字丝即与上、下偏光镜振动方向一致。

5.2.3 岩石薄片的磨制方法

偏光显微镜下研究岩石和矿物，须磨制成薄片进行。薄片还必须具有一定的面积，以尽可能全面地反映标本的特点。常见的薄片有普通薄片、光薄片、砂矿薄片和碎屑油浸薄片 4 种。

最常用的是普通薄片(图5－27),它由载玻璃(又称载片,通常其大小为25 mm×50 mm,厚1 mm)、薄的矿片(标准厚度约0.03 mm)和盖玻璃(又称盖片,通常其大小为15 mm×15 mm～20 mm×20 mm,厚0.1～0.2 mm)三部分经加拿大树胶(折射率为1.540)黏结而成的。

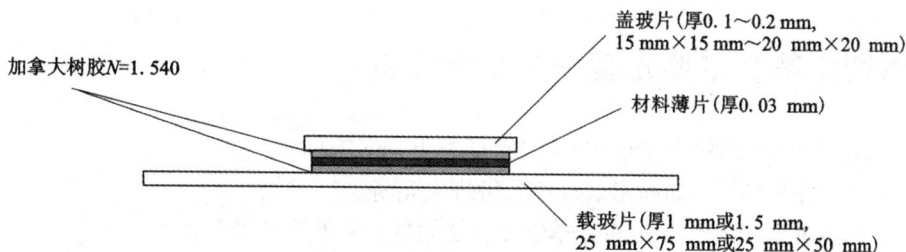

图5－27 普通薄片的示意图

普通薄片的磨制一般分为以下程序:切片、粗细磨薄、精磨薄、粘片、再次磨薄、盖片及对多余树胶的铲除清洗等。为保证质量,对具体的样品还必须采取必要的措施,如结构松散的样品,需先浸在树胶中煮过并加以胶结,然后再切制成薄片。

(1)切片是用切片机从岩石标本上切下一小块岩块(定向的或不定向的),不同的岩石标本切片的方法不同。

①一般岩石矿物的切片:用金刚刀切片机从岩石标本上切下一小块岩块。对不易破碎的样品,切片的厚度应尽量薄些。

②较小颗粒岩石矿物标本的切片:有些岩石、矿物标本体积较小,不但要求切片,而且切片后还要保留一定的标本。如果用普通的切片方法就很难达到目的。这时需要改用金刚砂型号,减小标本震动以避免破碎;并切割窄缝以减少标本损耗率;也可以用手工切割。

③疏松标本的切片:疏松的岩石标本不能直接切片,可以分以下两种情况进行处理:对于内部均匀的疏松块状岩石标本,可用手沿着标本的裂痕掰下一块或用铁锤轻轻地打下一块适合制片大小的岩块进行浇煮,使胶液浸透到标本的孔隙中,等标本坚固后再进行切片。对具有层理、板理的规则均匀排列的岩石标本,不能任意掰或用铁锤敲打,可将标本需要切片的方位向下加热,加热面向下吃胶,让标本浸透约20 mm厚的胶层,冷却后再进行切片。

(2)粗磨和细磨是在磨片机上进行的,粗磨的目的是把切下来的岩片两面粗磨平整,一般可把岩片磨到3 mm左右厚度为止。细磨是把岩片要粘片的一面进一步磨细磨平。

(3)精磨的目的主要是把岩片细磨过的平面进一步磨得更细更平,以提高薄片的质量。

(4)用光学树脂胶(折射率为1.540)等材料把岩片粘到载玻片上的工序叫做粘片。将干净的载玻片在酒精灯上加热,等载玻片上温度能使固体胶融化时(约110℃),涂上固体胶,涂胶的面积要与岩片大小适应。这时把岩片精磨过的一面放在上面再加热,同时需将胶层中的气泡挤出并压平。再用相同方法对薄片另一面进行磨制,把薄片均匀地磨到标准厚度0.03 mm。

(5)为了便于鉴定和保存,须在薄片上加一层盖片,称为盖片。把加拿大树胶涂在岩石表面,盖上盖片,用酒精灯加热后把盖片与岩石间的气泡挤出。

(6)等盖片胶冷却后,铲去露在盖玻片以外的多余胶和岩片,用酒精洗净即可。

为了某些特殊的需要,如观察斜长石的解理,进行薄片染色,以及电子探针等的研究,普通薄片磨制到第 3 步后,在抛光机上抛光,不加盖玻璃,称为光薄片。

砂矿薄片是把砂粒与环氧树脂或牙托粉混合压成小薄片进行磨制的。

碎屑油浸薄片是直接在载片和盖片之间将已知折射率浸油浸没矿物碎屑颗粒,用于精确测定矿物碎屑颗粒的折射率。

5.3 透明矿物在单偏光镜下的光学性质

在单偏光镜下能够观察、测定的主要特征有下列 3 方面:

(1)矿物的外表特征,如晶形、解理及解理夹角等。

(2)与矿物对光波吸收有关的光学性质,如颜色、多色性及吸收性等。

(3)与矿物折射率有关的光学性质,如突起、糙面、边缘、贝克线及色散效应等。

5.3.1 单偏光镜的装置与特点

所谓单偏光镜下的研究,就是只用一个偏光镜(通常是用下偏光镜)进行观察、测定矿物的光学性质。由反光镜反射来的或由灯光源射来的自然光波,通过下偏光镜之后,变成振动方向平行下偏光镜振动方向 PP 的偏光[图 5-28(a)]。

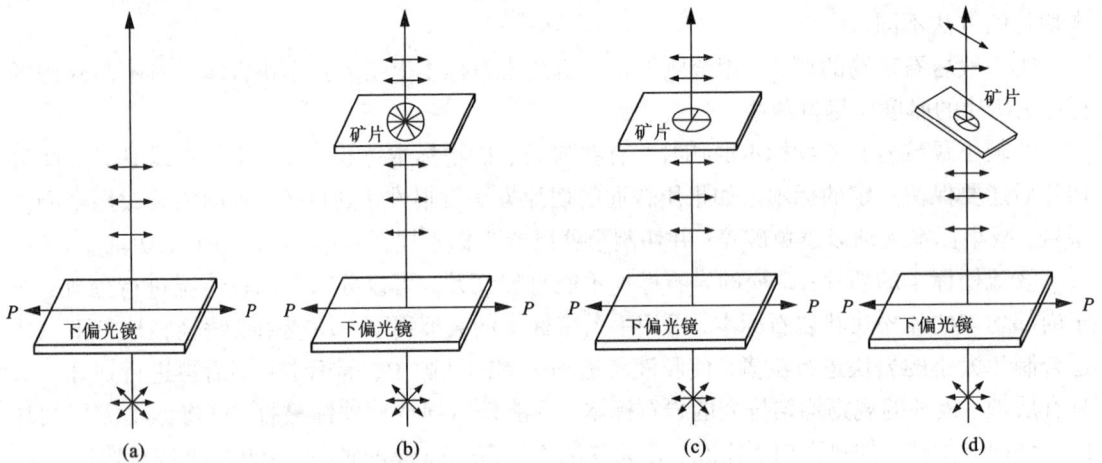

图 5-28 单偏光镜的装置及光波通过下偏光镜及矿片的情况

如果载物台上放置均质体或非均质体垂直光轴的矿片时,这类矿片的光率体切面为圆切面,由于下偏光镜透出的振动方向平行 PP 的偏光,进入矿片后,沿任意圆半径方向振动通过矿片,基本不改变原来的振动方向[图 5-28(b)],此时矿片的折射率值等于圆切面半径。

如果载物台上放置非均质体除垂直光轴以外的其他方向切面时,其光率体切面为椭圆切面。当矿片上的光率体椭圆切面长短半径之一与 PP 方向平行时[图 5-28(c)],由下偏光镜透出的振动方向平行 PP 的偏光,进入矿片后,沿该半径方向振动通过矿片,不改变原来的振动方向,此时矿片的折射率值等于该半径的长短。

当矿片上的光率体椭圆切面半径与 PP 斜交时[图 5-28(d)],由下偏光镜透出的振动方向平行 PP 的偏光，进入矿片后，发生双折射，分解形成两种偏光，其振动方向分别平行矿片上光率体椭圆切面长短半径的方向，折射率值分别等于椭圆长短半径，双折射率等于椭圆长短半径之差，两者在矿片中的传播速度不同。

5.3.2　矿物形态及解理

1. 矿物的形态

矿物晶体的一般外观形态，按在三维空间的展布特点，主要有 3 种类型：①一向延伸类型，如针状和柱状等；②二向延伸类型，如片状和板状等；③三向延伸类型，如粒状和球粒状等。按晶体的自形程度，大致可以分为 3 种类型：①自形晶；②半自形晶；③他形晶。矿物集合体，按单体的结晶习性及集合方式的不同可以分为粒状、片状、板状、柱状、放射状、纤维状、晶簇状、结核状、鲕状及豆状集合体，等等。

岩石薄片中所见到的矿物形态，并不是矿物晶体的整个立体形态，而是晶体某一方向切面的轮廓。同一晶体不同方向的切面，其外形轮廓可以截然不同。例如一个立方体晶体（图 5-29），因切面方向不同，其切面的形状可以是正方形、三角形、六边形、长方形及其他不规则的形状。所以在薄片鉴定过程中，必须仔细观察晶体各个方向的切面形状，再结合晶面夹角、解理性质等特征，运用结晶学相关知识综合判断矿物的形态。

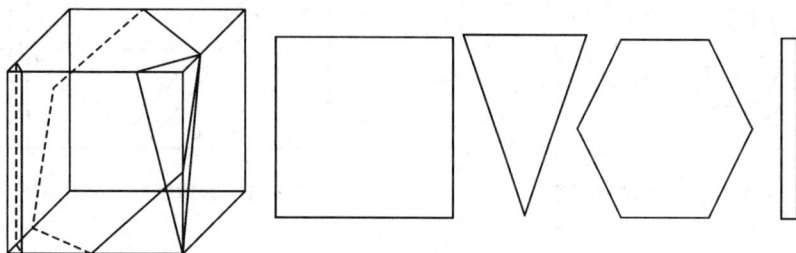

图 5-29　矿物外形与切面方向的关系

综上所述，在岩石薄片鉴定中，切不可凭矿物的个别切面外形确定该矿物的整体外形。必须多观察一些不同方向的切面形态，综合分析并结合手标本上矿物的形态，才能做出符合实际的判断。

2. 解理

许多矿物都具有解理。不同的矿物，其解理方向、完善程度、组数及解理夹角不相同，所以解理是鉴定矿物的重要特征之一。同时，解理面还往往与晶面、晶轴有一定联系，所以解理还可以作为测定某些光学常数的辅助条件或根据。

在磨制薄片时，由于机械张力的影响，使解理张开形成细缝，加拿大树胶得以填充其中。由于矿物的折射率与加拿大树胶不同，光波通过二者之间界面时发生折射、反射作用，使解理面之间的细缝与矿物的明暗程度不同而使细缝显示出来。因此，矿物的解理面在薄片中表现为一些平行的细缝，称为解理缝。缝与缝之间的间距往往大致相等。解理的完善程度不同，解理缝的特征亦不同。根据解理的完善程度，解理缝的特征大致划分为 3 个等级（图 5-30）：

(1)极完全解理：解理缝细密、平直、连贯，往往贯穿整个晶体[图 5-30(A)]，如黑云母的解理。

(2)完全解理：解理缝较稀，不完全连贯[图 5-30(B)]，如角闪石的解理。

(3)不完全解理：解理缝断断续续，有时仅见解理痕迹[图 5-30(C)]，如橄榄石的解理。

解理缝的宽度、清楚程度，除与矿物解理的完善程度有关外，还与切片方向以及矿物和加拿大树胶的折射率差值大小有密切联系。当解理面与岩石薄片平面的法线一致时(即解理面垂直薄片平面)，解理缝最细、最清楚(图 5-31)。若升降镜筒，改变焦点平面位置，解理缝不左右移动。当解理面与薄片平面的法线成 α 夹角时(图 5-31)，解理缝变宽(大于实际的宽度)。若升降镜筒，解理缝相左右移动。当解理面倾斜度逐渐变大时，解理缝逐渐变宽，而且越来越不清晰。当 α 增至一定限度时，解理缝就看不见了，这个夹角成为解理缝的可见临界角，其大小与矿物和加拿大树胶的折射率差值有关，差值越大，解理缝可见临界角也越大。

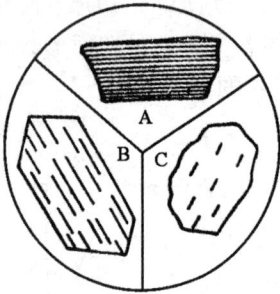

图 5-30　矿物的解理等级

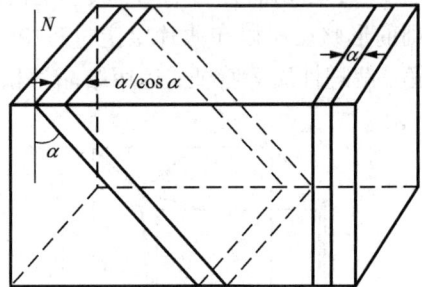

图 5-31　解理缝宽度与切面方向的关系

洛多契尼科夫 B H 举出一些矿物解理缝可见临界角的近似值：

$N \approx 1.70$ 的矿物(辉石类等)，等于 30°；

$N \approx 1.65$ 的矿物(角闪石类)，约等于 25°；

$N \approx 1.60 \sim 1.55$ 的矿物(云母、斜长石类等)，约等于 10° ~ 20°。

由此可知：同一矿物，不同方向切面上解理缝的可见性、清晰程度、宽度及组数不完全相同。例如角闪石类矿物，虽具有两组解理，但在薄片中，有些切面上只见一组解理缝，有些切面上看不见解理缝，只有垂直 Z 晶轴或近于垂直 Z 晶轴的切面才可见到两组解理缝。因此在显微镜下观察矿物的解理时，切不可凭个别或少数切面判断解理的有无和解理的组数，必须多观察一些切面，综合判断。

不同的矿物，由于折射率值不同，解理缝可见临界角大小不同，在薄片中能见到的解理缝的机会不同。例如辉石类和长石类矿物都具有两组解理，由于辉石类的解理缝可见临界角大于长石类矿物。因此，在岩石薄片中辉石类矿物见到解理缝的颗粒较多，而长石类矿物见到解理缝的颗粒较少。

此外，某些矿物可能还具有裂纹或裂理，在薄片中裂纹一般表现为弯曲或不规则细缝，有的也可以是平直且贯穿整个颗粒，但缝与缝之间的距离往往不等。观察时应结合矿物学及结晶学知识区分它们。

3. 解理夹角的测定

当矿物具有两组解理时，测定其夹角可以帮助我们鉴定矿物。

晶体中解理面之间的夹角本来是固定的，但由于切片方向不同，其夹角的大小有一定差别，如图 5 - 32 中 1、2、3 夹角的大小不同。只有同时垂直两组解理面的切面，才是两组解理真正的夹角。因此测定解理夹角时，必须选择同时垂直两组解理的切面。这种切面的特征是：两组解理缝最细最清晰，当解理缝平行目镜十字丝纵丝时，微微升降镜筒，解理缝不向左右移动。

测定方法：

(1)选择同时垂直于两组解理面的矿物切面，置于视阈中心。

(2)转动载物台，使一组解理缝平行目镜十字丝竖丝［图 5 - 33(a)］，在载物台上读数为 a。

(3)旋转载物台，是另一组解理缝平行竖丝［图 5 - 33(b)］，在载物台上读数为 b。两次读数 a 与 b 之差即为所测的解理夹角。

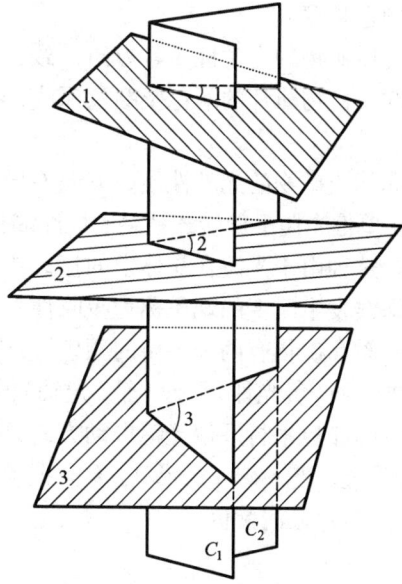

图 5 - 32 矿片上解理缝的夹角大小与切面的关系

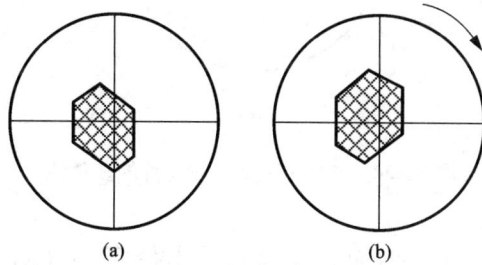

图 5 - 33 解理夹角的测定

5.3.3 矿物颜色与多色性、吸收性

矿物在薄片中呈现的颜色与手标本上肉眼观察到的颜色不同。前者是矿物薄片在透射下所呈现的颜色，而后者是矿物在反射光、散射光下所呈现的颜色。

当光透过矿物薄片时，矿物的颜色是矿物对白光中不同波长的光波选择性吸收的结果。不管矿物如何透明，总是要被吸收一部分。如果矿物对白光中的各色光波同等程度吸收，透过矿片后仍为白光，只是强度有所减弱，此时矿物不显颜色，称为无色矿物。如矿物对白色光中各色光波有选择吸收，则透出矿片的各种色光强度比例将发生改变，使矿物呈现特定的颜色。因此，在单偏光镜下，矿物在薄片中呈现的颜色是选择吸收的结果。

矿物颜色的深浅取决于矿物对各色光波吸收的总强调，吸收的总强度大，颜色就深；反之颜色就浅。吸收的总强度又决定于矿物本身的性质和薄片的厚度，对同一矿物来说，薄片越厚颜色越深。

均质矿物的光学性质各方向一致，不同振动方向光波的选择吸收和吸收的总强度相同，所以均质矿物薄片的颜色及颜色深浅，各方向相同，不因光波在晶体中振动方向不同而发生改变。

非均质矿物的光学性质因方向而异，对光波的选择吸收及吸收总强度也随方向而异。因此，在单偏光镜下旋转载物台时，许多具有颜色的非均质矿物薄片的颜色及颜色深浅要发生变化。这种由于光波在晶体中的振动方向不同，而使矿片颜色发生改变的现象称为多色性；颜色深浅发生改变的现象称为吸收性。

一轴晶矿物有两个主要的颜色，分别与 N_e、N_o 方向相当。

电气石（负光性）平行 z 轴（光轴）的切片，如图 5-34。当矿片上光率体椭圆短半径 N_e（即 z 轴方向）平行下偏光镜振动方向 PP 时［图 5-34(a)］，由下偏光镜透出的振动方向平行 PP 的偏光，进入矿片后沿 N_e 方向振动（在 N_o 方向上的振动为零，即没有沿 N_o 方向振动的光波），矿片显浅紫色。

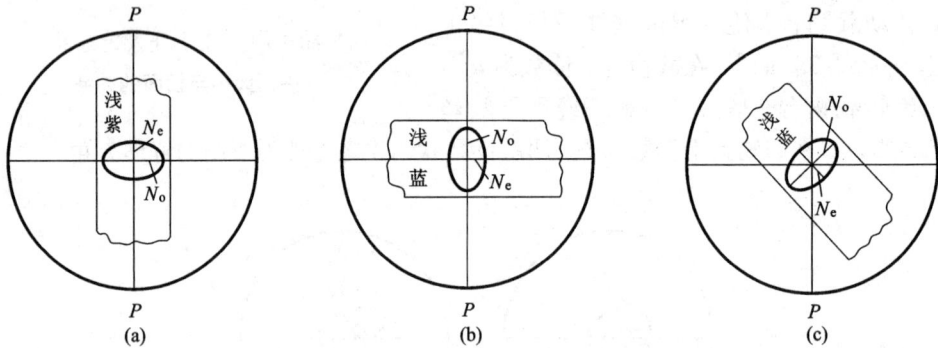

图 5-34　电气石平行 z 轴切片的多色性

转动载物台 90°，使矿片上的光率体椭圆长半径 N_o 平行下偏光镜振动方向 PP 时［图 5-34(b)］由下偏光镜透出的振动方向平行 PP 的偏光，进入矿片后，沿 N_o 方向振动（此时在 N_e 方向的振幅为零），矿片显深蓝色

当矿片上光率体椭圆半径 N_e、N_o 与下偏光镜振动方向斜交时［图 5-34(c)］，由下偏光镜透出的振动方向平行 PP 的偏光进入矿片后，发生双折射，分解形成两种偏光，一种偏光振动方向平行 N_e，另一种偏光振动方向平行 N_o。因此矿片显示浅紫与深蓝的过渡色。

电气石垂直 z 轴（光轴）的切片的光率体切面为圆切面，其半径为 N_o。将这种切片置于单偏光镜下，矿片显深蓝色。转动载物台，颜色不发生变化。斜交光轴切面颜色的变化没有平行光轴切面显著。一轴晶矿物如电气石的多色性记录方式是：

$$N_o = 深蓝色，\quad N_e = 浅紫色（多色性公式）$$

因电气石 N_o 的颜色比 N_e 深，表示 N_o 方向的总吸收强度大，故其吸收公式：$N_o > N_e$。

二轴晶矿物有 3 个主要的颜色，分别与光率体三主轴 N_g、N_m、N_p 相当。平行光轴面的切面显示 N_g、N_p 的颜色，其多色性明显；垂直光轴的切面，只显示 N_m 的颜色，不具多色性；垂直 Bxa 的切面显示 N_m、N_p（正光性）或 N_m、N_g（负光性）的颜色，其多色性明显程度介于两者之间。显然测定二轴晶矿物的多色性，至少需要两个方向的切面。普通角闪石的多色性公式记录如下：

$$N_g = 深绿色，N_m = 绿色，N_p = 浅黄绿色。$$

吸收公式：$N_g > N_m > N_p$，称正吸收；如果与此相反，$N_p > N_m > N_g$，则称反吸收。

非均质矿物中，不同矿物的多色性明显程度往往是不同的，有的矿物多色性极为明显，如黑云母；有的矿物多色性不太明显，如紫苏辉石；有的非均质矿物看不出多色性。在矿物薄片中多色性的明显程度除与矿物的本性有关以外，还与切片方向有关。同一矿物切片方向不同，多色性的明显程度也不同，一般是平行光轴(一轴晶)或平行光轴面(二轴晶)切片的多色性最明显，垂直光轴切片不具多色性，其他方向切片的多色性明显程度介于两者之间。此外，多色性明显程度还与薄片厚度有关，薄片越厚，多色性越明显。测定多色性公式必须在定向切片上进行。

5.3.4 矿物的边缘、贝壳线、糙面及突起

薄片中，由于相邻两物质间(相邻矿物间、矿物与树胶间等)存在折射率差，在单偏光镜下，当光通过两者交界处时发生折射、反射作用，会产生边缘、贝壳线、糙面及突起等一些光学现象。

1.矿物边缘与贝克线

在两个折射率不同的物质接触处，可以看到比较黑暗的边缘，称矿物的边缘。在边缘的附近还可以看到一条比较明亮的细线，升降镜筒，亮线发生移动，这条较亮的细线称为贝克线或光带。边缘和贝克线产生的原因主要是由于相邻两物质折射率不等，光波通过两者的接触界面时，发生折射、全反射作用。根据两个物质接触关系不同可以分为下列4种情况：当相邻两物质的接触面倾斜时，如果折射率大的物质盖在折射率小的物质之上[图5-35(a)]，无论接触界面的倾斜度如何，光线在接触面上均向折射率大的物质方向折射。如果折射率小的物质盖在折射率大的物质之上，当接触界面倾斜较缓时[图5-35(b)]，光线在接触面上仍向折射率大的物质方向折射；当接触界面倾斜较陡时[图5-35(c)]，有部分入射光的入射角大于全反射临界角，在接触面上发生全反射。当两种物质的接触界面直立时[图5-35(d)]，垂直矿片的入射光不发生折射，但略为倾斜的光线发生折射和全反射，光线仍在折射率大的物质边缘集中。

由此可知，无论两种物质的接触关系如何，光通过接触界面发生折射、全反射作用，总是使接触界面的一边光线相对减少，而形成较暗的边缘；其粗细和黑暗程度，取决于两种物质折射率的差值大小，差值越大边缘越粗越黑暗。而在接触界面的另一边，光线相对增多，而形成比较明亮的贝克线。如果慢慢提升镜筒，从焦点平面 F_1F_1 上升至 F_2F_2(图5-35)，则所观察到的光线集中部分(贝克线)向折射率大的物质方向推移；降低镜筒至焦点平面 F_3F_3，则光线集中的部分(贝克线)向折射率小的一方推移。因此，贝克线的移动规律是：提升镜筒，贝克线向折射率大的物质移动；下降镜筒，贝克线向折射率小的物质移动。根据贝克线的移动规律，可以确定相邻两物质折射率的相对大小。贝克线的灵敏度很高，两物质折射率相差在 0.001 时，贝克线仍清楚。如果用单色光，其灵敏度可达 0.0005。观察贝克线时，把两物质的接触界线置于视阈中心，适当缩小锁光圈，以挡去倾斜度较大的光线，使视阈变得较暗，贝克线将显得更清楚。

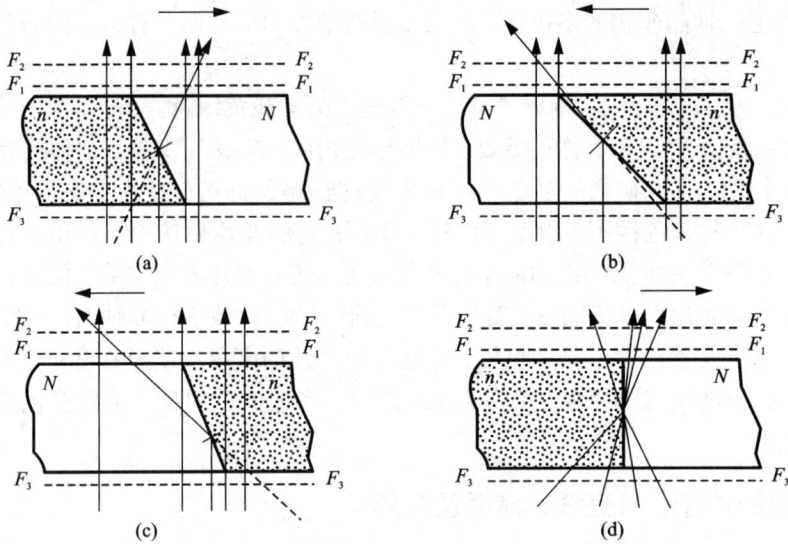

图 5-35　边缘和贝克线的成因及贝克线移动规律

当两种物质折射率相差很小时，在白光下观察，由于物质的折射率色散影响，在两种折射率相差不大的无色矿物界线附近，有时贝克线发生变化，变成有色细线。在折射率较低的矿物一边，出现黄色细线；在折射率较高的矿物一边，出现浅蓝色细线，这种现象称为洛多契尼科夫色散效应。利用色散效应可以直接判断相邻两种矿物折射率的相对大小。在观察色散效应时，适当缩小光圈，可以使色散效应显得更为清楚。

2. 矿物的糙面

在单偏光镜下观察各个矿物的表面时，可以看到某些矿物表面较为光滑，而某些矿物表面较为粗糙，呈麻点状，好像粗糙皮革一样，这种现象称为糙面。

糙面产生的主要原因是：矿物表面的凹凸不平，覆盖在矿片之上的加拿大树胶折射率又与矿片折射率不同。光线通过二者之间的界面，发生折射甚至全反射，致使薄片表面的光线集散不一，而显得明暗程度不同，给人以粗糙的感觉（图 5-36）。一般是二者折射率的差值越大，矿片表面的磨光程度越差，其糙面越明显。

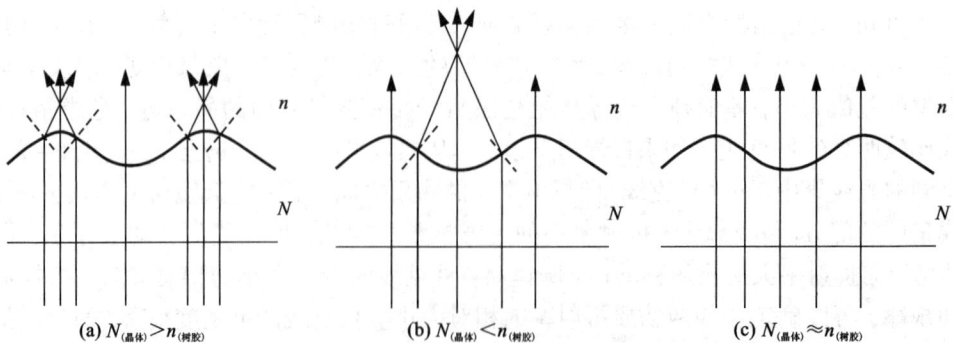

(a) $N_{(晶体)} > n_{(树胶)}$　　(b) $N_{(晶体)} < n_{(树胶)}$　　(c) $N_{(晶体)} \approx n_{(树胶)}$

图 5-36　糙面的形成原因

3. 矿物的突起和闪突起

在岩石薄片中，各种不同的矿物表面好像高低不同，某些矿物显得表面高一些，某些矿物则显得低平一些，这种现象称为突起。这是一种视觉的错觉现象，其实在同一岩石薄片中，各个矿物的表面实际上是在同一个水平面上。这种现象主要是由于矿物折射率与加拿大树胶折射率不同引起的，矿物折射率与加拿大树胶折射率相差越大，矿物的突起越高。

加拿大树胶的折射率等于1.54，折射率大于1.54的矿物属于正突起；折射率小于1.54的矿物属于负突起。矿物突起的正负可借助提升（或下降）镜筒时，贝克线的移动规律或色散效应来判断。当矿物与加拿大树胶接触时，提升镜筒，贝克线向矿物内移动时为正突起；贝克线向加拿大树胶移动时为负突起。浅蓝色细线在矿物一边，橙黄色细线在加拿大树胶一边属于正突起；反之属于负突起。

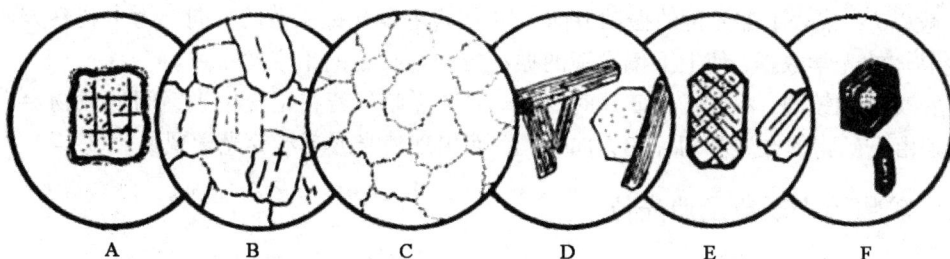

图5-37 突起等级示意图

A—负高突起；B—负低突起；C—正低突起；D—正中突起；E—正高突起；F—正极高突起

矿物突起的高低、边缘、糙面的明显程度，都反映了矿物折射率与加拿大树胶折射率的差值大小。差值越大，则突起越高，边缘与糙面越明显。根据矿片突起的高低、边缘、糙面的明显程度，一般把突起划分为6个等级（如表5-1及图5-37所示）。

表5-1 突起等级

突起等级	折射率	糙面及边缘等特征	矿物实例
负高突起	小于1.48	糙面及边缘显著，提升镜筒，贝壳线移向树胶	萤石
负低突起	1.48~1.54	表面光滑，边缘不明显，提升镜筒，贝壳线移向树胶	正长石
正低突起	1.54~1.60	表面光滑，边缘不明显，提升镜筒，贝壳线移向矿物	石英、中长石
正中突起	1.60~1.66	表面弱显粗糙，边缘清楚，提升镜筒，贝壳线移向矿物	透闪石、磷灰石
正高突起	1.66~1.78	糙面显著，边缘明显而且较粗，提升镜筒，贝壳线移向矿物	辉石、十字石
正极高突起	大于1.78	糙面显著，边缘很宽，提升镜筒，贝壳线移向矿物	石榴石

非均质矿物的折射率随光波在晶体中的振动方向不同而有差异。因此在单偏光镜下，旋转载物台，双折射率很大的矿片，突起高低可以发生明显的变化，这种现象称为闪突起。多数矿物闪突起现象不明显，只有少数矿物，如方解石等，才具明显的闪突起现象，可以作为鉴定特征。同一矿物切片方向不同，闪突起的明显程度也不同。平行光轴（一轴晶）或平行光

轴面(二轴晶)切片的闪突起现象最明显,垂直光轴切片不显闪突起,斜交光轴切片闪突起的明显程度介于二者之间。

5.4 透明矿物在正交偏光镜下的光学性质

正交偏光显微镜下,主要观测非均质矿物不同切面的干涉色级序、双折射值、消光类型、消光角、延性符号以及双晶类型等方面的性质。

5.4.1 正交偏光镜的装置与特点

所谓正交偏光镜,就是除用下偏光镜以外,再推入上偏光镜,并使上、下偏光镜的振动方向互相垂直(图 5 - 38)。由于所用入射光是近于平行的光束,故又称平行光下的正交偏光镜。一般以 PP 代表下偏光镜的振动方向,AA 代表上偏光镜的振动方向。为了观察方便及准确测定晶体的光学数据,使上下偏光镜的振动方向与目镜的十字丝一致。

在正交偏光镜间,不放任何矿片时,视阈完全黑暗。若在正交偏光镜间的载物台上放置矿片,则由于矿物的性质和切片的方向不同,而出现消光或干涉等光学现象。

5.4.2 矿物消光现象及消光位

矿片在正交偏光镜间呈现黑暗的现象,称为消光现象(图 5 - 39)。

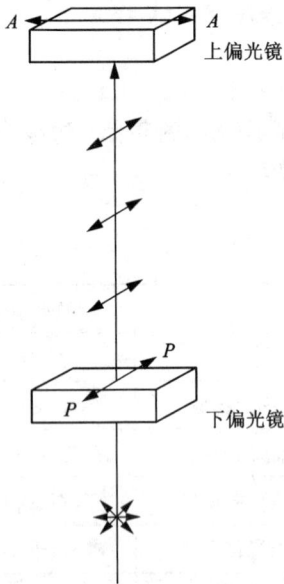

图 5 - 38　正交偏光镜的装置及光学特点

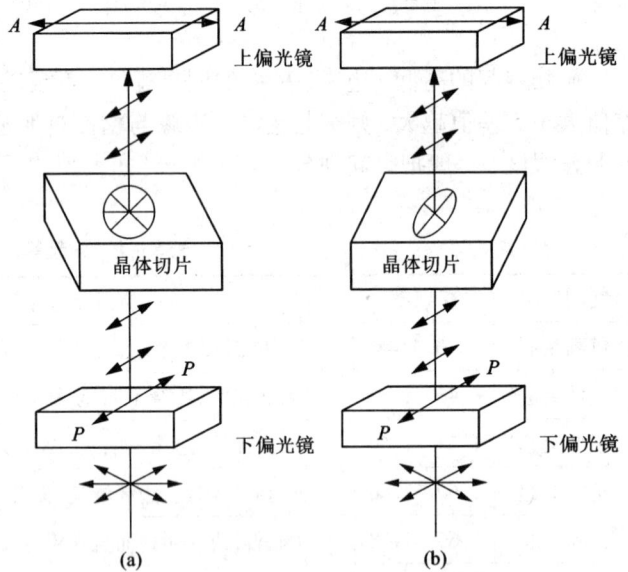

图 5 - 39　矿片在正交偏光镜间的消光现象

在正交偏光镜间,放置均质体矿片或非均质体垂直光轴的矿片,因这两种矿片的光率体切面都是圆切面,光波垂直这种切面入射时,不发生双折射,也不改变入射偏光的振动方向。因此,由于下偏光镜透出的振动方向平行于 PP 的偏光,通过矿片后不改变原来振动方向,与上偏光镜的振动方向 AA 垂直，故不能透出上偏光镜，而使矿片呈现黑暗（即消光）。旋转载物台一周过程中，矿片的消光现象不改变，故称全消光[图5-39(a)]。

在正交偏光镜间，放置非均质体其他方向的矿片，由于这种矿片的光率体切面为椭圆切面，透过下偏光镜的偏光，射入矿片时，必然要发生双折射，产生振动方向平行光率体椭圆切面长、短半径的两种偏光。当矿片光率体椭圆切面长、短半径与上、下偏光镜的振动方向（AA、PP）一致时，从下偏光镜透出的振动方向平行 PP 的偏光，可以透过矿片而不改变原来的振动方向。当其到达上偏光镜时，因 PP 与 AA 垂直，透不过上偏光镜而使矿片消光。旋转物台一周过程中，矿片上的光率体椭圆半径与上、下偏光镜的振动方向（AA、PP）有4次平行的机会，故矿片出现四次消光现象[图5-39(b)]。

由此可知，在正交偏光镜间呈现全消光的矿片，可能是均质体矿物，也可能是非均质体矿物垂直光轴的方向。而呈现4次消光的矿片，一定是非均质矿物。所以4次消光是非均质体的特征。

非均质体除垂直光轴切面以外的任何方向切面，在正交偏光镜间处于消光时的位置，称为消光位。当矿片处于消光位时，其光率体椭圆切面半径，必定与上、下偏光镜的振动方向平行。非均质体除垂直光轴以外的任意方向切面，不在消光位时，则将发生干涉作用。

5.4.3 矿物的干涉现象

当非均质体矿片上的光率体椭圆半径 K_1、K_2 与上、下偏光镜的振动方向 AA、PP 斜交时（图5-40），透出下偏光镜的振动方向平行 PP 的偏光，进入矿片后，发生双折射，分解形成振动方向平行 K_1、K_2 的两种偏光。

K_1、K_2 两种偏光的振动方向与上偏光镜的振动方向（AA）斜交，故当 K_1、K_2 先后进入上偏光镜时，必然再度发生分解，形成 K_1'、K_1'' 和 K_2'、K_2'' 4种偏光。其中 K_1''、K_2'' 的振动方向垂直于上偏光镜的振动方向 AA，不能透过上偏光镜；K_1'、K_2' 的振动方向平行于上偏光镜的振动方向 AA，完全可以透过。

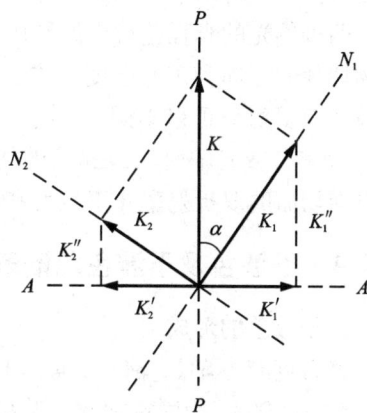

$$K_1' = K_1\sin\alpha = K\cos\alpha \cdot \sin\alpha \qquad (5-8)$$
$$K_2' = K_2\sin\alpha = K\sin\alpha \cdot \cos\alpha \qquad (5-9)$$
$$K_1' = K_2' = K\cos\alpha \cdot \sin\alpha \qquad (5-10)$$

图5-40 正交偏光镜间平面偏光的
分解与叠加（入射光垂直纸面）

K_1、K_2 的折射率不相等（$N_1 > N_2$），在矿片中传播的速度也不相同（K_1 为慢光、K_2 为快光），根据光学原理可知：K_1、K_2 两种偏光在透过矿片的过程中，必然要产生光程差，以 R 表示。当 K_1、K_2 透出矿片在空气总传播时，由于传播速度相同，所以它们到达上偏光镜之前，光程差保持不变。设在空气中光波的波长为 λ，传播的速度为 v_0，在矿片中慢光 K_1 的传播速度为 v_1，快光 K_2 的传播速度为 v_2，则两偏光在矿片中进行的时间分别为 t_1 和 t_2，矿片厚度为 d。

$$R = v_0(t_1 - t_2) \qquad (5-11)$$

因
$$t_1 = \frac{d}{v_1}, \ t_2 = \frac{d}{v_2}$$

则
$$R = v_0 \left(\frac{d}{v_1} - \frac{d}{v_2} \right) = d \left(\frac{v_0}{v_1} - \frac{v_0}{v_2} \right) \tag{5-12}$$

又因
$$\frac{v_0}{v_1} = N_1, \quad \frac{v_0}{v_2} = N_2$$

故
$$R = d(N_1 - N_2) \tag{5-13}$$

透出上偏光镜后的 K_1'、K_2' 两种偏光频率相同，有固定的光程差，且两者在同一平面 (AA) 内振动，因此 K_1'、K_2' 两种偏光具备了光波干涉的条件，必然要发生干涉，形成合成的平面偏光。

若光源为单色光，当光程差 $R = 2n \dfrac{\lambda}{2} = n\lambda$（半波长的偶数倍）时，$K_1'$、$K_2'$ 干涉的结果是相互抵消而变黑暗；当光程差为 $R = (2n+1) \dfrac{\lambda}{2}$（半波长的奇数倍）时，$K_1'$、$K_2'$ 干涉的结果是相互叠加，亮度加强（最亮）；当光程差 R 介于 $n\lambda$ 与 $(2n+1)\dfrac{\lambda}{2}$ 之间时，K_1'、K_2' 干涉的结果是其亮度介于全黑和全亮之间。

此外，矿片干涉结果呈现的明亮程度，还与 K_1'、K_2' 两种偏光和上、下偏光镜的振动方向 AA、PP 之间的角度有关。当 K_1'、K_2' 和 AA、PP 之间的角度为 $45°$ 时，K_1'、K_2' 的振幅最大，光的亮度最强。这时的矿片位置称为 $45°$ 位置。

两种偏光的光程差对干涉作用的结果起着主导作用，而影响光程差的因素有矿物性质、矿物切片的方向和矿片厚度。这三方面的因素必须联系起来考虑，在同一薄片中，不同矿物的最大双折射率可以不同；对同一矿物来说，切片方向不同，双折射率也不同，其中平行光轴（一轴晶）或光轴面（二轴晶）的切面，双折射率最大，垂直于光轴切面的双折射率最小，其他方向切面的双折射率介于最大和最小之间。

5.4.4　干涉色及干涉色色谱表

1. 干涉色的形成

将石英沿光轴（z 轴）方向，由薄至厚磨成楔形，称为石英楔。石英的最大双折射率 $N_e - N_o = 0.009$，为固定常数。若将此石英楔由薄端至厚端，慢慢插入正交偏光镜间的试板孔内，则其光程差将随着石英楔厚度的增加而增大。

若用单色光照射时，随着石英楔沿 $45°$ 位推入，将依次出现明暗相间的干涉条带（图 5-41）。在光程差 $R = 2n \dfrac{\lambda}{2} = n\lambda$ 处，出现黑暗条带；在光程差 $R = (2n+1) \dfrac{\lambda}{2}$ 处，出现该色光的最亮条带；光程差介于以上两者之间，亮度也介于两者之间。亮暗条带的宽度取决于所用单色光的波长。红色光的波长最大，条带间隔最宽；紫色光波最短，条带间隔最窄。

若用白光照射，因白光是由不同波长的单色光组成的混合光波，任何一个光程差（除零以外）都不可能同时等于或接近于所有单色光半波长的偶数倍或奇数倍。某一定的光程差，只能相当于或接近于白光中部分色光半波长的偶数倍，而使这部分色光抵消或减弱；同时它又相当或接近于另一部分色光半波长的奇数倍，而使其不同程度的加强。所有未被抵消的色光混合起来，便构成了与该光程差相应的混合色，称为干涉色。因此，若用白光照射时见到的石英楔不是简单的黑暗与明亮的干涉条纹，而是一系列复杂彩色条带的组合。

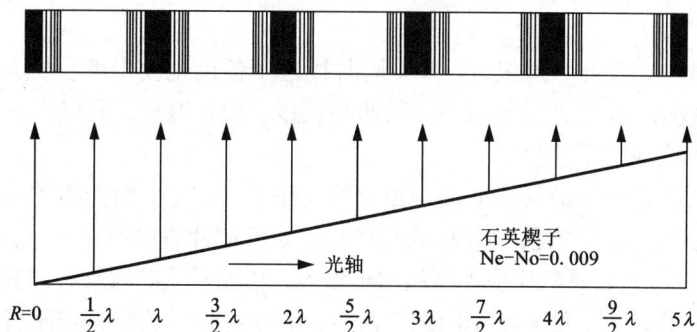

图 5 –41　用单色光照射石英楔时，正交偏光镜间呈现明暗相间的干涉条带

2. 干涉色色级序与色序

用白光照射时，在正交偏光镜间，随着石英楔的慢慢推入，光程差逐渐增大，视阈中出现的干涉色将由低到高出现有规律的变化。这种干涉色的有规律变化，便构成了干涉色级，大约每 550 nm 程差划分为一个干涉色级序。每一级序中干涉色色调之间的一次明显的改变，称为一个色序，各色序之间是逐渐过渡的。通常可以划分为 4 个级序，各级序的色序如下：

第一级序，程差为 0 ~ 550 nm，主要干涉色为黑—灰—白—黄—橙—紫红。

第二级序，程差为 550 ~ 1100 nm，主要干涉色为蓝紫—深蓝—绿—黄—橙—红。

第三级序，程差为 1100 ~ 1650 nm，主要干涉色为蓝绿—绿—黄—橙—洋红。

第四级序，程差为 1650 ~ 2200 nm，主要干涉色为灰蓝—浅绿—浅橙。

五级及以上的干涉色色调相互混杂，难于分辨。

第一级序的主要特征是：在程差接近零时，无光透过，接近于黑暗；在光程为 0 ~ 150 nm 时，各色光波都不同程度的减弱，呈现灰暗及灰蓝色；当光程差为 200 ~ 270 nm 之间时，接近各色光波半波长的奇数倍，各色光波均有不同程度的加强，呈现灰白色；当光程差在 300 nm 左右时，接近黄光半波长，黄光加强，其他色光也较强，故呈现浅黄色；光程差在 300 ~ 350 nm 左右时，黄光较强，红、橙也较强，合成亮黄色；光程差在 400 ~ 450 nm 左右时，青光近于抵消，黄、绿、蓝、紫也减弱，仅红、橙光加强，故呈橙色；光程差在 500 ~ 550 nm 左右时，红、紫、青不同程度加强，其余色光减弱，合成紫红色。第一级序的特征为无蓝色与绿色，而有灰色与灰白色。

第二级序的主要特征：光程差在 550 ~ 660 nm 时，绿、黄、橙、红各色光较弱，紫、靛、蓝色依次增强，因而出现紫到深蓝色的干涉色；光程差在 660 ~ 810 nm 时，相当于绿光的 $1\frac{1}{2}\lambda$，呈现绿色；当光程差为 850 nm 与 950 nm 时，分别接近于黄光与橙光的 $1\frac{1}{2}\lambda$，出现黄与橙色；在光程差为 1000 ~ 1100 nm 时，接近于红光的 $1\frac{1}{2}\lambda$，紫光也有一定加强，因而呈现紫红色。第二级序干涉色色序与可见光谱的正常色序相似，依次由紫、靛、蓝、绿、黄、橙、红组成，其特征是色调较浓，颜色鲜艳，各色带间界线较清晰。

第三级序的干涉色与第二级序相似，但紫和靛色不明显，突出蓝、绿、黄、橙和红，尤以绿色色调鲜艳而明亮，浓度较第二级序为浅，各色条带之间的界线不如第二级序清晰。

第四级序开始以后，因光程差相当大，干涉色色调更浅，颜色混杂不纯，条带之间的界线模糊。

第五级序以上，由于光程差极大，几乎同时接近于各色光波半波长的奇数倍，又接近于它们半波长的偶数倍，各色光波都有不同的明亮程度，相互混杂，形成一种与珍珠表观颜色相近的亮白色，称高级白干涉色。

由上可知，干涉色级序的高低取决于相应的光程差的大小，而光程差大小又决定于矿片厚度和双折射率的大小，双折射率大小则与矿物性质及矿片方向有关。一般情况下，矿片的厚度都在 0.03 mm 左右，如矿片呈现高级白干涉色，则说明该矿物具有很高的双折射率。同一矿物因切片的方向不同，可显示不同的干涉色；平行光轴（一轴晶）或平行光轴面（二轴晶）的切面，双折射率最大，呈现的干涉色级序最高；垂直光轴切面双折射率为零，呈全消光；其他方向的切面，双折射率介于零和最大之间，其干涉色级序也介于灰黑和最高干涉色之间。通常所说的某种矿物的干涉色，是指它的最高干涉色，只有最高干涉色才具有鉴定意义。

3. 干涉色色谱表

干涉色色谱表是表示干涉色级序、光程差、双折射率及薄片厚度之间关系的图表（图 5–42）。它是根据光程差公式 $R = d(N_1 - N_2)$ 做成的图表。

色谱表的横坐标方向表示光程差的大小，以 nm 为单位；纵坐标方向表示薄片厚度，以 mm 为单位；斜线表示双折射率大小。在各种光程差的位置上，填上相应的干涉色，便构成了干涉色色谱表。根据光程差、薄片厚度、双折射率三者之间的关系，若已知其中任意两个数据，应用色谱表，就可求出第三个数据。例如已知石英的最大双折射率为 0.009，显微镜下观察石英的最高干涉色为一级黄色，根据色谱表可知此矿片厚度大约是 0.004 mm，比标准薄片厚度（0.003 mm）稍厚。

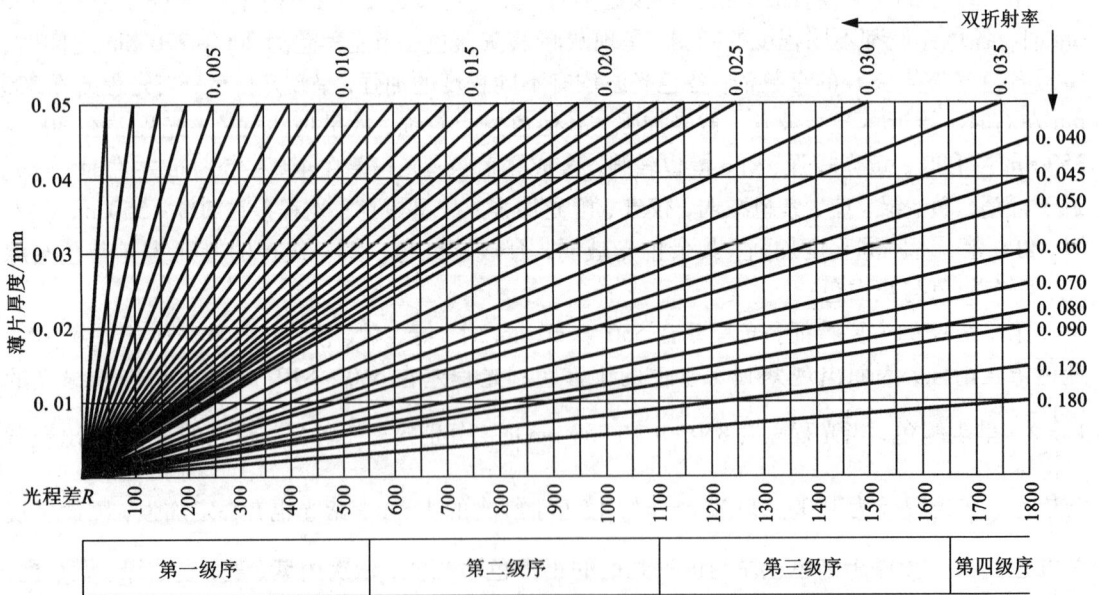

图 5–42　干涉色色谱表

4. 异常干涉色

前述的干涉色与干涉色级序，是以同一矿物对不同波长单色光的双折射率大小相等为基础。实际上同一矿物对不同波长短单色光的双折射率并不完全相等，即具有双折射率色散。但大多数矿物双折射率色散很小，对光程差及双折射率的影响不大，目力难于察觉，故可忽略不计。有少数矿物的双折射率色散很强，能影响其干涉色，呈现出色谱表上没有的干涉色，称异常干涉色。当矿物对紫光双折率显著大于红光双折率时，就出现"柏林蓝"的异常干涉色，如绿泥石；当矿物对红光双折率大于紫光双折率时，就呈现"锈褐色"的异常干涉色，如符山石。还有少数矿物，如黄长石，对黄光双折率为零，而对其他单色光有不等的双折率，结果产生异常蓝的干涉色。

干涉色级序低的矿物，异常干涉色一般明显，易于识别；干涉色级序高的矿物，异常干涉色较难和正常干涉色相区别。此外，某些颜色浓的矿物，如黑云母、角闪石，干涉色受颜色的干扰和掩盖，不易看清其应有的干涉色级序。

5.4.5　补色法则和补色器

在正交偏光镜间，测定一些晶体光学性质时，往往要借助一些补色器（或试板）。应用补色器时，要遵循补色法则。

1. 补色法则

在正交偏光镜间，两个非均质体任意方向的矿片（除垂直光轴以外的），在45°位置重叠时，光通过此两矿片后总光程差的增减法则（光程差的增减具体表现为干涉色级序的升降变化），称为补色法则。

设一非均质矿片的光率体椭圆半径为 N_g' 与 N_p'，光波射入此矿片后发生双折射，分解形成两种偏光，透出矿片所产生的光程差 R_1。另一矿片的光率体椭圆半径为 N_g'' 和 N_p''，产生的光程差为 R_2。

将两个矿片重叠于正交偏光镜间，并使两矿片的光率体椭圆半径与上、下偏光镜的振动方向成45°夹角。光波通过两矿片后，必然产生一个总光程差，以 R 表示。总光程差 R 是加大还是减小，取决于两矿片的重叠方式（即重叠时光率体椭圆半径的相对位置）。

当两矿片的同名半径平行时（即 $N_g' \parallel N_g''$、$N_p' \parallel N_p''$），光透过两矿片后，其总光程差 $R = R_1 + R_2$。其中 $R > R_1$，$R > R_2$。即同名半径相平行干涉色级序升高。

当两矿片的异名半径平行时（即 $N_g' \parallel N_p''$、$N_p' \parallel N_g''$），光透过两矿片后，总光程差 $R = R_1 - R_2$ 或 $R = R_2 - R_1$。它们可能有3种关系：$R < R_1$，$R < R_2$；$R > R_1$，$R < R_2$；$R < R_1$，$R > R_2$。因此总光程差 R 反映的干涉色，比原来两矿片都低，或比其中某一矿片的干涉色要低，即当异名半径相平行时，干涉色级序降低。

由上可知：两矿片在正交偏光镜间45°位置重叠时，当其光率体椭圆半径的同名半径相平行时，总光程差 R 等于原来两矿片光程差之和，表现为干涉色级序升高；异名半径相平行时，总光程差等于两矿片光程差之差，其干涉色级序降低（比原来干涉色高的矿片低，比原来干涉色级序低的矿片不一定低），若 $R_1 = R_2$，总光程差为零，此时矿片消色而变黑暗。

在两矿片中，如果一个矿片的光率体椭圆半径名称及光程差已知，则可根据补色法则，测定另一矿片的光率体椭圆半径名称及光程差。

偏光显微镜里所附的补色器，就是已知光率体椭圆半径名称及光程差的矿片。

2.几种常用的补色器

1)1λ 试板

光程差约为 560 nm,在正交偏光镜间呈现一级紫红干涉色,过去多用石膏制作,习惯上称为石膏试板。在矿片上,加入石膏试板,可以使矿片的光程差增加或减少 550 nm 左右,使矿片干涉色整整升高或降低一个级序。这种试板比较适用于干涉色较低的矿片(二级黄以下的干涉色)。如果矿片干涉色为一级灰($R = 150$ nm 左右),加入石膏试板之后,同名半径平行,总光程差 $R = 550 + 150 = 700$ nm,矿片干涉色由一级灰变为二级蓝绿;异名半径平行,总光程差 $R = 550 - 150 = 400$ nm,矿片干涉色由一级灰变为一级橙黄。这两种干涉色对矿片所具有的干涉色一级灰来说,都是升高;但对石膏试板所具有的干涉色一级紫红来说,则有升有降。因此,在这种情况,判断干涉色级序的升降,应当以石膏试板的干涉色为准。

2)$\frac{1}{4}λ$ 试板

光程差约为黄光波长的 $\frac{1}{4}$,即约 147 nm,在正交偏光镜间呈现一级灰白色干涉色,多用白云母制作,习惯上称为云母试板。在矿片上加入云母试板后,使矿片干涉色级序按色谱表顺序升降大约一个色序。如矿片干涉色为一级紫红,加入云母试板后,升高为二级蓝,降低变为一级橙黄。这种试板比较适用于干涉色较高的矿片。

3)石英楔

沿石英平行光轴方向从薄至厚磨成一个楔形,用加拿大树胶粘在两块玻璃片之间,即称为石英楔。其光程差可由零连续变化至 1680 nm 左右,有的可达 2240 nm,因此在正交偏光镜间,由薄至厚可依次产生一级至三级或一级至四级的干涉色。在矿片上由薄至厚插入石英楔,当同名半径平行时,矿片干涉色级序逐渐升高;异名半径平行时,矿片干涉色逐渐降低,当插至石英楔与矿片光程差相等处,矿片消色而出现黑带。

5.4.6 正交偏光镜间主要光学性质的观察与测定

1.非均质体矿片上光率体椭圆半径名称的测定

显微镜下研究矿物的许多光学性质,都需要知道矿物切片上光率体椭圆半径的名称和方向,其测定方法如图 5 – 43。

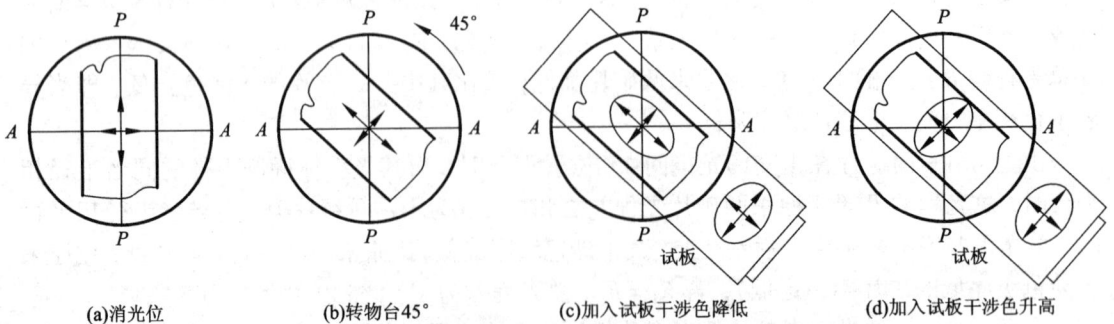

(a)消光位　　　　(b)转物台45°　　　(c)加入试板干涉色降低　　(d)加入试板干涉色升高

图 5 – 43　非均质体矿片上光率体椭圆半径名称的测定

将要测定薄片中矿物移至视阈中心，从矿物的消光位旋转至 $45°$ 位置，此时矿物切片的光率体椭圆半径与目镜十字丝（上下偏光镜的振动方向）成 $45°$ 夹角，矿物切片的干涉色最亮。从试板孔加入合适的试板，观察切片干涉色变化，根据补色法则可知矿物切片上光率体椭圆半径的名称和方向。

2. 干涉色级序的测定

根据光程差公式 $R = d(N_1 - N_2)$，已知矿物薄片的厚度（正常厚度为 $d \times 0.03$ mm），但同一矿物因切片方向不同，其双折射率 $(N_1 - N_2)$ 值的大小可能不同，呈现的干涉色级序高低也不同。在显微镜观测中，矿物的最高干涉色才具有鉴定意义。矿物的最高干涉色需选择平行光轴（一轴晶）或平行光轴面（二轴晶）的切片进行观测，这种矿物切片要在锥光下检查确定。其测定方法有两种。

1）楔形边测定法

在薄片中矿物颗粒边缘可见呈楔形边缘时，由边缘至中心逐渐加厚，其干涉色级序亦由边缘向中心逐渐增高，如果这些干涉色条带清晰时，就可以利用矿物颗粒楔形边缘的干涉色条带来判断矿物的干涉色级序，这种方法称为楔形边测定法（图5－44）。红色为每级干涉色顶部的颜色，因此干涉色级序为边缘红带条数加1。如矿物颗粒楔形边缘出现两条红带，中心干涉色为绿色，则矿片的干涉色应为三级绿。如果矿片边缘最外圈干涉色不是从一级灰白开始，则不能用这种方法判断干涉色级序。

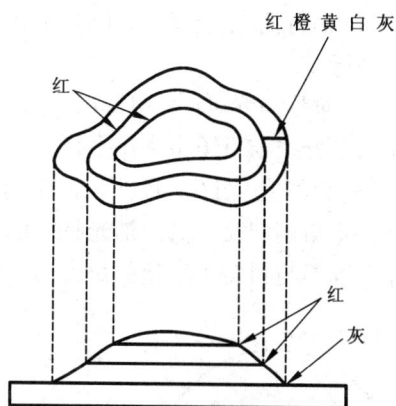

图5－44 矿物边缘的干涉色色圈

2）石英楔测定法

石英楔是常用的补色器，其测定方法如下：

（1）将要测定薄片中矿物移至视阈中心，从矿物的消光位旋转至 $45°$ 位置，此时矿物切片的光率体椭圆半径与目镜十字丝（上下偏光镜的振动方向）成 $45°$ 夹角，矿物切片的干涉色最亮。

（2）将石英楔从试板孔由薄端逐渐插入，观察切片干涉色变化情况，可能出现逐渐升高或下降两种情况。如果干涉色逐渐升高，表明矿物与试板的同名轴平行，此时应旋转物台 $90°$，使矿物与试板的异名轴平行，再插入石英楔观察。如果干涉色逐渐下降，表明矿物与试板的异名轴平行，可继续推入石英楔直至出现黑带（因周边有光亮，矿物颗粒多呈灰色或矿物本身的颜色），此即消光。

（3）缓慢抽出石英楔，注意观察石英楔出现红色条带次数，矿物切片的干涉色级序为边缘红带条数加1。为避免矿物切片本身颜色和干涉色的干扰混淆，在消光位时，常移掉物台上的薄片，然后观察此时石英楔的干涉色级序，也就是矿物切片的干涉色级序。

3. 双折射率的测定

根据光程差公式 $R = d(N_1 - N_2)$ 可知，测出矿物切片的光程差公式 R 和薄片的厚度 d，便可获得矿物切片的双折射率 $(N_1 - N_2)$ 值。同一矿物因切片方向不同，其双折射率 $(N_1 - N_2)$ 值的大小可能不同，只有测定矿物最大双折射率才有鉴定意义，因此通常所说的双折射率均系指某矿物的最大双折射率。矿物的最大双折射率需选择平行光轴(一轴晶)或平行光轴面(二轴晶)的切片进行观测,这种矿物切片要在锥光下检查确定。其测定方法如下:

(1)在薄片中选择具最高干涉色的矿物切片,测出其干涉色级序。

(2)在薄片中利用已知双折射率的矿物(如石英),通过测定其最高干涉色,即可确定薄片的厚度。

(3)根据测定的矿物切片光程差和薄片厚度,在干涉色色谱表上求出相应的双折射率。

4. 消光类型及消光角的测定

不同的矿物光率体主轴与矿物结晶轴之间有不同的关系,而矿片上的解理缝、双晶缝、晶体轮廓等又与结晶轴有一定的关系。一般目镜十字丝代表上下偏光镜的振动方向。非均质体矿物切片在消光位时,根据其解理缝、双晶缝、晶体轮廓等与目镜十字丝的关系,可将其消光类型可分为3种类型(图5-45)。

(1)平行消光[图5-45(a)]:矿物切片消光时,解理缝、双晶缝、晶体轮廓等与目镜十字丝平行。

(2)对称消光[图5-45(c)]:矿物切片消光时,两组解理缝、两组双晶缝或两晶面迹线的夹角平分线与目镜十字丝平行。

(3)斜消光[图5-45(b)]:矿物切片消光时,解理缝、双晶缝、晶体轮廓等与目镜十字丝以一定角度斜交。具斜消光特征的矿物,其某一特定切面方向上消光时,解理缝、双晶缝、晶体轮廓等与目镜十字丝的角度为一常数,称这种夹角为该矿物的消光角。

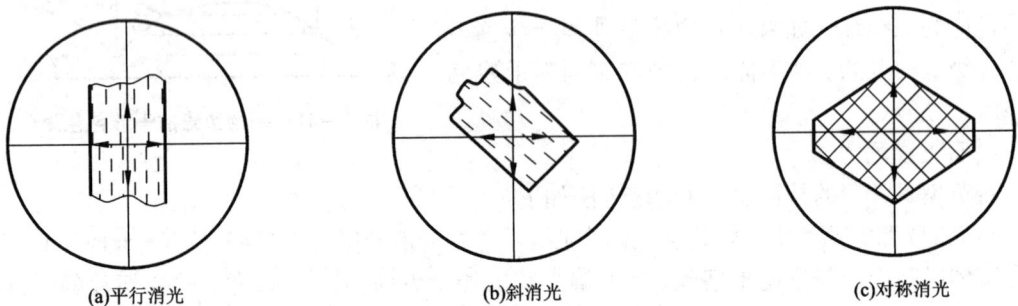

(a)平行消光　　　　　　　(b)斜消光　　　　　　　(c)对称消光

图5-45　消光类型

矿物切片的消光类型取决于矿物的光性方位和切片方向。中级晶族矿物的Z轴与光率体光轴平行,大多数切面为平行消光和对称消光,斜消光的切面很少见。斜方晶系矿物的3个结晶轴与光率体3个主轴平行,多数切面为平行消光和对称消光,斜消光的切面很少见,其消光角不具鉴定特征。单斜晶系矿物的结晶轴Y轴与光率体3个主轴中的一个主轴平行,其余两个主轴与结晶轴Z轴和X轴斜交,这类矿物不同方向切面的消光类型是变化的,各种消光类型都有,但以斜消光的切面为主;在单斜晶系矿物的斜消光切片中,消光角的大小随切面方向不同而有变化,其中平行(010)切面的消光角才是光率体主轴与结晶轴间的真正夹角,因此该切面方向上的消光角具有鉴定特征。三斜晶系矿物的三个结晶轴与光率体三个主轴都斜交,绝大多数切面为斜消光,其消光角的大小随切面方向不同而异,一般是选择某些特殊方向切面来测定消光角,如斜长石经常选择垂直(010)的切面或者同时垂直(010)和

(001)的切面测定消光角。

消光角的测定方法(图5－46)：

(1)选择合适的矿物定向切片置于视阈中心，使其解理缝、双晶缝、晶体轮廓等与目镜十字丝纵丝平行[图5－46(a)]，记录物台刻度数。

(2)旋转物台使矿片消光，此时目镜十字丝表示矿片光率体椭圆两半径的方向[图5－46(b)]，记录物台刻度数，前后两次物台刻度数之差值为矿片的消光角。

(3)再由消光位转动物台45°，测出矿物切片光率体椭圆两半径的名称[图5－46(c)、(d)]。

(4)根据矿物的晶体形态和光性方位，判断矿物的解理缝、双晶缝、晶体轮廓等所代表的结晶方向。

(5)将上述测定结果写成消光角公式，如透辉石在(010)面上的消光角为$N_g \wedge c = 45°$。

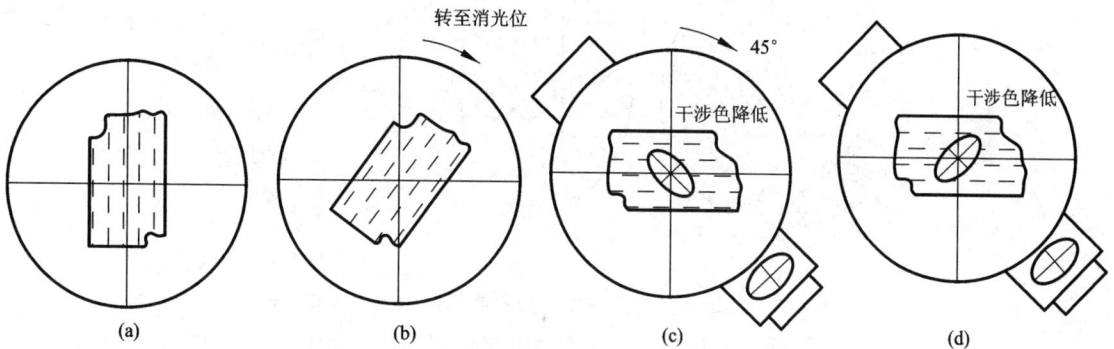

图5－46　消光角的测定方法

5.延性符号的测定

在薄片中长形矿物晶体延长方向与该切面上光率体椭圆长短半径之间的关系称为矿物的延性，分为正延性、负延性和延性正负不分3种情况。长形矿物晶体延长方向与该切面上光率体椭圆长半径平行或其夹角小于45°时，称为正延性；延长方向与该切面上光率体椭圆短半径平行或其夹角小于45°时，称为负延性；延长方向与该切面上光率体椭圆两半径的夹角为45°时，延性正负不分。延性是矿物的重要鉴定特征之一。

延性符号的测定方法：

(1)选择要测定的长形矿物切片，置于视阈中心，旋转物台使矿片消光，确定矿片的消光类型。

(2)如果矿片为平行消光，将物台从消光位转动45°，使矿片延长方向与目镜十字丝成45°夹角，插入合适的试板，观察干涉色升降情况，即可确定矿物延长符号。

(3)如果矿片为斜消光，则按消光角测定方法，测定与延长方向夹角45°的椭圆半径名称，即可确定矿物延长符号。如果消光角为45°，延性正负不分。

6.双晶的观察

双晶指由同种矿物两个以上的单体彼此按一定的对称关系相互结合在一起的规则连生体。在正交偏光显微镜下，如果双晶相邻两矿物单体光率体椭圆切面主轴之间彼此是不平行的，则两单体不同时消光或两单体表现出不同的干涉色，双晶结合面与薄片的交线称为双晶缝。双晶缝的宽窄与清晰程度决定于双晶结合面与切片法线之间交角的大小，以及矿物单体与树胶折射率差值的大小。双晶结合面与切片法线平行，即双晶结合面垂直切片方向时，双晶缝最细而清晰；双晶结合面与切片法线之间交角的愈大，双晶缝愈宽而模糊；双晶缝可见的临界角与矿物单体与树胶折射率差值有关，差值愈大双晶缝可见的临界角愈大；反之，差值愈小双晶缝可见的临界角愈小。

双晶的分类有很多种方案，本书中按照双晶单体的数目，可将双晶分为以下几种类型：

(1)简单双晶：仅由两个双晶单体组成，在正交偏光显微镜下，一个单体消光时，另一个单体明亮，旋转物台，两个单体消光与明亮现象交互出现(图5-47)，如钾长石的卡式双晶(图5-48)。

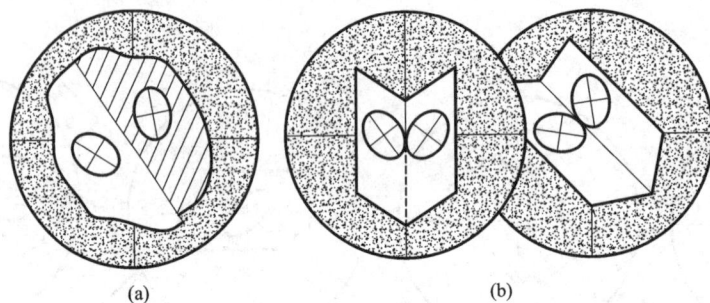

(a)   (b)

图5-47 简单双晶在正交偏光显微镜间的消光现象示意图

(a)两单体—明一暗现象；(b)两单体明亮程度一致的位置(双晶缝与十字丝之一平行或成45°)

(2)复式双晶：由3个以上的双晶单体组成。根据双晶结合面的关系又可分为：

①聚片双晶：双晶结合面彼此平行，在正交偏光显微镜下呈聚片状，旋转物台，奇数与偶数两组双晶单体轮换消光，而呈明暗相间的条带，如斜长石的聚片双晶(图5-49)。

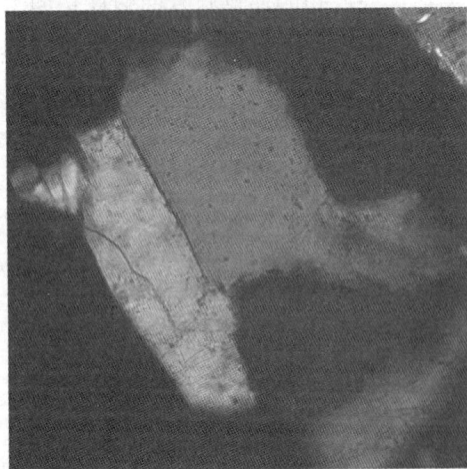

图5-48 钾长石的卡式双晶

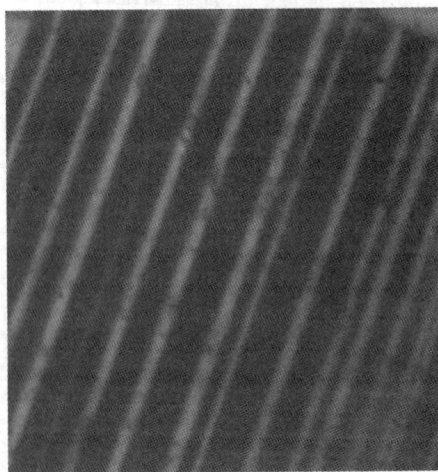

图5-49 斜长石的聚片双晶

②联合双晶：双晶结合面不平行，按照双晶单体的数目不同，可分为三连晶、四连晶和六连晶等（图5-50）；此外还有特殊的双晶类型，如微斜长石的格子状双晶（图5-51）。

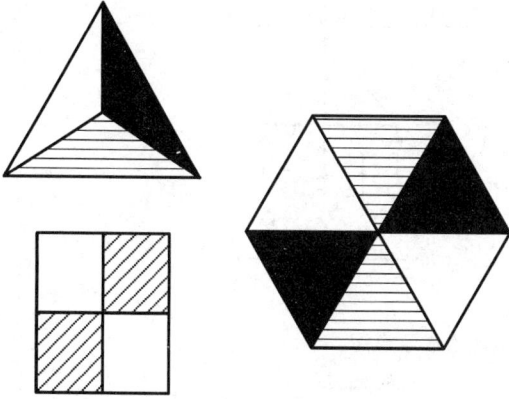

图5-50 联合双晶示意图

图5-51 微斜长石的格子状双晶

5.5 透明矿物在锥光镜下的光学性质

在锥光镜下主要研究透明非均质体矿物的轴性、光性符号、光轴角大小、光率体色散以及晶体切面的准确定向等重要的晶体光学性质。

5.5.1 锥光镜的装置与特点

在正交偏光镜（$PP \perp AA$）的基础上，于下偏光镜之上，载物台之下，加上一个聚光镜（把聚光镜升到最高位置），换用高倍物镜（40倍以上），加入勃氏镜或去掉目镜，就完成了锥光镜的装置。

加入聚光镜的作用，是使由下偏光镜透出的平行偏光束高度聚敛变成锥形偏光束（图5-52）。两种偏光束的重要区别是，平行偏光束基本沿同一个方向垂直射入矿片，而锥形偏光束是沿不同方向同时射入矿片。在锥形偏光束中除中央一条光波垂直射入外，其余光波都是倾斜射入的，而且愈外倾斜角愈大，在矿片中经历的距离愈长。锥形偏光束中的偏光，不论如何倾斜，其振动面总是与下偏光镜的振动方向平行。

非均质矿物的光学性质有方向性，垂直不同方向入射光波的光率体椭圆切面不同；这些不同方向的入射光波通过矿片后，到达上偏光镜所发生的消光与干涉效应也完全不同。因此，在锥光镜下，锥形偏光束中，各个不同方向的入射光波通过矿片后，到达上偏光镜所产生的消光与干涉效应总和，它们构成各种特殊的图像，称为干涉图。

换用高倍物镜的目的在于能接纳较大范围的倾斜入射光波，高倍物镜数值孔径大，工作距离短能接纳与矿片法线成60°夹角以内的倾斜入射光波，显示的干涉图完整而清楚。一般说来，放大倍数相同的高倍物镜，数值孔径愈大，显示的干涉图愈完整，范围愈大。

均质体矿物的光学性质各方向一致，对于任何方向的入射光波都不发生双折射，在正交偏光镜下永远消光，在锥光镜下不形成干涉图。非均质体矿物的光学性质有方向性，在锥光镜下能形成干涉图。非均质体矿物的干涉图特点因其轴性和切面方向而异，现分别叙述如下。

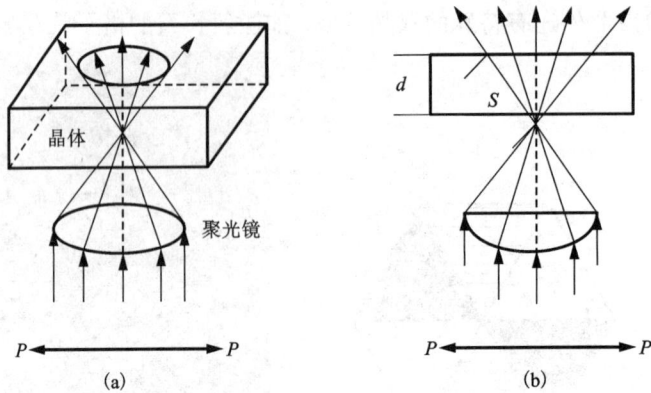

图 5 – 52   锥形偏光束的形成示意图
(a)锥形偏光束的形成；(b)锥形偏光束的剖面图

5.5.2   一轴晶干涉图

一轴晶矿物有 3 种类型切片的干涉图，即垂直光轴切片、斜交光轴切片和平行光轴切片的干涉图。

1.垂直光轴切片干涉图

1）图像特点

由一个黑十字与干涉色色圈组成（图 5 – 53）。黑十字由互相垂直的两个黑带组成，两黑带分别平行上、下偏光镜的振动方向 AA、PP。黑十字的交点位于视阈中心（与十字丝交点重合），为光轴出露点。干涉色色圈以黑十字交点为中心，成同心环状；其干涉色级序由中心向外逐渐升高，干涉色色圈愈外愈密。干涉色色圈的多少，取决于矿物的双折射率大小及薄片厚度；矿物的双折射率愈大，干涉色色圈愈多；反之，色圈愈少，当双折射率较小时，黑十字 4 个象限仅见一级灰干涉色。双折射率相同的矿片，其厚度愈大，干涉色色圈愈多；反之，厚度愈薄，干涉色色圈愈少。旋转载物台 360°，干涉图不发生变化。

2）成因

锥形偏光的特点是除中央一条光波垂直矿片入射，其余各光波均沿不同方向倾斜射入矿片，而且愈往外，与光轴的斜交角度愈大。根据光率体原理，除垂直中央一条光波的光率体切面为圆切面外，垂直其他各个斜交光轴入射光波的光率体切面都是椭圆切面，且其长短半径方向与大小各不相同，它们与上下偏光镜振动方向的关系各不相同。因而，在正交偏光镜间所发生的消光与干涉效应也不相同。要了解锥光镜下所产生的消光和干涉情况，必须了解垂直锥形光中各入射光波的光率体椭圆半径在矿片表面上的分布方位。

光率体椭圆切面半径的分布情况，可以用球面投影的方式做出（图 5 – 54）。在一轴晶光率体之外，套上一个圆球体，使球心与光率体中心重合。把垂直各个入射光波的光率体椭圆切面长短半径投影到球面上，即得到各椭圆切面半径在球面上的分布情况。在球面上，经线与纬线的交点代表入射光波的出露点；经线的切线方向代表非常光波的振动方向（N_e 或 N_e' 的方向），纬线的切线方向代表常光波的振动方向。把球面上的投影结果再直射投影到平面上，

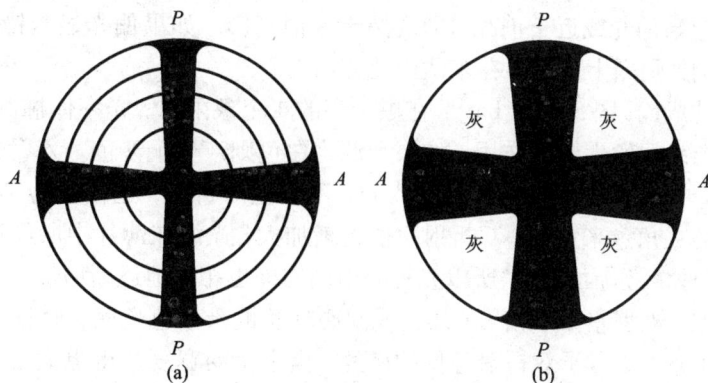

图 5 – 53　一轴晶矿物垂直光轴切片的干涉图

（a）双折射率较大的矿片；（b）双折射率较小的矿片（薄片厚度相同）

即可得出不同方向切片上光率体椭圆切面半径的分布图。

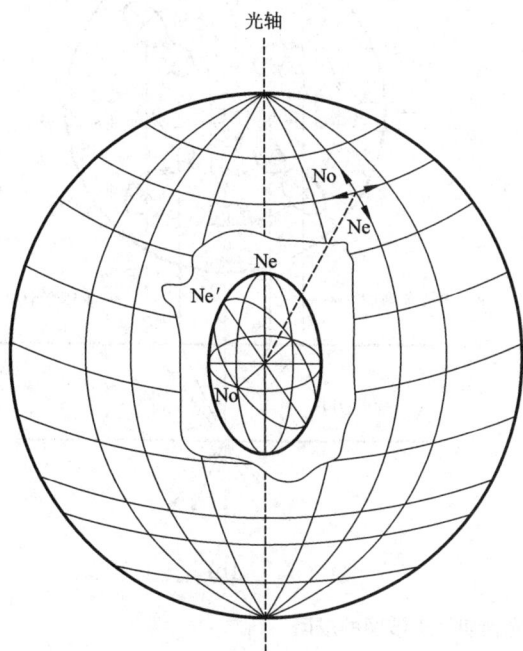

**图 5 – 54　一轴晶中常光和非常光振动
方向在球面上的分布方位**

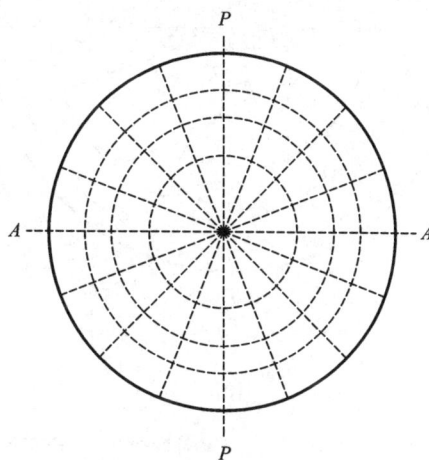

**图 5 – 55　为一轴晶垂直光轴切片上
光率体椭圆半径分布图**

　　图 5 – 55 为一轴晶垂直光轴切片上光率体椭圆半径分布图。图中心为光轴出露点；围绕中心的放射线与同心圆的各个交点，代表锥光中各入射光波的出露点；放射线的方向，代表非常光波（N'_e）的振动方向；同心圆切线的方向，代表常光的振动方向。

　　黑十字的成因[图 5 – 56（a）]：根据正交偏光镜间的消光与干涉原理，当矿片上光率体椭圆半径与上下偏光镜振动方向平行时，消光而构成黑带，斜交时发生干涉作用产生干涉色。东西南北方向上的光率体椭圆半径与上下偏光镜振动方向 AA、PP 平行或近于平行，故在正交偏光镜间应当消光或近于消光，形成黑十字消光影。如果偏光显微镜的 AA、PP 位置不是东西南北方向，则黑十字也不在东西南北方向上。

干涉色色圈的成因[图 5-56(b)]：在黑十字的 4 个象限内，光率体椭圆半径与 PP、AA 斜交，在正交偏光镜间发生干涉作用，如果光源为白色则产生干涉色。入射光波是一个以光轴为中心的光锥，中央一条光波平行光轴入射，不发生双折射，光程差为零。由中央向外，入射光波与光轴的夹角愈来愈大，双折射率值逐渐加大，光波在薄片中所经过的距离也逐渐加大(相当于薄片厚度逐渐加大)，所以光程差由内向外也相应地逐渐增加。其中与光轴夹角相等的各入射光波，光程差大小相等，故构成同心环状的干涉色色圈，而且干涉色级序愈外愈高，密度越向外愈大。对于双折射率低的矿片，黑十字的宽度显得更大，干涉色色圈少或只具一级灰干涉色，而双折射率愈高，厚度愈大的矿片，黑十字的宽度愈小，干涉色色圈多且密。

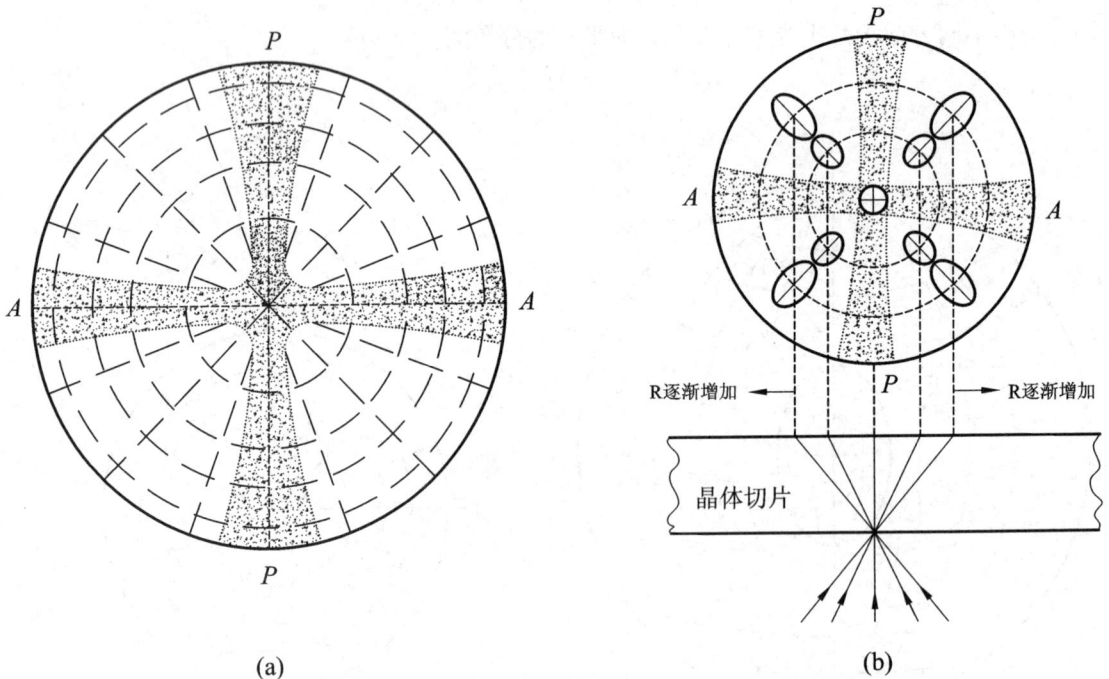

(a)   (b)

图 5-56 一轴晶矿物垂直光轴切片干涉图的成因

(a)黑十字的成因；(b)干涉色色圈的成因

由于一轴晶垂直光轴切片上光率体椭圆半径分布图，是呈放射状均匀对称的，所以旋转物台，干涉图不发生变化。

3)应用

(1)确定轴性与切片方向。根据上述干涉图的图像特点，可确定为一轴晶垂直光轴的切片。

(2)测定光性符号。一轴晶矿物的光性符号是根据主折射率 N_e 与 N_o 的相对大小确定。当 $N_e > N_o$ 时为正光性；当 $N_e < N_o$ 时为负光性。

在一轴晶垂直光轴切片的干涉图中，黑十字的 4 个象限内，放射线方向代表 N_e' 的方向；

同心圆的切线方向代表 N_o 的方向（图 5 - 57）。在干涉图上，加入试板，观察干涉图中黑十字四个象限内，干涉色级序的升降变化，根据补色法则确定 N_e' 与 N_o 的相对大小之后，便确定了光性正负。如图 5 - 58 所示，试板长边方向为 N_p，短边方向为 N_g；加入试板后，干涉图中 1、3 象限内干涉色级序升高，表示此二象限内与试板的同名半径平行，证明 $N_e' > N_o$；2、4 象限内的干涉色级序降低，异名半径平行，同样证明 $N_e' > N_o$，故属正光性［图 5 - 58(a)］。负光性的情况与此相反［图 5 - 58(b)］。

测定光性符号时，根据具体情况使用方便的补色器。

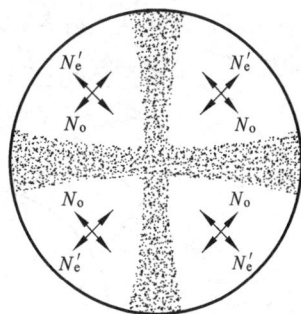

图 5 - 57　一轴晶垂直光轴切片干涉图中 N_e' 与 N_o 的方位

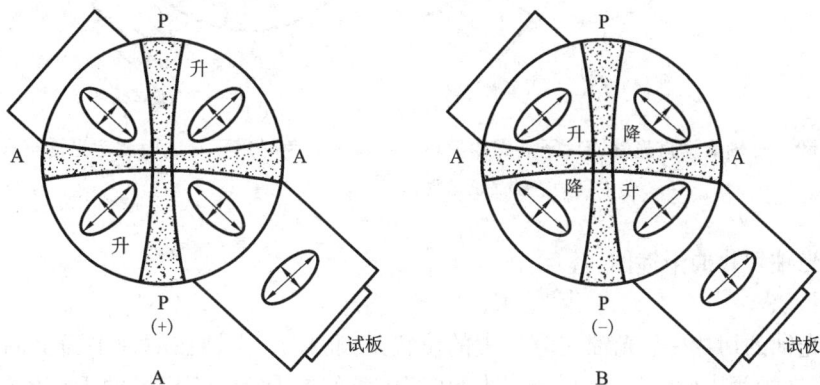

图 5 - 58　一轴晶光性符号测定

(a)一轴晶正光性；(b)一轴晶负光性

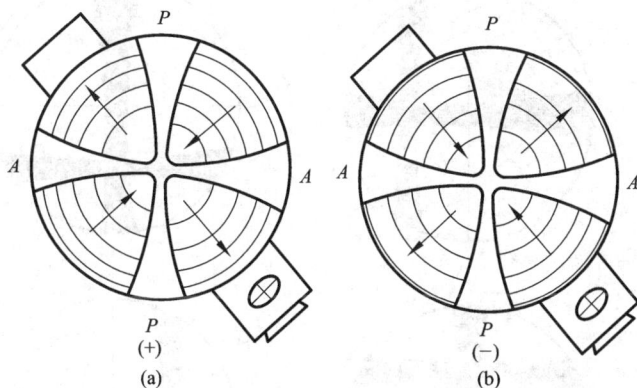

图 5 - 59　一轴晶垂直光轴切片干涉图中色圈多时用云母试板或石英楔测定光性符号情况

(a)一轴晶正光性；(b)一轴晶负光性

一般是色圈多时，用云母试板或石英楔较方便；色圈少或只具一级灰干涉色时，使用石膏试板较方便（图 5 - 60）。当晶体的双折射率较大，干涉图出现同心色环，将石英楔或云母试板从试板孔慢慢插入时，2、4 象限的色环由中心向边缘移动，而 1、3 象限的色环由边缘向中心移动。前者表示晶体的光程差与石英楔的光程差相减，即二者异名轴平行，晶体的 N_e 方向

为 N_g，所以是正光性。后者表示晶体的光程差与石英楔的光程差相加，二者同名轴平行，N_e 方向也是 N_g，结论一致。

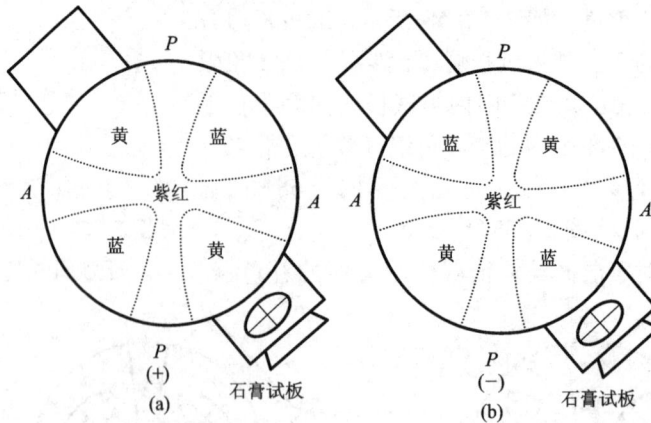

图 5 – 60　一轴晶垂直光轴切片干涉图中只具一级灰干涉色时用石膏试板测定光性符号情况
（a）一轴晶正光性；（b）一轴晶负光性

2. 斜交光轴切片的干涉图

1）图像特点

在斜交光轴的切片中，光轴在薄片中的位置是倾斜的，光轴在薄片平面上的出露点（黑十字交点）不在视阈中心。所以此干涉图是由不完整的黑十字和不完整的干涉色色圈组成。

当光轴与薄片法线夹角不大时，光轴出露点虽不在视阈中心，但仍在视阈内。旋转物台，黑十字交点绕视阈中心做圆周运动，黑带做上下左右平行移动（图 5 – 61）。

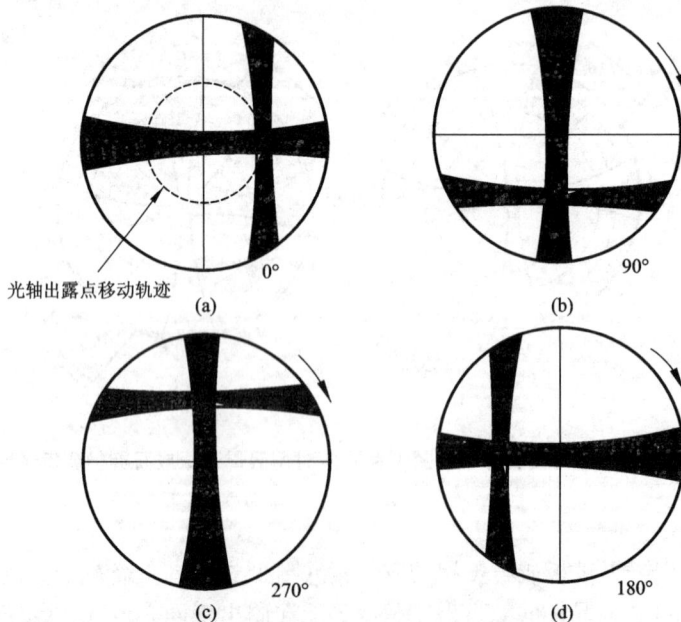

图 5 – 61　光轴与薄片法线夹角不大时，斜交光轴切片干涉图中黑带移动情况

当光轴与薄片法线夹角较大时,光轴出露点在视阈之外。视阈内只能看到一条黑带及部分干涉色圈。旋转物台,黑带做平行移动,并交替在视阈内出现(图5-62)。

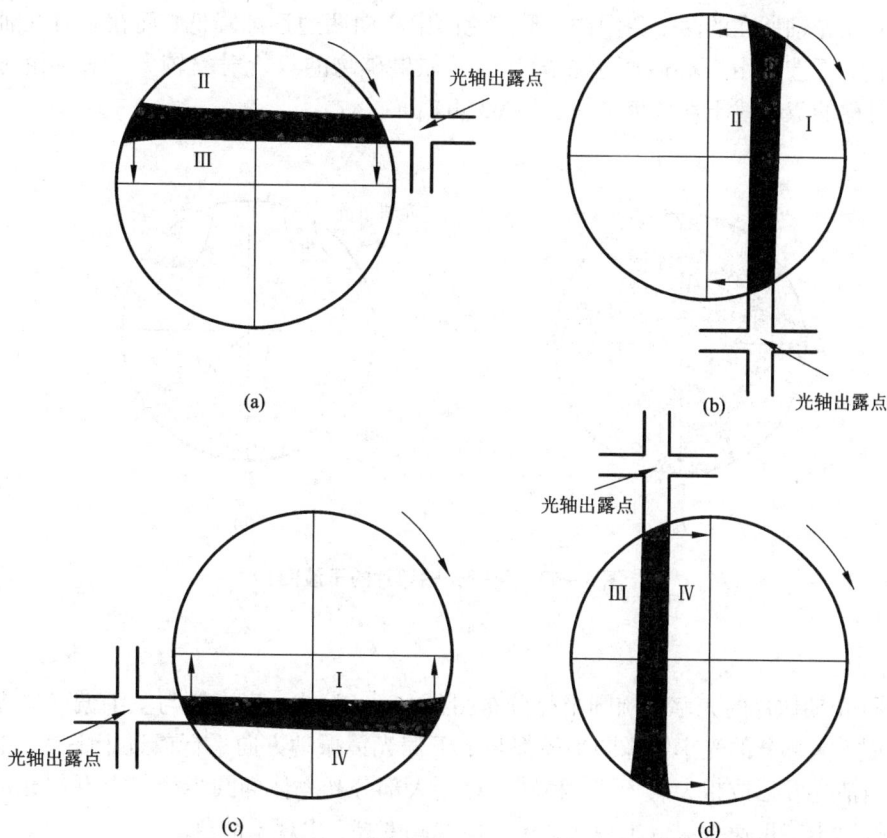

图5-62 光轴与薄片法线夹角较大时,斜交光轴切片干涉图中黑带移动情况

如果光轴与薄片夹角很大时,黑带较宽,旋转物台,黑带成弯曲状通过视阈,此干涉图不能判断轴性。

2)应用

(1)当光轴倾斜角度不大时,可以确定轴性及切片方向。

(2)测定光性符号。当黑十字交点在视阈内时,测定光性符号的方法与垂直光轴切片干涉图的测定方法相同。

如果黑十字交点在视阈之外,旋转物台,根据黑带移动情况,确定黑十字交点在视阈外的位置(图5-62)。当视阈内只有一个水平黑带时,顺时针旋转物台,黑带向下移动,证明黑十字交点在视阈右方[图5-62(a)];黑带向上移动,证明黑十字在视阈左方[图5-62(c)]。当视阈内只出现一个直立黑带时,顺时针旋转物台,黑带向左移动,证明黑十字交点在视阈下方[图5-62(b)];黑带向右移动,证明黑十字在视阈上方[图5-62(d)]。找到黑十字交点的位置,确定视阈属于哪一象限,即可根据垂直光轴切片的测定方法,测定光性符号。

3. 平行光轴切片的干涉图

1)图像特点

当光轴与上下偏光镜振动方向之一平行时，出现一个粗大模糊的黑十字，几乎占据整个视阈[图6-63(a)]。旋转物台，黑十字分裂并沿光轴方向迅速退出视阈(12°~15°)，因变化迅速，故称为瞬变干涉图或闪图(图5-63)。当光轴与上下偏光镜振动方向成45°夹角时，视阈最亮；在光轴所在的两个象限内，干涉色由中心向两边逐渐降低；而在垂直光轴方向的两个象限内，干涉色由中心向两边逐渐升高。如果矿物的双折射率较大，则在相对的象限内，出现对称的双曲线干涉色色带[图6-63(b)]。

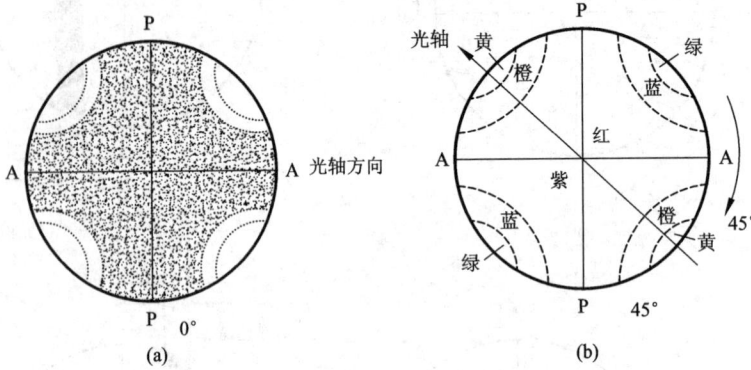

图5-63　平行光轴切片的干涉图

2)成因

在平行光轴切片的光率体椭圆半径分布图(图5-64)中，当光轴与上下偏光镜振动方向之一平行时，大部分的光率体椭圆半径都与上下偏光镜振动方向平行或近于平行，根据消光原理，应当消光并形成粗大黑十字，稍转物台则大部分光率体椭圆半径与上下偏光镜振动方向斜交，故黑十字迅速分裂退出视阈，从而使视阈变亮，出现干涉色。

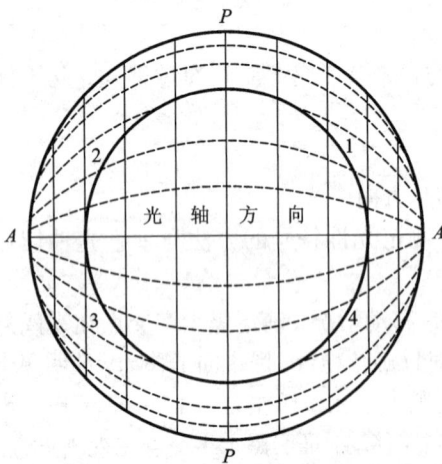

图5-64　一轴晶平行光轴切片
的光率体椭圆半径分布图

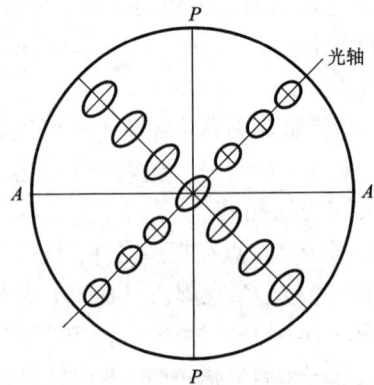

图5-65　一轴晶平行光轴切片上
双折射率大小变化图(正光性)

当光轴与上下偏光镜振动方向成45°时，出现对称的干涉色色带，沿光轴方向的干涉色较低[图5-63(b)]。由图5-65可知，在垂直光轴的方向时，自中心向两边的各点双折射率相等，但由于光波所通过的薄片厚度是愈外愈大，故光程差也愈外愈高，因而干涉色由中心向两边逐渐升高。在平行光轴的方向上，其双折射率则愈外愈低，虽然光线倾斜所经切片厚度愈外愈大，但因薄片厚度不大，视阈较小，在此范围内不足以引起光程差的过大增加，所以干涉色仍是愈外愈低。

3）应用

（1）当轴性已知时，可以确定切片方向。

（2）当轴性已知时，也可以测定光性符号。

旋转物台，黑带退出视阈的方向即光轴方向。当光轴在45°位置时，视阈最亮。如果双折射率较大，则干涉色较低的两象限方向即为光轴方向。此时加入试板，观察视阈中心干涉色升降变化，测定光轴方向是 N_g 还是 N_p，即可确定光性正负。如果光轴方向已知，在正交偏光镜间也可测定光性符号，把光轴转到45°位，加入试板，观察晶体干涉色级序的升降变化，确定 N_e 是 N_g 还是 N_p 来决定光性正负。

5.5.3 二轴晶干涉图

二轴晶矿物有5种类型切片的干涉图，即垂直锐角等分线切片、垂直一个光轴切片、斜交光轴切片、垂直钝角等分线切片和平行光轴面切片的干涉图。

1. 垂直锐角等分线（⊥*Bxa*）切片的干涉图

1）图像特点

当光轴面与上下偏光镜振动方向平行时，干涉图为一个黑十字与"∞"字形干涉色色圈所组成[图5-66(a)、(c)、(d)、(f)]。黑十字的两个黑带分别平行上下偏光镜振动方向 *AA*、*PP*，其粗细不等，沿光轴面方向的较细，两个光轴出露点更细；垂直光轴面方向的黑带较宽；黑十字交点即 *Bxa* 出露点，位于视阈中心。干涉色色圈以两个光轴出露点为中心，向两边干涉色级序逐渐升高，在靠近光轴处，干涉色色圈呈卵形曲线，向外合并成"∞"字，更外则呈凹椭圆形。干涉色色圈的多少，取决于矿物的双折射率及矿片的厚度。双折射率愈大，切片愈厚，干涉色色圈愈多[图5-66(a)、(b)、(c)]；双折射率愈少，切片愈薄，干涉色色圈愈少，有时在黑十字四个象限内仅出现一级灰干涉色[图5-66(d)、(e)、(f)]。

转动物台，黑十字从中心分裂成两个弯曲黑带。转动物台成45°，两个弯曲黑带顶点（即两个光轴出露点）间的距离最远，弯曲黑带顶点突向 *Bxa* 出露点[图5-66(b)、(e)]。继续转动物台，弯曲黑带顶点逐渐向视阈中心移动，至90°时，又合成黑十字，但粗细黑带的位置已更换。继续转动物台，黑十字又分裂。

在转动物台时，干涉色色圈随光轴出露点移动，其形状不发生改变。

2）成因

二轴晶干涉图的成因，可以应用拜阿特-弗伦涅尔定律（简称拜-弗定律）解释：光波沿任意方向射入二轴晶矿物中，垂直此入射光波的光率体椭圆切面半径，必定是入射光波与两个光轴所构成的两平面夹角的两个平分面与光率体切面的二交线方向（图5-67）。把垂直各个入射光波的光率体椭圆切面长短半径投影到球面上，即得到各椭圆切面半径在球面上的分布情况（图5-68）。把球面上的投影结果再直射投影到平面上，即可得出不同方向切片上光

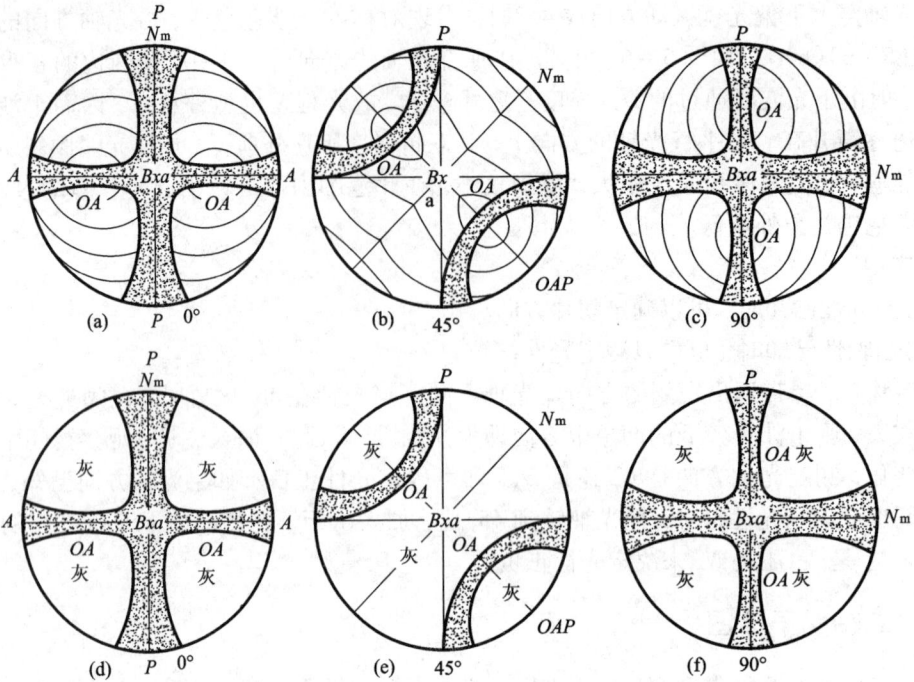

图 5 – 66   二轴晶矿物垂直锐角等分线切片的干涉图

（a）、（b）、（c）为双折射率较大的矿片；（d）、（e）、（f）为双折射率较小的矿片（薄片厚度相同）

率体椭圆切面半径的分布图。

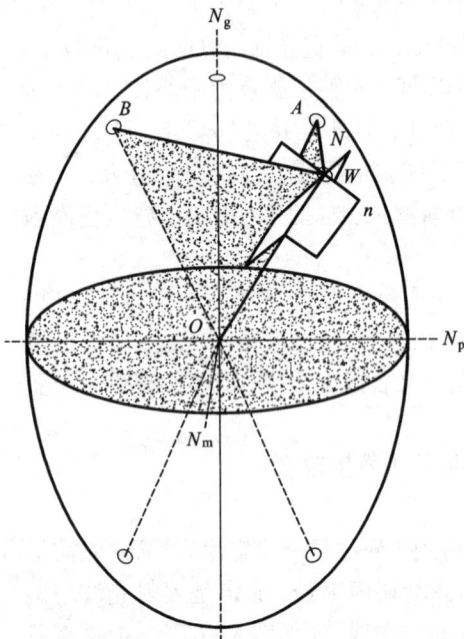

图 5 – 67   拜 – 弗定律立体示意图

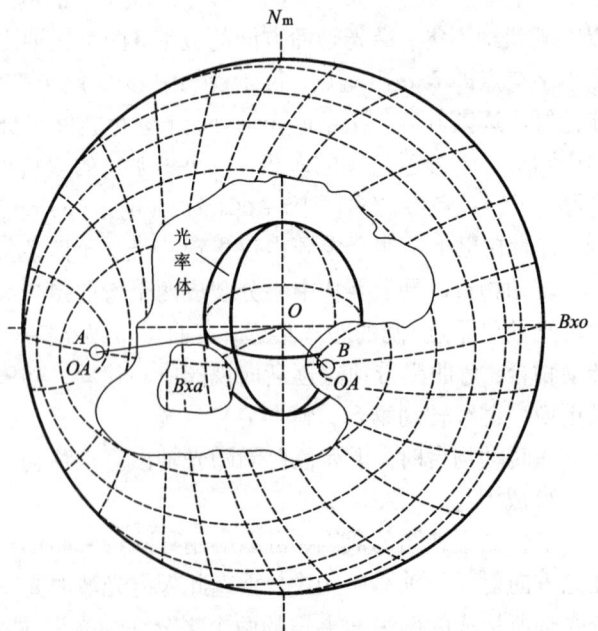

图 5 – 68   二轴晶光率体椭圆切面半径在球面上的分布图

将拜–弗定律应用在二轴晶垂直锐角等分线切片平面上，垂直任意入射光波的光率体椭圆切面半径，必定是入射光波出露点与两个光轴出露点连线夹角的两个角平分线方向（图5–69）。二轴晶垂直锐角等分线切片的光率体椭圆半径分布图（图5–70），可以由球面直射投影得出，或在平面上直接作出。

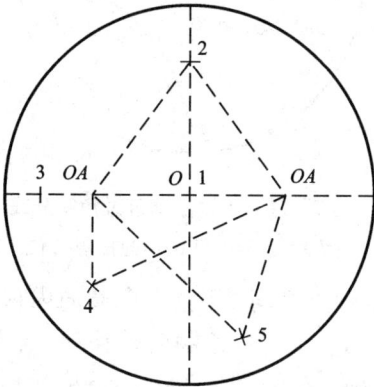

图5–69 在二轴晶垂直锐角等分线
切片上拜–弗定律平面示意图

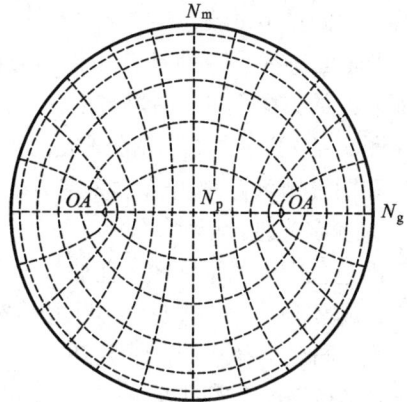

图5–70 二轴晶垂直锐角等分线
切片的光率体椭圆半径的分布图（负光性）

黑十字及弯曲黑带的成因：由垂直Bxa切片的光率体椭圆半径分布图（图5–70）可知，当光轴面平行上下偏光镜振动方向之一时，在光轴面及N_m方向上，其光率体椭圆半径与上下偏光镜振动方向AA、PP平行或近于平行，在正交偏光镜间应当消光或近于消光，构成黑十字；在N_m方向上，与上下偏光镜振动方向平行或近于平行的光率体半径分布范围比光轴面方向上宽一些，故在N_m方向上黑带较宽一些。转动物台，视阈中心的光率体椭圆半径与上下偏光镜振动方向因不平行而变亮，所以黑十字从中心分裂，当光轴面与上下偏光镜振动方向成45°夹角时，只有双曲线所在的范围，光率体椭圆半径与上下偏光镜振动方向平行，故呈现双曲线形弯曲的黑带。

干涉色色圈的成因：在黑十字及弯曲黑带范围以外的光率体椭圆半径，与上下偏光镜振动方向斜交，在正交偏光镜间发生干涉作用，形成干涉色色圈。二轴晶有两个光轴，光波沿两光轴入射，不发生双折射，其光程差为零。斜交光轴入射的光波发生双折射，其光程差从光轴出露点的零开始向两边逐渐增加，因此构成以光轴为中心的干涉色色圈，而且愈外干涉色级序愈高。由光轴向Bxo方向倾斜的入射光波，其双折射率与光波通过的矿片的距离是逐渐增加，其光程差增加较快。由光轴向Bxa方向倾斜的入射光波，由于光波通过矿片的距离逐渐减少，其光程差增加较慢，而且到Bxa出露点达最大值。所以在光轴出露点周围，光程差相同的干涉色色圈在向Bxa方向上离光轴出露点较远；在向Bxo方向上离出露点较近，故构成以光轴出露点为中心的两个卵形（图5–66）。

3）应用

（1）确定轴性及切片方向（2V小于80°时）。

（2）测定光性符号。在垂直Bxa切片的干涉图中，当光轴面与上下偏光镜振动方向成45°夹角时，视阈中心为Bxa出露点，两弯曲黑带顶点为两个光轴的出露点；两个光轴与Bxa出露点的连线，为光轴面与薄片平面相交的迹线；垂直光轴面迹线的方向为 N_m 方向。在光轴面迹线上，弯曲黑带顶点光轴出露点内外的光率体椭圆半径的分布方位，因光性正负而不同。无论光性是正还是负，在二弯曲黑带顶点之间，与光轴面迹线一致的是 Bxo 投影方向；在弯曲黑带的凹方，与光轴面迹线一致的是 Bxa 投影方向，垂直光轴面迹线的方向，在弯曲黑带的凹方和凸方都是 N_m（图5-71）。插入合适的试板，观察弯曲黑带凸方和凹方干涉色的升降，确定 Bxa 是 N_g 还是 N_p，来测定光性。

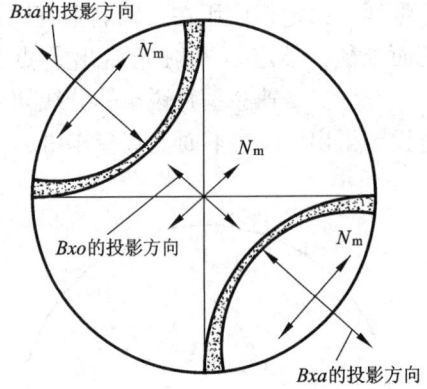

图5-71　二轴晶垂直锐角等分线切片上 Bxa 和 Bxo 的投影方位

干涉色色圈多的干涉图，宜加入云母试板或石英楔，观察干涉色升降变化判断光性符号。弯曲黑带顶点之间，干涉色色圈向内移动，干涉色升高，同名半径平行，证明 $Bxo = N_p$；弯曲黑带凹方，干涉色色圈向外移动，干涉色降低，异名半径平行，证明 $Bxa = N_g$，为正光性。若试板方位未变，但干涉色升降变化相反，则证明 $Bxo = N_g$，$Bxa = N_p$ 为负光性。

弯曲黑带范围以外仅具一级灰干涉色的干涉图，宜加入石膏试板后，观察干涉色升降变化判断光性符号。两弯曲黑带顶点间干涉色由灰变蓝，级序升高，同名半径平行，证明 $Bxo = N_p$；弯曲黑带凹方，干涉色由灰变黄，干涉色降低，异名半径平行，证明 $Bxa = N_g$，为正光性。若试板方位未变，但干涉色升降变化相反，则证明 $Bxo = N_g$，$Bxa = N_p$ 为负光性。

当 $2V$ 较大时，垂直 Bxa 切片的干涉图不宜用于测定光性符号，易与垂直 Bxo 切片的干涉图混淆。

（3）测定光轴角大小。在垂直 Bxa 切片的干涉图中，当光轴面与上下偏光镜振动方向成45°夹角时，二弯曲黑带顶点光轴出露点之间的距离与光轴角大小成正比，通过测定二弯曲黑带顶点间距离，可以估算出 $2V$ 的大小。当 $2V$ 较大时，亦可根据黑十字分裂成二弯曲黑带并逸出视阈的逸出角与光轴角大小的关系，通过测定二弯曲黑带逸出视阈的平均逸出角，查表估算出 $2V$ 的大小。

2. 垂直一个光轴切片的干涉图

1）图像特点

二轴晶垂直一个光轴切片的干涉图，在图像特点上相当于垂直 Bxa 切片干涉图的一半，其光轴出露点在视阈中心（图5-72）。当光轴面与上下偏光镜振动方向之一平行时，出现一个直的黑带及卵形干涉色色圈（双折射率较大时）。转动物台，黑带弯曲，当光轴面与上下偏光镜振动方向成45°夹角时，黑带弯曲度最大；此时弯曲黑带顶点即为光轴出露点，一定位于视阈中心，弯曲黑带凸向 Bxa 出露点。继续转动物台，弯曲黑带逐渐变直，至90°时又成为一个直的黑带，但方向已改变。

垂直一个光轴切片的干涉图是垂直 $\perp Bxa$ 切片干涉图的一部分，成因与垂直 $\perp Bxa$ 切片干涉图相同。

2）应用

（1）确定轴性与切片方向。

（2）测定光性符号。当光轴面与上下偏光镜振动方向成 45°夹角时，根据弯曲黑带顶点凸向 Bxa 出露点，找出 Bxa 的出露点及另一弯曲黑带在视阈外的方位后，即可按照垂直 Bxa 切片测定光性符号的方法进行测定。

（3）估计光轴角的大小。在垂直光轴切片干涉图中，当光轴面与上下偏光镜振动方向成 45°夹角时，黑带的弯曲程度与光轴角大小成反比（图 5-73），光轴角愈大，黑带愈直。当 $2V$ $=90°$ 时，黑带成直带；当 $2V=0°$（相当于一轴晶的情况），黑带弯曲成 90°；$2V$ 介于 0°与 90°之间时，黑带弯曲度介于 90°与直带之间。此外，黑带的弯曲程度还与矿物的折射率和物镜的视阈有关。用这种方法可粗略地估计光轴角的大小。

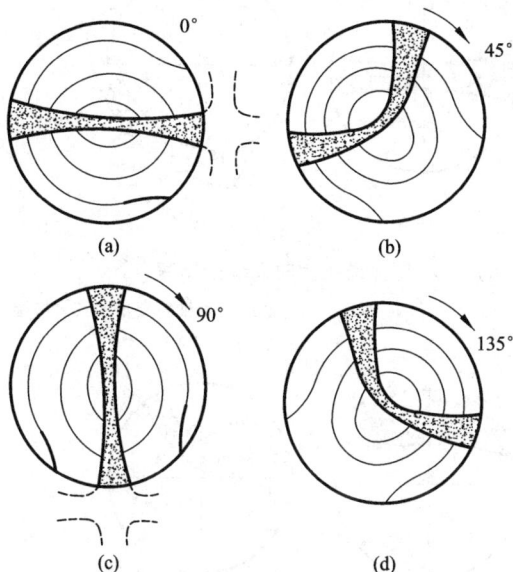

图 5-72　二轴晶垂直光轴切片的干涉图

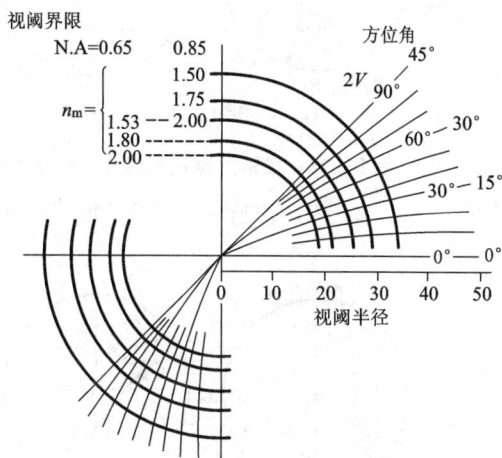

图 5-73　二轴晶垂直光轴切片干涉图 2V 鉴定图

3. 斜交光轴切片的干涉图

1）图像特点

不垂直 OA，也不垂直 Bxa，而接近于垂直它们的斜交切片，属于斜交光轴切片，此种切片极为常见。当矿物切片法线方向与 Bxa 或 OA 小角度相交时，斜交光轴切片的干涉图相当于垂直 Bxa 切片的干涉图的一部分，黑带与干涉色色圈不完整。

此切片的干涉图可分为两种类型。一种是垂直光轴面、斜交光轴切片的干涉图（图 5-74）。当光轴面与上下偏光镜振动方向之一平行时，黑带为一个直带，通过视阈中心且平分视阈为两半。转动物台，成 45°夹角时，弯曲黑带顶点不在视阈中心；如果光轴倾角不大，弯曲黑带顶点仍位于视阈之内。另一种是与光轴面及光轴都斜交的切片（图 5-75），当光轴面与上下偏光镜振动方向之一平行时，直的黑带不通过视阈中心而是偏在视阈的一边。转动物台，黑带弯曲，成 45°夹角时，黑带顶点不在视阈中心；如果光轴倾角不大，顶点仍在视阈内；如果倾角大，顶点不在视阈内。

2）应用

（1）确定轴性与切片方向。

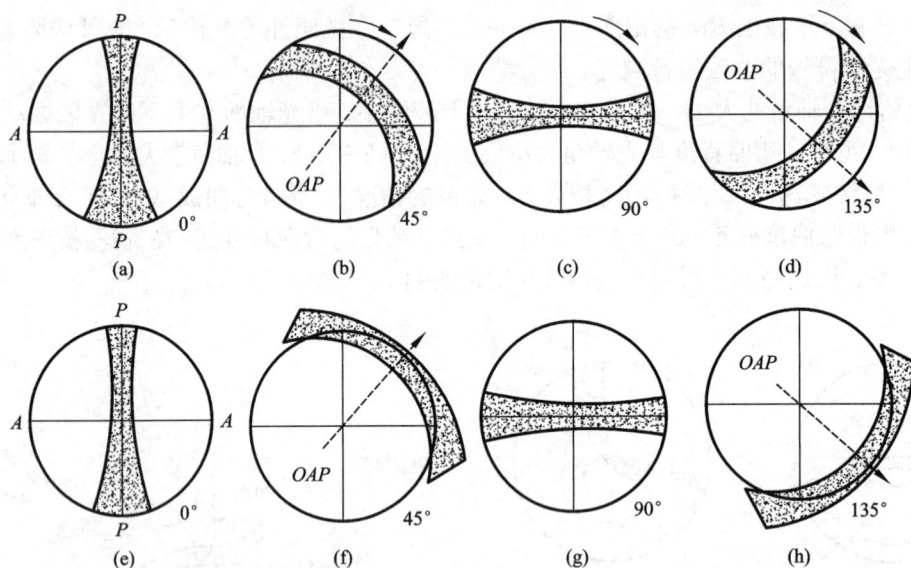

图 5-74　二轴晶垂直光轴面、斜交光轴切片的干涉图（虚箭头指向 *Bxa* 的出露点）

（a）,（b）,（c）,（d）—切片法线与光轴斜交角度较小情况；（e）,（f）,（g）,（h）—切片法线与光轴斜交角度较大情况

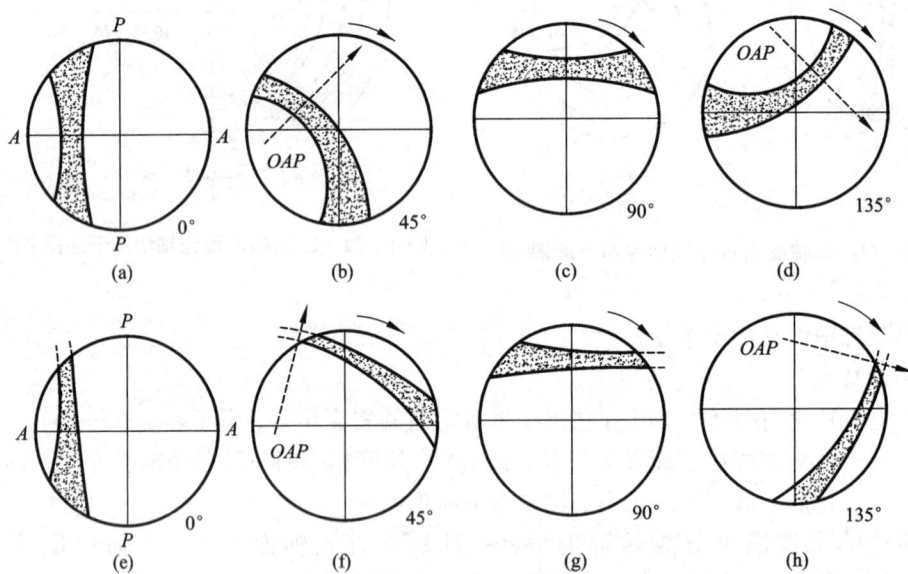

图 5-75　二轴晶斜交光轴面及光轴切片的干涉图（虚箭头指向 *Bxa* 的出露点）

（a）,（b）,（c）,（d）—斜交角度较小情况；（e）,（f）,（g）,（h）—斜交角度较大情况

（2）测定光性符号。斜交光轴切片的干涉图，可视为垂直 *Bxa* 切片干涉图的一部分。转动物台，根据弯曲黑带移动情况，找出弯曲黑带顶点凸出的方向；按弯曲黑带顶点凸向 *Bxa* 出露点，找出 *Bxa* 出露点在视阈外的方位后，就可以按照垂直切片干涉图的测定光性符号方法进行测定。

4.垂直钝角等分线切片的干涉图

1)图像特点

当光轴面与上下偏光镜振动方向之一平行时，为一个较为粗大模糊的黑十字，黑十字4个象限仅见一级灰干涉色，如果双折射率很高时，可出现较稀疏的干涉色色圈(图5-76)。

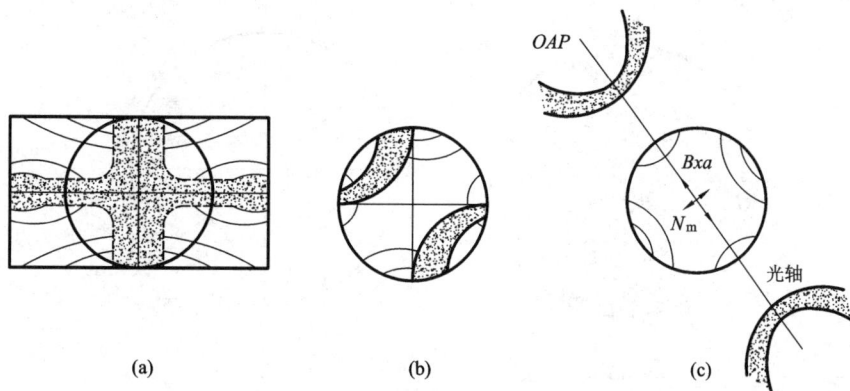

(a)　　　　　　　(b)　　　　　　　(c)

图5-76　二轴晶垂直钝角等分线切片的干涉图

转动物台，黑十字迅速分裂为双曲线形黑带，并沿光轴面方向逸出视阈，其物台转角一般为10°~35°。当光轴面与上下偏光镜振动方向成45°夹角时，弯曲黑带的两个顶点之间的距离最远，并全部位于视阈之外；弯曲黑带顶点仍为光轴出露点。继续转动物台，弯曲黑带逐渐靠近，至90°时，又出现一个粗大模糊的黑十字。再转动物台，黑十字又分裂。

2)成因

由垂直 Bxo 切片的光率体椭圆半径分布图与垂直 Bxa 切片的光率体椭圆半径分布图类似，只是两光轴之间出露的距离较远。当光轴面与上下偏光镜振动方向之一平行时，比较多的光率体椭圆半径与 AA、PP 平行或近于平行，故消光或近于消光构成粗大的黑十字。稍微转动物台，大多数光率体椭圆半径与 AA、PP 斜交，而且中心部分先斜交，故黑十字分裂并迅速退出视阈。

当矿物2V角很大时，两个光轴间的钝角与锐角大小相近，这时垂直 Bxo 切片的干涉图与垂直 Bxa 切片的干涉图往往不易区别。当2V角很小时，两光轴间的钝角很大，在垂直 Bxo 切片的干涉图上两个光轴出露点之间的距离很长，转动物台，黑十字分裂退出视阈的速度更快，此时垂直 Bxo 切片的干涉图又难于与平行光轴面切片干涉图区别，但利用逸出角法可以区别这3种切片的干涉图。

判断确属垂直 Bxo 切片后，仍可确定其轴性、切片方向及测定光性符号。当光轴面与上下偏光镜振动方向成45°夹角时，视阈中心为 Bxo 出露点，与垂直 Bxa 切片干涉图相反，在弯曲黑带之间，与光轴面迹线一致的是 Bxa 投影方向，垂直光轴面迹线的方向为 N_m。加入试板后，其干涉色级序的升降变化与垂直 Bxa 切片干涉图的干涉色继续升降变化正好相反。

5.平行光轴面切片的干涉图

1)图像特点

与一轴晶平行光轴切片的干涉图相似，称为瞬变干涉图或闪图(图5-77)。当 Bxo、Bxa

方向分别于上下偏光镜振动方向平行时，为粗大模糊的黑十字，几乎占据整个视阈；稍转动物台（一般小于10°），黑十字即行分裂，并沿迅速逸出视阈，当 Bxo 及 Bxa 方向分别处于45°位时，视阈最亮；如果矿片的双折射率较大时，可出现干涉色色带，在 Bxa 方向的两个象限中，干涉色较低；在 Bxo 方向的两个象限中，干涉色与中央近于相同或稍高一些。

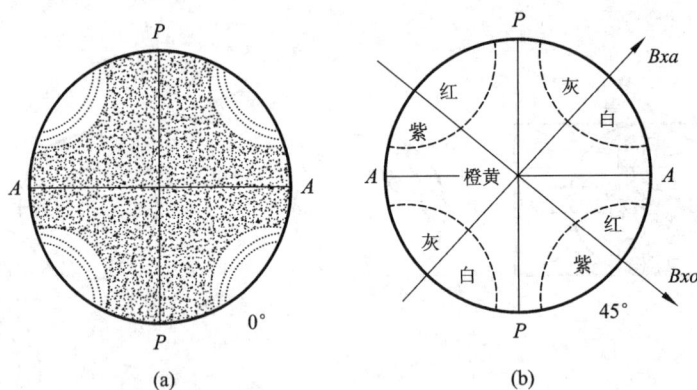

图 5-77　二轴晶平行光轴面切片的干涉图

2）成因

由二轴晶平行光轴面切片的光率体椭圆半径分布图（图5-78）可知，当 Bxa、Bxo 分别与上下偏光镜振动方向平行时，几乎所有光率体椭圆半径与上下偏光镜振动方向平行或近于平行，故消光或近于消光而在视阈中出现一个宽大模糊的黑十字，几乎占满整个视阈，稍转物台，几乎所有光率体椭圆半径都与上下偏光镜振动方向斜交，而且中心部分先斜交，故黑十字分裂并迅速逸出视阈，整个视阈最亮。

3）应用

这种切片的干涉图，只能确定切片方向，一般不用以测定光性符号。但当轴性已知，亦

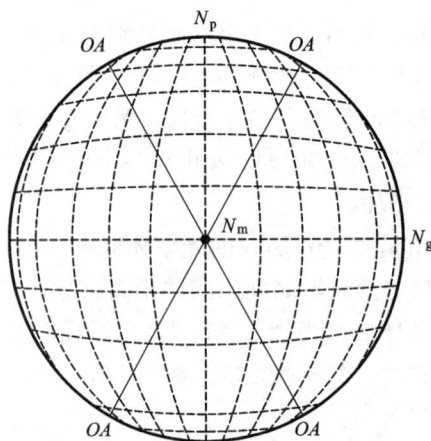

图 5-78　二轴晶平行光轴面切片的
光率体椭圆半径分布图（负光性）

可测定光性符号。当视阈最亮时，根据干涉色级序较低二象限连线方向为 Bxa 方向，找出在 Bxa 切片上的方位后，加入试板，根据整个视阈内干涉色级序的升降变化，确定 Bxa 是 N_g 或是 N_p 之后，即确定了光性符号。

5.6　透明矿物的系统鉴定

在偏光显微镜下对透明矿物进行系统光性测定，一般用来鉴定未知矿物或对已知矿物精确定名。透明矿物薄片的系统鉴定，必须配合手标本观察。首先观察矿物的晶体习性、颜色、解理、次生变化、共生组合以及产出状态等。然后确定切片的部位，以及是否选择定向

切片。最后再在偏光显微镜下系统观测其光学性质，对矿物进行定名。有时还得辅以其他测试手段，才能对矿物准确定名。

5.6.1　透明矿物系统鉴定的内容

1. 单偏光镜下的观察

（1）晶形：根据薄片中矿物各种切面的形状，确定矿物各切面的方向，判断可能的形态以及所属的晶系；观察矿物的自形程度。

（2）解理：观察解理的发育程度、组数、解理夹角等，并根据矿物的形态和所属晶系，确定解理的符号。

（3）折射率：观察矿物的边缘及糙面情况，结合贝克线的移动规律和色散效应来确定矿物的突起正负和突起等级，从而估计该矿物的折射率的大小。

颜色、多色性、吸收性：观察矿物有无颜色，如有颜色，则需观察有无多色性和吸收性。矿物的多色性和吸收性需在定向切片上进行观测。

2. 正交偏光镜下的观察

（1）干涉色级序：观察矿物切片的干涉色级序，在平行光轴（一轴晶）或平行光轴面（二轴晶）切面上测定矿物最高干涉色级序，并观察是否有异常干涉色现象。

（2）双折射率：根据矿物的干涉色级序及薄片厚度，确定矿物该切片方向的双折射率。

（3）消光类型和消光角：根据薄片中矿物不同方向切片的消光情况，确定矿物的消光类型。若为斜消光的矿物，则在定向切片上测定其消光角，一般对单斜晶系的矿物，常选择在（010）面上测定其消光角；三斜晶系的矿物，常选择矿物的特殊切面来测定其消光角。

（4）延性符号：对具有一向延长或二向延长的矿物，要测定其延长方向的光率体轴名。

（5）双晶：观察双晶的双晶要素、双晶接合面与晶体轮廓的关系，确定双晶的类型。

3. 锥光镜下的观察

首先依据在锥光下有无干涉图来区分均质矿物与非均质矿物。若为非均质矿物，则需进一步确定轴性和切片方向、测定光性符号、光轴角大小并观察色散现象。

5.6.2　定向切片的选择及其特征

矿物的许多光学性质都需要在定向切片上测定，常用的定向切片有垂直光轴的切片、平行光轴（一轴晶）或平行光轴面（二轴晶）的切片。其主要特征如下：

1. 垂直光轴的切片

其光率体切面为圆切面，单偏光镜下不具多色性；正交偏光镜下为全消光；锥光镜下呈现垂直光轴的干涉图。在这种切片上，可以观察测定以下光学性质：

（1）测定 N_o（一轴晶）或 N_m（二轴晶）的颜色和折射率值；

（2）判断轴性、测定光性符号；

（3）测定或估计二轴晶矿物的 $2V$ 角大小，观察光轴色散现象。

2. 平行光轴（一轴晶）或平行光轴面（二轴晶）的切片

其光率体切面为椭圆切面，半径为 N_e、N_o（一轴晶）或 N_g、N_p（二轴晶）；单偏光镜下，凡具多色性和吸收性的矿物，在此切面上多色性和吸收性最明显；正交偏光镜下为可见最高干涉色；锥光镜下呈现瞬变干涉图（闪图）。在这种切片上，可以观察测定以下光学性质：

（1）观察多色性现象，确定 N_e、N_o（一轴晶）或 N_g、N_p（二轴晶）的颜色，确定矿物的多色性公式和吸收性公式；

（2）测定 N_e、N_o（一轴晶）或 N_g、N_p（二轴晶）的折射率值，观察闪突起现象；

（3）测定矿物最高干涉色级序和最大双折射率值，测定薄片厚度。

5.6.3　透明矿物系统鉴定的程序

在偏光显微镜下鉴定透明矿物并不一定严格按照单偏光、正交偏光至锥光这个程序进行，还可以交叉进行。一般遵循下列步骤进行：

1. 区分均质矿物与非均质矿物

均质矿物任何方向的切面，在正交偏光镜下均为全消光，锥光镜下无干涉图。非均质矿物只有垂直光轴的切片在正交偏光镜下呈现全消光，但在锥光镜下为垂直光轴的干涉图，其他方向的切片在正交偏光镜下，出现四次消光四次明亮的现象，且不在消光位时均显示一定的干涉色。

2. 均质矿物的鉴定

只需在单偏光镜下的观察矿物的晶形、自形程度、解理、颜色、突起等级等光学现象。

3. 非均质矿物的鉴定

（1）在单偏光镜下观察矿物的晶形、自形程度、解理，测定解理夹角，确定突起等级等。在正交偏光镜下观察消光类型、双晶，测定延性符号等。

（2）选择一个垂直光轴的切面，在锥光镜下根据干涉图特点确定轴性、测定光性符号。若为二轴晶，估计 $2V$ 大小，观察色散现象。

（3）若为一轴晶矿物，选择一个平行光轴的切片，在正交偏光镜下，测定矿物的最高干涉色级序和最大双折射率值，确定 N_e 和 N_o 的方向。若为有色矿物，在单偏光镜下，观察矿物 N_e 和 N_o 的颜色，同时观察矿物的多色性、吸收性以及闪突起现象明显程度，并确定其多色性公式和吸收性公式。

（4）若为二轴晶矿物，选择一个平行光轴面的切片，在正交偏光镜下，测定矿物的最高干涉色级序和最大双折射率值，确定 N_g 和 N_p 的方向。若为有色矿物，在单偏光镜下，观察矿物 N_g 和 N_p 的颜色，同时观察矿物的多色性、吸收性以及闪突起现象明显程度，并确定其多色性公式和吸收性公式。

通过上述步骤测定薄片中透明矿物的一系列光学性质，确定其光性方位，再查阅光性矿物学参考书籍，最后就可定出矿物名称。如果仍不能确定，需辅以其他测试手段，才能对矿物准确定名。

思考题

1. 偏光显微镜与普通生物显微镜有何区别？

2. 简述均质体与非均质体的区别。

3. 在偏光显微镜下，薄片中晶体解理的能见度与下列哪些因素有关：

（a）切片方向；（b）解理的完善程度；（c）晶片的折射率与树胶的折射率的差异；

（d）晶体的多色性；（e）晶体的消光类型；（f）突起

4.矿物若具有多色性和吸收性,应在什么切片方向上最明显?

5.何谓突起和闪突起?为什么在显微镜下各种矿物的突起等级会不同呢?

6.消光与消色在本质上有何区别?

7.在具有高级白干涉色的矿片上,加入 1λ 试板或 $\frac{1}{4}\lambda$ 试板时,矿片干涉色有何变化?

8.某矿物在正交偏光镜下其最高干涉色为Ⅱ级黄($R = 880\ nm$),$\perp Bxo$ 的切面上具有二级蓝的干涉($R = 670\ nm$),假设 $N_g - N_m = 0.00525$,此矿物的光性为负。求:(1)薄片的厚度;(2)2V的大小和最大双折射率值。

9.已知某矿物晶体为单斜晶系,具有 $\{110\}$ 解理,$N_m // b$ 轴,$\beta = 116°$,N_g 位于 a 轴与 c 轴之间,且 $N_g \wedge c$ 轴 $= 16°$,$N_g = 1.640$,$N_m = 1.620$,$N_p = 1.610$ 。试问:矿物(010)切面在单偏光、正交偏光以及锥光镜下的晶体光学性质,并画出其光性方位图。

参考文献

[1]陈芸菁.晶体光学原理.北京:地质出版社,1987

[2]成都地质学院岩石教研室.晶体光学.北京:地质出版社,1979

[3]周乐光.工艺矿物学.北京:冶金工业出版社,1990

[4]北京大学地质学系岩矿教研室.光性矿物学.北京:地质出版社,1979

第6章 不透明矿物的反光显微镜鉴定

对于不透明或透明度低的矿物，由于透光性差而不宜在透射光下进行观察，通常需要在反光显微镜下进行鉴定。以偏振光为光源，通过观察抛光的矿物表面对偏振光所产生的反射现象来鉴定不透明矿物或半透明矿物的方法，称为反光显微镜鉴定法或矿相显微镜鉴定法。本章重点介绍反光显微镜的构造、使用方法及矿物在反光显微镜下的光学性质和鉴定特征。

6.1 反光显微镜

6.1.1 反光显微镜的构造

反光显微镜的构造如图 6-1 所示。反光显微镜的主要部件包括光源、镜架、目镜、物镜、载物台、准焦系统等，其中光源和垂直照明器是其最主要部件。现仅对光源和垂直照明器作一介绍。

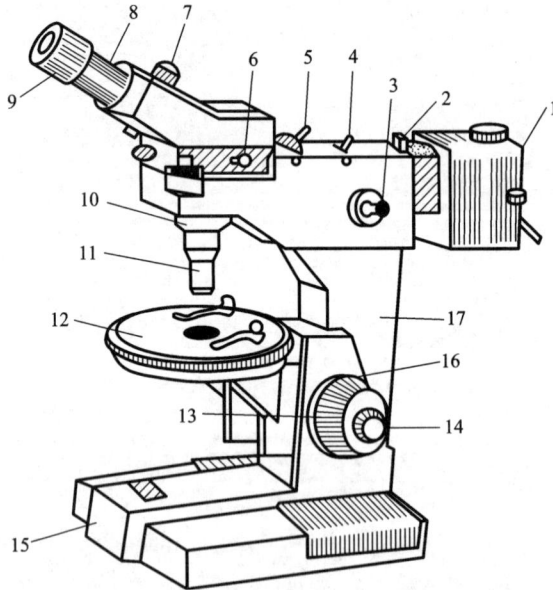

图 6-1 XPK-6 型反光显微镜构造图

1—光源；2—毛玻璃；3—滤光片；4—孔径光圈；5—起偏镜手柄；6—检偏镜手柄；
7—勃氏镜手轮；8—目镜筒；9—目镜；10—物镜座；11—物镜；12—物台；13—粗动螺旋；
14—微动螺旋；15—镜座；16—调节手轮；17—镜臂

1. 光源

光源是反光显微镜不可缺少的组成部分，是为了得到一定亮度和质量的光线而设置的。反光显微镜采用白炽灯或卤钨灯作光源，电压为 6~12 V，功率 30 W 左右，最大可达 100 W。光源可直接安装在显微镜的进光管上，如江南光学仪器厂生产的 XPK-6 型反光显微镜；光源也可制成独立的灯架，与显微镜配套使用，如苏州光学仪器厂生产的 XPA-1 型透、反两用显微镜。

光源关系到视阈的明亮程度，直接影响矿物各种光学性质的观测以及显微照相的效果，因此，鉴定矿物前必须调节好光源。调节光源一是要选择适当的电压，使亮度适中；二是要调节好灯泡的空间位置，使光线均匀。对于安装在显微镜上的连体式光源，可通过调节螺丝使灯头在三维空间移动，直至光源点与进光管在同一水平线上，此时视阈最亮且光线均匀。对于不与镜体相连的活动光源，可直接移动灯架的位置和方向，并沿立柱升降灯的高度，以及调节灯的入射角度，使光线平行射入进光管，调至视阈最亮且光线均匀。光源发出的光一般都带有黄色，必须在灯泡前加蓝色滤光片，使入射光接近白色。此外，为了消除灯丝或灯泡壁对光线的影响，灯泡前还需加一毛玻璃片。

2. 垂直照明器

垂直照明器是反光显微镜上处理和调节光线的主要部件，可分为入射光管和反射器两个部分（图 6-2）。入射光管是光源和反射器之间的导光系统，光源发出的光得到调整并照射到反射器上。从光源至反射器，依次经过以下部件：

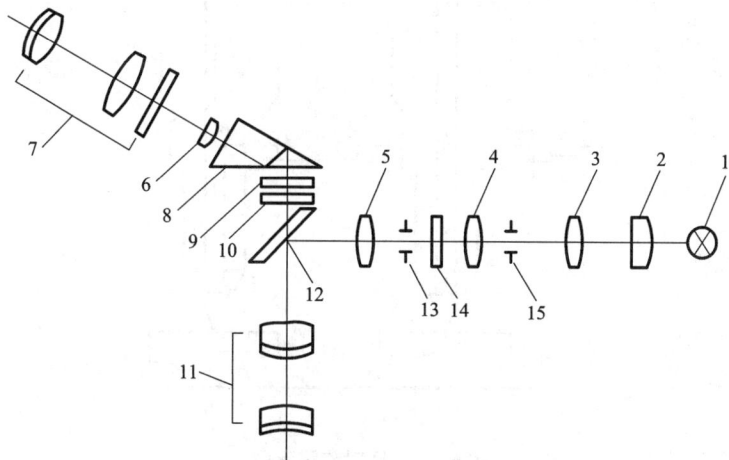

图 6-2　XPK-6 型反光显微镜光路图

1—灯源；2、3、4、5—聚光镜；6—勃氏镜；7—目镜；8—棱镜；9—检偏镜；
10—补偿器，11—物镜；12—玻璃片式反射器；13—视野光圈；14—起偏镜；15—孔径光圈

（1）光源聚光镜（图 6-2 中的 2、3）：位于入射光管最前端，靠近光源。其作用是把光源发出的光线聚焦于视野光圈上。

（2）孔径光圈：也称口径光圈，为一可任意开闭的虹膜式光圈。其作用是控制入射光束的直径、影像反差强弱及物镜的有效孔径。孔径光圈缩小时，入射光线直径变小，视阈亮度随之减弱，分辨力降低。但缩小孔径光圈可形成较为垂直的入射光，使有害的杂乱光线减

少,并减弱镜筒内的耀光,降低色差和球差的影响、增强影像反差,使之更为清晰。可见,孔径光圈必须调节到合适的位置,用低倍物镜时通常可开至与孔边基本重合;用中倍或高倍物镜时应适当缩小孔径光圈。

(3)准直透镜(图6-2中的4):能调整光线的方向,将来自孔径光圈中每一点的光线变成一束平行的光柱。

(4)前偏光镜:也称起偏镜。能使入射的自然光变为平面偏光,通常可以自由旋转45°~90°,观测矿物时,应使其振动方向为左右方向(水平振动),因为此时反射器反射向下的光强度比其呈前后方向(直立振动)时大。

(5)视野光圈:也称视阈光圈或视场光圈,能控制视阈的大小。适当缩小视野光圈可挡去有害的杂乱反射光,降低耀光的影响,使视野内明暗对比度增加,物相清晰度提高。鉴定矿物时,通常将视野光圈调至与视阈的自然状态同大,若再放大,不仅不能增大视阈,反而放进更多的杂乱光线。

(6)校正透镜(图6-2中的5):也称消色透镜,位于视野光圈后方,能将视野光圈之像准确校正在光片表面上,使视阈中的物相清晰。校正透镜常可前后移动,它还具有消除色差和球差的功能。

(7)反射器(图6-2中的12):是垂直照明器中最重要的部件,能将来自进光管的水平入射光垂直向下反射,透过物镜达到光片表面。常用的反射器有玻片式和棱镜式两种。

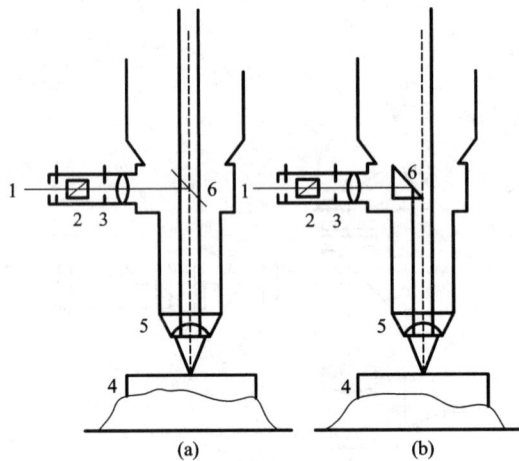

图6-3 反射器示意图

(a)玻片式;(b)棱镜式

1—光源;2—前偏光镜;3—视野光圈;4—光片;5—物镜;6—反射器

玻片式反射器是将一玻璃片镶嵌在东西向的水平轴上,玻片表面与镜筒光轴成45°交角。为了增强玻片的反射能力,在其下面镀有高折射率的物质。同时,为了增强光线透过玻片向上射向目镜的能力,又在其上面镀了低折射率物质。当入射光线射到玻片反射器上时,一部分光线透过玻片而损失,另一部分光线被反射向下,通过物镜射至矿物光片上。当光线自矿物光片向上反射再次到达玻片时,又有一部分光线被反射回光源而损失,余下的部分透过玻片至目镜[图6-3(a)]。玻片反射器的优点是光线可以通过物镜的全孔径,视阈亮度均匀,分辨力较强，可以进行全孔径偏光图的观察。缩小孔径光圈可使光线近于垂直入射和反射，在矿物光学性质测定时可得到较正确的结果。但是，玻片反射器光线损失大，即使假设矿物光片的反射率达100%，到达目镜的最大光子强度也只有入射光子强度的21%。此外，光线多次透过玻片，因二次反射产生耀光，会影响物相的清晰度。

棱镜式反射器有直角棱镜和三次全反射棱镜两种。直角棱镜如图6-3(b)所示，截面为直角等腰三角形，被安装在显微镜镜筒一半的位置。入射光线进入棱镜后，可被棱镜的斜面全部反射向下，经物镜到达光片表面，再由光面反射向上，经物镜进入镜筒，此时有一半光线被棱镜反射回光源，另一半光线可直接到达目镜。因此，若光经矿物光面和透镜表面的反射没有损失，则到达目镜的最大光强为入射光强的50%，即有效光线比玻片式反射器强一倍以上。可是，棱镜反射器遮去了光路的一半，

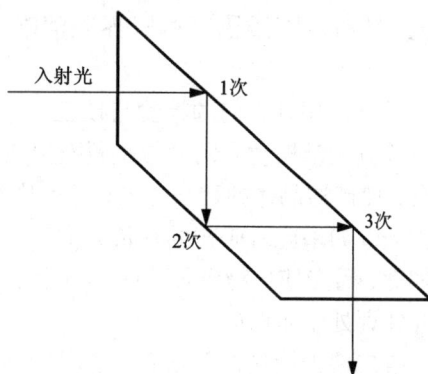

图6-4 三次全反射棱镜光路示意图

不仅降低了物镜的分辨能力，而且观察偏光图时也只能看到半个图形。此外，当入射光的振动面不严格与反射器对称面平行或垂直时，反射光将发生明显的椭圆偏振化和椭圆长轴的旋转，从而影响某些光学性质的测定。用高倍物镜时这种影响更大。为了消除这一缺点，可改用三次全反射棱镜，它是将普通棱镜的直角截去，形成一个与斜面平行的平面(见图6-4)。入射光经三次全反射后，产生180°(3×60°)的周相差，使透出棱镜的光仍为直线偏光。

6.1.2 反光显微镜的调节、使用和维护

1. 反光显微镜的调节

不论显微镜的性能如何，在使用前必须加以调节，使其各部件处于正确的位置，才能进行有效的观测。反光显微镜结构较为复杂，在安装使用时，很多部分需要仔细地检查和调节。通常需要调节的部分简述如下：

1)光源调节

目前一些新型显微的灯是安装在镜体上，如安装在垂直照明器的前端或灯室中。调整方法是转动灯室或灯头的螺旋，使光源点与进光管在同一水平线上，直至视野中亮度均匀，亮度最大为止。

对不与镜体连接的活动光源，其调整方法是升降镜筒使物镜的焦点大致在光片面上，然后将活动灯在立柱上固定到使光线正好水平地射进垂直照明器光管中，有时需转动灯泡和前后移动聚光镜，使视阈亮度强且均匀为止。观察物相可升降物台准焦。

2)反射器的调节

缩小使小亮点位于视阈正中心，并被十字丝所平分，即表示反射器的位置及倾角(45°)已调正。需要指出的是，一些新型的显微镜中，反射器固定在横轴上(位于正确位置)，不能自行调整。

3)孔径光栏和视野光栏调节

实践证明，由于耀光的影响，不适当地开大孔径光栏，并不能有效地提高反光物镜的分

辨能力。孔径光栏的适宜大小(取下目镜或推入勃氏镜即可在物镜后界面上看到孔径光栏的像),应随物镜的放大倍数而异。用低倍物镜时,孔径瞳孔可开至与孔边基本重合;用中、高倍镜时应适当缩小(2/3～1/2)。

视野光栏的调节是首先缩小光圈并调至十字丝中心,若光圈界限模糊不清或带有红、蓝等颜色,转动视野透镜至视野界限清晰和无色边为止。重新开大光栏至视阈周边,不可再大。

4)偏光镜振动方向的检验与校正

检验偏光镜振动方向通常是置石墨或辉钼矿非底切面的光片于物台上,推出上偏光镜转动物台,使矿物晶体的延长方向(高反射率方向)处于最亮位置时,其延长方向即为前偏光镜振动方向。如果此时矿物的延长方向恰平行十字丝呈东西向,则证明前偏光镜也为东西向。若非如此,需先使矿物延长方向平行十字丝东西向后,再转动前偏光镜至矿物最亮时,此时前偏光镜即处于东西向。

检查二偏光镜是否严格正交的方法是,先用上述方法确定前偏光位置,再推入上偏光镜,若上述矿物呈最暗(消光),并在物台旋转一周时,出现四次消光,两次的间距严格为90°,同时在各45°方位的偏光色也应完全一致。或者用一均质矿物如黄铁矿在高倍无应变物镜下作锥光观察,若偏光图为一完美的"黑十字",即可证明二偏光已经正交。上述两种检查方法中,若前者四次消光间距不等,后者图像稍显双曲线状,则都表明两偏光未完全正交。须仔细地调节上偏光镜,以达到前述要求,并记录前、上偏光镜所处刻度位置,便于备查。

关于物镜中心等校正与偏光显微镜相同,不再赘述。

2.反光显微镜使用的一般程序

(1)安装垂直照明器:有的垂直照明器已固定在镜筒上,只需调整照明;可装卸的垂直照明器须安装在镜筒既定的位置上。

(2)安装物镜和目镜:因显微镜的型号不同,故物镜的安装方法也各不相同。如 ROW 型显微镜,要顺着接头沟槽横插,而国产 XPA－1 型显微镜的物镜是拧上弹簧来安装的;也有的是以物镜螺纹拧在镜筒的物镜接头器上或旋转盘上的。

(3)安装和开启照明灯:必须牢记低压的白炽灯或卤钨灯不能直接插入 220 V 的电源插座,一定要经过变压器,否则会立即把灯泡烧毁。

(4)安装光片于载物台上:以适量的胶泥先用压平器将光片压平在载物片上,然后置于显微镜的载物台上,再调动镜筒或升降物台使之准焦。

3.显微镜的维护

(1)任何部件、附件的螺旋不应乱卸硬拧,须仔细找出原因(如方向拧错、卡住或已旋到极限等)后妥善处理。

(2)显微镜的部件(如物镜与目镜等)不能混用,不论同型号或不同型号的显微镜都不能混用。

(3)显微镜保存温度要适宜,一般应在 −4～＋20℃之间,不要过冷或过热,以免脱胶和润滑油变质失效。特别注意避免曝晒或取暖设备烘烤。

(4)偏光镜(尤其是以冰洲石做的偏光镜)须轻推轻拉;镜头装卸也要轻上轻下,以免因震动应变,脱胶损坏。

(5)灰尘对显微镜的影响极大,其光学系统须保持严格清洁,但物镜绝不可拆卸,所有透镜及偏光镜都不可用手指或一般纸及织物擦拭,只能用擦镜纸或脱脂棉轻轻擦拭物镜、目镜透镜的外表面。

(6)灯泡及变压器不可连续通电时间过长,在空隙时间应随手关闭。另外,若变压器发出嗡嗡声,须立即将变压器插销自电源上拔下检查。

总之,使用者应爱护显微镜,延长使用寿命,保持其性能。

6.1.3　光片的制作与安装

1. 光片的制作

光片是从矿石标本上切割下来,有1 个面被磨光供镜下观测的矿样。

制备光片可分为切割、研磨和抛光3 个步骤。切割是用切片机将光片从标本上分离下来,修去多余的部分,使其初步成形,常切成30 mm ×25 mm ×10 mm 的矩形块。若标本疏松松易碎,则切割前要先用胶处理,称为煮胶。有时为了满足鉴定的需要,还必须按规定的方向切割,这种有方位要求的光片称为定向光片。

研磨又可分为粗磨、细磨和精磨3 个阶段,即按所用磨料由粗到细,依次在磨片机上研磨,最后用极细的磨料在玻璃板上手工磨动,直至光片表面光滑如镜。

抛光通常先在帆布或木盘上加抛光剂抛磨,然后在毛呢磨盘上加氧化镁等抛光剂精抛。

以上每一道工序都应达到相应的质量要求,否则,前而的工序未达到要求就进入后一工序,急于求成会导致事倍功半,甚至被迫返工。

对于粒状砂矿,如人工重砂或选矿产品,需要制成光片时可先用胶将砂粒黏结成团块,再按照上述工序制片,这种光片称为砂光片。

为了同一光片既能用透射光观测透明矿物又能用反射光观测不透明矿物,可将样品加工成光、薄两用片,简称光薄片。它是将样品切成薄片后,用胶粘在载玻片上,表面磨平抛光但不加盖玻片,以便在透、反射光下均能观测。

2. 光片的安装

鉴定矿物前,必须先擦净光片的表面,再用胶泥将光片粘在载玻片上,然后用压平器将光片压平。

光片通常在粗毛呢上擦净。毛呢固定在一块小木板上,制成擦板。擦光片时,手持光片从一个方向在擦板上擦去光片表面的尘污。不要来回擦动或转圈擦动,以免破坏光片表面。

用胶泥粘接光片和载玻片时,先将胶泥搓成小球,置于载玻片中央,将光片的底面轻轻压在胶泥球上。胶泥用量要适量,太少光片粘接不牢,太多则压平时易被压在光片四周污染光片和显微镜等。

光片基本装好后,将其放到压平器上压平,以保证光片表面与载玻片严格平行。注意压光片动作要轻缓,待压平器接触到光片表面时,稍用力下压即可。冲击性下压或用力太猛均有可能破坏光片或载玻片。

在操作顺序上,也可先装片,后擦净,再压平,但不可先压平后擦净。因为那样会改变已固定的光片方位,影响光学性质的正确测定。

最后应该指出的是,光片的磨光面长期暴露在空气中,易受氧化、沾染灰尘,所以在每次观察之前,必须在呢绒擦板上用抛光粉擦拭干净。

6.2　矿物的反射率与双反射

6.2.1　反射率

1.反射率概念

矿物光面对垂直入射光线的反射能力，称为矿物的反射力，即矿物光面在反光显微镜下的明亮程度。表示反射力大小的数值叫做反射率，以下列公式表示：

$$R = \frac{I_r}{I_i} \times 100\% \qquad (6-1)$$

式中：R——矿物的反射率；I_i——入射光的强度；I_r——反射光强度。

由于反射率是矿物本身的属性，因此它是不透明矿物最重要的光学特征和主要鉴定依据。

矿物的反射率 R 取决于矿物的折射率 N 与吸收系数 K。一般透明矿物的吸收性极低，近似为 0，可忽略不计，所以透明矿物的反射率可用费涅耳（Fresnel A）公式表示

$$R = \frac{(N - N_s)^2}{(N + N_s)^2} \qquad (6-2)$$

式中：N——矿物的折射率；N_s——浸没介质的折射率，若观察矿物是以空气为介质，则 $N_s = 1$；如果以香柏油为介质，其 $N_s = 1.515$。

对不透明矿物，其反射率不仅与矿物的 N 有关，而且与 K 的关系尤为重要。

对其矿物的反射率 R 要用下列公式表示：

$$R = \frac{(N - N_s)^2 + K^2}{(N + N_s)^2 + K^2} \qquad (6-3)$$

当以空气为介质时，则 $N_s = 1$，公式变为：

$$R = \frac{(N - 1)^2 + K^2}{(N + 1)^2 + K^2} \qquad (6-4)$$

对于不透明矿物，R、N、K 三者之间存在下列关系：当 $K < 0.5$ 时，R 主要取决于 N；$K = 0.5 \sim 2.0$ 时，R 同时取决于 N、K；当 $K > 2.0$ 时，R 主要取决于 K，此时 R 都大于 38%。

反射率是矿物本身固有的属性，不同的矿物具有不同的反射率值（表 6-1），如白光下自然银的反射率为 95%，而萤石的反射率仅为 3%，两者相差 30 多倍。可见，反射率是鉴定矿物（尤其是透明度低的矿物）的重要特征。

表 6-1　常见矿物的反射率表（空气中）

矿物名称	白光	R(单色光)/nm			
		470	546	589	650
自然银	95.0	92.2~92.5	94.3~94.8	95.1~95.5	94.8~95.7
银金矿	83.0	77.3	86.4	88.7	90.0
自然金	74.0	38.5	77.8	85.5	90.0

续表 6－1

矿物名称	白光	R(单色光)/nm			
		470	546	589	650
自然铜	81.2	47.7	55.6	78.6	86.7
自然铂	70.0	66.4	70.4	71.9	74.3
自然铋	67.9	62.4	66.7	68.8	71.2
方钴矿	55.8	53.1~56.3	52.5~55.4	52.2~54.6	51.8~53.8
毒砂	51.7~53.7	48.7~55.3	52.5~55.4	52.2~54.6	49.3~53.7
黄铁矿	54.5	45.8~46.6	51.9~53.7	53.4~54.5	54.3~53.6
白铁矿	48.9~55.5	43.1~50.6	47.5~56.2	48.3~54.6	47.8~53.7
针镍矿	54.0~60.0	42.8~43.4	49.6~54.0	51.4~56.5	53.6~58.9
镍黄铁矿	52.0	40.5~41.5	47.8~48.2	50.0~50.3	52.3~52.6
黄铜矿	42.0~45.1	31.0~34.2	42.5~45.5	44.5~47.3	45.8~47.8
灰铋矿	42.0~48.7	39.5~48.9	38.5~48.8	38.1~47.9	37.6~46.4
方铅矿	43.2	46.3~47.7	42.7~43.6	42.2~43.0	41.7~43.4
灰锑矿	30.2~40.0	30.8~52.6	31.1~48.1	30.7~45.3	29.4~42.2
雌黄铁矿	38.0~45.2	30.8~35.5	34.8~39.9	36.9~41.6	39.5~43.3
软锰矿	30.0~41.5	30.5~39.9	29.0~40.0	28.1~49.3	27.5~38.1
灰铜矿	32.2	35.5~36.7	32.5~33.4	30.5~31.8	28.7~30.2
黝铜矿	30.7	30.3~31.6	30.3~32.2	29.8~31.6	28.2~30.2
灰钼矿	15.2~37.0	22.0~46.9	19.8~40.4	19.2~38.8	18.9~40.0
赤铁矿	25.0~30.0	27.4~32.6	26.0~31.0	25.3~29.6	23.1~26.4
黄锡矿	28.0	25.1~25.7	27.2~27.8	27.1~27.7	27.0~27.4
雄黄	18.5	22.5~24.7	21.4~21.8	20.3~20.6	19.5~19.8
雌黄	20.3~25.0	23.4~24.7	20.5~21.6	19.6~20.8	19.0~20.3
斑铜矿	21.9	17.8	20.1	22.4	25.0
磁铁矿	21.1	20.0~20.2	19.1~20.0	19.1~20.8	19.4~20.7
闪锌矿	17.5	16.8~20.0	16.1~19.5	15.8~19.3	15.6~18.1
钛铁矿	17.8~21.1	15.5~20.5	15.8~20.1	16.4~20.2	17.1~20.4
黑钨矿	16.2~18.5	15.6~16.6	15.0~16.2	14.7~15.9	14.6~15.8
针铁矿	16.1~18.5	15.3~18.7	14.2~16.5	14.3~15.5	13.1~14.8
铬铁矿	12.1	12.8	12.3	12.1	11.9
石墨	6.0~17.0	6.5~16.1	6.8~17.4	7.0~18.1	7.3~19.3
锡石	11.2~12.8	12~12.8	11.5~12.4	11.3~12.2	11.2~12.2

注：单色光(标准波长)反射率资料据鲍韦等(1975)；白光反射率资料据鲍韦泰勒。

2. 研究反射率的意义

在显微镜下鉴定不透明矿物，反射率是最重要的定量数据，其重要性可与透明矿物的折射率相比拟。由于矿物的这一性质较为稳定，可以定量测量，且再现性好。因此，反射率已成为鉴定不透明矿物必不可少的重要性质，其数据也成为编制不透明矿物鉴定表的重要基础。研究均质矿物的反射率和非均质矿物各方向的反射率，不仅在不透明矿物的鉴定上有重要实际意义，而且在吸收性晶体复数光学指示体、矿物键性、晶体对称以及晶体的其他反射光学性质的研究上，也有很大的理论意义。

3. 影响反射率测定的主要因素

矿物的反射率一般在单偏光下对干净平整的光片进行观察。影响矿物反射率测定的主要因素如下。

(1) 矿物光片磨光质量影响：这是最重要而且是常见的影响因素，所以要求光片光滑如镜而无擦痕、无氧化薄膜，否则将不能正确反映反射率的实际大小。

(2) 入射光的波长和浸没介质影响：在不同波长的入射光和不同浸没介质中测定的反射率不同（表 6-1），因此在比较和测定反射率时必须在同等条件下进行。

(3) 切面方向影响：非均质矿物切面方向不同，测出的单向反射率值也有差异；所以测定单向反射率时，应选择双反射最强的颗粒（切面）来进行。

(4) 仪器和附件及测量方法不同的影响：如光电值和视测光度仪目测值多数不一致；采用仪器的型号及使用不同类型的反射器、不同倍数的物镜其测定结果可能也不同。

(5) 不同标准物质（矿物）的影响：用碳化硅、碳化钨、黑玻璃和用铂、黄铁矿、方铅矿及闪锌矿作标准，所测得的矿物反射率值常会有差异；当然即使采用同一标准物质，由于上述的磨光或平整程度的差别，也必定影响测量结果。

(6) 内反射的影响：低反射率的矿物由于内反射的影响常使反射率测定值变大，因此应尽量选择裂隙、解理及包裹不发育的颗粒，即内反射较不显著的颗粒来进行测定。

6.2.2 双反射与反射多色性

1. 双反射与反射多色性的概念

在入射光为平面偏光的条件下（单偏光下），当旋转载物台一周时，非均质性矿物都可能存在明亮程度或颜色的变化。这种明亮程度（反射率）随矿物方向不同而变化的性质称为双反射，而与之相应的反射色变化称为反射多色性。由于二者均是在单偏光下所显示的光学性质，所以观察时要推出上偏光镜（分析镜），只保留前偏光镜（起偏镜）于光路中。

非均质矿物的反射率是随矿物结晶方向的改变而变化。中级晶矿物有两个主反射率 R_o 和 R_e；低级晶矿物则有 3 个主反射率 R_g、R_m、R_p。

非均质矿物最大反射率与最小反射率之差称为矿物的绝对双反射（率）也称双反射的绝对值，通常用 ΔR 表示。

中级晶矿物：$\Delta R = R_o - R_e$。例如，辉钼矿：$R_o = 37\%$，平行延长；$R_e = 15\%$，垂直延长；故 $\Delta R = 37\% - 15\% = 22\%$。

低级晶矿物：$\Delta R = R_g - R_p$。例如，辉锑矿 $R_g = 45\%$，平行 C 轴；$R_p = 31\%$，平行 b 轴；故 $\Delta R = 45\% - 31\% = 14\%$。

最大双反射（率）只有在平行包含 x、z 轴的主切面上才能测得；然而矿物光片大多是任意切面的，所以任意切面的双反射率 $\Delta R_i = R_2 - R_1$ （ $R_2 > R_1$ ），ΔR_i 可称之为切面绝对双反射（率）。

2. 双反射与反射多色性的观察方法

非均质矿物的反射色随方向不同而异，因此必须观察其不同方向的反射色，以确定其反射多色性。

观察应在单偏光下进行，镜下所见的反射色为平行单偏光方向的反射色。转动物台一周，可观察切面各方向的反射色及其变化情况。切面主反射率方向的不同单向反射色，即代表切面的反射多色性。对于有可能定向的矿物应测出 R_o、R_e 或 R_g、R_m、R_p 等主向的反射色。在观察反射多色性时，对于反射多色性强的矿物，在单晶即可观察到；对于反射多色性弱的矿物，单晶中往往不易察觉，需在同种矿物的集合体中进行观察对比。

3. 影响双反射与反射多色性观察的主要因素

影响双反射和反射多色性观察的因素一般有以下几点。

（1）相对双反射率（ $\Delta R'$ ）的影响：相对双反射率是指绝对双反射率占平均反射率的百分比。$\Delta R' > 10\%$ 时才易凭视力观察到，$\Delta R' < 10\%$ 的非均质矿物虽然理论上有双反射，但难于为视力所及，或不显双反射，或极微弱。

（2）切片方位的影响：具有双反射和反射多色性的矿物，当切片方位为垂直或接近垂直光轴或圆偏光轴时，可显示均质效应，因此不显双反射和反射多色性。

（3）观察介质的影响：矿物在不同介质中观察，其双反射和反射多色性现象有所不同。在空气中观察双反射和反射多色性不显的矿物，在浸油中可表现清楚。例如锡石在两种不同介质条件下双反射的情况见表 6 – 2。

表 6 – 2 锡石在不同介质中的双反射率

观察条件	R_g	R_p	双反射率		双反射和反射多色性
			绝对值（ ΔR ）	相对值（ $\Delta R'$ ）	
在空气中	12.4	11.3	1.1	9.0	不显（微弱）
在香柏油	2.6	2.0	0.6	27.0	显（清楚）

6.2.3 反射率的测定

反射率是不透明矿物最重要的光学性质，是鉴定矿物的主要光学常数。其测定方法有光电方法（光电光度法）和光学方法（视测光度法和简易比较法）。

1. 光电法

光电法是利用光电效应的原理，即利用光电元件所产生的光电流与其受光照强成正比的原理来测定矿物反射率。其方法是在同一条件下，分别测取"标准"矿物与欲测矿物的光电流强度，从而根据已知反射率的"标准"计算出欲测矿物的反射率。测反射率的光电装置，按所采用光电元件种类可分为光电池、光电管和光电倍增管显微光度计。前两种由于其灵敏度及准确性差而被淘汰。

光电倍增管显微光度计其灵敏度高，能测直径小至 0.5 μm 面积的光强。所以被国际矿相学委员会规定为测定反射率的标准仪器。使用光电倍增管测微光度计测定矿物的反射率时，只要标样正确、光片质量好、安装水平、控制温差、避免震动以及精确准焦等，就能达到很高的灵敏度。

2. 光学法

此法是借助装在显微镜上的视测光度计仪来测定矿物的反射率，或在显微镜下同一视阈中来比较两种矿物（"标准"与欲测矿物）的反光强度（反射率）。前者称视测光度法，后者为简易比较法（视测比较法）。视测光度法主要有裂隙显微光度仪法和视觉显微光度仪法等。

由于均以观测者的视觉为准，故难免带有主观因素，所以精度较差，达不到精度要求，现已被淘汰，不被采用。在日常的一般鉴定工作中，有时只需知道欲测矿物反射率的大致范围，即可查表定出矿物时，可采用简易比较法。采用光学法，除显微镜外不需专门仪器及附件，操作简便而易于掌握。

反射率简易比较法是将欲测矿物和标准矿物光片用软泥紧密镶在载玻片上，再用压平器压于同一水平面上，置于镜下以目力比较其反射率。即在同一视阈中比较两矿物的明亮程度（代表反射率）；若标准矿物与欲测矿物不能出现在同一视阈中进行比较时，可反复迅速推移载片来比较它们的亮度。当欲测矿物与几种标准矿物比较后，即可定出欲测矿物反射率的范围（高于或低于某些矿物，应属于哪一反射率级）。本书鉴定表是以下列四种标准反射率矿物（表6-3）将反射率分为五级：

$R >$ 黄铁矿	Ⅰ级
黄铁矿 $> R >$ 方铅矿	Ⅱ级
方铅矿 $> R >$ 黝铜矿	Ⅲ级
黝铜矿 $> R >$ 闪锌矿	Ⅳ级
$R <$ 闪锌矿	Ⅴ级

表6-3 四种标准矿物反射率值

所用光波	矿物名称			
	黄铁矿	方铅矿	黝铜矿	闪锌矿
R（白光）	54%	43%	31%	17%
R（黄光）	54%	43%	31%	17%

6.3 矿物的反射色与内反射

6.3.1 矿物的反射色

1. 矿物反射色的概念

矿物的反射色是指矿物磨光面在白光垂直照射下垂直反射所呈现的颜色，它是矿物的表色。

所谓矿物的颜色一般有体色与表色之分。体色是矿物在透射光中所呈现的颜色，为透明、半透明矿物所具有；而表色是矿物表面反射光所显示的颜色。若某些矿物光面对白色入射光由各波长的光近似等量反射时，这些矿物的反射色就呈现白色至灰色；若矿物对入射光中某一波长的光反射较强时，则这些矿物的反射色就呈现该波长的颜色。例如，方铅矿对白色入射光近似等量反射，故方铅矿的反射色为白色；而黄铜矿对黄色波段的光反射强烈，故其反射色为黄色。简而言之，矿物反射色的形成机理是由于矿物光面对白色垂直入射光的选择反射所致。

2.矿物的反射色的观察方法

对矿物的反射色进行观察时，要求光源为纯白色，但一般的钨丝低压白炽灯光源常带黄色，需要加适当深浅的蓝色滤光玻璃使之滤成白色(以方铅矿呈纯白色为度)。

观察反射色时，与标准颜色的矿物进行对比，可使反射色的观察更为准确。一般以方铅矿作为标准的纯白色，与之进行对比(对于无色类及略带色调的矿物特别适用)，对于显著赋色的矿物则可与同色类的矿物进行对比。对比时应将欲测矿物与标准颜色矿物置同一视场中。若在同一光片中无方铅矿或其他标准颜色矿物时，也可将欲测矿物与标准矿物镶压在同一载片上，置镜下反复推移对比。此外若用比色目镜(比色目镜系由两台相同的矿相显微镜，用带转向反射棱镜的比色目镜筒相连接，使同一视场中能看到两台矿相显微镜中所成的、各占半个视场的影像)进行视差对比，效果更好。也可用镀银(或镀铂)镜(盖玻片镀上银或铂，涂上护层后，小心地用针尖拨一小孔印成)置于光面上，使小孔中的欲测矿物与小孔周围的银或铂进行对比，以确定其反射色。

虽然矿物的反射色分为两大类，即无色类(包括微带色调的白—灰色矿物)及有色类(具明显的赋色)。但不论是对有色矿物还是微带色调的矿物，即使同一颜色也往往因人而异，作出不同的描述。譬如以磁黄铁矿的反射色为例，曾被描述为淡褐黄色、淡棕黄色、淡玫瑰黄色或古铜黄色等，也有人描述为乳黄色、粉黄色或淡黄色微带玫瑰色等。因此矿物反射色的分类及描述难于统一，所以不必苛求，更重要的是在于加深认识，提高识别能力。

常见矿物的反射色和相对色变(效应)见表6-4。

表6-4　常见矿物的反射色和相对色变

矿物		反射色	相对色变(附连生矿物)
有色类	自然金	金黄色	黄色(自然银)；更黄(银金矿)；亮黄(黄铜矿)
	银金矿	亮淡黄色	淡黄色(自然金)；亮浅黄色(方铅矿)
	针镍矿	淡黄色；纯黄色；乳黄色	亮淡黄色(黄铜矿)；稍黄(黄铁矿)
	黄铁矿	浅黄色；黄白色	较黄(白铁矿)；微绿黄(毒砂)
	白铁矿	黄白色；淡黄微绿色	白色(黄铁矿)；微绿黄(毒砂)
	黄铜矿	铜黄色	黄微绿(自然金)；较亮黄(方黄铜矿)；较黄(黄铁矿)；淡黄(黄铁矿)
	镍黄铁矿	淡黄色；白色微黄	浅黄色(磁黄铁矿)；白色微黄(硫钴矿)
	自然铜	亮粉红色；铜红色	亮粉红色(辉铜矿)；铜红色(自然银)
	红砷镍矿	亮粉红色微黄；粉红带褐	浅粉红色(磁黄铁矿)；粉红带黄(红锑镍矿)

续表 6 – 4

矿物		反射色	相对色变(附连生矿物)
有色类	磁黄铁矿	乳黄色;淡玫瑰棕色	较暗带棕(镍黄铁矿);粉红(方黄铜矿);较暗,无红色(红砷镍矿)
	斑铜矿	粉红带褐;玫瑰棕色	较暗(硫砷铜矿);色较深(锗石)
	铜蓝	天蓝色;蓝色微紫	微带紫(辉铜矿)
	蓝辉铜矿	浅蓝色;灰蓝色	较暗蓝(辉铜矿);鲜蓝(斑铜矿)
	深红银矿	浅蓝灰白色;蓝灰色	稍亮(淡红银矿);蓝灰色(方铅矿)
	淡红银矿	蓝灰色	稍暗(深红银矿);蓝灰色(方铅矿)
	自然银		亮乳白色(自然锑,自然铂);淡黄(锑银矿)
无色类	方铅矿	亮白色	淡粉色(灰铋矿,硫锑铅矿);暗蓝灰色(自然金)
	辉锑矿	白色	微乳白(方铅矿);暗乳白(灰铋矿)
	毒砂	白色;微粉色	白色(黄铁矿);微黄(方铅矿);灰白微紫(自然锑)
	黝铜矿	灰白色微淡褐色	褐灰微绿(方铅矿);蓝灰色(黄铜矿)
	辉铜矿	灰白色微蓝	浅蓝(方铅矿);蓝灰色(黄铜矿)
	辉钼矿	白色	微黄(方铅矿);较亮无褐色(石墨)
	赤铁矿	灰白色微蓝	蓝灰色(黄铁矿);白色微蓝(磁铁矿、钛铁矿);微褐(辉铜矿)
	磁铁矿	浅灰色微棕	棕灰色(赤铁矿);浅粉红色(钛铁矿);棕色(磁赤铁矿)
	闪锌矿	灰色	深灰色(方铅矿);稍暗灰(磁铁矿)

3. 矿物反射色的影响因素

影响反射色视察的因素除光源和光片的磨光质量外,还有就是周围矿物的影响,即视觉的色变效应。

1)光源

光源的强度与色调能影响矿物的反射色。当光源较弱时,反射色会偏黄。为滤去光源中多余的黄光,显微镜上配备有蓝色滤色片。调节光源时,以方铅矿的白色作为标准。

2)光片的磨光质量

与测定反射率时对光片的要求类似,光片的磨光质量要高,安装必须正确。当光片表面存在氧化膜时,会出现各种彩色,放光片必须保持新鲜和清洁的表面。

3)周围矿物的影响

矿物反射色是指矿物单独存在时的颜色。而同一种矿物分别与不同的矿物连生时,往往会使观察者产生视觉色变。例如辉铜矿本为无色矿物(灰白微带蓝色调)类,但与方铅矿连生时,就呈明显的蓝色;若与铜蓝连生时,则显白色。再如磁铁矿反射色应为灰色,但和赤铁矿连生时,呈明显的棕色调;但与钛铁矿连生时,则显浅粉红色。虽然色变效应影响对矿物反射色的准确判断,但对某些矿物的鉴定却有所裨益。

6.3.2 内反射

1.矿物内反射概念

当光线照射到具有一定透明度的矿物光片表面时,除了反射光之外,有一部分光线能够折射透入矿物内部,若遇到矿物内部的某些界面(如解理、裂隙、空洞、晶粒、包裹体),光线可以被反射出来或者散开,这种现象称为矿物的内反射。

如果反射出来的光线没有色散现象,则仍为白光;若发生色散,则可显示颜色,这种颜色称为内反射色。内反射是光线在矿物内部的反射,所呈现的反射色是矿物的体色,而前述的反射色是矿物的表色。体色与表色互为补色,互补明显程度与矿物的透明度有关。

透明矿物的透射光强、反射光弱,反射色多为灰色—灰黑色。透明矿物的内反射现象显著,若发生色散,可呈现强烈的内反射色,如孔雀石的翠绿色、蓝铜矿的蓝色等。透明矿物的反射色与内反射色的互补关系不明显,肉眼观察矿物的颜色与内反射色接近。

半透明矿物的透射光和反射光都比较强,所以内反射色和反射色也都比较显著,两者互补关系明显。所以,肉眼观察矿物的颜色与内反射色和反射色都不一致,呈现内反射色和反射色的综合色。如赤铁矿肉眼观察一般为褐红色,其反射色为灰白色微带蓝色色调,内反射色则为深红色,三者都不相同。

不透明矿物不发生内反射现象。如黄铜矿、黄铁矿、方铅矿等金属矿物均无内反射。

由于矿物的透明度与反射率关系密切,所以内反射也与反射率密切相关。一般来说,矿物的反射率越高,其内反射现象就越不明显。

2.矿物内反射的观察方法

矿物内反射的观察方法有斜照法、正交偏光法、粉末法和油浸法。

1)斜照法

这是一种简便而常用的方法。观察时,先将欲观察的矿物在垂直照射光下准焦(用低倍物镜),然后再将光源改从侧面斜射于矿物磨光面上(图6-5),此时表面反射光与入射光成相同的角度向另一侧反射掉,故不能进入显微镜系统,所以在视阈中看不到矿物的反射光。

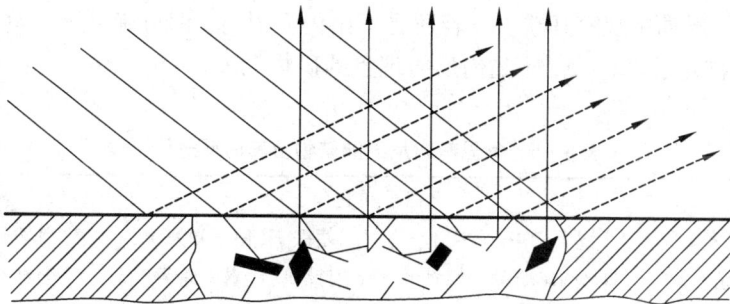

图6-5 斜照下内反射的成因(据邱柱国)

经折射进入透明、半透明矿物内部的光线,当遇到矿物内部解理、裂隙、空洞或粒间界面时,部分光线经内部反射、折射后透出矿物,再进入显微镜系统达到目镜,从而可以观察到矿物的内反射现象。用此法观察矿物的内反射,一是需要较强的白色光源照射;二是要不断变换照射角度及方向，以便选择最适宜的方向和角度（也可同时转动物台变换矿物的方向），使其获得最大的光量，才能看到比较确切的内反射现象；三是按物镜必须有适当的工作距离，所以只能用低、中倍物镜观察。注意，内反射现象会使视觉有透明感、立体感、呈现透明的颜色并具不均匀的特点，或呈斑点状出现，转动物台时无规律性的变化等。然而这种方法对细小矿物内反射的观察颇受限制，而且灵敏性较差，所以只能用于观察那些内反射现象很明显的矿物。

2）正交偏光法

这种方法观察矿物内反射可用各种倍数的物镜，而以采用高倍物镜为宜，因高倍物镜对光线的聚敛作用强，可以获得各方向入射角较大的斜射光，从而增大了矿物显现内反射的机会。当这些斜射光线射入矿物内部，经折射旋转和内反射旋转作用，使入射的直线偏光发生旋转，同时也常产生椭圆偏光，故使部分内反射光可透过上偏光镜，因此在正交偏光下可观察到矿物的内反射现象。当观察均质的透明和半透明矿物时，因其表面反射光基本上是将入射直线垂直上偏光方向反射，故被上偏光能消除，从而可突出地显示矿物的内反射现象。对非均质透明和半透明矿物的内反射进行观察时，必须将矿物转到消光位，以消除偏光色的干扰后才利于观察内反射。

3）斜照光下或正交偏光下观察矿物粉末法

如果上述方法看不到矿物（$R < 40\%$）的内反射现象，则不能认为该矿物确无内反射，而可用钢针或金刚石笔将矿物刻划下来的粉末，在斜照光下或正交偏光下观察，其灵敏度较上述方法为高。因粉末即该矿物的微粒，比光面中的矿物容易透光，因具有更多的反射界面，所以对那些透明度较差的矿物，如赤铁矿、针铁矿等，用此法可清楚地看到它们的内反射（粉色）。若所观察的矿物为无内反射的不透明矿物，如磁铁矿、雌黄铁矿，其粉末为黑色，或呈耀眼的金属矿物的反射色。

4）正交偏光下油浸观察法

由于矿物在浸油中反射率大为降低，故使透入矿物内部的光强增大，因此更有利于内反射的显现，所以对内反射现象微弱的矿物颇见其效，具有很高的灵敏性。一些用前几种方法看不出内反射的矿物，在浸油中则能看出较清楚的内反射现象。若用这种方法仍看不到矿物的内反射，还可在浸油中观察其粉末。若还看不出内反射时，即可确认该矿物无内反射。常见有内反射的矿物列于表6-5，不显内反射现象的矿物见表6-6。

表6-5　常见有内反射的矿物及其内反射色

白—黄色			
白钨矿（白—淡黄）	锡石（白—黄褐）	菱铁矿（白—黄褐）	自然硫（白—黄）
雌黄（黄—橘黄）	针铁矿（淡黄—棕黄）	闪锌矿（淡黄—棕黄）	金红石（黄—棕）
橙—红—棕红色			
雄黄（橘红）	红锌矿（橙—红）	黑钨矿（红棕）	辰砂（鲜红）
铬铁矿（黄棕）	深红银矿（朱红）	淡红银矿（鲜红）	赤铜矿（血红）
赤铁矿（砖红）	水锰矿（暗红棕）	纤铁矿（棕红）	褐锰矿（暗棕色）
绿—蓝色			
孔雀石（翠绿）	硫锰矿（暗绿）	方锰矿（暗绿）	蓝铜矿（蓝）

表 6 – 6　常见无内反射的矿物

黄铁矿	黄铜矿	磁黄铁矿	镍黄铁矿	白铁矿	磁铁矿
辉锡矿	辉锑矿	辉钼矿	黝铜矿	辉铜矿	斑铜矿
铜蓝	硬锰矿	软锰矿	毒砂	方铅矿	石墨

3. 内反射观察的注意事项

(1)内反射的特点是具有透明感、立体感和不均匀性。光片的擦痕、槽面、刻槽或不透明矿物的粉末，在斜照下都会不同程度地产生漫射现象，切不可将此种强烈耀眼的表面反射光(闪光)误认为是内反射。

(2)在矿物光片裂隙或空洞中往往充填有磨料(如红色的 Fe_2O_3，绿色的 Cr_2O_3)，用斜照光或正交偏光法观察矿物的内反射时，它们也会形成内反射，并具较鲜明的颜色，也切勿把它们误认为是矿物的内反射。

(3)非均质现象和偏光色影响在正交偏光下对内反射的判断，所以在观察非均质矿物内反射时，须将矿物转到消光位后进行。同时应注意当转动物台时内反射现象作无规律性的变化；而非均质现象及偏光色是有规律的。相反，当内反射很强烈时(如雌黄)，也会将非均质性和偏光色掩盖掉。

4. 矿物内反射的影响因素

1)光源

由于内反射光相对较弱，故需要用强光源作入射光。光源要用白光，以便观测到正确的内反射色。

2)入射角

斜照法观察矿物的内反射时，入射角以 30°~45°为宜。观察时，变换入射光的入射角和方向，以寻求有利的反射角，增加进入物镜的光量，加强镜下的透明视感。

3)磨料

避免将堆积在矿物光片裂隙和凹坑中的磨料颜色误认为是矿物的内反射色。

4)干涉现象

白光倾斜射入石英和方解石等无色透明矿物后，会像射入三棱镜一样发生色散，产生干涉现象，使矿物内部显示"彩色"。不要将这种彩色误认为是矿物的内反射色。

5)物镜倍数

斜照法只能用低倍物镜或中倍物镜，因高倍物镜工作距离太短，不允许光线按适宜角度照射到光片表面。正交偏光法最好是用高倍物镜，因为透过高倍物镜的光线聚敛作用强，使矿物显现内反射的机会增大。

6)矿物的非均质性和偏光色

均质矿物任何方向的切片都可用正交偏光法观察内反射；非均质矿物在正交镜下呈非均质性和偏光色，故只有在消光位才能正确观察内反射。

要区别内反射色和偏光色，只需旋转物台。当改变矿物方位时，内反射色基本不发生变化，而偏光色会发生明显的变化。

6.4 矿物的均质性与非均质性

6.4.1 矿物的均质性与非均质性概念

1. 矿物的均质性

在正交偏光下，当垂直入射的平面偏光照射到矿物光片表面时，如反射光仍保持原来的偏振方向而不能通过上偏光镜，使视阈呈现黑色(消光)，此时旋转物台，不发生明暗或颜色的变化，矿物的这种光学性质称为均质性。任何方位都显均质性的矿物称为均质矿物，等轴晶系和非晶质的物质的矿物都是均质矿物。

2. 矿物的非均质性

矿物对垂直入射平面偏光有方向性选择，除特殊方向(消光位)的切片外，反射光均要改变原来的偏振方向，使部分光线经过上偏光镜，显示一定的亮度和颜色(偏光色)。在这种情况下旋转物台时，亮度和颜色都会发生变化。

6.4.2 矿物的均质性与非均质性的测定

在正交偏光条件下观察，分为严格正交法和不完全正交法两种情况。

1. 严格正交法

指在两偏光镜严格正交的情况下观察矿物的均质性与非均质性。旋转物台一周，均质矿物呈消光状态，视阈黑暗；非均质矿物则可见到"四明四暗"的现象，明暗位置是固定的，在45°位置视阈最亮。

2. 不完全正交法

两偏光镜不严格正交，偏离正交位置1°~3°。对于均质矿物视阈可呈现一定亮度，即不完全消光，但旋转物台时亮度不发生变化；对于非均质矿物，将出现"歪四明四暗"现象，即明暗位置不正，间隔不是90°，四明中有2次最亮，2次次之。

矿物的均质性与非均质性的观测结果分为3级，均质、强非均质和弱非均质。在严格正交偏光下旋转物台，能看到明显的亮度和颜色变化者为强非均质。在严格正交偏光下不能看到明暗变化，但在不完全正交偏光下能看到明显的亮度和颜色变化时，则为弱非均质矿物。在不完全正交偏光下也看不出明暗变化，则为均质矿物。对于非均质矿物，要观察和记录偏光色。

如铜蓝为强非均质，偏光色为火红—蔷薇—红棕色。可记录为铜蓝：强非均质(火红—蔷薇—红棕色)

6.4.3 影响矿物的均质性与非均质性的因素

1. 切面方位

非均质矿物在特殊位置也有均质切面。因此，要多观测几个同种矿物的颗粒，以避免刚好观测到非均质矿物的均质切面。

2. 光片质量及安装

当光片磨制质量不高时，表面的凹坑、突起和擦痕等可能导致"异常的非均质效应"，要注意与真正的非均质效应区别。

光片安装不平时，旋转物台视阈亮度会有变化，不要误认为是非均质性。

3. 内反射

当矿物具有强内反射现象时，会严重干扰均质性和非均质性的观察。为了减小内反射的影响，可将上偏光镜偏转一定角度，即在不完全正交状态下观察均质性与非均质性。

4. 显微镜的调节

光源太弱、反射器未调节好、前偏光镜位置不正、物镜产生应变等都会影响对均质性和非均质性的观察。

6.5 矿物的偏光图

矿物在正交偏光镜下加上勃氏镜或去掉目镜时所呈现的图像称为偏光图。

虽然偏光图可作为矿物的一个鉴定特征，但常规矿物鉴定时对偏光图的观测并不普遍，其原因是因为偏光图的观测要求条件较多，如需要高质量的显微镜，操作前必须严格调节好各个部件，反射器必须是玻片式的，对光片的质量要求也很高，并需要用强光源和高倍物镜；否则，就不能观察到正确的偏光图或根本观察不到偏光图。

6.5.1 均质矿物的偏光图

在严格正交偏光下，加上勃氏镜或取走目镜，均质矿物显示"黑十字"偏光图〔图6－6(a)〕。

只要是均质矿物，黑十字图形不受矿物切片方位的影响。所以，任意旋转物台，黑十字图像都不会发生变化。

当旋转上偏光镜，使其离开与前偏光镜正交的位置时，均质矿物的黑十字偏光图将分解成"双曲线形"〔图6－6(b)〕。一些均质不透明矿物的双曲线形偏光图会出现红、蓝色边，称为反射旋转色散效应。这种色散效应有3种情况：当双曲线凹侧为红色、凸侧为蓝色时，叫做"红＞蓝"；凹侧为蓝色、凸侧为红色时，叫做"蓝＞红"；看不出色边时叫做"红≈蓝"。

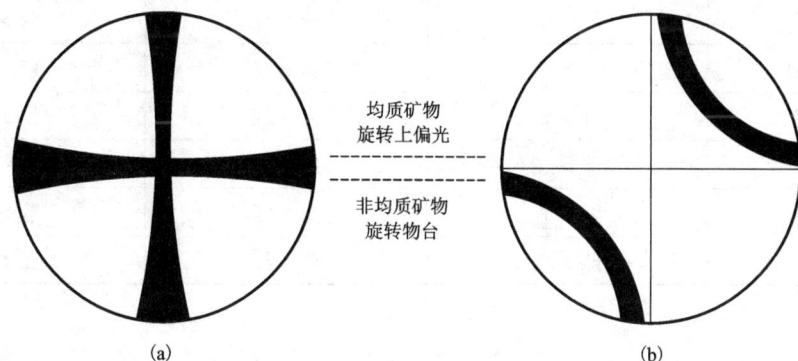

均质矿物
旋转上偏光

非均质矿物
旋转物台

(a)　　　　　　　　　　　　　　(b)

图6－6　聚敛偏光图典型图像示意图

常见均质矿物偏光图如表6-7所示。表6-7还列出了一些不同类型反射旋转色散的矿物，对鉴定矿物具有实际意义。

如黝铜矿和砷黝铜矿的光学性质类似，但借助偏光图很容易区分它们，黝铜矿属蓝＞红；砷黝铜矿则相反，为红＞蓝。

表6-7 部分均质不透明矿物的反射旋转色散类型

反射旋转色散分类	代表性矿物
红＞蓝型（凹侧为红色、凸侧为蓝色）	辉银矿，砷黝铜矿，蓝辉铜矿
蓝＞红（凹侧为蓝色、凸侧为红色）	黄铁矿，紫硫镍矿，黝铜矿，斑铜矿
红≈蓝（看不出色边）	自然铂，磁铁矿，方铅矿，闪锌矿

6.5.2 非均质矿物的偏光图

非均质矿物也有黑十字形和双曲线形两种基本形态的偏光图。当非均质矿物处于消光（垂直光轴的切面）时，呈现与均质矿物相同的黑十字偏光图[图6-6(a)]。当旋转物台使矿物处于非消光位或用任意方位的切面观察时，将呈现双曲线偏光图[图6-6(b)]。

非均质矿物双曲线偏光图的形成机理比均质矿物更复杂，它们同时受反射旋转色散、非均质旋转色散以及两者的综合色散作用的影响。由于不同的矿物具有不同的色散类型（表6-8），故非均质矿物的偏光图具有实际鉴定意义。

表6-8 部分非均质不透明矿物的反射旋转色散类型

矿物	反射旋转色散	反射旋转和非均质旋转综合色散	非均质旋转色散
赤铁矿	红＞蓝	蓝＞红	红≈蓝
软锰矿	红≈蓝	红＞蓝	红＞蓝
硬锰矿	红≈蓝	蓝＞红	蓝＞红
磁黄铁矿	蓝＞红	蓝＞红	蓝＞红
辉铜矿	红＞蓝	蓝＞红	红＞蓝
黄铜矿	蓝＞红	红＞蓝	红≈蓝
辉锑矿	红≈蓝	蓝＞红	蓝＞红
毒砂	蓝＞红	蓝＞红	蓝＞红

6.5.3 偏光图的观测方法

在反射光下观测矿物偏光图，必须选择一台光学系统优良、部件齐全、安装精确的矿相显微镜。而且对显微镜的各部件必须进行检查校正，同时要将光源调至在视阈中最亮程度，但勿使灯丝影像因聚光而呈现于视阈中，以免影响对图像的观测。还需要用适当的蓝色滤光片将入射光调至白色，因在白光下才能正确地分析色散色型。

在观测偏光图之前，选一块磨光质量较好而无应变的均质矿物如黄铁矿置于载物台上，使上偏光镜与起偏镜严格正交，加勃氏镜或移去目镜(从敞开着的镜筒宜直接观察)后可见一完美的"黑十字"。转动载物台，若"黑十字"不变形也不破坏，则证明两偏光镜完全正交和物镜无应变现象。同时必须将物镜中心校正好，以免转动物台时由于不同矿物颗粒移换而造成对图像不正确的分析。

将待测矿物的光片置于视域中，移去目镜或加勃氏镜，转动物台仍为一不变的"黑十字"形图像时，说明矿物为均质性或非均质矿物底切面。

转动上偏光镜使"黑十字"分解成双曲线，并观测反射旋转色散 DRr 及椭圆散色 DE，并记下它们的色型及强度。

如果矿物为非均质性矿物，则必须选非均质性最强的颗粒进行观测，因为只有这样颗粒才能代表或接近平行 c 轴或光轴面的切面。颗粒选定后，在正交偏光下转动物台使之呈"黑十字"图像，然后转动上偏光镜，观测 DRr 或 DE。

恢复上偏光镜至正交位置，转动物台至45°位置，若矿物为极弱的非均质矿物，如黄铜矿，则只见"黑十字"扭曲变形，而一般非均性矿物则分解成双曲线形。先用目镜微尺测双曲线分开的距离(以视阈直径的百分比计算)，若无目镜微尺或勃氏镜，可移去目镜从敞开着的镜筒直接观察估计，将其双曲线的分开距离记下，即双曲线的最大分离度，也是间接代表矿物在白光下的非均质视旋转角 Ar。而直接测 Ar 的方法是：转动上偏光镜使双曲线恢复成完美的"黑十字"时，上偏光的转角即为 Ar(白光)；如果欲测矿物对红或蓝光的 Ar，需加一定波长的红或蓝色干涉滤光器，转动上偏光镜使双曲线恢复在红或蓝光下的"黑十字"时，上偏光镜之转角即为红或蓝光的 Ar，即得出 DAr 的符号。

在白光下观测时，若双曲线具色边，则记下凹面的颜色及强度，即综合色散，并从中分析 DAr 性质。

6.6　矿物的硬度

矿物抵抗某种外来的机械作用，特别是抵抗刻划、压入及研磨等作用的能力，称为矿物的硬度。刻划硬度、压入硬度及抗磨硬度是 3 种形式不同的抵抗外加机械作用的阻力标准。由于 3 种硬度的机制有所差异及测试方法的不同，其度量单位也各不相同。故不可能得到同一的物理量。另外，即使用相同的方法，如以压入法为例，若测试条件不同，得出的硬度值也不一致。矿物的硬度虽然是一个变量，但对每种矿物，其变化范围有一定限度，对不同的矿物仍有一定的特征性。故硬度值仍可作为鉴定矿物的重要依据，并系编制不透明矿物鉴定表的基础之一。

6.6.1　矿物的刻划硬度

矿物抵抗刻划作用力的能力称为刻划硬度。

显微镜下测定矿物刻划硬度方法简便，用钢针(缝纫针)和铜针(用纯铜电线磨制)作工具，刻划矿物表面，其结果分为 3 级。

（1）高硬度矿物：用钢针刻不动的矿物，如黄铁矿、赤铁矿等。

（2）中硬度矿物：用钢针能刻动，但铜针刻不动，如黄铜矿、闪锌矿等。

（3）低硬度矿物：用铜针刻得动的矿物，如方铅矿、辉铜矿等。

镜下刻划矿物在低倍或中倍物镜下进行，金属针与光片表面成30°~45°较合适。刻划时从左向右划动，不能太用力。刻划后观察光片表面是否留下刻痕。要避免将光片表面被刻动的尘土、污垢、氧化膜或金属针本身的粉末误认为刻痕。

6.6.2　矿物的抗磨硬度

矿物抵抗研磨作用力的能力称为抗磨硬度。

镜下观测抗磨硬度仅是比较相邻矿物硬度的相对高低，而不能对矿物硬度进行定量或分组。制好的光片尽管肉眼看来很平滑，但在显微镜下仍可表现出高低不平。光片在研磨和抛光过程中，软矿物易磨损而相对凹下，硬矿物不易磨损面相对凸出，使毗连的软、硬矿物之间形成一个斜面（图6-7）。

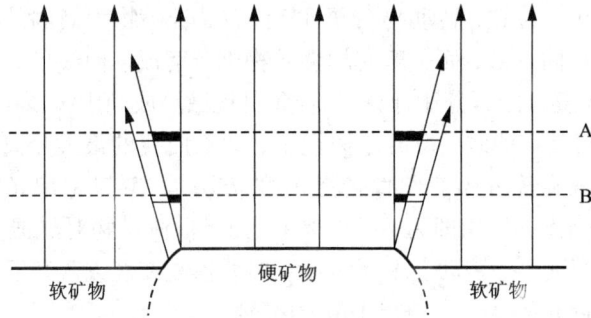

图6-7　垂直入射光线在不同突起矿物光面的反射示意图

图6-7中的箭头线表示反射光线，在平面部位反射光都垂直向上，斜面上的光线则向低硬度矿物的方向反射，使得正对矿物交界线的位置显得黑暗，在交界线外围，由于光线重叠而显得更为明亮，产生一条"亮线"。

当提升显微镜筒或下降载物台时，物镜焦点由图中B的位置升到A的位置，亮线便向低硬度矿物的方向移动。如下降镜筒或上升物台时，物镜焦点也下降，亮线就向高硬度矿物方向移动，从而能比较毗连两矿物硬度的相对高低。

6.6.3　抗压硬度概念

矿物抵抗压入作用力的能力称为抗压硬度。抗压硬度用显微硬度仪测定，硬度仪上安有用硬质合金或金刚石制成的"压头"。外加一定负荷时，可使压头在矿物表面压出压痕。根据负荷和压痕的大小，即可计算出矿物的抗压硬度。

常用的抗压硬度是维克（Vicker）硬度，也称维氏硬度，其次是诺普（Knoop）硬度。维克硬度所用的压头（维氏压头）为金刚石正方形锥体，各锥面角为136°[图6-8(a)]；诺普硬度所用的压头为金刚石菱形锥体，锥体两相邻面之间的夹角分别为130°和172.5°，压痕为长的菱形[图6-8(b)]。

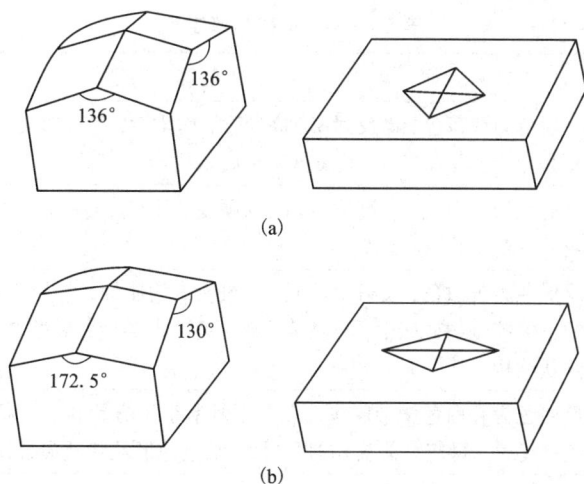

图6-8　维氏压头(a)和诺普压头(b)及其相应压痕示意图

维克硬度值(H_v)以负荷除以压痕的表面积计算,其公式为:

$$H_v = \frac{P}{d^2/[2\sin(136°/2)]} = 1.854P/d^2 \tag{6-5}$$

式中:P——负荷大小,kg;d——正方形压痕的对角线长度,mm。

诺普硬度所用的压头为金刚石菱形锥体,锥体两相邻面之间的夹角分别为130°和172.5°,压痕为长的菱形(7-9b)。诺普硬度值(H_k)的计算公式为:

$$H_k = \frac{P}{1/2\cos[1/2(172.5°)]\tan(130°)d^2} = 14.229P/d^2 \tag{6-6}$$

式中:P——负荷大小,kg;d——菱形压痕的对角线长度,mm。

6.7　矿物的简易鉴定和综合性系统鉴定

6.7.1　常见矿物简易鉴定

矿物简易鉴定方法,即根据常见矿物各自较为突出的特性,快速、准确地定出矿物名称。对某些特征有相似之处的常见矿物,还要对比区分,有比较地认识它们的异同点,熟练掌握其特征,方能鉴别。

鉴定矿物过程中,如果掌握常见矿物的简易鉴定特征,会给实际工作带来很多方便。在实际工作中,没有必要对每一个矿物都进行系统鉴定,只有对不常见的矿物和具有特殊意义的常见矿物才需要系统、综合鉴定。可见,熟练地掌握常见矿物的主要鉴定特征,对于迅速地鉴定矿石光片中的某些矿物是大有益处的。各种矿物在反光显微镜下显示出其独特的性质,在综合考虑各项性质的基础上以各个矿物的特殊性作为鉴定特征,识别和区别各种矿物,可以达到快速、准确鉴定矿物的目的。常见矿物的主要特征见表6-9,供简易快速鉴定时参考。

表 6 – 9　常见矿物鉴定表

矿物名称及化学组成	主要鉴定特征
黄铁矿 FeS_2	反射色为淡黄色，高反射率，高硬度，均质性，呈自形晶或棱角状碎纹集合体，不易磨光，常具有麻点，胶黄铁矿呈胶状构造
白铁矿 FeS_2	反射色为黄白色，以高反射率、高硬度、显双反射和强非均质性(偏光色，黄绿—灰紫—蓝灰)为主要特征
镍黄铁矿 $(Fe, Ni)_9S_8$	反射色为黄白色，反射率稍低，中硬度，均质性，常产于与基性或超基性岩有关的铜镍硫化物矿床中，与磁黄铁矿、黄铜矿共生，常沿着磁黄铁矿颗粒边缘形成结状结构
磁黄铁矿 $Fe_{1-x}S$	反射色为乳白色微带玫瑰棕色，反射率小于方铅矿，中硬度，强非均质性(偏光色：黄灰—绿灰—蓝灰)和强磁性，常呈他形粒状及集合体出现
毒砂 $FeAsS$	反射色为亮白色微带黄色调，高反射率，高硬度，强非均质性(消光色散显著)，晶形断面常为菱形或菱柱形
黄铜矿 $CuFeS_2$	反射色为铜黄色，反射率与方铅矿近似($R = 43\% \sim 46\%$)，弱非均质性，中硬度，易磨光，常与其他矿物及方铅矿、闪锌矿共生
黝铜矿 $Cu_{12}Sb_4S_{13}$	反射色为灰白色，微带淡褐色，中等反射率($R \approx 30\%$)，中硬度，均质性，常与其他铜矿物共生
辉铜矿 Cu_2S	反射色为灰白色微带浅蓝色，弱非均质性(显均质性)，低硬度，加硝酸发泡，染蓝，显结构，常与其他铜矿物共生
砷黝铜矿 $Cu_{12}As_4S_{13}$	反射色为灰白色微带淡蓝绿色，中等反射率($R \approx 30\%$)，中硬度，均质性，常与其他铜矿物共生
铜蓝 CuS	反射色为浅蓝—深蓝色，双反射显著(淡蓝—蓝色)，据特强的非均质性和特殊偏光色(火橙—红棕色)
斑铜矿 Cu_5FeS_4	反射色为淡玫瑰棕色，中低硬度，均质性(有时显微弱的非均质性)，与其他铜矿物共生，在空气中易变为蓝紫色
自然铜 Cu	反射色为亮铜红色，高反射率，低硬度，具擦痕，均质性
红砷镍矿 $NiAs$	反射色为浅玫瑰红色，高反射率，高硬度，强非均质性(偏光色：黄绿—绿—淡紫色)
磁铁矿 Fe_3O_4	反射色为浅灰色微带浅褐色，反射率略大于闪锌矿，均质性，高硬度，具有强磁性，常呈等轴自形晶
针铁矿 $\alpha - FeO(OH)$	反射色为灰色，反射率近于闪锌矿，高硬度，非均质性，内反射褐红色—褐黄色—黄色，以具有放射状结构，胶状构造为特征
赤铁矿 Fe_2O_3	反射色为灰白色带淡蓝色，反射率略高于磁铁矿，具有较强的非均质性(偏光色：蓝灰—灰黄色)，粉末呈红色，晶形为斑状/叶片状/鳞片状，常与磁铁矿连生
钛铁矿 $FeTiO_3$	反射色为灰色带褐色，高硬度，强非均质性，反射率略小于磁铁矿，常在磁铁矿或赤铁矿中构成不混溶连晶(呈叶片状或格状)
黑钨矿 $(Fe, Mn)[WO_4]$	反射色为灰色，反射率近于闪锌矿，中—高硬度，弱非均质性，多具板状切面，常与锡石/辉钼矿/灰铋矿共生

续表 6 – 9

矿物名称及化学组成	主要鉴定特征
铬铁矿 $(Mg, Fe)Cr_2O_4$	反射色为灰色微带褐色,低反射率,高硬度,均质性,八面体自形晶
辉钼矿 MoS_2	反射色为具极显著的双反射和特强的强非均质性(偏光色:暗蓝色和白色微带玫瑰紫色),反射率中—低,低硬度,晶形为弯曲的叶片状
辉铋矿 Bi_2S_3	反射色为白色,高反射率,低硬度,放射状显微晶,对 KOH 不起反应,遇到 HNO_3 染黑,非均质性弱于辉锑矿,反射率高于辉锑矿
辉锑矿 Sb_2S_3	反射色为灰白色,以显双反射,具有强非均质性,遇 KOH 产生橘黄色沉淀,常见弯曲的聚片双晶
方铅矿 PbS	反射色为纯白色,具有特征的黑三角孔,低硬度,常有擦痕,均质性,与闪锌矿/黄铜矿及银矿物共生
闪锌矿 ZnS	反射色为灰色,中硬度,均质性,其中常见黄铜矿/磁黄铁矿的乳浊状和叶片状固溶体分离物,常与方铅矿共生
辰砂 HgS	反射色为内反射具显著的血红色,中等反射率(稍低于黝铜矿),低硬度,反射色灰白微带蓝色调
雌黄 As_2S_3	反射色为以特殊的稻草黄色内反射为特征,中等反射率(接近黝铜矿),低硬度,强非均质性,加 $HgCl_2$ 产生黄色沉淀,常与雄黄共生
雄黄 AsS	反射色为具有显著的橙黄色或橘红色内反射,反射率低于雌黄,低硬度,常与雌黄共生
锡石 SnO_2	反射色为深灰色,不易磨光.常呈自形晶,高硬度,非均质性,内反射色黄色—白色,加盐酸和锌粉出现金属锡薄膜
蓝铜矿 $2CuCO_3 \cdot Cu(OH)_2$	反射色为深灰色微带粉红色色调,具有鲜明的天蓝色内反射,常与孔雀石等矿物共生,产于铜矿床氧化带
孔雀石 $CuCO_3 \cdot Cu(OH)_2$	反射色为深灰色微带紫红色色调,以鲜艳的翠绿色内反射为特征,常具有放射状结构,与蓝铜矿等矿物共生,产于铜矿床氧化带
石墨 C	反射色为具有极显著的双反射和极强的非均质性(偏光色:橙黄—暗蓝紫色),低反射率,硬度极低,切面常呈弯曲的鳞片状
石榴石 $X_3Y_2(SiO_4)_3$	反射色为深灰色,低反射率,高硬度,内反射为红褐色或浅绿色,均质性,常呈等轴自形粒状晶体,无解理
方解石 $CaCO_3$	反射色为深灰色,低反射率,具有显著的双反射,强非均质性,中硬度,内反射乳白色,解理发育
石英 SiO_2	反射色为深灰色,低反射率,高硬度,具有强烈的内反射(乳白色,常见彩色色散现象),有时发育自形晶

6.7.2 矿物的综合性系统鉴定

自然界中的金属矿物近千种,许多矿物的某些性质很相似,无突出的鉴定特征,不易立即确定矿物的名称。为了准确地鉴定出矿石中的每种金属矿物，必须借助于金属矿物系统鉴定表。

目前，鉴定表的编排方法主要有表格分组式、顺序排列式；此外，还有穿孔卡片式、坐标图表式等。虽然各种鉴定表中的测试内容有所相似，但是，每种鉴定表在编排内容及方式上都有所侧重，每个时期的鉴定表在鉴定特征的重点选择上也有所不同。

不言而喻，矿物的镜下特征只能作为综合鉴定的初步依据，对某些矿物，特别是罕见的矿物，还需要取得矿物的化学成分数据及 X 光结构分析资料并结合矿物的组构特点及其产状加以综合研究。

现在人们通常使用的鉴定表主要有表格分组式鉴定表和顺序排列式鉴定表两种。

表格分组式鉴定表：只要保证两到三项主要性质（如反射率及硬度等）观测的准确，就可以使查表不出错误，可将矿物圈定在一个较小的范围里。此表用以对比较为方便，既不排斥定量数据的引用，也不受仪器条件的限制。其缺点之一是某些矿物在相邻的表中需重复出现；二是其定量数据的使用不如顺序排列式方便、简明和系统。

顺序排列式鉴定表：充分利用定量测量的常数，如反射率和硬度值等，可以避免矿物在鉴定表中重复出现。其缺点是受仪器及条件的限制，若无较精密的仪器，使用此表较为困难。

本教材采用表格分组式鉴定表。在鉴定前，首先搜集矿石的野外产状资料并对矿石进行详细的肉眼鉴定，然后，再开始镜下鉴定。利用矿相学的方法，从物理性质鉴定到化学性质鉴定，从单偏光到正交偏光，进行准确地观察。需精确时，要用显微光度计和显微硬度计来测取反射率、显微硬度等数据。最后，将矿物各方面的特征资料汇集起来。对比鉴定矿物时所根据的鉴定特征越广泛、数据越精确，其鉴定结果越可靠。在此基础上用欲测矿物的鉴定特征查对金属矿物鉴定表而后确定矿物名称。

6.7.3 矿物鉴定表的编制原则和使用方法

矿物鉴定是利用未知矿物的鉴定特征同已知矿物的鉴定特征进行对比，以确定未知矿物的名称。为了在鉴定矿物时便于利用众多已知矿物的鉴定特征，快速有效地给未知矿物定名，必须将各种矿物的鉴定特征按一定的规律编制成表，称为矿物鉴定表。

就矿物的各种鉴定特征而言，光学性质和硬度最为重要，其他物理性质和浸蚀鉴定属辅助性鉴定特征。鉴定矿物时，按鉴定表的格式，逐一测定未知矿物的鉴定特征，直至能根据鉴定表确定未知矿物。

本书用矿物的反射率和硬度编制出鉴定简表。根据黄铁矿、方解石、黝铜矿和闪锌矿 4 种标准矿物，将反射率分为 5 级，每一级又划出高硬度、中硬度和低硬度 3 个硬度级别。这样，总共就有 15 个级别。分别为 15 个鉴定分表。为了查对方便，将各分表中出现的矿物汇总成索引表（表 6 - 10）。鉴定矿物时，只需测出矿物的反射率和刻划硬度，就能根据表 6 - 10 确定它属于哪一鉴定表，从而大大缩小了鉴定范围。继而根据矿物的其他性质，便可对照表 6 - 11 至表 6 - 25 的相应鉴定表，实现对未知矿物的定名。

表 6－10　矿物鉴定索引表

反射率	硬度	鉴定表编号	矿物名称
R＞黄铁矿	高硬度	第 1 鉴定表	毒砂,黄铁矿,白铁矿,红砷镍矿
	中硬度	第 2 鉴定表	自然铂,针镍矿
	低硬度	第 3 鉴定表	自然银,银金矿,自然金,自然铋,自然铜
黄铁矿＞R＞方铅矿	高硬度	第 4 鉴定表	辉砷钴矿,硫钴矿
	中硬度	第 5 鉴定表	镍黄铁矿,黄铜矿,红锑镍矿
	低硬度	第 6 鉴定表	辉铋矿,方铅矿,辉锑矿
方铅矿＞R＞黝铜矿	高硬度	第 7 鉴定表	软锰矿,硬锰矿
	中硬度	第 8 鉴定表	紫硫镍矿,方黄铜矿,磁黄铁矿,黝铜矿,砷黝铜矿
	低硬度	第 9 鉴定表	脆硫锑铅矿,车轮矿
黝铜矿＞R＞闪锌矿	高硬度	第 10 鉴定表	赤铁矿,磁赤铁矿,金红石,磁铁矿,黑锰矿,锌铁尖晶石,钛铁矿,铌铁矿－钽铁矿,纤铁矿,黑钨矿
	中硬度	第 11 鉴定表	黄锡矿,赤铜矿,黑铜矿,斑铜矿,水锰矿,闪锌矿,纤锌矿
	低硬度	第 12 鉴定表	辉铜矿,辉钼矿,深红银矿,辰砂,淡红银矿,雄黄,雌黄,铜蓝,石墨,墨铜矿
R＜闪锌矿	高硬度	第 13 鉴定表	晶质铀矿,针铁矿,沥青铀矿,铬铁矿,锡石,菱锌矿,石英
	中硬度	第 14 鉴定表	红锌矿,白钨矿,白铅矿,菱铁矿,孔雀石,蓝铜矿
	低硬度	第 15 鉴定表	自然硫,黄钾铁矾,铅矾

表 6－11　第 1 鉴定表　R＞黄铁矿的高硬度矿物

矿物名称 化学组成 晶系	R/%	摩氏硬度 显微硬度	1.反射色 2.双反射(反射多色性) 3.内反射(内反射色)	均质性与非均质性(偏光色)	浸蚀鉴定 其他特征
毒砂 Arsenopyrite FeAsS 单斜	51.7~55.7	6.5 870~1168	1.白微带玫瑰黄 2.可见(微蓝—淡橘色) 3.无	强非均质(蔷薇—蓝绿)	HNO₃ 漫泡、晕色; 切面常呈菱形
黄铁矿 Pyrite FeS₂ 等轴	54.5	6~6.5 1452~1626	1.淡黄色 2.无 3.无	均质	HNO₃ 漫泡; 立方晶体最常见
白铁矿 Marcasite FeS₂ 斜方	48.9~55.5	6~6.5 1097~1682	1.浅黄白带粉红色 2.可见(黄白—黄绿) 3.无	强非均质(黄—绿—紫)	HNO₃ 漫泡,染褐至晕色; 常与黄铁矿伴生
红砷镍矿 Niccolite NiAs 六方	45~50.5	5~5.5 308~533	1.浅黄白微带粉红色 2.可见(玫瑰—棕色) 3.无	强非均质(蔷薇—黄绿)	HNO₃ 发泡、染黑,HgCl₂ 晕色、染褐; 可塑性很好

表6-12　第2鉴定表　R>黄铁矿的中硬度矿物

矿物名称 化学组成 晶系	R/%	摩氏硬度 显微硬度	1. 反射色 2. 双反射(反射多色性) 3. 内反射(内反射色)	均质性与非均质性(偏光色)	浸蚀鉴定 其他特征
自然铂 Platinum Pt 等轴	70	4～4.5 122～129	1. 亮白微带蓝或黄色 2. 无 3. 无	均质	王水,显结构; 可见双晶和内部 环带结构
针镍矿 Millerite NiS 六方	54.0～60.0	3～3.5 196～222	1. 黄色略显乳黄 2. 无 3. 无	强非均质(稻草色—蓝紫色)	HNO$_3$漫泡、染色, HgCl$_2$染褐;多呈 针状晶体

表6-13　第3鉴定表　R>黄铁矿的低硬度矿物

矿物名称 化学组成 晶系	R/%	摩氏硬度 显微硬度	1. 反射色 2. 双反射(反射多色性) 3. 内反射(内反射色)	均质性与非均质性(偏光色)	浸蚀鉴定 其他特征
自然银 Sliver Ag 等轴	95.0	2.5～3 80～87	1. 亮白微带乳黄色 2. 无 3. 无	均质	HNO$_3$、KCN、 FeCl$_3$、HgCl$_2$均染 色,HNO$_3$发泡;强 导电性
银金矿 Electrum AuAg 等轴	83.0	2～3 61～67	1. 乳白或淡黄白色 2. 无 3. 无	均质	KCN和HgCl$_2$染 黑;多为粒状集 合体
自然金 Cold Au 等轴	74.0	2.5～3 53～58	1. 金黄色 2. 无 3. 无	均质	KCN染黑; 塑性极好
自然铋 Bismuth Bi 六方	67.9	2～2.5 15～18	1. 乳白色 2. 无 3. 无	弱非均质	HNO$_3$、HCl、 FeCl$_3$、HgCl$_2$均染 褐;塑性好
自然铜 Copper Cu 等轴	81.2	2.5～3 96～103	1. 铜红色 2. 无 3. 无	均质	6种试剂均染色; 塑性和导电性好

表6-14　第4鉴定表　黄铁矿>R>方铅矿的高硬度矿物

矿物名称 化学组成 晶系	R/%	摩氏硬度 显微硬度	1. 反射色 2. 双反射(反射多色性) 3. 内反射(内反射色)	均质性与非均质性(偏光色)	浸蚀鉴定 其他特征
辉砷钴矿 Cobaltite CoAsS 斜方	52.7	5.5 1187～1246	1. 白色微带粉红等色 2. 无 3. 无	弱非均质	HNO$_3$晕色、发泡; 性脆
硫钴矿 Linnaeite Co$_3$S$_4$ 等轴	46	4.5～5.5 351～566	1. 白色微带乳色 2. 无 3. 无	均质	HNO$_3$和HgCl$_2$晕色; 常呈八面体自形晶

表6-15　第5鉴定表　黄铁矿 > R > 方铅矿的中硬度矿物

矿物名称 化学组成 晶系	R/%	摩氏硬度 显微硬度	1. 反射色 2. 双反射(反射多色性) 3. 内反射(内反射色)	均质性与非均 质性(偏光色)	浸蚀鉴定 其他特征
镍黄铁矿 Pentlandite (Fe,Ni)$_9$S$_8$ 等轴	52.0	3.5~4 198~409	1. 浅黄白微带棕色 2. 无 3. 无	均质	HNO$_3$ 染褐; 常呈火焰状、羽毛状 或星状集合体
黄铜矿 Chalcopyrite CuFeS$_2$ 四方	42.0~46.1	3.5~4 183~276	1. 铜黄色 2. 无 3. 无	弱非均质	HNO$_3$ 熏污; 常呈他形粒状集 合体
红锑镍矿 Breithauptite NiSb 六方	45.3~54.6	5.5 459~579	1. 粉红微带紫色 2. 明显(粉红—紫红) 3. 无	强非均质(蓝 绿—紫红)	HNO$_3$ 和 FeCl$_3$ 晕色; 常有内部环带结构

表6-16　第6鉴定表　黄铁矿 > R > 方铅矿的低硬度矿物

矿物名称 化学组成 晶系	R/%	摩氏硬度 显微硬度	1. 反射色 2. 双反射(反射多色性) 3. 内反射(内反射色)	均质性与非均 质性(偏光色)	浸蚀鉴定 其他特征
辉铋矿 Bismuthinite Bi$_2$S$_3$ 斜方	42.0~48.7	2~2.5 110~136	1. 白色微带淡黄色 2. 明显(淡黄白—灰白) 3. 无	强非均质(灰— 黄—紫)	HNO$_3$ 漫泡、染黑、 显结构,HCl 熏污
方铅矿 Galena PbS 等轴	43.2	2~3 59~72	1. 纯白色 2. 无 3. 无	均质	HNO$_3$ 和 HCl 染 褐、晕色,FeCl$_3$ 晕 色;常见黑三角孔
辉锑矿 Stibnite Sb$_2$S$_3$ 斜方	30.2~40.0	2~2.5 71~86	1. 白至灰白色 2. 明显(灰白—灰褐—白) 3. 无	强非均质(灰 白—红棕)	HNO$_3$ 晕色、迅速 染黑,KOH 橘黄 色沉淀物;常见聚 片双晶

表6-17　第7鉴定表　方铅矿 > R > 黝铜矿的高硬度矿物

矿物名称 化学组成 晶系	R/%	摩氏硬度 显微硬度	1. 反射色 2. 双反射(反射多色性) 3. 内反射(内反射色)	均质性与非均质 性(偏光色)	浸蚀鉴定 其他特征
软锰矿 Pyrolusite MnO$_2$ 四方	30.0~41.5	6 129~243	1. 白微带乳黄色 2. 明显(黄白—蓝灰) 3. 无	强非均质(黄绿— 蓝绿—粉红)	H$_2$O$_2$ 发泡、常具 有肾状和结核状 构造
硬锰矿 Psilomelane (Ba,H$_2$O)$_2$Mn$_5$O$_{10}$	27~28.4	4~6 203~813	1. 灰白微带蓝色 2. 明显(黄白—蓝灰) 3. 可见(油中偶见褐色)	强非均质(白— 灰白)	HNO$_3$、HCl 和 FeCl 染黑、H$_2$O$_2$ 发泡;常具有胶状 和变胶状构造

表 6-18　第 8 鉴定表　方铅矿 > R > 黝铜矿的中硬度矿物

矿物名称 化学组成 晶系	R/%	摩氏硬度 显微硬度	1. 反射色 2. 双反射(反射多色性) 3. 内反射(内反射色)	均质性与非均质性(偏光色)	浸蚀鉴定 其他特征
紫硫镍矿 Violarite (Ni,Fe)₃S₄	39	4.5 ~ -5.5 241 ~ 373	1. 白微带紫色 2. 无 3. 无	均质	HNO₃ 发泡、染紫褐，HgCl₂ 染淡褐；立方体和八面体解理发育
方黄铜矿 Cubanite CuFe₂S₃ 斜方、等轴	40.0 ~ 42.5	3.5 247 ~ 287	1. 乳白色微带玫瑰红 2. 无 3. 无	强非均质	HNO₃ 染褐；常具叶片状固溶体分离物出现
磁黄铁矿 Pyrrhotite FeₙSₙ₊₁ 单斜,六方	38.0 ~ 42.5	4 373 ~ 409	1. 乳黄色 2. 明显(乳黄—淡红褐) 3. 无	均质	HNO₃ 晕色
黝铜矿 Tetrahedrite (Cu,Fe)₁₂As₄S₁₃	28.9	4.5 ~ 4.5 5.297 ~ 354	1. 灰白微带绿色 2. 无 3. 无	均质	HNO₃ 晕色

表 6-19　第 9 鉴定表　方铅矿 > R > 黝铜矿的低硬度矿物

矿物名称 化学组成 晶系	R/%	摩氏硬度 显微硬度	1. 反射色 2. 双反射(反射多色性) 3. 内反射(内反射色)	均质性与非均质性(偏光色)	浸蚀鉴定 其他特征
脆硫锑铅矿 Jamesonite 4PbS·FeS·Sb₂S₃ 单斜	36 ~ 40.0	2 ~ 3 113 ~ 117	1. 白色 2. 明显(黄白—白) 3. 无	强非均质(灰黄绿—白带灰绿)	HNO₃ 和 KOH 晕色,王水发泡；常呈针状晶体
车轮矿 Bournonite PbCu SbS₃ 斜方	36.0 ~ 38.2	2.5 ~ 3 176 ~ 205	1. 灰白色微带蓝绿色 2. 无 3. 无	强非均质(灰—黄褐—紫褐)	HNO₃ 染褐,王水迅速染黑；两组双晶常正交成交织状

表 6-20　第 10 鉴定表　黝铜矿 > R > 闪锌矿的高硬度矿物

矿物名称 化学组成 晶系	R/%	摩氏硬度 显微硬度	1. 反射色 2. 双反射(反射多色性) 3. 内反射(内反射色)	均质性与非均质性(偏光色)	浸蚀鉴定 其他特征
赤铁矿 Hematite Fe₂O₃ 六方	25.0 ~ 30.0	6 973 ~ 1114	1. 浅灰色微带蓝色 2. 无 3. 明显(红色)	弱—强非均质(蓝灰—灰黄)	常规试剂均无反应
磁赤铁矿 Maghematite γ-Fe₂O₃ 等轴	25.0	5 1150 ~ 1246	1. 蓝灰色 2. 无 3. 明显(棕红色)	均质	常规试剂均无反应 具强磁性

续表 6 - 20

矿物名称 化学组成 晶系	R/%	摩氏硬度 显微硬度	1. 反射色 2. 双反射(反射多色性) 3. 内反射(内反射色)	均质性与非均质性(偏光色)	浸蚀鉴定 其他特征
金红石 Rutile TiO₂ 四方	20.0	6 ~ 7 1132 ~ 1187	1. 灰微带蓝色 2. 可见 3. 无	强非均质	常规试剂均无反应
磁铁矿 Magnetite Fe₃O₄ 等轴	21.1	5.5 585 ~ 698	1. 灰微带褐色 2. 无 3. 无	均质	HCl 有时熏污,染褐;强磁性
黑锰矿 Hausmannite MnO·Mn₂O₃ 四方	16.0 ~ 19.0	5 ~ 5.5 536 ~ 566	1. 灰微带棕和蓝色 2. 可见 3. 明显(血红色)	强非均质(黄灰—黄棕)	常规试剂均无反应
锌铁尖晶石 Franklinite (Zn, Fe, Mn)(Fe, Mn)₂O₄ 等轴	18	5.5 667 ~ 847	1. 灰微带绿色 2. 无 3. 明显(深红色)	均质(可显非均质效应)	HCl 有时熏污
钛铁矿 Ilmenite FeTiO₃ 六方	17.8 ~ 21.1	5 ~ 6 473 ~ 707	1. 灰带浅棕 2. 可见 3. 富镁时可见棕色	弱—强非均质(绿灰—灰棕)	常规试剂均无反应
铌铁矿 - 钽铁矿 Columbite - Tantalite (Fe,Mn)(Nb,Ta)₂O₆ 斜方	16.3 ~ 18.0		1. 灰微带棕色 2. 无 3. 可见(黄棕—红棕)	弱非均质	常规试剂均无反应
纤铁矿 Lepidocrocite γ - FeO(OH) 斜方	15.8 ~ 25.0	5 464 ~ 514	1. 灰色 2. 可见 3. 明显(淡红色)	强非均质(浅灰—暗灰)	SnCl₂ 显结构;常为针状板状晶体
黑钨矿 Wolframite (Fe,Mn)WO₄ 单斜	16.2 ~ 18.5	4.5 ~ 5.5 312 ~ 342	1. 灰色 2. 无 3. 可见(棕红色)	弱非均质	常规试剂均无反应

表 6 - 21　第 11 鉴定表　黝铜矿 > R > 闪锌矿的中硬度矿物

矿物名称 化学组成 晶系	R/%	摩氏硬度 显微硬度	1. 反射色 2. 双反射(反射多色性) 3. 内反射(内反射色)	均质性与非均质性(偏光色)	浸蚀鉴定 其他特征
黄锡矿 Stannite Cu₂FeSnS₄ 四方	28.0	4 152 ~ 216	1. 黄灰带橄榄绿色 2. 3. 无	弱—强非均质	HNO₃ 晕色至黑色,显结构;可见黑三角孔
赤铜矿 Cuprite Cu₂O 等轴	27.1	3 ~ 4 179 ~ 218	1. 浅灰微带浅蓝 2. 无 3. 明显(深红色)	均质	HNO₃ 发泡、有铜膜,HCl 白色沉淀
黑铜矿 Tenorite CuO 单斜	20.0 ~ 26.9	3.5 304 ~ 339	1. 灰色 2. 明显(灰—灰白) 3. 无	强非均质(蓝—淡蓝灰)	HNO₃ 熏污、染褐,FeCl 染黑

续表 6 - 21

矿物名称 化学组成 晶系	R/%	摩氏硬度 显微硬度	1. 反射色 2. 双反射(反射多色性) 3. 内反射(内反射色)	均质性与非均质 性(偏光色)	浸蚀鉴定 其他特征
斑铜矿 Bornite Cu$_5$FeS$_4$ 四方、等轴	21.9	3 101 ~ 174	1. 玫瑰色 2. 无 3. 无	均质、弱非均质	HNO$_3$ 发泡、染褐黄、KCN 染褐,FeCl$_3$ 染橙、易氧化成晕色
水锰矿 Manganite MnO(OH) 单斜	14.0 ~ 20.0	4 698 ~ 772	1. 灰微带棕色 2. 无 3. 可见(红色)	强非均质(黄—蓝灰—紫灰)	常规试剂均无反应
闪锌矿 Sphalerite (Zn,Fe)S 等轴	17	3.5 189 ~ 279	1. 灰带淡蓝或淡棕色 2. 无 3. 明显(红褐色)	均质	王水发泡、染褐,HI 显结构
纤锌矿 Wurtzite ZnS 六方	17	3.5 ~ 4 146 ~ 264	1. 灰微带蓝色 2. 无 3. 明显(黄褐色)	弱非均质	HNO$_3$ 染淡褐,HCl 液黄;塑性极好

表 6 - 22　第 12 鉴定表　黝铜矿 > R > 闪锌矿的低硬度矿物

矿物名称 化学组成 晶系	R/%	摩氏硬度 显微硬度	1. 反射色 2. 双反射(反射多色性) 3. 内反射(内反射色)	均质性与非均质 性(偏光色)	浸蚀鉴定 其他特征
辉铜矿 Chalcocite Cu$_2$S 斜方、六方	32.2	2.5 ~ 3 67 ~ 87	1. 浅灰微带蓝色 2. 无 3. 无	弱非均质	HNO$_3$ 发泡、染蓝,KCN 染黑、显结构
辉钼矿 Molybdenite MoS$_2$ 六方、三方	15.0 ~ 37.0	1.5 32 ~ 33	1. 灰白色 2. 明显(灰白—蓝灰) 3. 无	强非均质	常规试剂均反应;具弱导电性
深红银矿 Pyrargyrite Ag$_3$SbS$_3$ 六方	28.4 ~ 30.8	2 66 ~ 87	1. 浅蓝灰白色 2. 可见 3. 可见(红色)	强非均质(灰—黄白—蓝白)	6 种试剂均无反应
辰砂 Cinnabar HgS 六方	28	2 ~ 2.5 51 ~ 98	1. 灰白微带蓝色 2. 无 3. 明显(朱红色)	强非均质(偏光色受内反射干扰)	王水发泡、晕色
淡红银矿 Proustite Ag$_3$AsS$_3$ 六方	25.0 ~ 27.7	2 128 ~ 143	1. 蓝灰色 2. 可见(蓝灰—乳白) 3. 明显(血红、砖红)	强非均质(黄—蓝灰)	KCN、FeCl$_3$、HgCl$_2$、KOH 染色
雄黄 Realgar AsS 单斜	18.5	1.5 50 ~ 52	1. 灰色微带黄 2. 无 3. 明显(橙红色)	弱非均质至强非均质	HNO$_3$ 发泡,KOH 迅速染黑
雌黄 Orpiment As$_2$S$_3$ 单斜	20.3 ~ 25.0	1.5 31 ~ 50	1. 浅灰色 2. 可见(灰白—白) 3. 明显(稻草黄)	强非均质(偏光色被内反射掩盖)	HgCl$_2$ 黄色沉淀,KOH 迅速染黑褐

续表 6 - 22

铜蓝 Covellite CuS 六方	7.0 ~ 22.0	1.5 ~ 2 128 ~ 138	1. 蓝色 2. 明显(蓝—白) 3. 无	强非均质(火红—蔷薇—红棕)	KCN 染色、显结构;塑性极好
石墨 Graphite C 六方	6.0 ~ 17.0	1 ~ 2 12 ~ 16	1. 浅灰棕色 2. 可见(棕灰—蓝灰) 3. 无	强非均质(橙黄—火红)	常规试剂均无反应;强导电性
墨铜矿 Vallerite $Cu_2Fe_4S_7$ 六方、斜方	9 ~ 16	1 30	1. 褐色—青铜色 2. 可见(淡玫瑰—蓝灰) 3. 无	强非均质(蓝灰—黄白)	$HgCl_2$ 染褐黑

表 6 - 23　第 13 鉴定表　$R<$ 闪锌矿的高硬度矿物

矿物名称 化学组成 晶系	$R/\%$	摩氏硬度 显微硬度	1. 反射色 2. 双反射(反射多色性) 3. 内反射(内反射色)	均质性与非均质性(偏光色)	浸蚀鉴定 其他特征
晶质铀矿 Uraninite $U_{1-x}O_2$ 等轴	16.8	4 ~ 6 743 ~ 920	1. 灰色微带淡棕色 2. 无 3. 无	均质	HNO_3 和 $FeCl_3$ 有时染褐;强放射性
针铁矿 Goethite $\alpha - FeO(OH)$ 斜方	16.1 ~ 18.5	5 464 ~ 627	1. 灰色微带淡蓝 2. 无 3. 可见(红褐色)	弱非均质	常规试剂均无反应;常呈胶状、球粒状
沥青铀矿 Pitchblende $U_{1-x}O_2$ 等轴	16.0	3 ~ 6 476 ~ 766	1. 灰色微带棕色 2. 无 3. 可见(黄褐色)	均质	HNO_3 染褐,有时发泡,$FeCl_3$ 有时染褐;强放射性
铬铁矿 Chromite (Fe,Mg) $(Cr,Al)_2O_4$ 等轴	12.1	5.5 1332	1. 灰色微带棕色 2. 无 3. 可见(粉末红棕色)	均质	常规试剂均无反应
锡石 Cassiterite SnO_2 四方	11.2 ~ 12.8	6.5 ~ 7.0 1168 ~ 1332	1. 灰色带棕色 2. 无 3. 可见(黄褐色)	弱—强非均质	HCl 加锌粉后出现金属锡沉淀
菱锌矿 Smithsonite $ZnCO_3$ 三方	5 ~ 9	5 383 ~ 519	1. 深灰色 2. 可见(深灰—灰色) 3. 明显(白色)	强非均质	除 $HgCl_2$ 外均有反应
石英 Quartz SiO_2 六方	4.5	7 763 ~ 1140	1. 暗灰色 2. 无 3. 明显(乳黄等色)	显均质性	常规试剂均无反应,HF 可浸蚀

表 6-24　第 14 鉴定表　$R <$ 闪锌矿的中硬度矿物

矿物名称 化学组成 晶系	$R/\%$	摩氏硬度 显微硬度	1. 反射色 2. 双反射(反射多色性) 3. 内反射(内反射色)	均质性与非均质性(偏光色)	浸蚀鉴定 其他特征
红锌矿 Zincite(Zn,Mn)O 六方	11.2	4 189～219	1. 灰带玫瑰棕色 2. 无 3. 明显(橘黄、红色)	强非均质(被强烈内反射掩盖)	除 KOH 外,均能染色
白钨矿 Scheelite CaWO$_4$ 四方	10.0	5 387～407	1. 灰色 2. 无 3. 明显(白—淡黄)	弱非均质	HNO$_3$ 有时染色,HCl 有时显结构;荧光下显浅蓝色或黄色
白铅矿 Cerussite PbCO$_3$ 斜方	10.0	3～3.5 140～254	1. 灰色 2. 可见 3. 明显(乳白淡黄)	强非均质(常被内反射掩盖)	除 KCN 外,发泡或显结构
菱铁矿 Siderite FeCO$_3$ 三方	6～10	3.5～4 330～371	1. 深灰色 2. 可见(深灰—灰) 3. 明显(淡黄—红褐)	强非均质	HNO$_3$、HCl 溶解、变糙、显结构
菱锰矿 Rhodochrosite MnCO$_3$ 三方	5～8	3.5～4 232～245	1. 深灰色 2. 可见(深灰—灰) 3. 明显(褐—玫瑰色)	强非均质	
孔雀石 Malachite CuCO$_3$·Cu(OH)$_2$ 单斜	黄:6～9	3.5～4	1. 灰微带红色 2. 可见 3. 明显(翠绿色)	强非均质(被强烈内反射掩盖)	HNO$_3$ 发泡、显结构,FeCl$_3$ 发泡、黄色沉淀;塑性很好
蓝铜矿 Azurite 2CuCO$_3$·Cu(OH)$_2$ 单斜	黄:7～9	3.5～4 161～253	1. 灰微带红色 2. 无 3. 明显(蓝色)	强非均质(被强烈内反射掩盖)	HNO$_3$、HCl 发泡、具板状结构;塑性很好
方解石 Calcite CaCO$_3$ 三方	4～6	3 76～140	1. 深灰色 2. 可见 3. 明显(乳白—棕色)	强非均质(浅灰—暗灰)	HNO$_3$、HCl 发泡;具板状双晶
萤石 Fluorite CaF$_2$ 等轴	3	4 135～196	1. 深灰色 2. 无 3. 明显(淡绿、淡紫等)	均质	常规试剂均无反应

表6-25　第15鉴定表　R<闪锌矿的低硬度矿物

矿物名称 化学组成 晶系	R/%	摩氏硬度 显微硬度	1. 反射色 2. 双反射(反射多色性) 3. 内反射(内反射色)	均质性与非均质性(偏光色)	浸蚀鉴定 其他特征
自然硫 Sulphur S 斜方、单斜	黄:11.6	1.5~2.5 24~45	1. 灰色 2. 可见 3. 明显(白—淡黄)	强非均质	常规试剂均无反应
黄钾铁矾 Jarosite Kfe$_3$(SO$_4$)(OH)$_6$ 六方	9~10	2.5~3.5	1. 暗灰色 2. 无 3. 明显(淡黄)	强非均质	HNO$_3$和HCl变糙
铅矾 Anglesite PbSO$_4$ 斜方	9.5	3 106~128	1. 暗灰色 2. 无 3. 明显(白色)	显均质效应	HNO$_3$显结构

思考题

1. 反光显微镜与普通偏光显微镜有何主要区别？
2. 反光显微镜的反射器有哪些主要类型？它们各有什么优缺点？
3. 影响矿物反射色的因素有哪些？
4. 矿物的内反射与反射率有何关系？
5. 正交偏光下，怎样区别偏光色与内反射色？
6. 观察偏光图时应怎样调节显微镜？
7. 简要叙述显微镜下测定矿物硬度的类型和方法。
8. 你认为怎样编制矿物鉴定表最科学？

参考文献

[1] 邱柱国.矿相学.北京：地质出版社，1982
[2] 尚浚.矿相学.北京：地质出版社，1987

第三篇 矿石工艺矿物学特性研究方法

第7章 样品的采集与制备

样品的采集与制备是工艺矿物学研究和选矿试验研究的一项重要的工作。只要对原矿或选矿产品等进行分析检测，就必然涉及到样品的采集与制备问题。但是，在实践中既不可能将全部物料都用来进行分析检测，也不能随意取些物料去分析，而是要通过采样和适当的样品加工，获得重量适当、性质和组分能够代表原始物料的试验样品。本章主要介绍工艺矿物学研究及选矿试验研究样品采样的基本要求、样品采集与制备的基本概念、基本方法和要求。

7.1 样品采集的基本要求

7.1.1 样品的代表性

样品的代表性，是指所采集的部分试样与所研究的对象(原始物料)在整体性质上的一致性。实际上，样品的代表性就是指试样的某一特征指标的测定值与该研究对象特征指标真实值相符合的程度，二者的符合程度越高，说明试样的代表性越强。

就矿石样品而言，具有代表性的样品就是指所采集的试样的性质能够代表该矿石的整体性质。对于不同的研究对象或样品类型来说，样品代表性的内涵也不尽相同，或者说样品代表性的侧重点是不同的。对于用于选矿工艺研究的原矿样品而言，要求所采集的试样能够代表原矿的可选性，即能够代表所有与选矿工艺有关的性质；对于商品精矿或商品煤样而言，要求采集的试样能够代表精矿的品位或煤质指标；而对于选矿或选煤生产过程的中间样品而言，除了物质组成的代表性以外，还要求试样能够体现相应的工艺性能参数，如粒度组成、矿浆浓度等。

如果按一定的采样方法能够从精矿矿车上采集到少量具有代表性的样品，则可通过对所采集的部分样品的化验结果来表示该车精矿的平均品位。然而，利用所采集的部分试样的性质和指标来表征该物料的总体性质和指标，总是存在一定的误差。对样品代表性的要求就是要采用科学的采样方法把这种误差降低到可以接受的范围，或者说，尽可能降低这种误差。

试样某一特征指标的测定值与所对应物料该项指标的真实值之间的误差来源可能包括采样误差、制样误差和检测误差，它们对试样测定结果均有影响。因而，必须从降低采样、制样、检测各阶段误差入手。物料性质的波动有长期性或周期性的，也有短暂的、随机性的。随机误差是不可避免的，但可以通过提高采样、制样、化验技术，增加子样份数等措施来减小其影响。而对非随机性的系统误差和过失误差在试样采集过程中必须尽力避免。

对于工艺矿物学样品而言，其样品代表性的内涵与选矿试验样品基本相同。总体上要求采集的试样能够代表原始物料的物质组成、元素赋存状态和矿物嵌布特性等，也就是要求保持试样的可选性与原始物料保持一致。但是，对于块状原矿试样而言，工艺矿物学样品还要能够代表矿石的结构构造类型。因此，在块状原矿样品采集时，要有足够的块度，能够正确反映矿石的结构构造类型。通常，为了不干扰其他样品的采集，也可利用试样单独统计矿石结构构造类型和挑选矿石结构构造研究样品。有时，为了考察围岩混入情况，还需要单独采集围岩样品，供工艺矿物学分析之用。

7.1.2 试样的最小必需质量

试样最小必需质量，指的是为了保证一定粒度的散粒状试样的代表性所必需采集的最小试样质量。必须注意的是，在取样过程中，试样最小必需质量指的是总样（平均试样）而不是子样量；在试样缩分过程中，试样最小必需质量则是指每一份实验样或检测样。

原矿的矿体或煤层、生产过程的各种料流以及静置的各种料堆，是选矿或选煤工艺试验经常遇到的研究对象，也是工艺矿物学研究的主要对象。在试验研究过程中，不可能也不允许将被研究的对象全部进行试验，而只能从其中采取少量具有代表性的样品作为具体的研究对象。但是，对具体待研究对象（总体）而言，其局部的物质组成及性质往往随空间（矿体、煤层或料堆）和时间（料流）而变化。因而，为了获取代表性试样，对于空间分布不均匀的矿体或静置料堆而言，就必须对其在三维空间多点采集子样；对于随时间波动的料流而言，就必须在具备采样条件的某一采样点反复多次地采集子样。然后，按规定将多个子样组合成一个试样（总样或样本），最后从试样中缩取检测样或单项实验样。

为保证试样的代表性，需要确定满足试样代表性所必需的最小试样质量，即试样最小必需质量。试样采集过多不但样品采制困难，研究时也很不方便，过少则无法保证矿物试样的代表性。从矿石样品的性质来看，试样最小必需质量主要与物料的粒度、矿物嵌布特性和矿石品位有关，尤其是物料的粒度与其分布均匀性关系密切，物料的粒度越细，其分布均匀性就越好。因此，为了保证样品的代表性，必须保证采集到足够的颗粒数。根据长期的采样和制样实践经验，为保证试样代表性所必需的试样最小质量，可用下列经验公式表示：

$$Q = K \times D^{\alpha} \qquad\qquad (7-1)$$

式中：Q——试样最小必需质量，kg；

D——试样中最大块（颗粒）的粒度，mm；

K——与矿石性质有关的经验系数；

α——与矿石性质和采样方法有关的指数，对于矿石样品一般取 $\alpha = 2$，因此，式（7-1）可简化为：

$$Q = K \times D^2 \qquad\qquad (7-2)$$

对矿石样品而言，影响 K 值大小的因素有：①矿石中有用矿物分布的均匀程度，分布愈不均匀，K 值愈大；②矿石中有用矿物颗粒的嵌布粒度，嵌布粒度愈粗，K 值愈大；③矿石中有用矿物密度愈大，K 值愈大；④矿石中有用组分的含量愈低（如贵金属矿石），K 值愈大。

某一具体样品的 K 值可借助于类比法或通过试验来确定。

所谓类比法，是根据矿床类型和有用组分分布均匀程度，与已知 K 值的同类矿床类比，

而确定 K 值。例如：铁锰矿石一般为 0.1 ~ 0.2；钨、锡、铜、铅锌、钼等矿床有用组分大多分布不均，故 $K = 0.1 ~ 0.5$；金矿床为 0.2 ~ 1；金颗粒 < 0.1 mm 时为 0.2，0.1 ~ 0.6 mm 时为 0.4，> 0.6 mm 时为 0.8 ~ 1。

K 值试验法的基本原则是，平均取几份试样，按照不同 K 值破碎缩分，分别计算误差，选择其品位误差不超过允许范围的最小 K 值，作为该矿床的 K 值。例如，可以取几份具有同一最大粒度的平行试样，缩分至不同重量，比较其品位误差，选择误差尚在允许范围内的最小重量，按 $K = Q/D^2$ 计算出 K 值，这就是不同重量法；也可取几份平行试样，破碎至不同粒度后，缩分至同一重量，对比误差，找出允许的最大粒度 D，算出 K 值，这就是不同粒度法。

在实践上，K 值可参照表 7 - 1、7 - 2 选取。在一般采样工作中，试样重量与最大矿块尺寸的关系，也可参照表 7 - 3 的数据来确定。

表 7 - 1　矿石的均匀性与 K 值的选取

均匀性级别	矿石和精矿种类		
	有色金属	铁	锰
极均匀	0.06		
均匀	0.10	0.025	0.1
中等均匀	0.15	0.05	0.1
不均匀	0.20	0.1	0.1

表 7 - 2　金矿石性质与 K 值的关系

矿石性质	K 值
Ⅰ：以微粒金（ < 0.01 mm）为主的极均匀矿石	0.20
Ⅱ：含中等颗粒金（ < 0.6 mm）的不均匀矿石	0.40
Ⅲ：含粗颗粒金（ > 0.6 mm）的极不均匀矿石	0.80 ~ 1.0

表 7 - 3　试样重量与试样中矿块最大尺寸之间的关系

矿块尺寸/mm	试样重量/kg		
	极均匀浸染矿石	中等均匀浸染矿石	极不均匀浸染矿石
20	15	40.0	160
10	4	10	35
8	2.50	6.0	20
5	1.20	2.5	7
3	0.45	0.9	2.5
2	0.20	0.4	0.9
1	0.06	0.1	0.18

7.2　样品的采集方法

工艺矿物学研究样品的采集，通常是与选矿试验样品的采集同时进行的，取样的方法和要求也基本相同，只是工艺矿物学研究所需要的样品数量比选矿试验要少得多。另外，根据研究目的，工艺矿物学块状样品的采集有时具有一定的特殊性。这里，简要介绍不同类型试验样品的采集方法。

7.2.1 矿床采样

矿床采样是根据该矿区的采样量以及该矿区能够采样的矿体暴露面大小而定的。矿床采样工作主要包括采样设计、采样方法的选择和采样施工。

1.采样设计

采样设计的任务是,选择和设置采样点,进行配样计算,并据此分配各个采样点的采样量。在编制采样设计之前,地质部门应提供完整的地质勘探资料;采矿部门提出矿区开采范围、开拓与采矿方案;选矿部门在对地质、采矿提供的有关资料全面了解、深入分析的基础上,与选矿试验委托部门协商提出采样要求,确定采样的个数、矿样的重量、粒度以及包装运送等,原则上选矿科研单位只对矿样负责。

1)采样点的布置

所谓采样点,是指在采样过程中,为保证样品代表性,结合矿体的赋存特点,在矿体不同位置确定的采样地点,每一个采样地点就可称为一个采样点。

采样点的布置,应在矿床地质综合采样研究的基础上,根据对试样代表性的要求确定。主要考虑以下几个方面:

(1)选择能充分代表所研究矿石的特征而原有勘探工程质量又较好的地点作为采样点,充分利用已有勘探工程(坑道或钻孔岩心)采样,尽量避免开凿专门的采样工程。

(2)应选择矿石工业品级和自然类型最多、最完全的勘探工程作为采样工程,这样就可以在较少的采样工程内布置较多数量的采样点,减少采样工程量。

(3)采样点应大致均匀地分布在矿体的各部位,不能过于集中。沿矿体走向在两端和中部都应有采样点;沿倾斜方向在地表、浅部和深部也都应有采样点。如果矿体很大时,应充分考虑分期采样问题,即采样点应主要分布在前期开采地段。

(4)采样点的数目,应尽可能多一些,但也要照顾到施工条件。一个工业品级或自然类型的试样,采样点不能少于 3~5 个。

2)配样设计

配样是指将各类型样品配成混合样时,混合样中各工业品级和自然类型所占的比例。一般来说,不同类型矿石的配样比例应与矿山生产的出矿比例基本一致,矿山开拓方案未定时,则可按储量比例配矿。配样设计就是根据所要求的配样比例,计算和分配各个类型样的采样数量。

由于每个类型样均包括几个采样点,因而算出各个类型样的采样数量后还要计算和分配各个采样点的采样量。各点样品的配入量原则上应与该点所代表的矿量成比例。在实践中往往是直接根据矿体中矿石的品位变化特征,按地质样品中各个品位区间的试样长度占全部样品总长度的百分比分配采样量。

例如,某矿体在地质勘探中是用穿脉坑道揭露,刻槽总长为 100 m,每 2 m 作为一个化学分析单样,故共有 50 个样品。化验结果表明,有用组分品位变化特征如下:品位为 0.2%~0.4% 的样品 6 个,样槽总长 2×6=12 m;0.4%~0.6% 的样品 14 个,样槽总长 28 m;0.6%~0.8% 的 20 个,样槽总长 40 m;>0.8% 的 10 个,样槽总长 20 m。由此计算以上各个品位区间样槽长度百分比分别为 12%、28%、40%、20%,这就是采样时对各品位区间试样量的配比要求。

3）采样方案

在确定了采样点的位置、各采样点试样所需的重量后，就需要选择适宜的采样方法、确定具体的采样方案和实施方法。通常需要编制详细的采样说明书，并编制采样方案表。下面通过两个实例加以说明。

（1）某锡矿选矿试样采样方案

①采样目的：对上部矿体和下部矿体的两种类型锡矿石分别进行重选工艺流程试验，研究矿石的重选可选性，提出最佳的重选工艺流程和工艺条件，确定可行的技术经济指标。

②样品的种类和数量：样品种类包括上部矿体试样和下部矿体试样两种，要求上部矿体试样的采集质量约为 20 t（实际试验研究需要试样质量约为 10 t）、下部矿体试样的采集质量约为 12 t（实际试验研究需要试样质量约为 6 t）。要求试样最大粒度为 200 mm。

③采样点的布置：上部矿体布置采样点 5 个，每个采样点采集的试样质量约为 4 t；下部矿体布置采样点 4 个，每个采样点采集的试样质量约为 3 t。采样点均位于地下坑道内。

④采样方法：采用单壁大型刻槽采样，先用浅孔崩矿，再用人工修整。刻槽规格为长×宽×深 = (6~10)m×0.5 m×0.4 m。各采样点的取样规格和质量列于表 7-4 中。

表 7-4　某锡矿选矿试样采样实例

采样名称	采样点	设计				实际			
		采样规格/m			质量/kg	采样规格/m			质量/kg
		长	宽	深		长	宽	深	
上部试样	1	10	0.50	0.40	4586	8.92	0.60	0.41	5609
	2	7	0.065	0.40	4173	7.13	0.67	0.41	4362
	3	10	0.40	0.40	3669	10.06	0.44	0.40	4906
	4	10	0.40	0.40	3669	10.13	0.43	0.37	3832
	5	10	0.40	0.40	3669	9.20	0.42	0.38	3578
	小计				19766				22287
下部试样	6	6	0.50	0.40	2820	6.03	0.54	0.40	4113
	7	7	0.50	0.40	3290	7.03	0.53	0.40	3923
	8	7	0.50	0.40	3290	6.78	0.53	0.36	4127
	9	7	0.50	0.40	3290	7.01	0.42	0.50	4135
	小计				12690				16298

（2）某铁矿选矿试样采样方案

①采样目的：根据采矿"混采"生产实际，从矿体不同分层的矿段采集一个综合试样作为选矿工艺研究用试样，选矿工艺研究结果将作为选矿厂设计的依据。

②样品的种类和数量：结合矿山采矿生产现状，确定在 -35 m、-50 m 和 -65 m 3 个分层的不同矿段分别进行取样，要求试样的总重量为 1500 kg，自上而下 3 个分层采样的重量分别为 600 kg、500 kg 和 400 kg。

③采样点的布置：在 -35 m、-50 m 和 -65 m 3 个分层内，选择沿垂直或近似垂直矿体走向的采准工程内进行取样。由于矿石中的有害组分硫的含量高、分布不均匀，而且各品级

矿石分布情况较复杂，为满足试样代表性的要求，采用刻槽法取样，沿每条进路全部进行刻槽取样，对每个分层全矿段采集的样品进行充分混合后，分别缩分留取400~600 kg样品作为选矿工艺研究用样。

④采样方法：根据矿山的实际情况，在采场进路的一壁采用刻槽法取样，刻槽规格为50 mm×30 mm。各分层采样点刻槽的长度和采样重量列于表7-5中。

表7-5 某铁矿选矿试样采样计划表

采样点位置	刻槽长度/m	试样重量/kg
-65 m分层	370	2076
-35 m分层	940	5273
-50 m分层	1300	7293
合 计	2610	14642

⑤工艺矿物学块状试样的采集。该矿床矿石的品位波动较小，矿石类型较为简单，根据3个分层矿段范围及其在矿量上的代表性，根据肉眼对矿石构造的观察，大致按矿石构造类型的多少分别采集不同数量的矿块，进行矿物鉴定、矿石结构构造及矿物共生组合方面的研究。-65 m分层已经形成的采矿工程量较少，采集5~7块标本；-35 m分层范围稍大，代表性相对较强，采集8~10块标本；-50 m分层在3个矿段内范围最大，矿体厚度较稳定，代表性强，故采集20块标本。每块标本规格不小于80 mm×80 mm。

⑥围岩或夹层样的采取。围岩或夹层样用于选矿用试样的配矿。该铁矿矿体顶板大部分为灰岩，矿体底板多为闪长岩。在矿体与闪长岩之间夹有一层矽卡岩，矿体多处分布有矽卡岩夹层。根据研究需要，采集闪长岩150 kg、灰岩150 kg、矽卡岩100 kg。

2. 矿床采样方法

常用的矿床采样方法包括刻槽采样法、剥层采样法、爆破采样法、方格采样法和岩芯劈取法。

1) 刻槽采样法

刻槽采样法，就是在矿体上开凿一定规格的槽子，槽中凿下的全部矿石作为一个样品（子样）。当槽断面的规格较小时，完全用人工凿取。规格大时，可先采用浅眼爆破崩矿，再用人工修整，以达到设计要求的规格形状。在矿体呈脉状、层状等暴露面积较小的情况下，常采用刻槽法。

刻槽的方向应垂直于矿体的走向，在沿矿体的厚度方向上布置。而且，尽可能使样槽通过矿体的全部厚度。各样槽间的距离要相等，各槽的断面积要一致。刻槽形状一般为长方形、圆形、环形、螺旋形，等等。当矿化比较均匀、矿体比较规则时，多采用长方形直线横向刻槽和纵向刻槽。在水平巷道或垂直巷道里，当矿物组成沿长度的分布很不均匀时，则可采用螺旋形刻槽，矿物组成愈不均匀，则螺距应愈小。若巷道太长，最好不用螺旋状或环状刻槽采样法，而采用环形或螺旋状布点采样法。点距和各采样点的容积必须保持相等。

在地表探槽中采样时，样槽可布置在槽底或布置在槽壁上。在穿脉坑道中采样时，可在坑道的一壁布置样槽；若矿体品位变化很大，则需在两壁同时刻槽，合并两壁的样品成一个样品。在沿脉坑道中采样时，在坑道的两壁和顶板布置样槽，每隔一定距离布置拱形样槽，或沿螺旋线连续刻槽，一般不取底板。若矿体较薄，且主要暴露在顶板，矿样也只能从顶板上采取。在浅井中采样，样槽布置在浅井的一壁或两对壁。

样槽断面尺寸主要取决于保证采样的准确性和所需矿样的重量和粒度，槽间距离取决于矿化程度。对于常见的金属矿床如铁、铜、铅、锌、钨、锡等矿床，刻槽断面尺寸一般为 50 mm×20 mm 至 100 mm×50 mm。对于粗粒均匀浸染矿石，其刻槽深度最好为 50~100 mm，对于细粒浸染矿石，刻槽深度应为 10~25 mm。刻槽宽度应大于深度，一般为 100 mm。

2）剥层采样法

剥层采样法就是在工作面底盘上铺上帆布或薄铁板，然后对整个暴露的矿体全部剥下一层，收集在帆布或铁板上，作为试样。它适用于矿层薄、矿脉细以及矿石品位分布不均匀矿床的采样。假如在一个巷道内要取的矿样重量很大，而采样面积又很小，用刻槽法所取的样品量过少，不能满足需要时，应采用剥层法。

剥层的深度取决于欲采矿样的重量和研究所需矿样的粒度。一般情况下，25 mm 左右的矿块即可满足试验要求，所以，剥层深度以 25~100 mm 为宜。

3）爆破采样法

爆破采样法，是在坑道内穿脉的两壁、顶板（通常不用底板）上，按照预定的规格打眼放炮爆破；然后，将爆破下的矿石全部或从中缩分出一部分作为试样。

爆破采样法适用于要求矿样量很大，矿石品位分布非常不均匀的情况。采样规格视具体情况而定，通常长和宽为 1 m 左右，深度多为 0.5~1.0 m。

4）方格采样法

方格采样法主要在采样面积较大而采样量又不多的情况下使用。其方法是在采样的面上划上格网，从格网交点采样。

格网可以是菱形的、正方形的、长方形的。采样点个数视矿化的均匀程度及采样面积的大小而定。若矿化均匀，采样点可以少些，其交点距离可大于 2 m。若矿化不均匀或矿石成分复杂，则采样点就要多，间距也要小些。

5）岩芯劈取法

在以钻探为主要勘探手段，客观上又不允许进行坑道采样时，试验样品可从钻探岩芯中劈取。在劈取岩芯时，必须沿岩芯中心线垂直劈取 1/2 或 1/4 作为样品，所取岩芯长度均应穿过矿体的厚度，并包括必须采取的围岩和夹石。

除此之外，还包括摄取法、点取法、炮眼法、全巷法等矿床采样方法，这些方法在系统采样时应用较少。

7.2.2 选矿厂采样

根据采样目的的不同，选矿厂采样的方法和工作量差异很大。例如，根据研究的目的不同可分为全流程考察、磨矿回路考察、浮选回路考察、细筛作业效果考察、跳汰机分选效果的评价、尾矿浓缩流程考察、选矿厂日常生产取样，等等。这些不同性质的试验研究，要求的采样种类和数量、样品分析检测项目等各不相同。因此，选矿厂采样需要根据具体的研究目的，制定适宜的采样方案。

严格来讲，无论某一具体的采样过程的复杂程度如何，都应该编制详细的采样说明书，说明采样的目的和要求，制定采样计划和采样方法，保证所采集试样的数量和质量。一般来说，选矿厂采样工作主要包括采样方案或采样流程的制定和采样方法的选择两个大的方面。

1. 采样流程和采样表

通常，选矿厂采样需要编制采样流程和采样表。特别是采样点的数量较多、采样数量较大、采样时间较长时，必须按要求编制采样流程图和采样表。例如，工业试验采样和全流程考察采样，样品的数量可多达几十或几百个，为了保证正确、有序地进行采样，事先应掌握全部采样过程，根据试验的目的、要求和内容，编制采样流程图和采样表，以保证采集的样品能够满足试验和检测的需要。

1）采样流程图

采样流程图实际上是一个标注了采样点的工艺流程图。也就是说，根据采样的要求选取采样点后，用符号将该采样点标注在选矿工艺流程图的对应位置上（产物），标注了全部采样点的工艺流程图即为采样流程图。根据需要，采样流程可以是选矿全流程，也可以是部分流程。

需要指出的是，关于采样流程图的标注方法和内容并没有统一的规定或规范，一般只需要标注采样点的名称和编号，然后再借助采样表对各采样点进一步说明。图7-1为某磁选厂"磁选-精矿反浮选"流程选别系统的采样流程图。

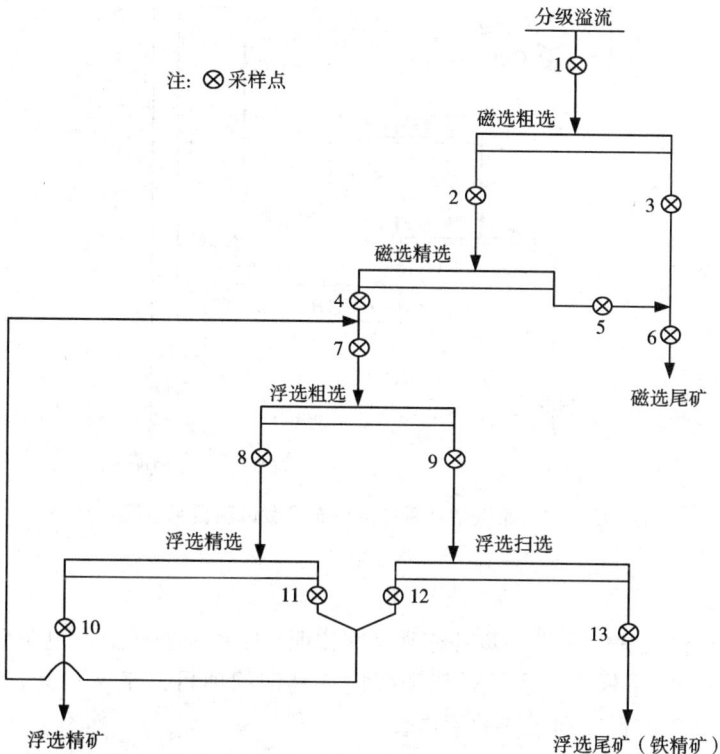

图7-1　"磁选-精矿反浮选"流程选别系统采样流程示意图

有时也将各采样点的测试项目标注在采样流程图中(如图7-2所示),以进一步说明取样测试的目的,提示取样过程中注意相关测试项目的具体要求。例如,对于有浓度测定项目的样点,在取样过程中就需要注意记录矿浆的重量,或采用浓度壶单独测定矿浆浓度。如果采用矿浆过滤烘干的方法测定浓度,则在称取矿浆重量之前不能将澄清水倒出。

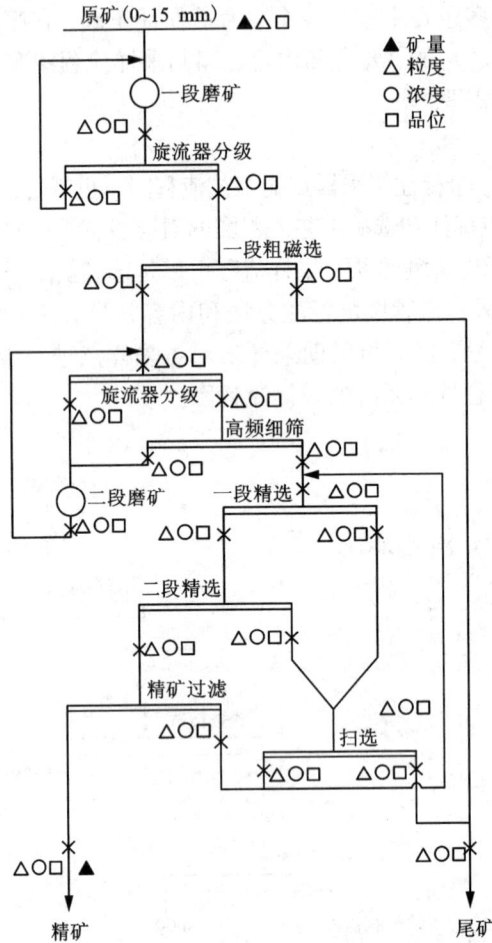

图7-2 某选矿厂采样点分布及测试项目示意图

2) 采样表

采样表是对采样流程图作进一步补充和文字说明,使整个采样工作更明确。采样表主要包括样品种类、名称、采样点、采样时间和应检查测定的项目,等等。表7-6为某磁选厂"磁选-精矿反浮选"流程选别系统的采样表。

通过对各采样点试样的品位分析和浓度测定结果,即可进行该选别系统的金属平衡计算、数质量流程的计算和矿浆流程的计算;同时还可以对各作业的分选效率进行分析和评价。

表7-6 "磁选-精矿反浮选"流程选别系统采样表

样品编号	样品名称	采样地点	分析检测项目	采样周期/h	采样时间/h	采样量/kg
1	分级溢流	分级机溢流堰	浓度、粒度、品位、多元素分析、铁物相、铁矿物解离度	1.0	24	>20
2	磁选粗选精矿	一段磁选精矿管口	浓度、粒度、品位	1.0	24	>10
3	磁选粗选尾矿	一段磁选尾矿管口	浓度、粒度、品位	1.0	24	>10
4	磁选精选精矿	二段磁选精矿管口	浓度、粒度、品位	1.0	24	>10
5	磁选精选尾矿	二段磁选尾矿管口	浓度、粒度、品位	1.0	24	>10
6	磁选尾矿	磁选尾矿排矿管口	浓度、粒度、品位、多元素分析、铁物相、铁矿物解离度	1.0	24	>20
7	浮选给矿	浮选搅拌槽	浓度、粒度、品位、多元素分析、铁物相、铁矿物解离度	1.0	24	>20
8	浮选粗选精矿	粗选泡沫泵池	浓度、粒度、品位	1.0	24	>10
9	浮选粗选尾矿	粗选槽尾矿溢流堰	浓度、粒度、品位	1.0	24	>10
10	浮选精矿	精选泡沫泵池	浓度、粒度、品位	1.0	24	>10
11	浮选精选尾矿	精选槽尾矿溢流堰	浓度、粒度、品位	1.0	24	>10
12	浮选扫选精矿	扫选泡沫泵池	浓度、粒度、品位	1.0	24	>10
13	浮选尾矿	扫选槽尾矿溢流堰	浓度、粒度、品位、多元素分析、铁物相、铁矿物解离度	1.0	24	>20

3)采样点的选择

根据选矿厂的生产实践,在选矿生产过程中选择采样点的原则如下:

(1)为获取选矿产品的产量计算和编制生产日报需用的原始资料——原矿处理量、原矿水分、原矿品位、精矿品位和尾矿品位等,需在磨机的给矿皮带上、分级机或旋流器溢流处、精矿箱和尾矿箱等处设立采样点。在磨机的给矿皮带上设立原矿计量点。

(2)在影响数、质量指标的关键作业处设立采样点,例如在分级机或旋流器溢流处设浓度和细度采样点。

(3)在容易造成金属流失的部位——浓缩机溢流、干燥机的烟尘、各种砂泵(池)、磨选车间总污水排出管等部分,设立采样、计量点。

(4)为编制实际金属平衡表所需的原始资料,如出厂精矿水分、出厂精矿数量和质量等需在出厂精矿的汽车或火车车厢上设采样点。

(5)评价选矿工艺的数、质量流程采样,即在全流程各作业的给矿、产品及尾(排)矿处设立采样点。

2. 静置物料的采样

在选矿厂，大量的采样工作是静置松散物料的采样，例如原矿场、废石堆、精矿仓(堆)、车厢、尾矿场等的采样。按照物料的粒度可分为块状物料(原矿、废石)和粉状物料(精矿、尾矿)两种。

静置松散物料的采样方法主要包括舀取法、探井法、探管法、目测法、分层采样法、择取法、探管(探钎)法、钻孔法等。

1)舀取法

舀取法实质上是在料堆表面一定地点挖坑采样，所以又叫挖取法。采样操作一般为点线法，即在待采样矿堆或车厢的整个表面上，首先沿某一方向画出一系列相互平行相间 0.5 m 左右的横线，然后在线上相隔 0.5 m ~ 2.0 m 处布设一个采样点。采样的方法是用铁铲垂直于矿堆表面，挖出探为 0.5 m 的小坑，在坑底采样。各点采取的样品重量应正比于各点坑至堆底的垂距，将所有各点采集的样品混匀，即为该矿堆的样品。

舀取法适用于细粒矿堆和车厢的取样，如精矿堆或精矿运输车厢。

2)探井法

探井法是指从矿堆上部开凿采样井采样。由于矿石堆积过程中存在粒度偏析和密度偏析的现象，从矿堆的堆顶到堆底，矿石的物质组成和粒度组成均有很大的变化。若只局限于从矿堆表面采样，其代表性很难保证。所以，在这类矿堆上采样，应从矿堆上部开凿采样井采样，而且，采样井必须从矿堆表面垂直挖到堆底。探井数目及其排列应视矿石中金属含量的变化程度、采样目的等不同，按具体情况确定。

在挖井时，每进一层(1 ~ 2 m)，必须将所挖出的矿石分别堆成几个小堆，再对每堆以舀取法采样，然后再将它们合并为一个样品。如果矿堆是密细物料(如先前堆存的老尾矿)，则可利用探钎进行采样。探钎法与探井法无本质差异，只是不挖探井，而以探钎(或探管)垂直插入矿堆中采出试样。

探井法的主要优点，是可沿着料堆的厚度方向采样。但由于工程量大，采样点的数目不可能很多，因而在沿长度方向和宽度方向的代表性不及舀取法。

3)目测法

目测法采取试样是最简单的人工采样方法。这个方法就是从被采样料堆或矿车上(任意点或按一定的间隔)用铲子或卷边铁铲采取少量的物料。该方法适用于分布均匀的细颗粒物料和粉状物料(如精矿运输车等)的取样，对于粒度偏析显著的物料和成分变化较大的物料的取样误差较大。

4)分层采样法

对于矿车中分布极不均匀的矿石采样，可用分层采样法。例如，块状物料中含有较多的矿粉时，由于装车产生偏析，块矿散落到矿车边缘，而中间多为细粉；由于车厢在运行途中发生摇动和振动，使重矿物逐渐下沉，产生密度偏析作用。

该法一般多在装车或卸车时进行，先将车厢 1/6 高度的表面一层去掉，然后用表面舀取法采样；接着将车厢 1/2 高度的上部矿层去掉，同样用表面舀取法采样。一般分两层，将两层各点所采的点样混合，即为该矿车的样品。

5)择取法

在矿石装载、卸载或转载时可采用择取法采样。采样方法为：根据所需的或希望得到的试样的重量，按一定的间隔择取第几铲采样，多次择取的物料混匀后即可保证采样的精确性。

6）探管（探钎）法

探管法（又称探钎法）采样适用于分布均匀的静置松散粉状物料的采样。例如，精矿仓中堆存的精矿或装车待运的精矿等。由于精矿粒度细、分布均匀，可以不考虑粒度引起的离析作用。

采用探管采样，先将采样点均匀布置在精矿所占的面积内。然后在采样点上将探管由上而下地插入底部，矿样即进入探管内，拔出探管后将样品倒出。探管在垂直插入矿堆采样时，应具有足够的长度，以便能达到所需的深度。探管采样要点是：采样点分布要均匀，每点采样的数量基本相等，表层、底层都要能采到，采样点的数目至少不得低于4个。

7）钻孔法

钻孔采样多用于在尾矿池（库）中的尾矿采样。钻孔采样可以是机械钻，也可以是手钻，或者是用普通的钢管人工钻孔采样。

首先在整个尾矿池（库）的表面均匀布点，然后全深钻孔采样。采样的精度主要决定于采样网的密度，采样点之间的距离一般为1~3 m，对于面积较大的尾矿库可达到5~10 m。

在尾矿库中采样时，还必须注意下述情况，即尾矿的堆积过程是矿浆在流动状态下沉积而成的，其最重的颗粒均聚积于尾矿溜槽口附近处。采样时，必须按放射状直线排列采样点，而且应从倾注尾矿的溜槽口开始采样。距溜槽口越远，采样点间的距离可适当增加。

3. 流动物料的采样

流动物料，是指运输过程中的物料，包括用矿车运输的原矿、胶带运输机以及其他运输机械上的料流、给矿机和溜槽中的料流，以及流动中的矿浆等。

最常用、最精确的采取流动料试样的方法是横向截流法，即每隔一定时间，垂直于物料流运动方向，截取少量物料作为样品，然后将一定时间内截取的许多小份样品累积起来作为总样，供试验用。取样精确度主要取决于物料组成的变化程度和取样频率。根据物料性质和流动方式的不同，流动物料常用的取样方法包括抽车取样、运输胶带取样和矿浆取样。

1）抽车取样

当原矿石是用小矿车运来选厂时，可用抽车法取样。一般每隔5车、10车或20车抽一车。间隔大小取决于取样期间来矿的总车数，而在较小程度上取决于所需的试样量，因为即使所需试样量不多，抽取的车数也不能太少，抽车数太少代表性将不好。抽车法取的试样量超过需要时，可进一步缩取。

对原矿抽车取样实质上是从矿床取样，抽车只是一种缩分方法，取样的代表性不仅取决于抽车法操作，而且取决于自矿山运来的矿石本身是否能代表所研究的矿床或矿体。因而在取样时必须同矿山地质部门联系，不能盲目从事。

2）运输胶带取样

在选矿厂中，对于松散物料，特别是入选原矿，经常是在运输胶带上取样。

选矿试样可用人工采取，即利用一定长度的刮板，每隔一定时间，垂直于运动方向，沿料层全宽和全厚均匀地刮取一份物料作为试样。取样间隔一般为15~30 min，取样总时间为一个班至几个班。在实际取样操作中，通常是按照预先规定的取样时间，将胶带运输机临时停车，在胶带上量去一定长度的物料，收集下来作为一份试样。取的试样量超过需要时，可进一步用堆锥四分法缩取。

3）矿浆取样

试样可用人工截取，也可用机械取样器采取。最常用的人工取样工具为各种带扁嘴的容器，如取样壶和取样勺，这类容器的进浆速度较小而容积较大，因而在截取时允许停留时间较长而又不易将矿浆溢出。当取样量较大时，也可直接用各种敞口的大桶接取，但所用的桶应尽可能深一些，决不允许已接入桶中的试样重新被液流冲出，那样会破坏试样的代表性。

为了保证能沿料流的全宽和全厚截取试样，取样点应选在矿浆转运处，如溢流堰口、溜槽口和管道口，而不要直接在溜槽、管道或贮存容器中取样。取样时，应将取样勺口长度方向顺着料流，以保证料流中整个厚度的物料都能截取到；然后使取样勺垂直于料流运动方向匀速往复截取几次，以保证料流中整个宽度的物料都能均匀地被截取到。

取样间隔一般为 15～30 min，取样总时间至少为一个班。在采取大量代表性试样时，为了能反映三个班组的波动，取样总时间应不少于三个班。若物料在贮存过程中容易氧化，且对试验有影响，取样时间只能缩短。因而对容易氧化的硫化矿的浮选试验，一般不宜采用矿浆试样作为长期研究的试样。在现场实验室采取矿浆试样做浮选试验时，只能是随取随用，而且只能采用湿法缩分，而不允许将试样烤干。

7.3 样品的制备

样品制备的目的，是将采集的原始试样经过破碎、混匀、缩分等加工过程，制备出供具体的分析、鉴定和试验项目使用的单份试样。这些单份试样的制备，不仅应满足各项具体试验工作对试样粒度和重量的要求，而且要在物质组成和理化性质方面仍能代表整个原始试样。因此，在进行选矿试验研究过程中，必须掌握制样技术，为后续分析检测和试验提供具有代表性的试样。

7.3.1 试样缩分流程的编制

所谓试样缩分，就是采用一定的方法从大量样品中分离出少量有代表性样品的过程。反映研究前试样破碎和缩分等整个程序的流程，称为试样缩分流程。编制试样缩分流程须注意下列几点：

（1）首先要弄清本次试验一共需要哪些单份试样，其粒度和重量的要求如何，以保证所制备的试样能满足全部测试和试验项目的需要。

（2）根据试样最小必须重量公式，算出在不同粒度下为保证试样的代表性所必需的最小重量，并据此确定在什么情况下可以直接缩分，以及在什么情况下要破碎到较小粒度后才能缩分。

（3）尽可能在较粗粒度下分出储备试样，以便今后能根据需要再次制备出不同粒度的试样，并避免试样在储存过程中氧化变质。

1. 试样的粒度要求

矿石可选性研究前需要准备的单份试样可分为两大类：一类是物质组成研究试样，一类是选矿试验样品。

研究矿石中矿物嵌布特性用的岩矿鉴定标本，一般直接取自矿床，若因故未取，则只能从送来的原始试样中拣取。供矿物显微镜定量分析，以及光谱分析、化学分析、试金分析、物相分析等用的试样，则可从破碎至 1~3 mm 的样品中缩取。

洗选和预选(手选或重介质选矿)试样，直接从原始试样中缩取。

重选试样的粒度，取决于预定的入选粒度，若入选粒度不能预定，则可根据矿石中有用矿物的嵌布粒度估计可能的入选粒度波动范围，制备几种具备不同粒度上限的试样，供选矿试验作方案对比用。

实验室浮选试验和湿式磁选试样，均破碎到实验室磨矿机给矿粒度，即一般为小于 1~3 mm，但对于易氧化的硫化矿石的浮选试样，不能在一开始时就将所需的试样全部破碎到小于 1~3 mm，而只能随着试验的进行，一次准备一批短时间内使用的试样，其余则应在较粗的粒度下保存。

2. 试样的重量要求

满足试样代表性要求的试样最小必需重量，可以按式 7-2 确定。K 值确定后，即可按最小重量公式判断应如何缩分。若试样实际重量 $Q \geqslant 2KD^2$，则试样不须破碎即可缩分；若 $Q < 2KD^2$，则试样必须破碎到较小后才能缩分；若矿样实际数量 $Q < KD^2$，则试样的代表性有问题。

3. 试样缩分流程

图 7-3 为某粗粒嵌布矿石的试样缩分流程。主要包括破碎、筛分、混匀缩分等作业。

原始试样重量 $Q_0 = 2000$ kg，最大粒度 $D = 50$ mm，系数 $K = 0.2$，可能采用的选矿方法包括重选和浮选。

物质组成研究试样按一般要求准备，除大块的岩矿鉴定标本是从原样中拣取外，其余分析试样均从破碎到 -2 mm 的产品中缩取，其中光谱分析、化学分析、试金分析试样需磨细到 -0.1 mm。所有的分析试样都要保留副样。

原矿粒度分析和预选试样从未破碎的原样中直接缩取。

由于该矿石中有用矿物嵌布粒度较粗，试样破碎至 12 mm 左右即有可能使部分有用矿物单体分离。因而重选的入选粒度估计为 12~6 mm，决定制备两种不同粒度上限的试样供试验对比，即图中的试样 Ⅱ (12~0 mm) 和试样 Ⅲ (6~0 mm)；另准备一部分 2~0 mm 的试样 (Ⅳ)供直接浮选使用。

当原料粒度 $D_0 = 50$ mm、系数 $K = 0.2$ 时，为了保证试样的代表性，试样重量应为 $0.2 \times 50^2 = 500$ kg。由于原始试样重量 $Q_0 = 2000$ kg，故可直接对分两次，第一次分出 1000 kg 为备样，第二次分出 500 kg 供粒度分析或手选、重介质选矿试验用；其余 500 kg 用以制备其他试样。

根据矿石嵌布粒度特性判断，入选粒度应在 12 mm 以下，故试样直接破碎至 12 mm，在此粒度下，试样最小必须重量为 $0.2 \times 12^2 = 28.8$ kg。说明当试样破碎到 -12 mm 时，为保证试样的代表性所需的试样重量已小于重选试验的实际需要量。流程图中试样 Ⅱ 和试样 Ⅲ 的重量，都远大于为保证代表性所必需的最小重量。

浮选试样的粒度上限为 2 mm，最小必需重量为 $0.2 \times 2^2 = 0.8$ kg，实际每份取 1 kg。

化学分析等分析试样所需重量均远小于 0.8 kg，故必须细磨后再缩分。此外，分析操作本身一般也要求将试样细磨到 -0.1 mm 左右。

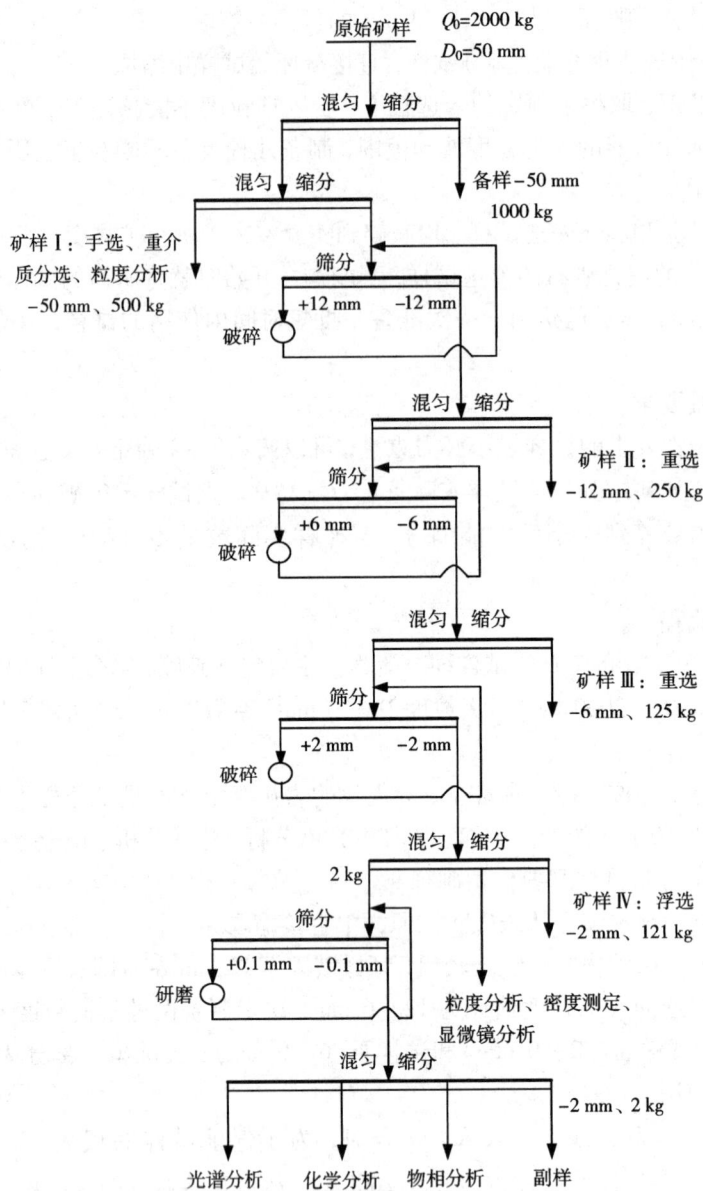

图7-3 某矿石的试样缩分流程示意图

4.编制试样缩分流程的注意事项

从以上实例可以看出,试样缩分流程的编制与拟采用试验方案和分析检测方法密切相关,其关键在于确定不同样品缩分时粒度的大小,既要满足样品代表性的要求,又要满足试验和检测工作的需要。

1)破碎粒度的确定

在试样缩分过程中,破碎粒度的确定主要与试验方法和矿石的嵌布粒度有关。尤其是对于粗粒嵌布的矿石,要考虑到在较粗粒度下进行分选的可能性,并制备出粗颗粒样品供相关试验使用。细粒嵌布矿石试样的缩分流程比较简单，除物质组成研究试样以外，一般只需要制备一种粒度的选矿试样，即符合实验室磨矿机给矿粒度的试样。

2）含泥矿石样品的制备

已确定需要洗矿的含泥矿石，在试样制备过程中应首先洗矿。因为含泥矿石黏度大，破碎和缩分都很困难。洗出的矿泥，若经化验证明可以废弃，即可单独储存，不再送下一步加工和试验；否则必须同其他洗矿产品一起，分别按试验流程加工。

3）需要预选的矿石样品的制备

需要预选（手选、重介质选矿）丢废石的矿石，也必须首先预选，然后将丢弃废石后的矿石按一般缩分流程加工。围岩可根据化验结果决定应废弃还是需要进一步加工试验。预选时洗出的矿泥或细粒不能丢弃，而必须并入到流程中的相应产品里去，必要时也可单独试验研究。

4）备样的缩分

在原始试样数量充足的情况下，备样尽可能从原始试样中直接缩分。当原始试样数量不能满足直接缩分需要时，备样应在较粗破碎粒度下分出。这样可以减轻试样在储存过程中风化和氧化程度，并为以后的试验和检测留出较大余地。

7.3.2 样品制备作业方法

1. 块状干试样的制备

块状试样的加工由破碎、混匀和缩分组成。

1）破碎

粗粒块状样品通常需要进行破碎，已达到试验要求的颗粒大小，或者满足后续的磨矿、缩分等加工的需要。

破碎一般在实验室小型颚式碎矿机、对辊机、盘磨机中进行。破碎机要有防尘罩、排矿口要严密封闭，防止矿样在破碎过程中产生粉尘损失，并引起混杂。在每个样品破碎前，要清扫设备的各个部位，以免别的样品残留混入，影响矿样的代表性。不同品位矿样必须分别破碎，且先破碎低品位矿石样。

为了提高破碎效率和控制产品的粒度，试样破碎过程中通常需要进行筛分。实验室的筛分作业通常采用标准筛（例如泰勒标准筛）在振筛机上进行。随着破碎的进行，逐步进行筛分。筛上物返回破碎，所有筛下物按 $Q = KD^2$ 公式缩分至可靠的最小重量。

2）混匀

混匀是试样缩分前必不可少的重要作业，为了获得均匀的样品，缩分前需要仔细混匀，混得越均匀，缩分后矿样的代表性才越强。常用的混匀方法有：堆锥法、环-堆法、滚移法、槽型分样器法。

（1）堆锥法。此法用于大量物料的混匀，主要用于粒度 50～100 mm，100～500 kg 试料的混匀。堆锥法就是用铁铲将矿样在钢板或扫净的水泥地上堆成锥状的矿堆。具体操作过程是：先将矿样以某一点为中心，分别把待混的矿样往中心点徐徐倒下，形成第一次圆锥形矿堆，进行混矿的两人，彼此互成180°角度站在圆锥两旁，从圆锥直径的两端用铲子由堆底将矿样依次铲取，放在距锥形堆一定距离的另一个中心点，两人以相同速度沿同一方向进行，将矿样又堆成新的圆锥形矿堆，如此反复5～7次（取单数），即可将矿样混匀。

(2)环－堆法：将第一次混后的圆锥形矿堆从中心往外推移，形成一个大圆环，然后可自环外部将矿样再铲往环中心点徐徐倒下，堆成新的圆锥形矿堆，如此反复 5 ~ 7 次，即可将矿样混匀。

(3)滚移法：对于选矿产品、细粒及量少的试样采用此法。其操作过程是将试样放在漆布、油布或胶布中间，然后提漆布一角，让试样在漆布上滚到对角线后，再提起相对的另一角，依次四角轮流提过，则滚移一周。如此重复多次，直到试料混均匀为止。一般一个试料要滚移 15 ~ 20 周以上。

(4)槽型分样器法：又叫间槽二分器法，少量细粒(5 mm 以下)或砂矿试样，往往可以通过槽型分样器反复进行二等分，亦可达到混匀目的。

3)缩分

混匀的矿样通过缩分，才能达到要求的样品重量。常用的缩分方法有：

(1)堆锥四分法：在采用环－锥法混匀矿样以后，可采用堆锥四分法进行缩分。即将混匀的矿样堆成锥形，然后用薄板切入矿堆一定深度后，旋转薄板将矿堆展呈平截头圆锥，继而压成圆盘状，再用十字板(或分样板)通过中心点，分隔为 4 份，取其对角部分合并为需要的矿样。如果缩分出的试样软多，依法再进行缩分，直至符合所需要的重量为止。

(2)二分器法(槽型分样器法)：此法适用于细粒物料(－5 mm)或砂矿试样的缩分。二分器是用薄铁板制成，形状为长方形槽体，整个槽体中用薄铁板间隔成一系列宽度相等的长方形小槽，相邻的小槽下部的排料口位于左右相反的两侧，物料由上部给入，流经小槽后分为两个部分。

为使试料能顺利通过小槽，小槽宽度应大于试料中最大颗粒尺寸的 3 ~ 4 倍。使用时，先将两个接料斗置于二分器下部两侧的排料口，再将矿样沿二分器上端的整个长度徐徐倒入，或者沿长度往返徐徐倒入，使试料分成两份，取其一份为需要矿样。如量较大，再行缩分，直到满足要求为止。

(3)方格法：系将混匀的试料薄薄地平铺在油布或胶布上，可以铺成圆形，也可以呈方形、长方形，然后在表面均匀地划分成小方格，用小勺或平底小铲逐格采样。每小格采样多少，根据所需的重量而定。为了保证采样的准确性，方格划分要均匀，各小格的采样量要基本相等，而且每勺或每铲都要挖(铲)到底。

2.粒度测定用矿浆样品的加工

为了检查磨矿细度，评价磨矿、分级设备的工作效率，选厂要对磨矿机排矿、分级机或旋流器溢流进行采样，进行粒度测定。因为是粒度样，因此在试样加工过程中必须保证原物料的粒度特性不变。其具体加工程序如下：

(1)矿浆缩分：通常可在矿浆缩分器或者二分器中进行，操作时严禁矿样泼洒，矿样和冲洗水要均匀地倒入缩分器中，使缩分后各份样品的重量相当。

(2)水筛：将矿浆缩分器中分出的一份试料进行湿筛。湿筛前要检查筛孔有无局部通漏，筛孔有无堵塞、变形。筛分时要分批投入试料(每批应少于 100 g)，防止样品泼洒。检查筛分终点可采用一个盛有 1/2 - 1/3 水的脸盆，在其中进行湿筛，然后将筛子取出，检查盆中是否有筛下物料，若无料或痕迹，说明筛分已终了。湿筛在水中进行，一些细粒本应过筛，但因为水的浮力缘故没有过筛。因此，湿筛后的筛上物还需烘干，进行干筛，又叫检查筛分。

(3)干筛：筛上物烘干后，用白铁皮分样板等轻轻将结团压碎分开，严禁研磨。待物料冷至室温后再放入筛中进行干筛。在胶布、油布或白纸上边进行检查筛分，如果一分钟内通过筛孔的物料少于筛上残留物料的 0.1%（在个别要求快速或精确度不太高的情况下，规定不超过 1%），认为已到筛分终点。

（4）过滤：过滤前先将滤纸称重，记录在滤纸的一角，并夹好样品标签。详细检查滤盘盘面的滤孔有无堵塞等现象，以免局部真空压力太大而将滤纸吸破，引起被过滤物随浊液透过滤纸。铺放滤纸时，关闭真空泵或抽气阀门，滤纸铺好后，用细水流均匀打湿滤纸；滤纸四周边缘与滤盘壁用手指轻轻按摩，使滤纸与滤盘壁之间接触严密，防止漏气。真空泵开启后（或打开真空阀门），将矿浆试样均匀、缓慢地倒入过滤盘内，严禁矿浆从滤盘边缘溢出。过滤完后，关闭真空泵或真空阀门，取出滤纸，进行矿样烘干。

（5）烘干：一般在专用的烘箱中进行样品烘干。当几种不同样品同时烘干时，必须将品位高的样品放在最下层，低品位样品放在最上层，防止上层样品撒落入下层。烘箱温度不宜过高，一般保持在 105℃ 左右，以免将样品烤糊、滤纸烧焦。检查样品是否烘干，可将样品（过滤纸）取出，放在干燥的胶板、钢板或混凝土平台上，然后拿起样品，检查板上或平台上是否留有湿印迹；若没有，则说明样品已烘干。另一检查物料是否烘干的办法是，每隔一定时间，从烘箱内取样称重，若相邻两次重量不变（即恒重），说明物料已烘干。

3. 化学分析试样的加工

选矿厂原矿及选矿产品化学分析试样加工是最经常的、亦是每班必做的。试样加工的具体过程是：过滤—烘干—混匀—缩分—研磨—过筛—混匀—缩分—装袋（分正样和副样）—送化验分析。

过筛后试料的混匀和缩分，一般多在胶布或油、漆布上用滚移法进行；或者在研磨板上用移锥法进行。缩分多用薄圆盘四分法，取对角线的两份作为正样，其余两份为副样。样品装袋前，在样袋上把试样名称、编号、班次、日期、要求分析元素的内容一一写明，样品加工者在样袋上签名。送分析样品的重量，根据分析元素的多少而定，单元素一般要 10～30 g。

思考题

1. 什么是样品的代表性？如何从取样数量上保证样品的代表性？
2. 矿床样品的采样设计主要包括哪些内容？
3. 采用刻槽法采样时，刻槽应如何布置？
4. 什么是选矿厂采样流程图？编制采样流程图有什么作用？
5. 编制试样缩分流程时应注意哪些问题？

参考文献

[1]《选矿手册》编辑委员会. 选矿手册（第四卷、第五卷）. 北京：冶金工业出版社，1993

[2] 许时. 矿石可选性研究. 北京：冶金工业出版社，1979

[3] 周振英，高炯天. 选煤工艺实验研究方法. 北京：中国矿业大学出版社，1991

第 8 章 矿石的物质组成

矿石及矿物加工产品的物质组成研究，包括化学成分和矿物组成两个方面。矿石的物质组成是矿石最基本的工艺性能，也是制定选矿方案的基本依据。通过对原矿的物质组成研究，全面掌握矿石的化学成分和矿物组成特点，确定可供选矿回收的主要有用成分和有用矿物、可综合利用的组分以及伴生有害组分的种类和数量，为选矿工艺的开发提供依据；通过对各种选矿产品的物质组成研究，掌握其中有用成分和有害成分的种类和数量，指导选矿评价分选指标和确定进一步处理和利用的方法与措施。

在矿石物质组成研究中，矿物种类及其含量的测定对于矿物加工工艺研究具有重要意义。在矿石及矿物加工产品中同一种元素往往会以不同的矿物形式产出，而不同矿物的分选则要求采用不同的方法和流程。例如，在铜矿石中铜既可以呈硫化矿物的形式产出，也可以呈氧化矿物的形式产出，硫化铜矿物主要有黄铜矿、斑铜矿、辉铜矿等，氧化铜矿物主要有赤铜矿、孔雀石等。这些含有同种元素的不同矿物，彼此的性质相差悬殊，选矿方法和选矿工艺流程也截然不同。

本章介绍矿石的化学成分及矿物组成的研究方法，重点介绍各种矿物定量测定方法的原理和应用。

8.1 矿石的化学成分分析

矿石及矿物加工产品中化学成分分析的目的是为了研究矿石中所含元素的种类和含量，从而确定矿石中的主要成分和次要成分、有益成分和有害成分的种类和含量，为矿物加工工艺研究提供基础资料。常用的化学成分分析方法包括光谱分析和化学分析两大类。

8.1.1 光谱分析

1. 光谱分析法的概念

根据物质的光谱来鉴别物质及确定它的化学组成和相对含量的方法叫光谱分析。根据分析原理，光谱分析可分为发射光谱分析与吸收光谱分析两种；根据被测成分的形态可分为原子光谱分析与分子光谱分析，光谱分析的被测成分是原子的称为原子光谱，被测成分是分子的则称为分子光谱。用于矿石化学成分快速分析的光谱法通常采用原子发射光谱法。

原子发射光谱法(atomic emission spectrometry，AES)，是利用物质在热激发或电激发下，每种元素的原子或离子发射特征光谱来判断物质的组成，而进行元素的定性与定量分析的一种方法。原子发射光谱法可对约 70 种元素(金属元素及磷、硅、砷、碳、硼等非金属元素)进行分析。在一般情况下，用于 1% 以下含量的组分测定，检出限可达 10^{-6} 级，精密度为 $\pm 10\%$ 左右，线性范围约 2 个数量级。这种方法可有效地用于测量高、中、低含量的元素。

2. 原子发射光谱法的分析原理及特点

原子发射光谱法，是根据处于激发态的待测元素原子回到基态时发射的特征谱线对待测元素进行分析的方法。在正常状态下，元素处于基态，元素在受到热(火焰)或电(电火花)激发时，由基态跃迁到激发态，返回到基态时，发射出特征光谱(线状光谱)。原子发射光谱法包括了3个主要的过程：①由光源提供能量使样品蒸发形成气态原子并进一步使气态原子激发而产生光辐射；②将光源发出的复合光经单色器分解成按波长顺序排列的谱线，形成光谱；③用检测器检测光谱中谱线的波长和强度。

由于待测元素原子的能级结构不同，因此发射谱线的特征不同，据此可对样品进行定性分析，常用的光谱定性分析方法有铁光谱比较法和标准试样光谱比较法。根据待测元素原子的浓度不同，发射强度不同，可实现元素的定量测定。

原子发射光谱法能够用微量的试样同时进行数十种元素的定性和定量分析。其主要优点是：

(1)灵敏度高。许多元素绝对灵敏度为 $10^{-11} \sim 10^{-13}$ g，直接分析固体试样时，多数元素的灵敏度接近 1 μg/g，对液体试样能检出浓度为 1 ng/mL 的待测元素，所以此法对微量成分的分析很有价值。

(2)选择性好，可多元素同时检测，不同元素具有不同的特征光谱。许多化学性质相近而用化学方法难以分别测定的元素如铌和钽、锆和铪、稀土元素，其光谱性质有较大差异，用原子发射光谱法则容易进行各元素的单独测定。

(3)分析速度快，试样不需处理，同时对几十种元素进行定量分析。用于原子发射光谱分析的试样可以是固体、气体或液体，并且任何化合物都能进行分析。

(4)试样消耗少(毫克级)，适用于微量和痕量样品组分分析，广泛用于金属、矿石、合金和各种材料的分析检验。

(5)分析准确度较高。对于一般光源，准确度一般为 5% ~ 10%；采用电感耦合等离子体(ICP)激发，准确度可达到 1% 左右。

原子发射光谱法的主要缺点在于：①对某些非金属元素不能检测或灵敏度低；②分析精度较化学分析法低，精确定量时操作比较复杂，一般只进行定性和半定量分析。

3. 原子发射光谱的类型

根据激发机理不同，原子发射光谱有3种类型。

(1)原子的核外光学电子在受热能和电能激发而发射的光谱。通常所称的原子发射光谱法是指以电弧、电火花和电火焰(如电感耦合等离子体，ICP)为激发光源来得到原子光谱的分析方法。电感耦合等离子体(ICP)是目前用于原子发射光谱的主要光源，具有温度高、电子密度高、惰性气氛等特点，用它做激发光源具有检出限低、线性范围广、电离和化学干扰少、准确度和精密度高等分析性能。

(2)原子核外光学电子受到光能激发而发射的光谱，称为原子荧光。原子荧光光谱法(AFS)是介于原子发射光谱(AES)和原子吸收光谱(AAS)之间的光谱分析技术。它的基本原理是基态原子(一般蒸气状态)吸收合适的特定频率的辐射而被激发至高能态，而后激发过程中以光辐射的形式发射出特征波长的荧光，通过测量待测元素发射的荧光强度进行定量分析。该法的优点是：①灵敏度高，目前已有二十多种元素的检出限优于原子吸收光谱法和原子发射光谱法；②谱线简单，在低浓度时校准曲线的线性范围宽达 3 ~ 5 个数量级，特别是用激光做激发光源时更佳。

(3)原子受到 X 射线光子或其他微观粒子激发而产生的 X 射线荧光。X 射线荧光光谱法的原理是，照射原子核的 X 射线能量与原子核的内层电子的能量在同一数量级时，核的内层电子共振吸收射线的辐射能量后发生跃迁，而在内层电子轨道上留下一个空穴，处于高能态的外层电子跳回低能态的空穴，将过剩的能量以 X 射线的形式放出，所产生的 X 射线即为代表各元素特征的 X 射线荧光谱线。其能量等于原子内壳层电子的能级差，即原子特定的电子层间跃迁能量。按激发、色散和探测方法的不同，分为 X 射线光谱法(波长色散)和 X 射线能谱法(能量色散)。

原子发射光谱分析能迅速而全面地查明矿石中所含金属元素的种类及其大致含量范围，不至于遗漏某些稀有、稀散和微量金属元素。因而，通常采用此法对原矿或产品的金属元素成分进行普查，以快速确定金属元素的种类和大致含量。

8.1.2 化学分析

矿石的化学成分是评价矿石性质的重要依据。因此，矿石化学成分的准确测定是一项十分重要的工作，尤其是主要有益成分和有害成分的精确测定，对于掌握和分析矿石性质和矿石质量具有重要作用。为了准确测定矿石的化学成分，一般要对矿石进行化学分析。

1.化学分析原理及方法

所谓化学分析，就是以物质的化学反应为基础的成分分析。化学分析是绝对定量的，根据样品的量、反应产物的量或所消耗试剂的量及反应的化学计量关系，通过计算获得待测组分的含量。

化学分析根据其操作方法的不同，可将其分为滴定分析和重量分析两大类。

滴定分析也叫容量分析，是根据滴定所消耗标准溶液的浓度和体积以及被测物质与标准溶液所进行的化学反应计量关系，求出被测物质的含量。滴定分析通常根据溶液酸碱(电离)平衡、氧化还原平衡、络合(配位)平衡、沉淀溶解平衡等原理，进行元素的定量分析。根据反应类型的不同，可将滴定分析分为酸碱滴定法、氧化还原滴定法、络合滴定法、沉淀滴定法等不同方法。

重量分析是根据物质的化学性质，选择合适的化学反应，将被测组分转化为一种组成固定的沉淀或气体形式，通过钝化、干燥、灼烧或吸收剂的吸收等一系列的处理后，精确称量，求出被测组分的含量。

2.化学全分析及化学多元素分析

在工艺矿物学和矿物加工试验研究中，通常根据化学分析项目的类别，将化学分析进一步划分为化学全分析、化学多元素分析等。

所谓化学全分析，就是采用化学分析的方法对矿石中全部化学成分的含量进行分析，矿石中不同成分分析结果之总和应该接近100%。通过化学全分析能够掌握矿石中全部化学成分的种类和含量，一般是根据光谱分析查出的元素种类确定化学分析的项目，除痕量元素外，其他所有元素都作为化学分析的项目。化学全分析要花费大量的人力和物力，通常是新矿床、新矿物才需要进行化学全分析。

化学多元素分析，是对矿石中的多个重要和较重要的元素的定量化学分析。化学多元素分析通常用于对原矿和主要选矿产品(精矿、尾矿)的分析，一般应包括主要有益元素、有害元素及造渣元素等。例如，对于铁矿石，通常分析全铁、可溶铁、氧化亚铁、S、P、K_2O、Na_2O、CaO、MgO、SiO_2、Al_2O_3等。

此外，对于单元选矿试验的产品或选矿中间产品，一般只对某种主要元素进行分析，或对影响产品质量其他的 1~2 种元素进行分析。例如，铁矿石选矿试验产品，通常分析 TFe 或 TFe、S 等元素。

8.2　显微镜下矿物定量法

光学显微镜是矿物鉴定和矿物组成定量分析的常用方法。显微镜下矿物含量的测定，是利用普通光学显微镜，对所制备的矿片（光片或薄片）中的矿物种类和含量的定量分析方法。该方法操作简便，是目前国内外普遍使用的一种矿物定量方法。其主要缺点是，限于放大倍数和分辨率，对微粒微量矿物的鉴定和定量测定还比较困难。

8.2.1　显微镜定量法的原理

显微镜下矿物定量是在光片或薄片上进行的，在光片或薄片上的矿物颗粒只显示出二维尺寸的大小，而不能直接观测到立体三维尺寸。因此，须将显微镜下测定的二维数据转化为三维数据。

显微镜下矿物定量的测定方法有点测法、线测法和面测法 3 种，分别利用待测矿物表面所占点数、线段长度或表面积来测定其含量。Delesse A（1848）假设矿物在岩石中呈无规律分布的条件下，证明了在岩石切面上矿物的面积百分含量等于矿物的体积百分含量。对于那些矿物呈定向排列或规律分布的岩石，如片岩、片麻岩、沉积岩等，为了测定其中某种矿物的体积百分含量，可能需要在垂直岩石延伸方向的切片上进行测定。1898 年 A. Rosiwal 证明了在不规则分布的情况下，岩石切面上某矿物的线段截距的百分含量等于体积百分含量。Thompson（1930）和 Glagolav（1934）证明了采用点测法测定的点数百分含量等于体积百分含量。因此，点数百分含量、线段百分含量、面积百分含量与体积百分含量之间存在以下关系：

$$P_p = P_L = P_A = P_V \tag{8-1}$$

式中：P_p——点数百分含量；

P_L——线段百分含量；

P_A——面积百分含量；

P_V——体积百分含量。

Weibel E R（1963）又用数学分析的方法证明了这一基本原理。

用点测法、线测法或面测法测定出矿物的体积百分含量后，即可按下式计算矿物的重量百分含量（W，%）：

$$W = P_p \times (\rho/D) = P_L \times (\rho/D) = P_A \times (\rho/D) = P_V \times (\rho/D) \tag{8-2}$$

式中：W——矿物的重量百分含量，%；

ρ——待测矿物的密度，g/cm^3；

D——矿石的密度，g/cm^3。

8.2.2 显微镜下目估定量

显微镜下目估定量是一种较为粗略的定量方法，该方法不需要进行细致的测量统计工作，仅通过对显微镜下不同视阈的观察，借助参考图，大致确定待测矿物的含量。其测定精度较差，但测定速度快，结果有一定的参考价值。

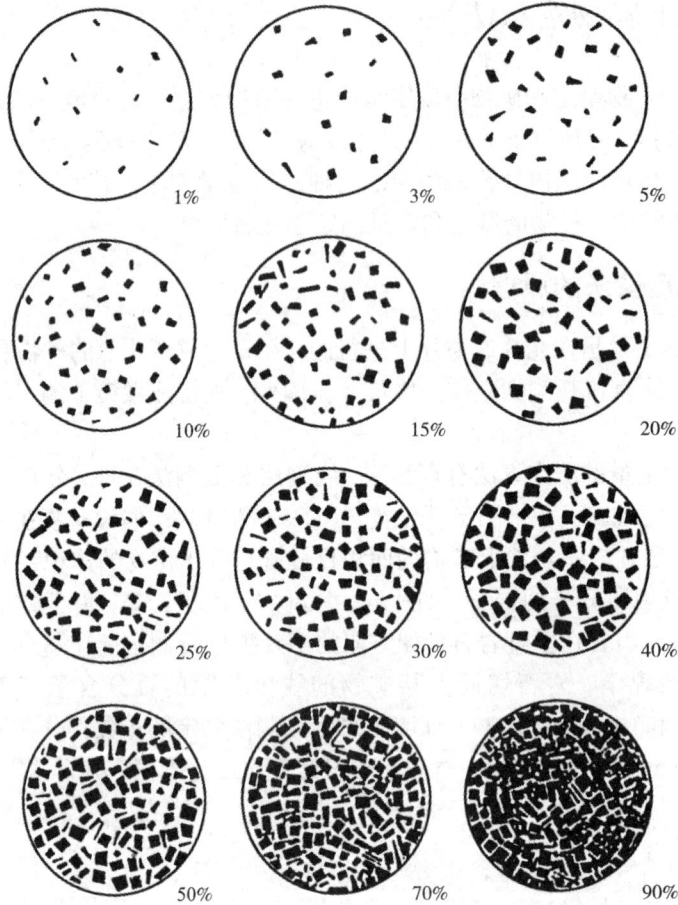

图 8 - 1   矿物百分含量标准图

显微镜下目估定量可使用实体显微镜对粉状样品直接测定，也可以利用反光或透光显微镜对光片或薄片进行测定，目估定量通常要设计一套标准图作为比较标准。图 8 - 1 就是一套矿物百分含量标准图，可用于和显微镜下所观察的视阈中待测矿物的分布情况进行比较。标准图的做法是：首先在硬白纸上画 12 个直径为 20 cm 的圆；然后在彩色纸上分别以 1、3、5、10、15、…、90 cm 的平方根为半径画 12 个小圆，并将这些小圆分别剪碎成不规则等粒小碎片；最后分别将这 12 份小碎片均匀地粘贴在硬白纸上的 12 个大圆中。这样做成的 12 个圆即表示矿物百分含量分别为 1%、3%、5%、10%、15%、…、90%。

8.2.3 面测法

面测法是根据光片或薄片中各矿物所占面积百分含量，等于矿物在矿石中所占体积百分含量的基本原理来测定矿物的含量。采用带方格网的目镜进行测量，此时在显微镜下所观察到的矿物颗粒上就叠置了一个方格网（图8-2），以该方格网为尺度来测量不同矿物所占的面积大小。

测量时，通常是按照一定的间距左右移动载物台，将整个矿片表面全部测完，按视阈分类统计不同矿物的面积（所占网格数），并将测量结果记录在记录表中（表8-1）；最后将各视阈测量结果进行累计，计算出待测矿物在该矿片中的体积含量。

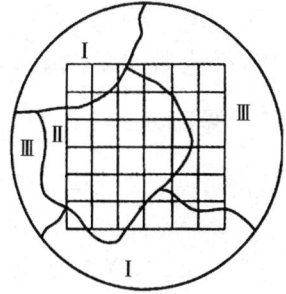

图8-2 面测法原理示意图

表8-1 面测法测量结果记录表

视阈	各矿物所占网格数				
	矿物 No.1	矿物 No.2	矿物 No.3	矿物 No.n	合计
1	N_{11}	N_{12}	N_{13}	N_{1n}	N_1
2	N_{21}	N_{22}	N_{23}	N_{2n}	N_2
3	N_{31}	N_{32}	N_{33}	N_{3n}	N_3
m	N_{m1}	N_{m2}	N_{m3}	N_{mn}	N_m
合计	N_{T1}	N_{T2}	N_{T3}	N_{Tn}	N_T
体积含量 $V_i(\%) = 100 \times N_{Ti}/N_T$	V_1	V_2	V_3	V_n	100
重量含量 $W_i(\%) = V_i \times (\rho_i/D)$	W_1	W_2	W_3	W_n	100

以图8-2为例，如果矿片中含有三种矿物 No.1、No.2、No.3，所占网格数的累计值分别为 N_{T1}、N_{T2}、N_{T3}，则它们在矿石中的重量百分含量可按下式计算：

$$W_i = 100N_{Ti}\rho_i / (N_{T1}\rho_1 + N_{T2}\rho_2 + N_{T3}\rho_3) \tag{8-3}$$

式中：W_i——第 i 种矿物在矿石中的重量百分含量，%；

N_{Ti}——第 i 种矿物在切片中所占网格数；

ρ_i——第 i 种矿物的密度，g/cm³。

因此，当矿石的矿物组成较简单时，可分别统计不同矿物的网格数，并可按式（8-3）一次计算出若干种矿物的百分含量。当矿石的矿物组成非常复杂，难以对各种矿物分别统计时，或仅需测定某一种矿物的含量时，则仅统计某种待测矿物的网格数和测到的所有矿物颗粒所占总网格数即可。在这种情况下，该待测矿物在矿石中的重量百分含量可按下式计算：

$$W = 100 \times n \times \rho / (N \times D) \tag{8-4}$$

式中：n，N——待测矿物所占网格数和测定的总网格数；

ρ，D——待测矿物的密度和矿石的密度。

为保证测量结果的精度，测量的视阈数目不能太少。通常，每块矿片测定的视阈数不少于 20 个，对于矿物呈不均匀分布的矿物原料，测定的视阈数目还要更多。对于矿物呈极不均匀分布的原料，通常还需要对多个矿片进行测定。此外，在物镜的选择方面要注意根据原料中矿物的嵌布粒度选择适当的放大倍数，粗粒者常用低倍镜，细粒者要选用中倍镜。

8.2.4　线测法

线测法也是显微镜下矿物定量的常用方法，其原理是，矿片表面不同矿物沿一定方向直线上线段截距长度百分含量与其在矿石中的重量百分含量相等。线测法的测量方法与面测法相似，所不同的是面测法是通过矿物表面所占网格数来测定其面积大小，而线测法则是通过目镜上的直线测微尺来测定不同矿物所占线段截距长度的大小。测量时采用带直线测微尺的目镜，测微尺长度一般为 1 cm，等分为 100 个小格(图 8 - 3)。将待测矿片(光片或薄片)置于载物台上并用机械台夹紧，调好焦距

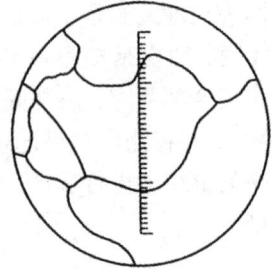

图 8 - 3　线测法测定原理示意图

后，在矿片表面的矿物颗粒上就会叠置上一个直线测微尺(图 8 - 3)。测量时，按一定方向和间距，通过机械台左右移动矿片，以测微尺为单位统计测微尺在不同矿物表面的线段截距长度，某矿物表面所占的线段长度越长，说明该矿物的含量越高。

线测法数据的统计和计算方法与面测法相同(表 8 - 1)，只是将网格数更换成线段长度即可。线测法更适用于细粒矿物原料的测定，对于细粒嵌布的矿石，若采用面测法会因颗粒细小占不满一格而难以统计，且会造成测量精度的降低；而线测法则可避免这一问题。

8.2.5　点测法

点测法的原理是矿片上各种矿物表面所占点数之比与各矿物在矿石中的体积之比相等。其测定方法和面测法、线测法也很相似，所不同的是测量时利用带测微网的目镜，以测微网格的交点在矿片上矿物表面分布的多少来测量矿物的含量(如图 8 - 4 所示)。

测量时，首先在目镜筒中装入测微网，将视阈中不同矿物表面分布的交点数分别统计下来。显然，矿片上出露面积大的矿物占有的交点数就多(见图 8 - 4)。点测法适用于矿物嵌布粒度均

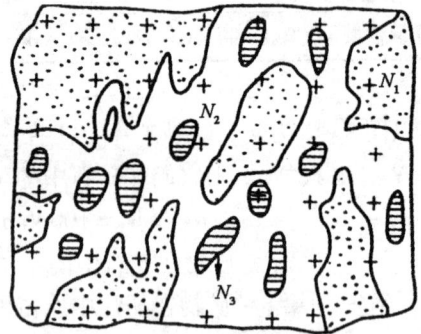

图 8 - 4　点测法测定原理示意图

匀的矿物原料，对于粗细不均匀嵌布的矿石，会因细小颗粒的漏测而造成测量精度的降低。

8.3 化学分析矿物定量法

8.3.1 化学分析法定量的原理

利用化学分析法进行矿物含量的测定是一种较为准确的矿物定量方法。该方法是利用矿物原料的化学成分与其组成矿物化学成分的相关性，通过一定的数学运算来进行矿物定量的。它不像其他方法那样受组成矿物的含量和嵌布粒度的影响，而仅取决于矿石和组成矿物的化学成分，定量精确度高，对于其他方法难以解决的微粒微量矿物的定量，该方法的优越性尤其显著。然而，化学分析矿物定量法需要大量的分析数据，工作量大、分析成本高。

为了测定矿石中所有矿物的含量，必须具备以下基本资料：

（1）矿石的化学全分析结果；

（2）确定所有组成矿物的种类；

（3）各组成矿物的化学成分分析结果。

根据以上分析资料，即可通过列联立方程等方法，求出各组成矿物的含量。因为矿石的化学分析提供了某元素在矿石中总的含量，而某元素在矿石中的含量则是由该元素在各矿物中的含量和各种矿物在矿石中的含量所确定的。因此，利用化学分析法进行矿物定量，实际上是对化学分析过程的逆运算。

对于由 n 种矿物 m 种元素组成的矿物原料，根据元素平衡可建立如下线性方程组：

$$\alpha_{11}\omega_1 + \alpha_{12}\omega_2 + \alpha_{13}\omega_3 + \cdots + \alpha_{1j}\omega_j + \cdots + \alpha_{1n}\omega_n = \alpha_1$$
$$\alpha_{21}\omega_1 + \alpha_{22}\omega_2 + \alpha_{23}\omega_3 + \cdots + \alpha_{2j}\omega_j + \cdots + \alpha_{2n}\omega_n = \alpha_2$$
$$\cdots$$
$$\alpha_{i1}\omega_1 + \alpha_{i2}\omega_2 + \alpha_{i3}\omega_3 + \cdots + \alpha_{ij}\omega_j + \cdots + \alpha_{in}\omega_n = \alpha_i$$
$$\cdots$$
$$\alpha_{m1}\omega_1 + \alpha_{m2}\omega_2 + \alpha_{m3}\omega_3 + \cdots + \alpha_{mj}\omega_j + \cdots + \alpha_{mn}\omega_n = \alpha_m$$

式中：α_{ij}——第 i 种元素在第 j 种矿物中的百分含量，%；

ω_j——第 $j(1 \leqslant j \leqslant n)$ 种矿物在矿石中的百分含量，%；

α_i——第 $i(1 \leqslant i \leqslant m)$ 种元素在矿石中的百分含量，%。

上述方程组可归纳为以下数学表达式：

$$\sum_{j=1}^{n} \alpha_{ij}\omega_j = \alpha_i \qquad \text{其中 } i = 1, 2, \cdots, m \qquad (8-5)$$

矿石中的矿物种类（n），可采用光学显微镜、X 射线衍射等方法确定；各矿物中某元素的含量 α_{ij} 可通过单矿物化学分析、电子探针波谱微区成分分析等方法测得。将已知数据代入方程组中，即可求出矿石中各矿物的含量 ω_j。

在化学分析矿物定量实际测量过程中，为保证定量结果的准确性，需要注意以下几点：

（1）矿物中某元素的含量（α_{ij}）应采用该矿物原料中矿物化学成分的实际检测值，而不能简单地采用该矿物的理论化学成分含量。因为在自然界的矿物原料中存在着广泛的类质同象和胶体附着现象，使实际矿物的化学成分与其理论成分之间存在着或大或小的偏差。例如闪锌矿（ZnS）的理论成分含 Zn 67.10%，但自然界中的闪锌矿几乎都有多少不等的 Fe、Cd、In

等元素，如吉林某大型铅锌银矿床中的闪锌矿，其 Zn 含量仅为 61.37%。因此，对于该闪锌矿来讲，若采用其理论成分进行计算必然会产生很大的误差。

（2）方程组中的系数和常数（α_{ij} 和 α_i）应选择那些含量稳定、测定简单可靠的元素分析值。这些元素多属于矿物的主元素，类质同象和胶体吸附状态的微量元素不宜选择。

（3）当利用联立线性方程组难以对矿石中的所有矿物同时进行定量计算时，可利用元素的物相分析对矿物进行分组定量。如果矿石中的某个元素仅赋存于一种矿物中，则可将该元素作为该种矿物的特征元素，分析出该元素在矿石中和矿物中的含量后，即可直接计算出该种矿物的含量。

化学分析定量法根据矿石性质的不同，其分析和计算方法也有一定差异，这里将几种典型的矿物原料的定量方法介绍如下。

8.3.2　硫化矿物的计算

与其他矿物相比，硫化物的特点是：主元素的组成简单、含量稳定且与矿物的相关性强。因此，矿物原料中硫化物的定量计算较为简单。

例如：已知某硫化矿石的化学成分为：Cu 0.997%、Zn 39.164%、Fe 23.652%、S 33.508%；主要硫化物为：闪锌矿、黄铜矿、黄铁矿、磁黄铁矿。求矿石中硫化矿物的含量。

（1）各矿物的元素含量

闪锌矿：Zn 56.7%、Fe 10.0%、S 33.3%；黄铜矿：Cu 34.6%、Fe 30.4%、S 34.9%；黄铁矿：Fe 46.5%、S 53.5%；磁黄铁矿：Fe 63.5%、S 36.5%。

（2）列方程组

设黄铜矿的含量为 ω_{cp}；闪锌矿的含量为 ω_{sph}；黄铁矿的含量为 ω_{py}；磁黄铁矿的含量为 ω_{pyr}。据以上条件可列出联立方程组如下：

$$\begin{cases} 34.6\omega_{cp} = 0.997 \\ 56.7\omega_{sph} = 39.164 \\ 30.4\omega_{cp} + 10\omega_{sph} + 46.5\omega_{py} + 63.5\omega_{pyt} = 23.652 \\ 34.9\omega_{cp} + 33.3\omega_{sph} + 53.5\omega_{py} + 36.5\omega_{pyt} = 33.508 \end{cases}$$

（3）解方程组

求解方程组可得：$\omega_{cp} = 2.88\%$；$\omega_{sph} = 69\%$；$\omega_{py} = 1.32\%$；$\omega_{pyr} = 24\%$。

8.3.3　滑石、绿泥石和蛇纹石的计算

对于某些含水矿物的测定，可采用示差热天平法，因为这些矿物在一定温度下可以分解出特定量的水分。例如，绿泥石、蛇纹石、滑石的分解温度见表 8-2。

表 8-2　滑石、绿泥石、蛇纹石的分解温度

矿物名称	分子式	分解温度/℃	产生气相
绿泥石	$5MgO \cdot Al_2O_3 \cdot 3SiO_2 \cdot 4H_2O$	650	H_2O 含量 13.00%
蛇纹石	$6MgO \cdot 4SiO_2 \cdot 4H_2O$	760	H_2O 含量 13.04%
滑石	$3MgO \cdot 4SiO_2 \cdot H_2O$	960	H_2O 含量 4.76%

如果分别测出矿石在不同温度下分解产生的结构水量，即可计算出不同矿物的含量。例如，某含有滑石、绿泥石、蛇纹石的矿石在不同温度下测定结果为：650℃时含水量为1.5%；760℃时新增的含水量为3.1%；960℃时新增的含水量为0.8%。据此，则可计算出3种矿物的含量为：绿泥石11.54%、蛇纹石23.77%、滑石16.8%。

8.3.4　不含水硅酸盐矿物的计算

对于不含水的岛状、单链状和架状构造的硅酸盐矿物来说，尽管不能根据含水量的测定结果进行定量，但也可以结合不同矿物的化学成分特点，在矿石化学分析的基础上分别进行定量计算。

例如，某矿石的矿物种类主要为：硅灰石（$CaO \cdot SiO_2$）、方解石（$CaO \cdot CO_2$）、透辉石（$CaO \cdot MgO \cdot 2SiO_2$）、钙铝石榴石（$3CaO \cdot Al_2O_3 \cdot 3SiO_2$）、石英$SiO_2$、磁铁矿（$Fe_3O_4$）和少量硫化物。测定其化学成分为：CaO 42.66%、MgO 1.45%、Al_2O_3 1.23%、SiO_2 29.28%、CO_2 17.15%、Fe 4.89%、S 0.53%，总量98.52%。不同矿物的成分按照其分子式的理论成分计算，要求计算不同矿物的含量。

为了简化计算，不考虑硅酸盐矿物中可能含有的微量类质同象形式的Fe，同时由于其他含铁矿物很少，将矿石中的铁全部计入磁铁矿中。不同矿物的含量计算如下：

（1）根据矿石中CO_2的含量，计算方解石含量及其占有的CaO量

$$方解石含量 = CO_2 化验值 \times \frac{CaCO_3 分子量}{CO_2 分子量} = 17.5\% \times \frac{100}{44} = 39.77\%；$$

$$方解石中的 CaO 含量 = CO_2 化验值 \times \frac{CaC 分子量}{CO_2 分子量} = 17.5\% \times \frac{56}{44} = 22.27\%。$$

（2）根据矿石中MgO含量，计算透辉石含量及其占有的CaO和SiO_2量

透辉石中CaO、MgO和SiO_2的分子数比为1:1:2。

$$透辉石含量 = MgO 化验值 \times \frac{透辉石分子量}{MgO 分子量} = 1.45\% \times \frac{56+40+2 \times 60}{40} = 7.83\%；$$

$$透辉石占有的 CaO 量 = MgO 化验值 \times \frac{CaO 分子量}{MgO 分子量} = 1.45\% \times \frac{56}{40} = 2.03\%；$$

$$透辉石占有的 SiO_2 量 = MgO 化验值 \times \frac{2 \times SiO_2 分子量}{MgO 分子量} = 1.45\% \times \frac{2 \times 60}{40} = 4.35\%。$$

（3）根据矿石中Al_2O_3的含量，计算钙铝石榴石含量及其占有的CaO和SiO_2量

钙铝石榴石中CaO、Al_2O_3和SiO_2量的分子数比为3:1:3。

$$钙铝石榴石 = Al_2O_3 化验值 \times \frac{钙铝石榴石分子量}{Al_2O_3 分子量} = 1.23\% \times \frac{3 \times 56+102+3 \times 60}{102} = 5.43\%；$$

$$钙铝石榴石占有的 CaO 量 = Al_2O_3 化验值 \times \frac{3 \times CaO 分子量}{Al_2O_3 分子量} = 1.23\% \times \frac{3 \times 56}{102} = 2.03\%；$$

$$钙铝石榴石占有的 SiO_2 量 = Al_2O_3 化验值 \times \frac{3 \times SiO_2 分子量}{Al_2O_3 分子量} = 1.23\% \times \frac{3 \times 60}{102} = 2.17\%。$$

（4）根据剩余的CaO含量，计算硅灰石量及其占有的SiO_2量

硅灰石中CaO量 = CaO总量 - 方解石占有量 - 透辉石占有量 - 钙铝石榴石占有量 = 42.66% -21.83% -2.3% -2.03% = 16.5%；

硅灰石中 CaO 和 SiO_2 量的分子数比为 1:1。

则硅灰石含量 = 硅灰石占有的 CaO 量 $\times \dfrac{CaSiO_3 \text{ 分子量}}{CaO \text{ 分子量}} = 16.77\% \times \dfrac{56}{60} = 15.65\%$;

硅灰石占有的 SiO_2 量 = 硅灰石占有的 CaO 量 $\times \dfrac{SiO_2 \text{ 分子量}}{CaO \text{ 分子量}} = 16.77\% \times \dfrac{60}{56} = 17.97\%$ 。

（5）根据剩余的 SiO_2，计算游离石英的含量

石英含量 = SiO_2 总量 - 硅灰石、透辉石和钙铝石榴石占有的 SiO_2 量之和 = 29.285% -17.97% -4.35% -2.17% =4.79%

（6）根据含铁品位，计算磁铁矿含量

将矿石铁量全部计入磁铁矿，则磁铁矿的含量为：

磁铁矿量 = 矿石中 Fe 化验值 $\times \dfrac{\text{磁铁矿分子量}}{3 \times Fe \text{ 原子量}} = 4.89\% \times \dfrac{3 \times 55.85 + 4 \times 16}{3 \times 55.85} = 6.75\%$ 。

根据以上计算结果，矿石中上述矿物的总量为98.51%。

8.4 分离矿物定量法

分离矿物定量法是利用待测矿物与矿石中其他矿物性质的差异，将待测矿物从矿石中分离出来而进行定量的一种方法。该法主要适用于某些易于分选且嵌布粒度较粗大的矿物定量，对于嵌布粒度细小且难以分离的矿物则不适用，因为对于微细嵌布的矿物，通常无法保证在很高的分离纯度下使其全部从矿物原料中分离出来。

分离矿物定量法可分为试样准备、矿物分离和结果整理计算三个步骤，矿物分离是定量成败的关键。试样准备是从待测矿物原料中缩分出具有代表性的分离样品，并根据待测矿物在矿石中的嵌布特征和拟定的分离方法的要求，将样品破碎至一定的粒度。矿物分离是根据待测矿物与样品中其他矿物物理、化学性质的差异，采用适当的分离方法和分离手段，将一种或几种待测矿物以纯矿物的形式从样品中分离提取出来。最后，通过对分离过程的原料及各种产品进行计量，计算出待测矿物在样品中的含量。

进行矿物分离的方法和设备很多，其分离原理与矿物加工中的分选方法是相同的，只是在分离矿物定量时多采用一些小型设备和装置。常用的矿物分离定量方法包括重力分离、重液分离、介电分离、磁力分离、高压静电分离和选择性溶解等。

8.4.1 重力分选法

重力分选法是利用不同矿物之间密度的差异进行矿物分离的一种方法，不同密度矿物重力分离的难易程度可大致由下式判断：

$$E = (\delta_2 - \rho)/(\delta_1 - \rho) \qquad (8-6)$$

式中：δ_1——轻矿物的密度，g/cm^3；

δ_2——重矿物的密度，g/cm^3；

ρ——分离介质的密度，g/cm^3。

$E > 5$ 时，属极易重力分离的矿石，除极细的矿泥（小于 $5 \sim 10\ \mu m$）以外，对各种粒度的物料均可使用；

$5 > E > 2.5$ 时，属易处理矿石，有效分离的粒度下限为 38 μm 左右；

$2.5 > E > 1.75$ 时，属较易处理矿石，其有效分离的粒度下限为 75 μm 左右；

$1.75 > E > 1.5$ 时，属较难处理矿石，其有效分离的粒度下限为 0.5 mm 左右；

$1.5 > E > 1.25$ 时，属难处理矿石，重力分离法只能处理粒度为数毫米的物料，且分离效率较低；

$E < 1.25$ 时，属极难处理矿石，不宜采用重力分离法。

因此，在选择分离方法时应根据矿石的性质而定。适宜于重力分离法处理的矿石，在选择分离设备和分离手段时，多采用处理量小、操作简单易行的设备和装置，主要包括振摆溜槽、机动淘洗盘、微型摇床等。

8.4.2 重液分离法

重液分离法是利用浮沉原理，采用密度较大液体作为分离介质，使密度大于分离介质的矿物颗粒下沉，密度小于分离介质的矿物颗粒上浮，从而达到分离矿物的目的。

重液的种类很多，包括有机重液、无机盐溶液和熔盐 3 类。用于少量样品分离的重液多采用卤代烷类有机重液，主要包括以下几种：

三溴甲烷（$CHBr_3$）。为无色易流动的液体，在常温常压下，密度 2.887 g/cm^3，黏度 0.0018 Pa·s、沸点 149℃、凝固点 8℃。本品易挥发，在阳光下易分解，必须保存在暗色器皿中。加入 3% ~4% 的酒精可促使三溴甲烷稳定，同时其密度则降低为 2.6 ~2.7 g/cm^3。

四溴乙烷（$C_2H_2Br_4$）。为无色易流动液体，在常温常压下，密度 2.953 g/cm^3、黏度 0.0096 Pa·s、沸点 243.5℃、凝固点 0.1℃。其化学性质稳定，挥发性较小，但黏度较大。

二碘甲烷（CH_2I_2）。无色至亮黄色，在常温常压下，密度 3.308 g/cm^3、黏度 0.0096 Pa·s、沸点 182℃、凝固点 6.1℃。在阳光下极不稳定，有硫化物存在时也容易分解，分解后因碘的析出而使颜色变暗，变暗后二碘甲烷的密度下降。为防止二碘甲烷分解，可加入几片金属铜。二碘甲烷有毒，使用时应注意安全。

以上 3 种卤代烷均难溶于水而易溶于易挥发的有机溶剂，如酒精、苯、甲苯、四氯化碳等。为获得不同密度的重液可用这些有机溶剂稀释。为从稀释后的重液中浓缩回收卤代烷则可采用蒸馏的办法。

蚁酸铊和丙二酸铊复盐水溶液。又称克列里奇液，淡黄色，25℃ 时饱和溶液的密度为 4.3 g/cm^3，黏度 0.031 Pa·s，化学惰性。可与任意比例的水混合而配置成不同密度的重液，用蒸馏的方法即可使其浓缩再生。可列里奇液的密度大，但价格高，对皮肤的腐蚀性极强。

蚁酸铊和丙二酸铊复盐溶液的配置方法为：将 11 g 丙二酸溶于少量水中，再将 500 g 碳酸铊溶于此溶液中；另取 500 g 碳酸铊溶于 115 g 的 89% 的蚁酸中；然后将这两种溶液相混，过滤、蒸发，直至密度为 4.3 g/cm^3 的矿物（如铁铝石榴石）在其中浮起为止。

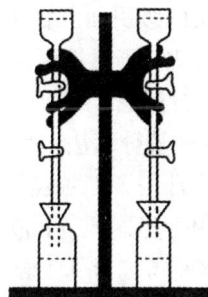

图 8 - 5 双开关分液漏斗示意图

重液分离的操作方法与试样的黏度、重量以及重液的类型有关。通常，对于试样量少（50 g 以下）、粒度较细（0.5 ~0.074 mm）时，多在分液漏斗中进行。图 8 - 5 为常用的双开关分液漏斗示意图，其操作步骤如下：

①将分液漏斗竖直固定在支架上，将分液漏斗的上开关打开、下开关关闭，并将配置好的重液倒入漏斗中；然后将矿样缓慢倒入漏斗中，用玻璃棒搅拌均匀，静置几分钟，使轻矿物上浮、重矿物下沉；②关闭上开关，打开下开关，将重矿物和轻矿物分别排放到带滤纸的过滤漏斗中；③将过滤漏斗中收集的重矿物和轻矿物分别进行洗涤、过滤、烘干、称重。

8.4.3 磁力分离

磁力分离是利用矿石中不同矿物间磁性的差异进行矿物分离的。适于磁力分离的矿物主要是强磁性矿物（亚铁磁性物质）和部分弱磁性矿物（顺磁性物质）。强磁性矿物主要有磁铁矿、磁赤铁矿、钛磁铁矿、磁黄铁矿和锌铁尖晶石等；弱磁性矿物主要有赤铁矿、镜铁矿、褐铁矿、菱铁矿、水锰矿、硬锰矿、软锰矿等铁锰矿物，以及钛铁矿、铬铁矿、黑钨矿等含钛、铬、钨的矿物。应用磁力分离的前提是，欲分离矿物的磁性与矿石中其他矿物的磁性有明显差异。

磁力分离的方法和设备很多，按磁场强度的大小可分为弱磁选分离和强磁选分离两种，按分离介质条件又可分为干法和湿法。

1. 弱磁选分离

用于矿物分离提纯的弱磁选法主要采用永久磁块和磁选管两种手段。

（1）永久磁块分离法

永久磁块分离法是采用磁场强度较低的永久磁块来分离粒度较粗的强磁性矿物，如磁铁矿、磁黄铁矿、钛磁铁矿等。弱磁性永久磁块的磁场强度约为 500～800 Oe，其操作方法也可分为干法和湿法两种。

干法操作适用于粒度较粗的矿石（大于 0.2 mm）。其操作方法为：用塑料薄膜或稠布将磁块包裹，然后在摊平的样品表面来回移动，将磁性颗粒吸附于磁块上；磁块吸满后，将磁块移至收样盘，将包裹的塑料薄膜或稠布取下，将磁性颗粒抖落收样盘中。如此反复操作，即可将磁性颗粒分离出来。

湿法操作适用于粒度较细的原料（小于 0.1 mm）的分离。其操作方法为：将待测样品置于 200 mL 的烧杯中，加水调成 10% 左右的矿浆浓度摇匀，然后将磁块紧贴烧杯底部，磁性颗粒受到磁块的吸引而沉积于烧杯底部，非磁性颗粒则悬浮于水中；将上部悬浮液缓慢倒出或用虹吸法吸出，则磁性颗粒仍留在烧杯中。如此反复操作即可将磁性颗粒从原料中分离出来，最后进行过滤、烘干、称重。

（2）磁选管分离法

磁选管常用于细粒强磁性矿物的分离。在"C"字形铁芯上绕有线圈，通以直流电，电流强度可以用变阻器调节，最高磁场强度可达到 1600～2400 Oe。玻璃管用支架支撑于磁极中间，并与水平方向成 45°角。通过适当的传动装置，用电动机带动支架上的圆环（套在玻璃管的外面）使玻璃管做往复的上下移动和转动。

进行分离时，取适量有代表性的细磨试样，装入小烧杯中进行调浆，使其充分分散。然后将水引入玻璃管内，并调节玻璃管的上下端胶皮管的夹子，使玻璃管内水的流量保持稳定，水面高于磁极 30 mm 左右。接通直流电源，并调节到预先规定的电流值，开始给矿。先将烧杯中的矿泥部分徐徐由玻璃管的上端冲入玻璃管内，待矿泥部分给完后再给沉于杯底的矿砂。磁性颗粒在磁力作用下，被吸引在磁极间的管内壁上，而非磁性矿粒则随冲洗水从玻璃管下端排出。矿样给完后，继续保持玻璃管开动一段时间，使磁性物受到更好的冲洗，当将非磁性颗粒冲洗干净后(管内水变清为止)，停止给水，放出管内的水，然后更换接矿器，切断直流电源，将管内的磁性物冲洗出来，即完成了分离过程。将产品分别过滤、烘干、称重，即可计算出磁性矿物的含量。

2. 强磁选分离

强磁选分离主要用于弱磁性矿物的分离定量，其操作方法也可分为干法和湿法两种。干法分离多采用自动磁力分析仪，其磁场强度可在 1000 ~ 20000 Oe 范围内连续可调，要求样品的粒度一般为 0.074 ~ 1.0 mm。湿法分离多采用实验室小型湿式强磁分选仪，其磁场强度的调节范围为 1500 ~ 23000 Oe，可用于 0.1 ~ 0.074 mm 以下原料的分离。在进行强磁分离前，须将原料中的强磁性矿物预先分离出来，以免干扰强磁分离的效果。

8.4.4 介电分离法

介电分离是利用矿物介电常数的差异进行分离的。它是在具有一定介电常数的介电液中进行的，介电分离仪的电磁振荡电极插入介电液中，在电极周围将形成一交变的非均匀电场，电场强度自电极向外逐渐减弱。将适量样品放入介电液中，启动介电分离仪，则介电常数大于介电液的矿物颗粒被吸附于电极，介电常数小于介电液的矿物颗粒则被电极排斥，从而使介电常数不同的矿物彼此分离。

用于矿物分离的设备多使用中频介电分离仪，当两种矿物的介电常数(相对介电常数)相差 1.5 ~ 2.0 时，即可使二者有效分离。对于那些用重力和磁力都难以分离的矿物(如赤铁矿和钛铁矿，二者密度和磁性相近，而相对介电常数差异明显，赤铁矿为 25.0，钛铁矿为 33.7 ~ 81.0)，采用介电分离有一定的优越性。

根据要分离的矿物不同，应选择不同的介电液。介电分离通常使用的介电液是四氯化碳(相对介电常数 2.24)和甲醇(相对介电常数 32.5)的混合液体，也有用煤油(2.0)、乙醇(24.5)、硝基苯(36.0)等作介电液体，或者选择其中两种配置成适当的介电液。

根据所需要的介电液体的介电常数不同，将各种液体按不同比例配置。若待分离矿物的介电常数比较大，则加入的介电常数比较大的液体的数量要多，反之则加入量要少一些。

矿物介电常数的大小是判定矿物导电性质的主要依据，通常将介电常数大于 12 的矿物称为导体矿物，小于 12 则为非导体矿物。介电常数的大小与测定的电源频率有关，根据 Fouss R M 的结论，物料在低频时测定出的介电常数大，在高频时测定出的介电常数小，与测量的电场强度的大小无关。现在各种资料中所介绍的介电常数，都是在 50 Hz 或 60 Hz 的交流电源条件下测出的。

测定矿物介电常数的方法很多，又有干法和湿法之分，根据要测定矿物的具体情况不同选择适当的方法。湿法测定介电常数的装置包括针极、介电液体、容器、电源等。其原理是利用电极在一系列不同介电常数的介电液体中对被测矿物颗粒的吸引或排斥，来测定矿物颗粒的介电常数。在一较小的容器中，由上部的胶木盖上安装两根很细的钢针，容器中充满介电溶液，两根针极的间距仅有 1 mm 左右；在两根针极上通入普通的单相交流电(50 或 60 Hz)。待测矿物颗粒放入液体中，此时高于液体介电常数的颗粒被电极吸引，低于液体介电常数的颗粒被电极排斥。介电液体的介电常数是根据需要事先配置好的，然后不断地进行调节，从而能较准确地测定矿物的介电常数。

例如，测定石英的介电常数。在容器中加入 5 mL 四氯化碳、0.5 mL 甲醇，使之成为一种介电常数为 5.1 的混合介电液体，此时加入几粒石英颗粒，接通电源后进行观察。若石英颗粒被电极吸引，则证明介电液体的介电常数仍较小，此时再加入 0.1 mL 甲醇，使介电液体的介电常数提高至 5.63。如果此时观察到石英颗粒被电极排斥，则石英的介电常数必然介于两者之间，从而得出石英的介电常数为：$(5.1 + 5.63)/2 = 5.36$。

8.4.5 高压静电分离法

利用矿物电性质的差异进行矿物分离的另一种常用的方法为高压静电分离法。图 8-6 为实验室型鼓式高压电选机的结构示意图，主要由高压直流电源和主机两大部分组成。将常用的单相交流电升压后半波或全波整流形成高压直流电源，供给主机。现在国内实验室使用的电选机的电压一般为 20~40 kV，输出为负电。主机由转鼓、电极、毛刷、给矿斗、接矿斗以及分矿板等几部分组成。

电晕电极的作用是在高压直流电下释放负电荷，产生电晕电场。偏转电极的作用是使电晕电极释放的负电荷在静电场的作用下向转鼓表面的矿粒上辐射。处于电晕电场中的矿物颗粒，无论导体和非导体均能获得负电荷，但吸附于导体颗粒表面的电荷能在颗粒表面自由移动，而吸附于非导体颗粒表面的电荷则不能自由移动。若将转鼓接地而成为接地极后（常为正极），导体颗粒表面所吸附的电荷在极短的时间内（1/40~1/1000 s）即可经过接地极传走，表面不再留有电荷；非导体则不然，由

图 8-6 电选机结构示意图

1—转鼓；2—电晕电极；
3—偏转电极（静电极）；4—毛刷；5—分矿板

于其导电性很差或不导电，表面吸附的电荷不能传走或要比导体至少长 100~1000 倍的时间才能传走一部分，表面会留有大量负电荷。因此，在电晕电场中非导体由于表面留有电荷，与转鼓（接地正极）相吸引，采用毛刷将其从转鼓上刷下；导体颗粒则在重力和转鼓离心力的作用下，脱离转鼓表面（图 8-6），与非导体颗粒彼此分离。

电选法处理的原料必须充分干燥，潮湿原料对矿物的导电性影响很大。电选机的转鼓内通常带有加热装置，保持转鼓表面的温度在 60~80℃ 左右。原料的粒度一般为 0.04~0.5 mm，且一般要预先筛分为窄粒级，粒度过细和粒级太宽均不利于分离。

8.4.6 选择性溶解法

选择性溶解法是利用矿物化学性质的差异，特别是矿物在不同溶剂中的溶解性的差异，使不同矿物彼此分离。通常是将待测样品置于某种溶剂（酸、碱等试剂）中，使其中的某种矿物溶解，而将其他矿物留在残渣中，达到矿物定量的目的。选择性溶解的方法和手段很多，应用事例也很多，难以一一列举，具体方法的选择取决于原料的矿物组成特点。通常碳酸盐

矿物和大多数金属氧化物易溶于普通无机酸（盐酸、硫酸等）；硫化矿物通常可以用硝酸溶解；而石英及硅酸盐矿物则可用氢氟酸分解或采用碱熔法分解。

选择性溶解法因处理的原料不同，其具体处理方法和处理过程差异很大。但从分离程序来看，一般包括如下几个步骤：

(1)用精密天平称取适量样品；

(2)将样品倒入一定容积烧杯或坩埚中；

(3)将预先选择并配置好的溶剂按液固比4∶1加入烧杯或坩埚中；

(4)加热搅拌使易溶矿物充分分解；

(5)溶解反应完全后，用清水洗涤、过滤、烘干，最后将残留物称重。

可见，在上述分离过程中，溶剂的选择是关键。理想情况下应选择仅对某一种矿物发生作用的试剂，而与其他矿物基本不发生作用。但事实上，矿物原料的组成千差万别，在采用选择性溶解分离时，实际样品很难满足这种理想条件，通常要与其他分离方法配合使用。

8.5　某海滨砂矿的物质组成研究实例

8.5.1　矿石的化学成分

为了测定原矿砂中主要伴生金属元素和微量元素的种类，首先采用 Axios 光谱仪对原矿砂进行了光谱半定量分析，结果见表 8 – 3。

表 8 – 3　原矿砂中金属元素的光谱分析结果

元素	Ti	V	Cr	Mn	Fe	Co	Ni
含量/ $\times 10^{-6}$	55509	1881	288.6	5147	>480000	102.3	49.6
元素	Cu	Zn	Ga	Nb	Mo	As	Sb
含量/ $\times 10^{-6}$	36	252	34.1	2.1	1.3	18.9	20.9

光谱分析结果表明，原矿砂中的主要金属元素为 Fe、Ti、Mn、V、Cr，含少量 Co、Ni、Cu 等元素，Fe、Ti 是矿石中最主要的金属元素。

根据光谱分析结果，对矿石中的主要元素进行了化学多元素分析，结果见表 8 – 4。

表 8 – 4　原矿砂多元素化学分析结果

元素	TFe	FeO	K_2O	Na_2O	CaO	MgO	MnO
含量/%	48.67	23.34	0.10	0.23	3.65	4.93	0.75
元素	Al_2O_3	Cr_2O_3	SiO_2	TiO_2	V_2O_5	S	P
含量/%	3.61	0.056	11.56	6.97	0.46	0.014	0.14

原矿砂多元素分析结果表明原矿砂中 TFe 含量为 48.67%，磁性率（FeO/TFe）为

47.96%，TiO_2 含量为 6.97%，属于含钛磁铁矿矿砂。原矿砂的碱度系数（CaO + MgO）/（SiO_2 + Al_2O_3）为 0.56，属半自融性矿石（0.5 ~ 0.8）。此外，矿石中 S、P 含量很低，对矿石质量影响不大。

8.5.2　矿石的矿物组成

1. X 射线衍射定性分析

为了查明矿石中主要矿物的种类，首先采用粉末 X 射线衍射（日本理学电机 RigaKu 公司生产 D/max – rB，Cu 靶，管电压为 40 kV，管电流 100 mA，扫描速度 4 deg/min，步长为 0.02 deg）对矿砂进行矿物物相定性分析。分析结果表明（图 8 – 7），矿砂中的主要金属矿物为磁铁矿，主要非金属矿物为辉石、角闪石、长石、石英等矿物。

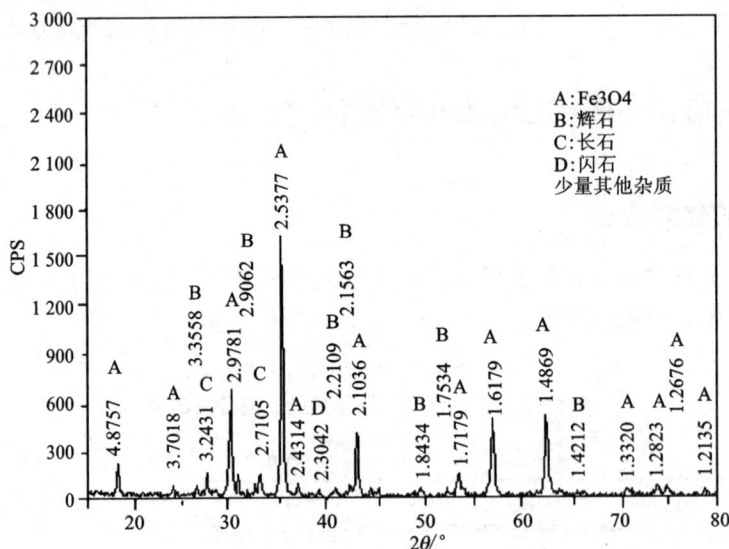

图 8 – 7　原矿 X 射线衍射分析图谱

2. 光学显微镜下矿物定量

采用光学显微镜（XPV – 203 偏光显微镜）进一步对矿石中主要矿物的种类和含量进行分析测定，结果表明（如表 8 – 5 所示），矿石中的金属矿物主要为钛磁铁矿，含少量钛铁矿、赤铁矿、褐铁矿、金红石等；非金属矿物主要为辉石，其次为角闪石、长石、石英，含少量石榴石、榍石、绿泥石、磷灰石等。钛磁铁矿的含量达到 65%，钛铁矿的含量在 3% 左右，赤铁矿（褐铁矿）含量在 5% 左右。这说明钛磁铁矿是选矿回收的主要对象。

表 8 – 5　原矿砂中主要矿物的含量

矿物	钛磁铁矿	钛铁矿	赤铁矿（褐铁矿）	金红石	钛辉石	角闪石	长石、石英	石榴石等
含量/%	65	3	5	<1	11	7	5	3

8.5.3 原矿砂的粒度组成

采用标准筛筛析的方法，测定了原矿砂的粒度组成及各粒级中 TFe、TiO_2 的含量，结果见表 8-6。

表 8-6 原矿砂粒度组成及铁钛分布

粒级/目	产率/%	TFe		TiO_2	
		品位/%	分布率/%	品位/%	分布率/%
+80	6.61	14.58	1.97	0.78	0.74
-80+100	14.52	30.08	8.94	4.27	8.92
-100+160	70.90	54.88	79.60	8.17	83.38
-160	7.97	58.17	9.49	6.06	6.95
总计	100.00	48.88	100.00	6.95	100.00

结果表明，原矿砂的粒度组成较为均匀，主要分布于 -80～+160 目（-0.18～+0.096 mm），在该粒度范围内的累计产率达到 85.42%，在 +80 目和 -160 目粒级的产率很低。从各粒级 TFe、TiO_2 含量变化情况来看，二者存在同步增长的规律，随着 TFe 品位的增加，TiO_2 含量也会相应增加，说明二者共生关系紧密。

思考题

1. 常用的矿石化学成分分析方法有哪些？
2. 矿石中矿物含量的测定有何意义？
3. 以面测法为例，说明显微镜下矿物定量的基本原理和测量方法。
4. 化学分析矿物定量法的原理是什么？
5. 分离矿物定量法的基本原理是什么？主要有哪些方法？

参考文献

[1] 周乐光. 工艺矿物学. 北京：冶金工业出版社，1990
[2] 王常任. 磁电选矿. 北京：冶金工业出版社，1986
[3] 许时. 矿石可选性研究. 北京：冶金工业出版社，1989
[4] 孙玉波. 重力选矿. 北京：冶金工业出版社，1982
[5] 任允芙. 冶金工艺矿物学. 北京：冶金工业出版社，1997
[6] 全宏东. 矿物化学处理. 北京：冶金工业出版社，1984

第 9 章　矿石的结构构造

　　矿石的结构、构造是根据矿石中矿物集合体和矿物的形态来划分的，用来描述矿物在矿石中的几何形态和相互间的结合关系。矿石的结构多借助偏光显微镜观察，矿石的构造一般是利用肉眼在宏观矿石的标本上观察。矿石的结构、构造特点，对于分析矿石的可选性具有重要意义，尤其是有用矿物的晶粒大小、晶体形状和相互结合关系，因为它们直接决定着矿石粉碎时有用矿物单体解离的难易程度以及连生体的特性，最终影响矿石的可选性。

　　本章主要介绍矿石结构构造的概念，常见矿石的结构构造类型、特点及其对矿石可选性能的影响。

9.1　矿石结构构造的概念及研究方法

9.1.1　矿石的结构、构造和矿物晶粒内部结构

　　矿石是由有经济价值的一种或多种矿石矿物和没有经济价值的一种或多种脉石矿物所组成的矿物集合体。由于矿石的形成条件、形成作用和形成过程各不相同，加之不同矿物本身晶体化学性质的差异，致使矿石的形态多种多样。矿石的形态特征，常用"矿石结构"、"矿石构造"等术语来表述。

　　1. 结构

　　指矿石中矿物颗粒的形态、大小及空间分布上所显示的特征。矿石结构是指矿石相对微观的特征，主要在显微镜下对薄片或光片进行观察。观察内容包括矿物的结晶形态(如自形晶、半自形晶、他形晶)、矿物的嵌布粒度大小、不同矿物之间的空间位置关系(如包含结构、脉状穿插结构、固溶体分离结构等)、矿物的蚀变而形成的假象结构。

　　2. 构造

　　指矿石中各种矿物集合体的形状、大小和空间分布关系。矿石的构造强调的是矿物集合体的特点，是相对宏观的特征，因此其研究对象主要是矿石手标本和露头，用肉眼观察矿石的颜色、矿物集合体间的分布形态。

　　3. 矿物晶粒内部结构

　　矿物晶粒切面的形态特征是指矿物结晶颗粒的外形、习性和内部结构。矿物晶粒的内部结构是指单个矿物结晶颗粒内部所显现的环带、双晶、解理、裂理和裂纹等结晶学和力学形态特征。

9.1.2　研究矿石结构和构造的意义

　　研究矿石的结构构造具有地质和矿物加工两方面的意义。

　　矿石构造主要由不同的地质成矿作用所形成，矿石结构和矿物晶粒的内部结构则主要由

不同的物理化学作用所形成，它们是在一定的地质和物理化学条件下成矿作用的产物。因而，结合矿物成分对它们的形态特征进行研究，既有助于矿床的形成条件、形成作用和形成过程等成因问题的研究，也有助于矿石工艺性质的研究。

例如，磁铁矿、赤铁矿和少量磷灰石、角闪石组成的矿石，具有气孔状、杏仁状、泡状、绳状、气管状等构造，可作为确定矿床的火山岩浆成因的有力证据。再如，对区域变质成矿作用形成矿石的研究，发现浸蚀、残余等交代结构广泛存在，从而改正了以往认为区域变质作用只能在封闭系统条件下发生重结晶的不全面认识。进一步认识到在区域变质作用条件下，由于压力不均，引起变质水的运动，可破坏原来的平衡条件，形成相对的开放（张）系统从而产生轻微但广泛的交代作用。又如，许多产于变质岩中的黄铁矿型矿床，以前曾有不少人认为属于中温热液矿床，后对矿石构造、结构的详细研究，发现广泛具有皱纹状、肠状、椭球状、条带状和片麻状等构造，以及等粒与不等粒变晶、似斑状变晶、定向拉长变晶、揉皱片状变晶、塑性流动、压碎、愈合、压力影、变余凝灰等结构，结合矿床的其他特征，从而确定此类矿床属火山沉积—受变质矿床。

对矿物晶粒切面形态特征的研究，也同样有助于对矿床形成条件、形成作用和形成过程等成因问题的研究。

另一方面，矿石的结构、构造特点与其可选性关系非常密切，如矿石中有用矿物的嵌布粒度越粗，磨矿时有用矿物越容易解离，分选时就越容易；反之，具有细粒浸染状构造的矿石分选较难。因此，通过研究有用组分在矿石中的赋存状态、有用矿物的粒度大小、结晶形态和嵌布关系等特征，可为矿石的工业价值评价、磨矿细度、选矿工艺方法、流程选择等提供重要的基础资料。

9.2 矿石的构造

9.2.1 矿石构造的分类

矿石构造主要由各种不同的地质成矿作用所形成。因此，在进行矿石构造分类时，通常以地质成矿作用作为分类的基础，进行矿石构造的成因分类，以利于矿床成因的研究。矿石的主要构造成因分类表如表9-1、表9-2和表9-3所示。

表9-1 内生成矿作用形成的矿石的主要构造类型

成矿作用		矿石构造类型
岩浆成矿作用	结晶分异作用	流层状、斑杂状、条带状、浸染状、次块状、块状、斑点状、瘤状、条带－浸染状
	熔离作用	豆状、滴状、斑点状、条带状、浸染状、块状、次块状、细脉－浸染状
	贯入作用	脉状、角砾状、次角砾状、条带状、浸染状、块状、次块状
	火山岩浆作用	气孔状、杏仁状、珍珠状、绳状、泡状、气管状、流纹状、火山砾状、火山次角砾、条带状、块状、次块状、浸染状

续表 9-1

成矿作用		矿石构造类型
伟晶成矿作用	充填作用	充填脉状、晶洞状、透镜状、条带状、浸染状、块状、次块状
	交代作用	交代脉状、残留、假象、残留-假象、交代条带状、斑点状、浸染状、块状、次块状
气水-热液成矿作用	充填作用	充填脉状、梳状、晶洞状、环状、角砾状、次角砾状、充填条带状及复带状、斑点状、块状、次块状
	交代作用	交代脉状、残留、假象、残留—假象、交代条带状、交代次角砾状、浸染状、块状、次块状、细脉-浸染状

表 9-2　外生成矿作用形成的矿石的主要构造类型

成矿作用		矿石构造类型
沉积成矿作用	机械沉积作用	松散、稀疏、层状、砾状、条带状、浸染状
	胶体沉积作用	鲕状、豆状、团块状、层状、层纹状、透镜状、条带状、块状、次块状
	蒸发沉积作用	松散、层状、层纹状、稀散、泥砾状、块状、次块状、条带状、透镜状、结核状、浸染状
	生物及生物化学沉积作用	生物状、层状、层纹状、显微莓群状、鲕状、结核状、浸染状、透镜状、块状、次块状
	火山沉积作用	火山泥球状、层状、火山砾状、火山角砾状、火山次角砾状、胶状、层纹状、条带状、浸染状、块状、次块状、团块状
	沉积后生作用	脉状、晶洞状、梳状、条带状、斑点状、浸染状、块状、次块状
风化成矿作用	风化成矿作用	胶状及变胶状、皮壳状、蜂窝状、多孔状、空洞状、土状、粉末状、结核状、晶洞状、残留、假象、残留-假象、角砾状、次角砾状、环状、松散状、稀散、脉状、条带状、块状、次块状、浸染状

表 9-3　变质成矿作用形成的矿石的主要构造类型

成矿作用		矿石构造类型
变质成矿作用	压热变质作用	片状、片麻状、皱纹状、皱纹-浸染状、变余状、块状、次块状、浸染状、条带状、条带-浸染状、条带-次块状
	变质水作用	脉状、晶洞状、梳状、条带状、浸染状、块状、次块状、透镜状
	塑性流动作用	脉状、椭球状、圆球状、肠状、次角砾状、皱纹状、条带状、块状、次块状
	接触变质作用	变余状、斑点状、块状、次块状、浸染状、条带状
	动力变质作用	片状、片麻状、千枚状、变余层状、板状、条带状、块状

　　由以上表格可以看出，同一种形成作用可以形成多种矿石构造；不同的形成作用也可以形成同一种矿石构造。如块状构造、浸染状构造、条带状构造等几乎可由各种形成作用形

成。虽然其矿石构造类型的名称相同，但其结构、矿物种类、矿物的共生组合、矿物的微量元素种类和含量、元素比值、晶形、包裹体、形成温度、形成压力等标型特征是不同的；地质环境及其围岩也是不同的。只要加以仔细研究，是可以划分其成因组和亚组的。例如，有两种块状构造的矿石标本，第一种主要由铬铁矿组成，其中含有少量橄榄石和微量的自然铂；第二种主要由细粒菱锰矿组成，其中含有少量水云母、石英砂屑和煤屑，具砂状结构。显然，第一种属于岩浆矿石构造组，第二种属于沉积矿石构造组。

9.2.2　常见矿石构造的主要特征

常见矿石构造类型及其特征如表 9 - 4 所示。

表 9 - 4　矿石常见的构造类型及其特征

构造类型	构造特征	主要成矿作用
块状构造(图 9 - 1)	矿石致密而无空洞,矿物的分布无方向性。矿石中金属矿物的含量占 75% 以上者为块状构造,50% ~ 75% 者为次块状构造,该构造类型的矿石内生、外生和变质成因的各类矿石中	岩浆分异作用;岩浆熔离作用;火山喷发作用;气成 - 热液交代和充填作用;沉积作用
浸染状构造(图 9 - 2)	在脉石矿物的基质中分布着星散状或不规则状的矿石矿物集合体,矿石矿物的分布没有方向性。可分为稠密浸染状(金属矿物含量 50% ~ 25%)、稀疏浸染状(25% ~ 5%)、星散浸染状(小于 5%)等构造。该构造类型的矿石中因有用矿物嵌布粒度细而不易分选,需要较高的磨矿细度才能与脉石矿物分离而得以回收	岩浆分异作用;岩浆熔离作用;气成 - 热液交代作用;热液充填作用
斑点状构造或斑杂构造(图 9 - 3)	在非金属矿物的基质中有矿石矿物的集合体呈斑点状或点子状(点子大小一般为 0.5 ~ 1 cm)分布,如斑点大小不一,且分布不均匀则称为斑杂状构造	岩浆作用;热液充填作用;热液交代作用
条带状构造或复条带状构造(图 9 - 4)	矿物集合体呈间相排列的条带,大致沿着一个方向者为条带状构造;多组大致平行的充填条带则构成复条带状构造	岩浆分异作用;热液充填作用;热液交代作用;沉积作用;区域变质作用
气孔状或杏仁状构造(图 9 - 5)	矿石中存在许多大小不一的气孔和较大的气泡。矿石中的气孔可被后来生成的矿物充填	火山岩浆作用
角砾状或次角砾状构造(图 9 - 6)	围岩或矿石呈角砾状被另一种或多种矿物集合体所胶结成角砾状构造,若角砾的棱角部分变成浑圆形则为次角砾状	热液充填作用;热液交代作用;岩浆灌入作用;风化作用;交代作用
梳状构造(图 9 - 7)	在矿脉的空隙或空洞中,石英及黄玉等柱状晶体,垂直脉壁和洞壁生长,形成完好的晶形,常被后生的黄铜矿、闪锌矿、方铅矿、绿泥石、萤石等矿物充填	热液成矿作用

续表 9-4

构造类型	构造特征	主要成矿作用
晶洞状构造 (图 9-8)	在岩石或矿石的裂隙或空洞壁上,生长有自形或半自形的矿石矿物集合体,如石英的晶簇	热液充填作用;变质水作用;后生水作用;风化充填作用
豆状或滴状构造 (图 9-9)	在非金属矿物基质中有矿石矿物的豆状集合体分布称为豆状构造,如矿石矿物集合体为滴状,则称为滴状集合体	岩浆熔离作用
流纹状构造	由于熔岩流动,矿石中一些不同颜色的矿物集合体形成的条纹和拉长的气孔等定向排列所形成的流动状构造。这种构造仅出现于喷出岩中,如流纹岩所具的构造	火山岩浆作用
脉状构造或网脉状构造(图 9-10)	在岩石或矿石的裂隙中,有一组矿石矿物或脉石矿物集合体呈脉状穿过,若两组裂隙彼此相切,则形成交错状,若有几组裂隙脉彼此相交切,则形成网脉状	热液充填作用;热液交代作用;风化作用,岩浆贯入作用;沉积后生作用;区域变质作用;塑流贯入作用
胶状或变胶状构造 (图 9-11)	由胶体矿物组成,外表具有浑圆弯曲光滑的表面者称为胶状构造,如鲕状(粒径 < 2 mm)、豆状(粒径 > 2 mm)、肾状、葡萄状、钟乳状等。经重结晶而成变胶体后,外表曲面参差不平,称变胶状构造,常有凝缩裂纹和纤长晶体呈放射状横穿几个环带	热液充填作用;胶体沉积作用;风化作用
结核状构造 (图 9-12)	是岩石中自生矿物的集合体,该种集合体在成分结构和颜色等方面与围岩显著不同,呈孤立的球状、椭球状及不规则的团块状或串珠状产出,大小从几毫米到几十厘米	胶体沉积作用;生物化学沉积作用
叠层状构造 (图 9-13)	由蓝绿藻类分泌的黏液捕获黏砂、粉砂、泥质颗粒或晶体而组成的一种纹层构造。一般由暗色的富藻纹层和亮层富屑纹层叠置而成	生物化学沉积作用
多孔状、蜂窝状或空洞状构造(图 9-14)	风化矿石中一些易溶物成分被带走,而一些不易溶的矿物或难溶成分形成骨架,形成不规则的多孔或较规则的蜂窝状,孔洞较大者形成孔洞状构造	风化作用
纹层状构造 (图 9-15)	是沉积岩中最普遍的原生构造,包括层面以及由岩层内部的成分、粒度、结构、胶结物和颜色等特征在剖面上的突变或渐变所显现出来的一种成层性。依据层理形态及其结构,将其分为水平层理和交错层理。在岩浆结晶分异作用中,因先后结晶出的不同的矿物颜色深浅不同而呈现条纹	生物化学沉积作用岩浆结晶分异作用
土状或粉末状构造 (图 9-16)	原生矿石经风化或淋积作用后,呈疏松的土状或粉末状次生矿物集合体	风化作用;氧化作用和淋积作用
松散状或稀散状构造	未固结的松散矿物碎屑,金属矿物含量大于 50% 称为松散构造,小于 50% 者称为稀散状构造	机械沉积作用;风化淋滤作用

续表9−4

构造类型	构造特征	主要成矿作用
片状构造、片麻状构造或皱纹状构造（图9−17）	片状或长柱状矿物受定向压力作用后,有一定的排列方向,形成片理、片麻理称为片状、片麻状构造,如果片理、片麻理发生褶皱称为皱纹状构造	区域变质作用;动力变质作用
眼球状构造（图9−18）	在某些片麻岩和混合岩中,有时见有呈眼球状、透镜状或扁豆状的较大的长石晶体或长石和石英的集合体,被片状或柱状矿物所环绕,外形很像眼球,故称为眼球状构造	动力变质作用
鳞片状构造（图9−19）	是一种典型的变成构造,变质岩中的矿物晶体呈现明显的鳞片状排布	区域变质作用
变余构造（图9−20,图9−21）	指变质岩中保留的原岩构造,如变余层理构造、变余气孔构造等	较浅的变质作用
变成构造（图9−22）	指变质结晶和重结晶作用形成的构造,如板状、千枚状、片状、片麻状、条带状、块状构造等	较深的变质作用

图9−1 块状构造

磁铁矿和钛铁矿呈均匀致密分布

图9−2 浸染状构造

铬铁矿集合体呈星散状分布于蛇纹石化橄榄岩中

图9−3 斑点状构造及斑杂构造

黑色磁铁矿中含斑点状黄褐色的铁白云石

图9−4 条带状构造

铅锌硫化物(暗色)呈带状分布

图9-5　气孔状构造

磁铁矿矿石中具有形态不规则的气孔

图9-6　角砾状构造

破碎角砾被含有辰砂的石英、方解石胶结在
大理岩(白色)孔被后期黄铁矿、石英或方解石充填

图9-7　梳状构造

铅锌硫化物沿石英脉壁呈梳状分布

图9-8　晶洞状构造

石英部分晶洞内生长有方铅矿的晶体

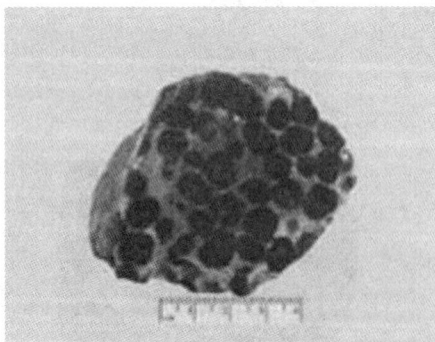

图9-9　豆状构造

铬铁矿集合体外形为圆形或椭圆形,
形似豆粒,分布于蛇纹石化橄榄岩中

图9-10　网脉状构造

方解石呈网脉穿插于矿石中

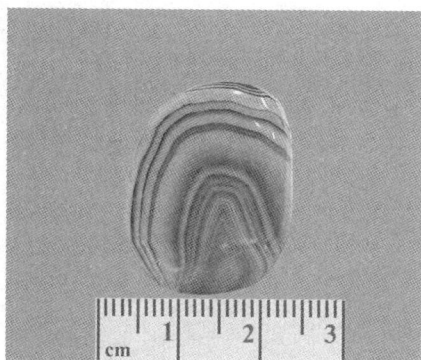

图 9 – 11 胶状构造

由不同颜色，不同宽度的二氧化硅变胶体组成的环带

图 9 – 12 结核状构造

具有同心环带的赤铁矿结核

图 9 – 13 叠层状构造

由蓝藻等低等微生物生命活动所引起周期性
矿物沉淀、沉积物的捕获和胶结作用形成

图 9 – 14 蜂窝状构造

原生硫化物矿石风化后形成蜂窝状构造的褐铁矿

图 9 – 15 沉积纹层状构造

黄铁矿(浅色)与灰岩(黑色)、粉砂岩(灰色)相间分布

图 9 – 16 土状构造

矿石表面因氧化呈黄褐色，显土状构造

图 9 - 17　皱纹状构造

互层的白云质条带和磷灰石条
带经变质作用弯曲变形产生皱纹

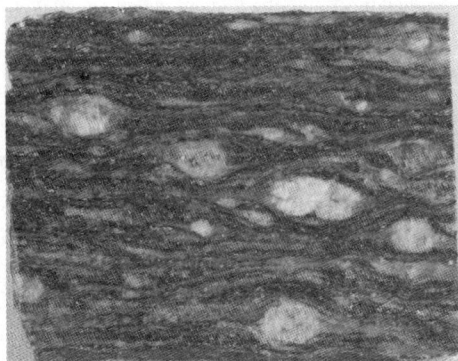

图 9 - 18　眼球状构造

脉体是眼球或透镜状顺基体片理分布的混合岩

图 9 - 19　鳞片状构造

矿物晶体呈现明显的鳞片状排布

图 9 - 20　变余层理构造

暗色矿物角闪石和浅色矿物方解石分别呈层状集中分布

图 9 - 21　变余角砾构造

矿石由酸性玻璃质火山角砾岩经水解蚀变而成

图 9 - 22　变成千枚状构造

重结晶形成的绿泥石、绢云母等
微小片状矿物在高压下定向排列

9.3　矿石的结构

9.3.1　矿石结构的分类

不同矿石结构的形成，除受其组成矿物本身晶体化学性质影响外，还受外界的物理化学条件所控制。即使是相同的矿物，在不同的物理化学条件下，会形成完全不同的矿石结构。因此，对矿石结构进行分类时，也应与矿石构造分类一样，根据其形成的物理化学条件、形成作用等成因进行成因分类。这样，才有助于矿石结构的成因研究，即根据矿石结构的形态特征以及其矿物成分，矿物的晶体化学、内部结构等特征推断其形成的物理化学条件、形成作用和生成顺序。

矿石结构的成因类型如表9－5到表9－7。

表9－5　内生成矿作用形成的矿石的主要结构类型

成矿作用	矿石构造类型
从熔融体中冷却结晶形成的结构	自形晶结构、半自形晶结构、他形晶结构、斑状结构、似斑状结构、包含结构、嵌晶结构、隐晶结构、海绵陨铁结构、共边结构、填隙结构
从汽水溶液中结晶形成的结构	自形晶结构、半自形晶结构、他形晶结构、斑状结构、似斑状结构、包含结构、嵌晶结构、胶体结构、共边结构、填隙结构
交代作用形成的矿石结构	自形晶结构、半自形晶结构、他形晶结构、斑状结构、似斑状结构、残余结构、浸蚀结构、骸晶结构、假象结构、似文象结构、蠕虫状结构、交叉(交错)结构、反应边结构
固溶体分离作用形成的矿石结构	乳浊状结构、定向乳浊状结构、叶片状结构、格状结构、文象结构、蠕虫状结构、自形晶结构、半自形晶结构、他形晶结构、结状结构

表9－6　沉积成矿作用形成的矿石的主要结构类型

形成作用	矿石主要结构类型
在地表水体中，由沉积作用形成的沉积结构	碎屑(砾状、砂状、泥状)结构、胶结结构(钙质、硅质、泥质)、生物(如细胞、角质层、珊瑚、细菌等)结构

表9－7　变质成矿作用形成的矿石的主要结构类型

成矿作用		矿石构造类型
晶质物质重结晶作用形成的矿石结构	在较低温度、压力的成岩后生作用条件下形成的结构	花岗(等粒)结构、不等粒结构、斑状结构、似斑状结构、包含结构、嵌晶结构、填隙结构、隐晶结构放射状变晶结构、放射球颗状变晶结构、自形晶结构、半自形晶结构、他形晶结构、共边结构
	在常温常压的表生作用条件下形成的结构	放射状变晶结构、放射球颗状变晶结构、隐晶结构自形晶结构、半自形晶结构、他形晶结构、填隙结构

续表 9 – 7

成矿作用	矿石构造类型
压力作用形成的压力结构	花岗（等粒）压碎结构、不等粒压碎结构、斑状压碎结构、糜棱结构、揉皱结构、塑性流动结构、愈合结构、压力影结构、揉皱压力影结构
压力 – 重结晶作用形成的压力 – 变晶结构	鳞片变晶结构、定向拉长变晶结构、定向变量结构揉皱变晶结构、压碎变晶结构、揉皱片状变晶结构
胶体矿物重结晶作用形成的结构	自形变晶结构、半自形变晶结构、不等粒变晶结构花岗变晶结构、放射状变晶结构

9.3.2 常见矿石结构类型及其特征

常见矿石主要结构类型及其特征如表 9 – 8 所示。

表 9 – 8 内生成因的矿石常见的主要结构类型及其特征

结构类型	结构特征	主要成因类型
自形晶结构（图 9 – 23）	由一种或多种矿物组成的矿石，其中一种金属矿物多呈较完好的晶形，其含量在 80% 以上，称全自形晶粒状结构。若矿石矿物晶形虽完好，但数量很少呈零星产出，只能视为呈某种形态的自形晶状。形成自形晶粒状的矿物，多为结晶生长力较强的矿物，如铂铁矿、磁铁矿等	内生成因之岩浆结晶作用
半自形晶结构（图 9 – 24）	矿石由一种或多种矿物所组成，其中一种矿物的含量在 50% 以上，其晶粒具有部分完整的晶面	
他形晶结构（图 9 – 25）	矿石矿物多呈不规则粒状，不具任何完好的晶面。形成这种结构的矿物多为结晶力弱，或是在极度过冷却或过饱和的情况下，由于同时结晶的矿物晶粒互相争夺空间所致。另一种情况是由于结晶晚于其他矿物，故其形状受所剩余粒间空隙限制而形成他形（填隙）结构	
包含结构（图 9 – 26）	在一种粗大晶体的矿物中，包含有同种或另一种细小晶体的矿物。结晶作用早期，液相在温度较快速下降且强烈过饱和时，出现许多结晶中心，形成细粒自形晶状矿物，后来由于温度下降缓慢，在形成较粗大晶体的过程中，包裹了早先形成的细小矿物而构成包含结构	
海绵陨铁结构（图 9 – 27）	他形的金属矿物集合体充填在自形的硅酸盐矿物晶隙之间而成。它是岩浆结晶分异过程中，金属矿物晚于硅酸盐矿物结晶而形成的一种典型结构	
斑状结构（图 9 – 28）	粒度较粗大，晶形较完好的斑晶，分布在较细小颗粒矿物组成的基质中，其中呈现斑晶结晶较早，细粒基质形成较晚	

续表 9 – 8

结构类型	结构特征	主要成因类型
浸（溶）蚀结构 （图 9 – 29）	后生成的矿物沿早生成的矿物之边缘、解理、裂隙等部位进行较轻度的交代而成。晶边常出现凹陷、边缘不平坦，多呈锯齿状、港湾状和星状等。其特点是交代矿物常呈尖楔状侵入被交代矿物中，或交代矿物呈星状出现在被交代矿物中	
骸晶结构 （图 9 – 30）	早结晶出的具有较完整晶形（自形晶）轮廓的矿物（如结晶力强的黄铁矿、毒砂矿等），被后生成的矿物从晶体内部向边部进行溶蚀交代，无论交代程度如何，只要保存被交代晶形残骸外形者，均称骸晶结构	
似文象结构	当浸蚀结构或骸晶结构进一步被溶蚀交代时，被交代的矿物呈蠕虫状，被包裹在交代矿物内，形似古代象形文字，称似文象结构或交代文象结构。	
残余结构 （图 9 – 31）	被交代矿物在交代矿物中，残留下一些岛屿状或不规则状残余体。各残余体之间的结晶方位多具一致性，可大致恢复被交代矿物原颗粒轮廓。被交代矿物在量上一般少于交代矿物	
假象结构 （图 9 – 32）	若交代溶蚀作用进行得彻底，早生成的矿物被后来的矿物全部交代，并呈现早生成矿物的晶形轮廓。一般是在交代（新生成）矿物名称之前，冠以"假象"二字，如假象赤铁矿，即赤铁矿完全交代了磁铁矿晶粒并保留其外形	
乳浊状结构 （图 9 – 33）	也叫乳滴状结构，即客矿物在主矿物中呈细小至极的乳滴状颗粒，乳滴由圆形、椭圆形至伸长的纺锤形；客矿物乳滴的分布可呈无序或有序排列。当固溶体矿物结晶后，温度缓慢下降，达到共析点以下时，开始形成排列无规则的细拉矿物，若此时温度急剧下降，细粒客矿物来不及聚集而停留在原来分离出的位置或附近则形成无序排列的乳滴状结构	内生成因 之交代作用
镶边结构 （图 9 – 34）	交代反应仅在矿物晶体周边进行时，可形成镶边结构，交代矿物分布在被交代矿物的边缘形成镶边	
文象结构 （图 9 – 35）	由固溶体中分离出独立晶体的客矿物，沿主矿物晶粒内的结构裂隙分布，形如文字或蠕虫状。它以主矿物与客矿物接触边界平滑、无交代溶蚀现象及其独特的成因与交代作用所形成的、边界不平整的似文象结构相区别	
叶片状结构 （图 9 – 36）	沿主矿物的解理、裂理或双晶接合面等方向，分离出的客矿物呈叶片状或板状晶体作定向排列	
格状结构 （图 9 – 37）	从固溶体中分离出的片状或板状客晶，沿主矿物颗粒两组或两组以上的解理或裂开呈规则的格状分布	
结状结构 （图 9 – 38）	客矿物的集合体呈不规则弯曲细脉状、环绕主矿物的结晶颗粒边缘形成结状（网状）。这种结构是固溶体矿物生成时温度相当高，当其下降极为缓慢时，固溶体分离得较彻底，分离出的客矿物有充分时间集中，并被完全排出在主矿物结晶颗粒之外所形成	
交叉（交错）结构 （图 9 – 39）	在被交代的矿物边缘或者其解理、裂隙中，有另一种（交代）矿物的细脉交错穿插，称交叉或交错结构。这些细脉宽窄不一，脉壁不规则且不平行，脉的长度一般不大，脉和脉之间可见有分叉和汇合的现象	

续表 9 – 8

结构类型	结构特征	主要成因类型
放射状结构及放射球颗状结构（图 9 – 40）	凝胶物质经再结晶作用，纤长的针状晶体由中心向外成放射状排列，构成放射状结构。当放射状的雏晶组成圆球形的外缘者称为放射球颗状结构。这类结构系凝胶物质再结晶时，雏晶互相挤靠得很紧，只能由球心向外生长，因而形成放射状和放射球颗状结构。呈放射状和放射球颗状结构的矿物主要有黄铁矿、白铁矿、雌黄铁矿、针铁矿、硬锰矿、孔雀石、菱锌矿等。这类结构在内生和外生条件下均可形成	变质成因之晶质物质重结晶作用
花岗（等粒）变晶结构（图 9 – 41）	重结晶的矿物近于等粒状，且紧密镶嵌而构成花岗变晶结构。其晶粒形态可以是近似浑圆状，也可以是多角状、半自形状等。颗粒间无交代溶蚀现象，有时保留有原生矿石中矿物的外形（假象）	
斑状变晶结构（图 9 – 42）	由大小不等的矿物结晶颗粒——斑晶和基质构成。与斑状结构比较，斑晶和基质基本上是同时形成，且无交代溶蚀现象。若细粒及粗粒变晶的数量相差不大，分布无规律，可称不等粒变晶结构	
包含状变晶结构	在再结晶作用过程中，一种矿物的粗大变晶中，包含着细小的自形变晶。再结晶结构中还包括有自形变晶，半自形变晶及他形变晶结构等类型	
花岗（等粒）压碎结构（图 9 – 43）	当脆性的矿物受到压力后，晶粒产生裂缝或小位移而产生许多尖角的碎块，碎块大小大致相等，而塑性矿物则在裂缝中成胶结物。压碎结构与角砾状构造极易混淆，其区别是：前者碎块为同一种矿物的晶屑，碎块没有发生空间方位的大改变，大多数的碎屑还能各自拼成一完整的矿物晶体形状；而后者组成角砾状构造的碎块，常由好几种矿物集合体构成，并且碎块的分布是无规律的	变质成因之压力变质作用
揉皱结构（图 9 – 44）	矿物受力后，产生塑性交形，解理等弯曲成微型褶曲	
斑状压碎结构（图 9 – 45）	被压碎的矿物晶屑大小相差悬殊，在细小的晶屑碎块中类有粗大的晶屑碎块	
鳞片变晶结构（图 9 – 46）	矿物在较高温度条件下，由于定向压力和伴随再（重）结晶作用形成鳞片状变晶。如石墨的鳞片变晶结构	
塑性流动结构（图 9 – 47）	矿石中的塑性矿物在压力作用下发生弯曲变形，形成的显微褶皱结构	
压力影结构	在压力或剪应力作用下，岩石中较坚硬的残斑不易发生变形，承担了载荷应力。残斑周围形成的环形张性空隙内往往为压溶物质、基质残余物质迁移充填，形成椭圆形或不对称眼球状压力影	
碎屑结构（图 9 – 48）	是指金属矿物呈机械碎屑状态存在。按碎屑的大小，可分为砾状、砂状和泥状结构。如某些化学性质较稳定的金属矿物可构成不同粒度的碎屑结构	沉积作用
胶结结构（图 9 – 49）	指金属矿物呈胶结物状态出现，被胶结者多为石英等脉石矿物的晶粒或其碎屑。具此种结构的矿石，在层状矿床中较为发育，如沉积赤铁矿石中，可见由赤铁矿胶结石英等碎屑所构成的胶结结构	
生物结构（图 9 – 50）	指生物个体本身所形成的结构。如硅化木、木质细胞结构，有孔虫结构及结菌结构等。关于莓粒结构一般认为是生物化学作用形成的结构，或由铁细菌与 H_2S 反应形成黄铁矿的莓粒结构	

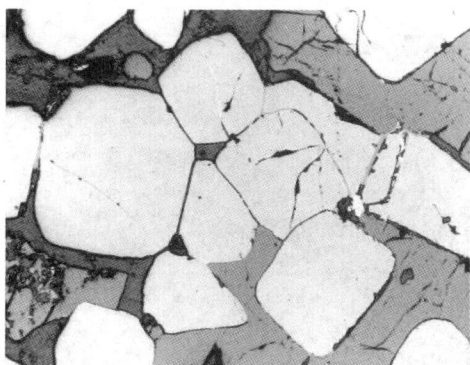

图 9 – 23 自形晶结构

自形粒状铬铁矿(白色)分布在硅酸岩矿物中,
部分颗粒棱角被硅酸盐溶蚀明显发生圆化

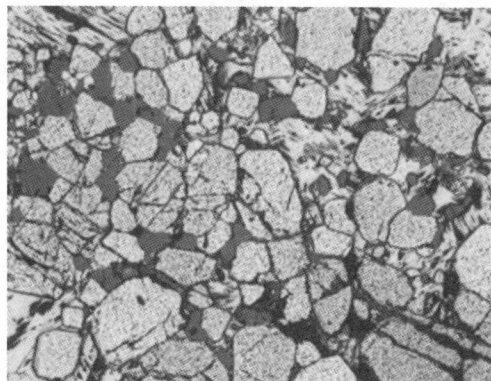

图 9 – 24 黄铁矿半自形晶结构

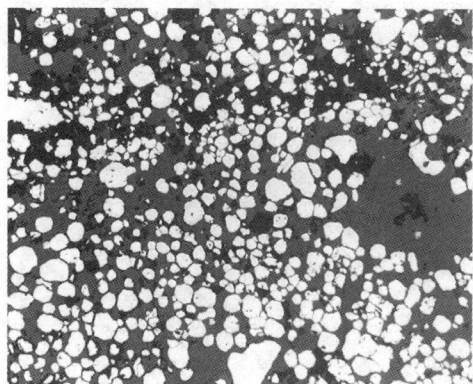

图 9 – 25 他形晶结构

白色黄铁矿颗粒呈他形粒状分布于透明矿物中

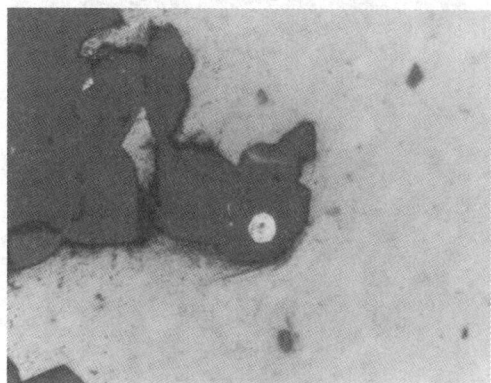

图 9 – 26 包含结构

金黄色粒状自然金被包裹于黑灰色石英中

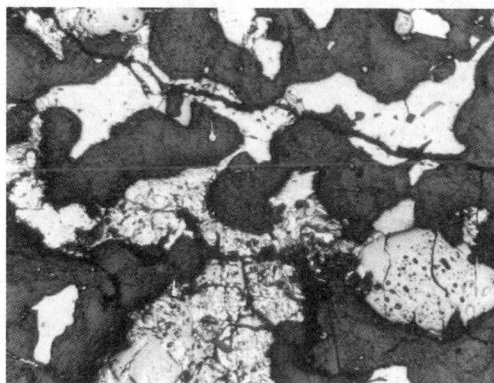

图 9 – 27 海绵陨铁结构

他形的铁铜镍硫化物(白色)被后生成的
硅酸盐矿物(暗灰灰白色为辉锑矿)胶结

图 9 – 28 金伯利岩的斑状结构

金伯利岩中分布的橄榄石,透辉石等深色矿物

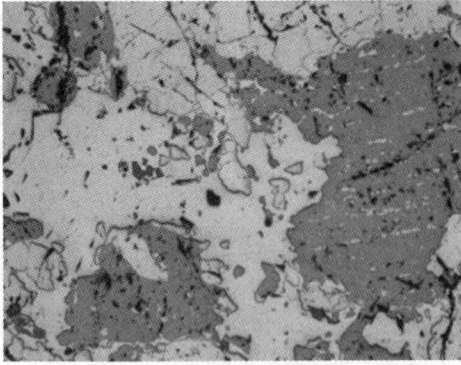

图 9-29　交代浸蚀结构

后生矿物沿早生成的矿物之边缘、解理、裂隙等部位分布

图 9-30　黄铁矿骸晶结构

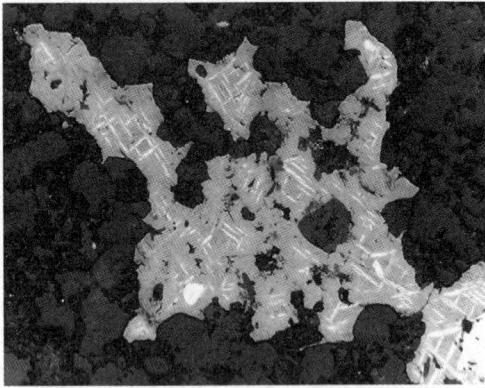

图 9-31　交代残余结构

玫瑰色斑铜矿与铜黄色黄铜矿被
蓝色铜蓝和灰色褐铁矿交代呈残余状

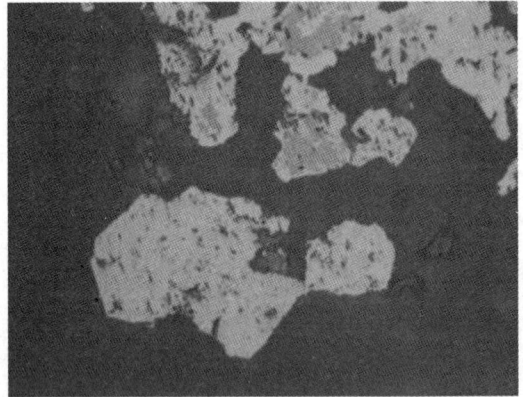

图 9-32　假象结构

赤铁矿假象结构，保留磁铁矿的外廓

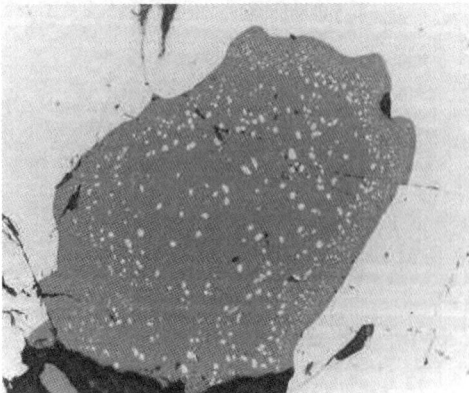

图 9-33　乳浊状固溶体分离结构

固溶体分解物黄铜矿呈乳滴状分布于闪锌矿中

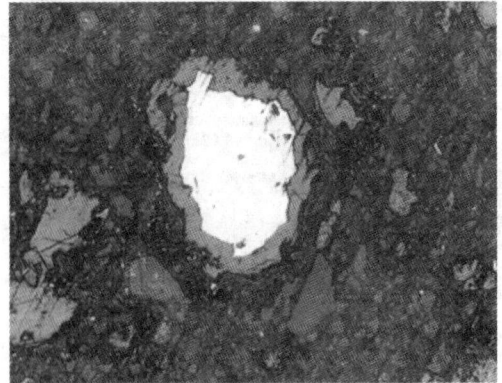

图 9-34　镶边结构

灰色褐铁矿沿黄铜矿边缘交代呈镶边状

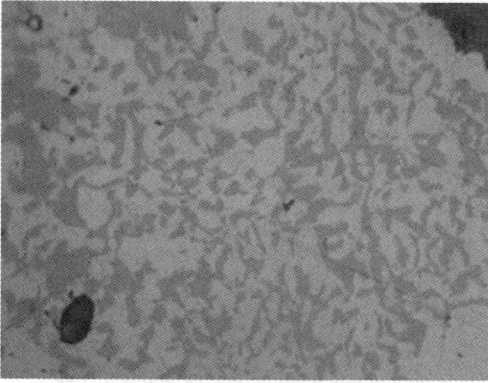

图 9 – 35 文象结构

由固溶体中分离出独立的矿物，
沿主矿物结构裂隙分布，形如文字或蠕虫状

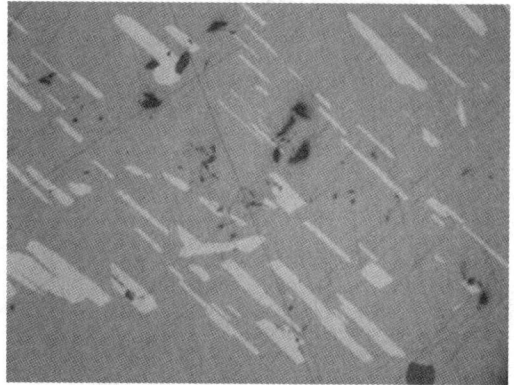

图 9 – 36 辉铜矿叶片状结构

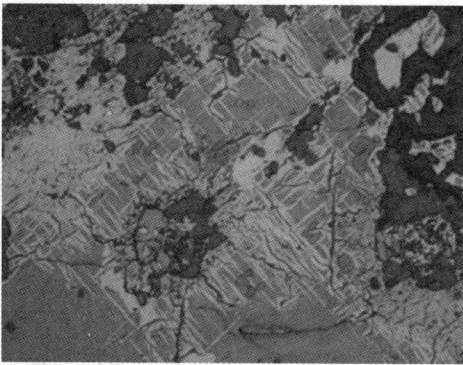

图 9 – 37 格状结构

黄铜矿在斑铜矿中呈格状分布

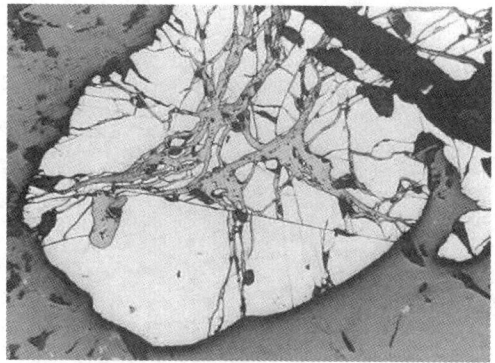

图 9 – 38 结状结构

黄铜矿沿黄铁矿的网脉裂隙充填交代

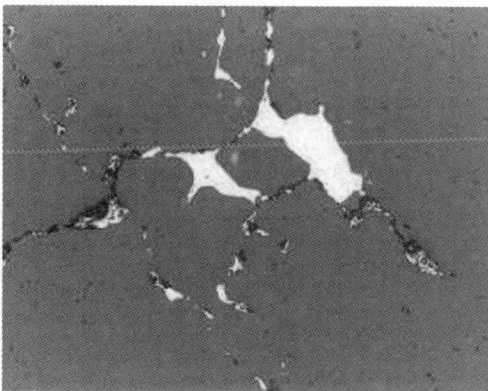

图 9 – 39 细脉穿插结构

自然金呈细脉状沿石英的晶隙、裂隙充填交代

图 9 – 40 孔雀石放射状结构

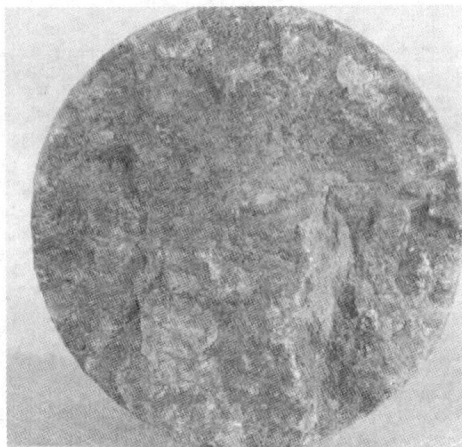

图 9 – 41 花岗（等粒）变晶结构

岩石主要由长石、石英或方解石等粒状矿物组成，各种矿物彼此之间紧密排列，常呈块状构造

图 9 – 42 斑状变晶结构

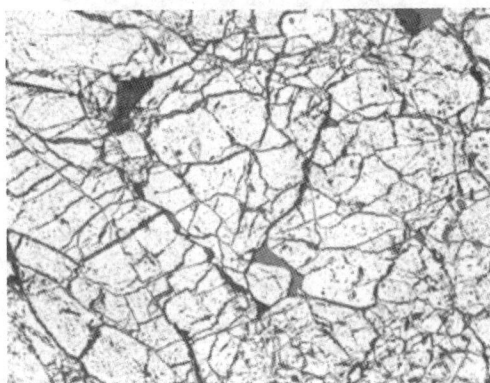

图 9 – 43 花岗状压碎结构

图 9 – 44 方铅矿的揉皱结构

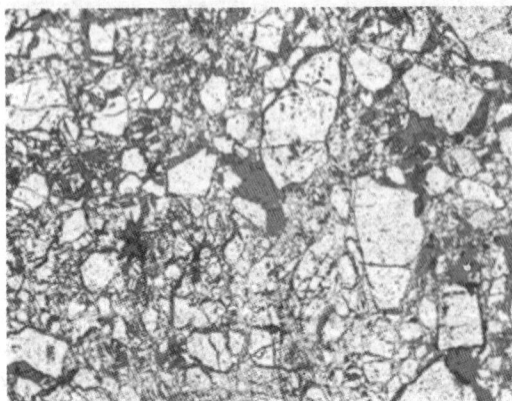

图 9 – 45 斑状压碎结构

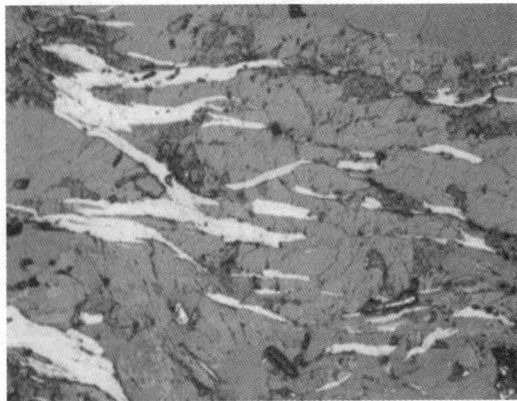

图 9 – 46 鳞片变晶结构

图9-47 塑性流动结构

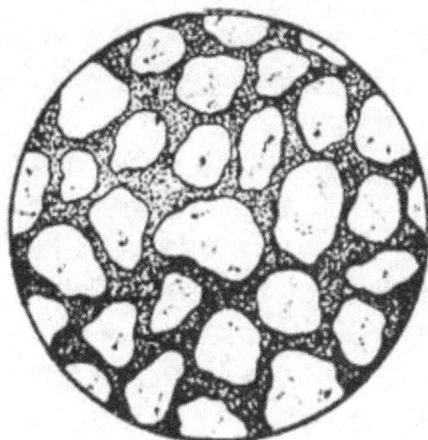

图9-48 沉积岩的砾状结构

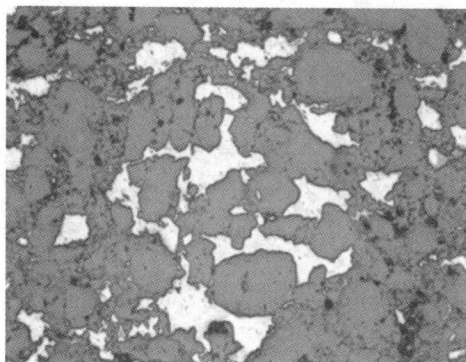

图9-49 辉铜矿胶结结构

图9-50 硅化木

9.4 某低品位铁矿石的结构构造及矿物嵌布特性研究实例

9.4.1 矿石的结构构造

矿石的化学成分和矿物组成初步研究表明，该矿石为低品位铁矿石。TFe含量为18.86%、矿石磁性率(FeO/TFe)为34.95%，低于磁铁矿矿石的磁性率(磁性率≥37%)，属于半假象赤铁矿石或混合矿石。矿石中的主要金属矿物主要为磁铁矿和赤铁矿，非金属矿物主要为长石，含少量绿泥石、石英、角闪石和碳酸盐矿物。磁铁矿含量约为20%，赤铁矿含量7%，长石(石英)的含量约为65%，绿泥石、碳酸盐等矿物含量约为8%。

矿石含铁品位较低，从矿物组合来看，属于磁体矿化安山岩或磁铁矿化闪长斑岩。经过肉眼观察，矿石构造类型主要为浸染状构造，矿石的结构类型主要包括斑状结构、他形-半自形粒状结构和火山碎屑结构。其主要结构构造特征如下：

1)浸染状构造

磁铁矿等金属矿物呈星点状或不规则状矿物集合体分布于非金属矿物基质内，构成稀疏浸染状和星散浸染状构造。

2)斑状结构

斑晶矿物主要为斜长石，少量角闪石、辉石(假象)，粒径一般为 0.2~0.8 mm，个别可达 2~3.0 mm。基质矿物为斜长石、绿泥石、石英、磁铁矿等，粒度细小，颗粒大小一般在 0.05 mm 以下，见有玻璃质充填在微细颗粒间隙。按照基质的结构又可分为交织结构、玻基斑状结构、显微粒状结构和安山结构。

3)他形－半自形粒状结构

矿石中脉石矿物蚀变较强，可见到斜长石、绿泥石、石英、碳酸盐矿物等，为闪长岩的主要组成部分，具他形－半自形粒状结构。斜长石为他形－半自形板状、具强烈的绿泥石化、碳酸盐化。石英，呈他形细粒填隙状分布于斜长石晶粒间。绿泥石，细小鳞片状，为蚀变而成，常呈集合体。碳酸盐矿物，不规则状，为长石蚀变而成，个别颗粒粗大，可能为后期贯入。金属矿物以磁铁矿为主，不均匀分布于绿泥石集合体中或斜长石内，集合体呈不规则浸染状。

4)火山碎屑结构

岩石有火山碎屑物和胶结物两部分构成。火山碎屑物含量约占 30%~35%，形态为次棱角状、次圆状为主，颗粒大小不等，最大可达 4 mm。碎屑成分为安山岩碎屑，内部为斑状结构、安山结构，矿物成分主要为斜长石、暗色矿物(已被绿泥石交代)玻璃质、金属矿物(以磁铁矿为主)等，具碳酸钙盐化、绿泥石化等蚀变。胶结物主要为晚期的安山质熔浆，结构、构造、矿物成分同火山碎屑物，胶结物含量 65%~70%。

9.4.2 主要矿物嵌布特征

1.金属矿物

矿石中金属矿物组成较为简单，主要为磁铁矿、赤铁矿，含少量黄铁矿，偶见有黄铜矿。

1)磁铁矿

磁铁矿是矿石中的主要金属矿物，在不同观察样品中的含量为 5%~35%，平均为 20% 左右。他形粒状为主，粒径 0.3 mm 以下，集合体呈不规则团块状或浸染状，具花岗玉碎结构，裂纹发育，常被赤铁矿交代，呈不等粒嵌布，并以细粒和微细粒嵌布为主。按照磁铁矿的嵌布粒度和结构可分为 3 类：①他形－半自形粒状，颗粒较粗大，一般为 0.1~0.25 mm，个别为 0.5 mm，呈星点状或团块状颗粒集合体分布，斑晶多被赤铁矿交代，单偏光下呈蓝灰色，约占 20%~25%；②不等粒他形细粒状，粒径为 0.1~0.045 mm，不均匀浸染状分布，单偏光下灰色略带淡棕色，均质性，被赤铁矿轻微交代，约占 30%~35%；③极细的他形粒状，星散状分布，粒径一般 0.045~0.010 mm，部分颗粒为 0.010~0.005 mm，类似基质，单偏光下灰色略带淡棕色调，约占 40%~45% 左右。磁铁矿这种以微细粒为主的嵌布特性，对于后续的分选是不利的，预计需要采用细磨才能使其得到有效富集。

2)赤铁矿

在矿石中的平均含量为 7% 左右。他形粒状，多为部分或完全交代磁铁矿颗粒而成，常分布于磁铁矿颗粒边缘或裂隙内。交代方式为沿磁铁矿颗粒边缘或裂隙进行，局部形成格架状结构。粒径与磁铁矿相似,单偏光下为蓝灰色,具非均质性。

3)黄铁矿

含量很低(<1%),多呈他形–半自形粒状,粒径0.15 mm以下,粒径最大可达0.35 mm,零星分布于脉石矿物和磁铁矿颗粒之间,部分与磁铁矿共生。

4)黄铜矿

他形粒状,粒径0.15 mm以下,大部分粒径在0.05 mm以下,可见有与黄铁矿、磁铁矿、赤铁矿共生,局部偶见,含量甚微。

2.非金属矿物

矿石中的非金属矿物组成也较为简单,成分为安山岩和闪长岩相近,非金属矿物主要为长石,包括斜长石和正长石;其次为绿泥石、石英、角闪石(辉石)、碳酸盐矿物等,含少量绢云母等长石蚀变的黏土矿物。

1)斜长石

斜长石是矿石中的主要脉石矿物,平均含量在55%~60%之间。斜长石在矿石中有两种主要的嵌布形式:①构成斑状结构的斑晶,粒度较粗大,从零点五毫米到数毫米,多呈自形–半自形长板状,少数呈棱角状,绢云母化、绿泥石化、黏土化非常强烈,钠长石双晶纹不清楚,部分可见聚片双晶和卡钠复合双晶,个别隐约可见环带状构造;长轴方向较一致。②构成斑状结构的基质,基质中斜长石为长条状微晶,粒径0.1~0.05 mm,可呈定向平行排列显微交织结构,或充填玻璃质构成安山结构,具强烈的绿泥石化、碳酸盐化、绢云母化等。

2)正长石

他形细小板状、粒状,主要呈基质分布于斜长石微晶间,具绿泥石化、碳酸盐化、黏土矿物化等,平均含量为5%~8%。

3)绿泥石

鳞片状、纤状,呈单体或鳞片状集合体分布于基质中或部分斑晶矿物间,为交代基质而成,淡绿色,具异常干涉色,含量5%~8%;部分微细粒绿泥石可构成隐晶质或玻璃质充填于基质斜长石间隙内。

4)角闪石

他形–半自形柱状,杂乱分布,均被绿泥石、碳酸盐矿物等所代替,仅保留其外形,具暗化边,含量5%左右。

5)石英

他形细粒,填隙状分布于斜长石晶粒间,含量3%~5%。

6)碳酸盐矿物

不规则粒状集合体,不均匀分布于基质中,为交代作用形成,为长石等蚀变而成,个别颗粒粗大,可能为后期贯入,含量3%左右。

7)绢云母

鳞片状,主要为交代斜长石而成,多呈细小鳞片状集合体分布于基质中和斜长石斑晶内,含量约1%~3%。

思考题

1. 矿石构造、结构在概念上有何差异？如何描述矿石的结构和构造特征？

2. 举例说明矿石构造、结构在矿床成因研究方面有何重要意义？

3. 一块光片中的自形黄铁矿的晶形为立方体，另一块光片中的自形黄铁矿的晶形为五角十二面体，在镜下有何不同？

4. 同一种成分的铁矿石岩浆，当它在地壳深处冷凝结晶，或喷出地表冷凝结晶，两者的物理化学条件和影响结晶的因素有何不同？两者形成的矿石构造和结构特点有何不同？

5. 简述矿石的结构构造特点与矿石可磨性、解离性和可选性的关系。

第10章 元素的赋存状态

矿石中元素的赋存状态研究是工艺矿物学的基本任务之一，其目的是查明待测元素在矿物原料中的存在形式和分布规律，为矿物加工和冶金工艺方法的选择和最优指标的控制提供基础资料和理论依据。元素赋存状态研究的主要内容有：①查明有益、有害元素的存在形式；②查明元素在不同矿物中的分布；③根据元素赋存状态，为有用矿物和有价元素的分离提取方法的选择和最优化指标的控制提供理论依据。

矿石中元素的赋存状态对于指导矿物加工方法的选择和分选指标的评价具有重要意义。一种元素可以有多种不同的矿物形式存在，而加工工艺通常是随着元素赋存形式的不同而改变；元素的有些赋存形式具有回收利用价值，而某些赋存形式则在当前尚无法利用。例如，在铁矿石中铁的赋存状态可能包括磁铁矿、赤铁矿、褐铁矿、菱铁矿等独立矿物形式，也可能包括以类质同象存在的硅酸铁和碳酸铁，前者富集到一定程度后可供回收利用，而后者目前尚无法利用。而且，铁的赋存状态不同，适宜的选矿工艺方法和选矿指标也各不相同。例如，当矿石中的铁主要以磁铁矿的形式存在时，一般可采用弱磁选工艺回收，而当铁主要以赤铁矿、褐铁矿的形式存在时，则应采用强磁选或浮选的方法处理；当铁矿石中硅酸铁的含量较高时，该矿石的选矿回收率就会受到限制。

本章主要介绍元素在矿物原料中的存在形式、元素赋存状态的研究方法和元素的配分计算。

10.1 元素在矿石中的存在形式

元素赋存状态是指元素在矿物原料中的存在形式及其在不同存在形式中的分布数量。也就是说，通过元素赋存状态研究，阐明某种元素在矿物原料中分布的矿物种类，及其在不同矿物中的分布数量。

元素在矿石及其他矿物原料中的存在形式繁多，某种元素的产出形式与自身的晶体化学性质和形成矿石的物理、化学条件有关，元素在矿物原料中的赋存状态可划分为3种主要的产出形式，即独立矿物形式、类质同象形式和吸附形式。

10.1.1 独立矿物形式

当元素呈独立矿物形式产出时，该元素构成了矿物的主要和稳定的成分之一，并占据矿物晶格的特定位置。例如，在铁矿石中铁元素可以呈磁铁矿（Fe_3O_4）的形式产出，铁构成了磁铁矿这种矿物的主要和稳定的成分（铁在磁铁矿中的理论含量为72.41%），而且在磁铁矿中铁元素的2种价态的离子 Fe^{2+} 和 Fe^{3+} 分别占据了磁铁矿晶体结构的特定位置，1/2 的三价离子占据四面体位置，剩余的 1/2 三价离子和二价离子共同占据八面体位置，构成典型的反尖晶石晶体结构。因此，当铁元素以磁铁矿的形式产出时，则称在该原料中铁的赋存状态是独立矿物形式。铁还可以独立矿物的形式赋存于其他许多矿物中，如赤铁矿、钛铁矿、纤铁矿、针铁矿、镜铁矿、菱铁矿、黄铁矿、磁黄铁矿等铁的氧化矿物、氢氧化物、碳酸盐和硫化物矿物等。

呈独立矿物形式存在的元素，根据该矿物结晶粒度又可划分出一个特殊赋存形式——分散相。当矿物呈极其微细的结晶粒度分布时，其回收利用的难度与结晶粒度较粗时相比将大大增加，有时甚至造成无法利用。因此，将这种微细布的独立矿物称为分散相。对于分散相的划分目前没有统一的方法和标准，通常是根据矿物结晶粒度的大小和矿物分离方法来确定的。从目前的矿物分离技术水平来看，结晶粒度小于 $3 \sim 5 ~\mu m$ 时就难以进行。通常，将结晶粒度小于 $3 \sim 5 ~\mu m$ 的独立矿物形式称为分散相。

呈分散相形式的矿物一般是以各种形式的包裹体或固溶体分离产物产出的，按包裹体的大小又可分为显微包裹体和次显微包裹体两种。显微包裹体是指在一般的光学显微镜下可以分辨的包裹体颗粒，粒度一般在 $0.2 \sim 1.0 ~\mu m$ 以上；次显微包裹体是指普通显微镜无法分辨，需要借助电子显微镜等手段才能分辨的包裹体颗粒，粒度在 $0.2 \sim 1.0 ~\mu m$ 以下。

10.1.2 类质同象形式

类质同象也是元素在矿物原料中的一种常见赋存形式，它是指在矿物晶格中类似质点间相互替代而不改变矿物晶体结构的现象。呈类质同象状态产出的元素与独立矿物形式不同，这类元素通常不是矿物晶格中的主要和稳定的成分，而是由于其结晶化学性质与矿物中的某个元素的结晶化学性质相似，在一定条件下，以次要或微量元素的形式进入矿物晶格而不改变矿物的晶体结构。例如，在磁铁矿的化学成分中常含有 Mg、Mn、Ni、V、Cr、Ti 等微量元素；在闪锌矿的化学成分中常含有少量 Fe、Mn、Cd、In、Ge、Tl 等；在黄铁矿中则经常含有 Co、Ni 等微量元素，这些微量元素就以类质同象的形式进入矿物晶格的。对于稀散元素来讲，类质同象是它们的主要赋存形式，如 Ga、In、Tl、Rb、Cs、Se、Te、Ge、Re、Sc、Y、Th、Hf 等元素多是以类质同象的形式赋存于其他矿物的晶格中。

类质同象是指性质相似质点间的相互代替，它不能与两种晶体具有相同的晶形或两种晶体具有相同的结构形式相混淆，后两种情况下并不一定存在类质同象的替代关系。

在类质同象替代的矿物晶体中，若两质点（离子、原子）可以任意比例相互取代，则称为完全的类质同象，它们可以形成一个连续的类质同象系列。例如，菱镁矿－菱铁矿系列中镁、铁之间的代替：

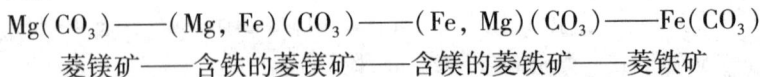

$$Mg(CO_3) \text{——} (Mg, Fe)(CO_3) \text{——} (Fe, Mg)(CO_3) \text{——} Fe(CO_3)$$
菱镁矿——含铁的菱镁矿——含镁的菱铁矿——菱铁矿

在这个系列中，矿物的结构形式相同，只是晶格常数略有变化。若两种质点的相互替代局限在一个有限的范围内，则称为不连续类质同象，如闪锌矿中，铁取代锌局限在一个范围之内，不能形成连续的类质同象系列。

类质同象是矿物中一个极为普遍的现象，对类质同象的研究，构成了工艺矿物学研究的一个重要方面。类质同象现象是引起矿物化学成分变化的一个主要原因，地壳中有许多元素本身很少或根本不形成独立矿物，而主要是以类质同象混入物的形式赋存于一定的矿物晶格中。例如，Re 经常赋存于辉钼矿中；Cd、In、Ga 经常存在于闪锌矿中；Co、Ni 经常存在于黄铁矿和磁黄铁矿中。类质同象的研究有助于阐明矿床中元素的赋存状态、寻找稀有分散元素、进行矿床的综合评价和资源综合利用，有助于分析和了解成矿环境。同时，由于类质同象替代对矿物的性质也产生了一定的影响，研究类质同象有助于元素分离提取方法的选择和技术开发，有助于工艺故障的分析和最优指标的控制。例如，闪锌矿中呈类质同象存在的铁含量较高时，会导致其可浮性降低和精矿质量的降低。

10.1.3 吸附形式

呈吸附形式产出的元素，是指元素呈吸附状态存在于某种矿物中。根据吸附的性质，可分为物理吸附、化学吸附和交换吸附 3 种类型。呈吸附形式产出的元素可以是简单阳离子、配阴离子或胶体微粒，其载体矿物主要与黏土矿物有关。因为一些黏土矿物(高岭石、伊利石、埃洛石等)的颗粒细小，表面能较大，在破碎晶体的边缘常带有电荷，易于吸附其他质点。

吸附状态的形成大体要经过两个阶段：①原生矿物因物理风化作用被磨蚀分解，在一定条件下形成荷电的胶体质点，或原生矿因化学作用分解成离子或分子状态；②荷电的离子或胶体质点吸附于荷异电的矿物中。

我国华南地区蕴藏的花岗岩风化壳钇族稀土矿床，就是一种呈吸附状态的新型稀土矿床。其特点是稀土元素以简单的阳离子形式被多水高岭石和高岭石等黏土矿物吸附，黏土矿物主要是由长石等矿物风化而来，稀土阳离子则主要是由原生的氟碳钇钙矿等稀土矿物经化学风化作用产生的。

对金的赋存状态研究表明，金也可以呈吸附状态产出。在湖南某铁帽型金矿床中，褐铁矿 $Fe_2O_3 \cdot nH_2O$ (主要成分为针铁矿 $\alpha - FeO[OH]$)呈胶团结构，为正胶体；其表面往往吸附带负电荷的金胶体微粒 $\{mAu^0 + nAu(OH)_3 + Au(OH)_4\}^-$，金的含量最高可达到 5.89 g/t，具有一定的工业价值。

10.2 元素赋存状态研究方法

元素赋存状态的研究工作，综合性很强，方法很多，涉及到各种基础科学，如化学、物理、数学等，还需利用现代化的仪器设备。但各种方法都有其特点和适用范围，所以在研究过程中，应结合具体研究对象，选择适宜的方法，或者多种方法联合使用，以获得正确的结果。元素赋存状态研究工作的一般程序包括如下几个步骤：

(1)采用光谱分析、化学分析等方法测定矿物原料的化学成分，确定需要进行赋存状态研究的有益和有害元素的种类。

(2)采用物相分析等手段查明元素在原料中的赋存形式，并测定该元素的所有载体矿物在原料中的含量。

(3)定量测定和计算元素在各种赋存形式(独立矿物或载体矿物)中的相对含量。

(4)进行元素在原料中不同矿物的配分和平衡计算。

(5)分析配分计算和平衡计算的误差。若定量测定的误差较大，则需要对分析、测量过程进行复查，查明误差的根源，进行补充分析和测量，保证定量结果的准确性。

(6)编制元素赋存状态研究报告。

这里将几种常用的元素赋存状态研究方法简要介绍如下。

10.2.1　重砂分离法

重砂分离法，是在矿物分离提取的基础上，考察待测元素在不同矿物中的分布。该方法主要适用于那些矿物组成简单、矿物结晶粒度大、易于分离提纯的矿物原料。重砂分离法研究元素赋存状态的基本程序如下：

（1）分析原料的化学成分，查明待测元素在原料中的含量；

（2）分析原料中组成矿物的种类，并测定各组成矿物的含量；

（3）分离提纯各组成矿物的纯矿物；

（4）利用纯矿物样品，分析待测元素在各矿物中的含量；

（5）根据待测元素在各矿物中的含量和各矿物在原料中的含量，进行待测元素在原料中各矿物的分布与平衡计算。

该方法的关键性步骤是矿物定量和分离提纯单矿物，因为这两项工作的好坏直接影响本方法的质量。重砂分离法应用的前提是已基本掌握了元素在各矿物中的赋存形式，而且，原料中各矿物纯矿物的制备较为简单。如果原料的组成矿物种类繁多，且嵌布粒度细小，微细包裹体普遍存在，则无法应用。

10.2.2　化学物相分析

化学物相分析是基于不同矿物中化学元素性质的不同，利用化学分析的手段，研究物相组成和含量的方法。化学物相分析是矿物学的重要手段，对研究矿物或矿床成因，寻找有用矿物、考察矿物的赋存状态，对矿床进行工业评价，以及矿物资源综合利用和选冶工艺流程的研究等方面，有着重要的科学意义。

化学物相分析的基础是用适当的试剂对元素的一种（或一类）矿物的选择性溶解（浸取），而该元素的其他矿物不被溶解（浸取）。矿物的选择性溶解过程是一个物理或化学过程，既决定于矿物的性质（如化学组成、晶体构造等），又决定于溶解过程的条件（如溶剂的种类、浓度、温度等）。

根据研究的对象不同，化学物相分析有时需要配合一定的矿物分离程序。例如，铁矿石的物相分析一般包括磁性铁（mFe）、碳酸铁（CFe）、硅酸铁（SiFe）、硫化铁（SFe）、赤（褐）铁（OFe）等 5 相。在铁矿石系统物相分析流程中（如图 10 - 1 所示），首先采用弱磁分离（磁块磁场强度为 900 ± 100 Oe）将磁铁矿从样品中分离出来，测定磁性铁的含量。非磁性部分采用不同试剂进行溶样，测定其他不同存在形式的铁含量。

10.2.3　选择性溶解法

选择性溶解法是选择合适的溶剂，在一定条件下，对载体矿物进行溶解或浸出，根据矿物中有关组分的可溶性，以及待测元素与主元素可溶性的相关性，分析判断元素在载体矿物中的赋存状态。该法一般用于那些在载体矿物中含量较低，可能以类质同象、微细包裹体或吸附状态存在的元素的赋存状态研究，通过不同溶剂和不同溶解条件下待测元素的行为规律来判断其赋存形式。选择性溶解法主要包括酸、碱浸出法，无机盐或有机酸浸出法等。

酸、碱分解法主要用于研究呈类质同象或微细包裹体形式存在于载体矿物中的元素。其原理为，当对载体矿物进行分解时，控制一定的溶解条件使载体矿物逐渐缓慢分解，则随着

```
                        ┌──────────────┐
                        │   准备称样    │
                        └──────┬───────┘
                               │ 磁选分离
                ┌──────────────┴──────────────┐
            磁性部分                      非磁性部分
                │                             │ 2N乙酸,水浴
                │                             │ 浸取1~2小时,过滤
                │                    ┌────────┴────────┐
                │                   溶液              残渣
                │                    │                 │ 4N HCl–3%SnCl₂
                │                    │                 │ 水浴浸取2小时,过滤
                │                    │         ┌───────┴───────┐
                │                    │        溶液            残渣
                │                    │         │               │ 王水分解,过滤
                │                    │         │       ┌───────┴───────┐
                │                    │         │      溶液           残渣
                │                    │         │       │              │
        ┌───────┴──┐   ┌──────┐  ┌──┴───┐  ┌──┴───┐  ┌─┴────┐
        │  磁铁矿   │   │菱铁矿 │  │ 赤铁矿│  │ 黄铁矿│  │硅酸铁│
        └──────────┘   └──────┘  └──────┘  └──────┘  └──────┘
```

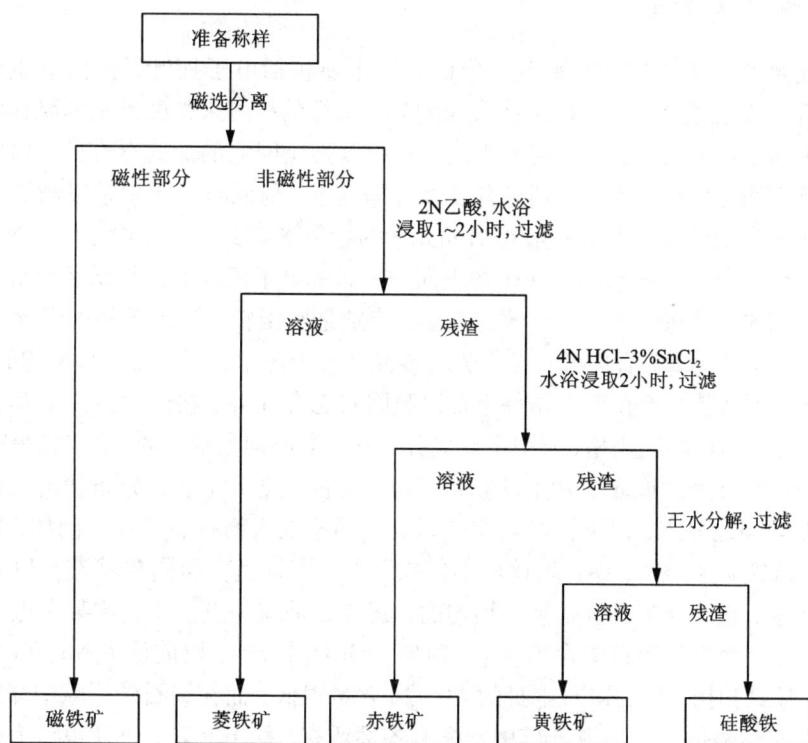

图 10-1　铁矿石系统物相分析流程

矿物的不断分解，矿物中的主元素的溶出率逐渐增加，其溶解曲线是一条平滑连续的曲线。这时，矿物中待测元素的溶解行为可分为两种情况：①当该元素呈类质同象存在时，与矿物中的主元素之间发生了相互替代，分布于矿物晶格中，随着矿物的分解该元素也将逐渐分解，溶出率也在逐渐增加，表现出与主元素相似的溶解规律。②当该元素是以微细包裹体的形式存在时，则随着载体矿物的分解，该元素的溶解会表现出两种现象：当包裹体与溶剂不发生反应时，该元素将富集于残渣中；当包裹体可以与溶剂发生反应时，该元素的溶解会表现出忽多忽少的现象，溶解曲线会呈现断续现象。根据上述溶解规律即可判断元素的赋存状态。

对某些矿床的毒砂中钴的赋存状态研究，就是酸法浸出的一个应用实例。将毒砂置于不同浓度的硝酸中浸取，发现溶液中 Co 和 Fe 的溶解率基本一致，即随着毒砂的溶解和晶格破坏，Co 和 Fe 按比例转入溶液中，两者呈大致相同的浸出率。后对毒砂单矿物进行电子探针分析，也证明了 Co 在毒砂中呈均匀分布的特点，即毒砂中的 Fe 部分地被 Co 所代替。

有用元素以离子吸附形式存在于黏土或其他矿物中时，一般可用无机盐或有机酸浸出。如江西上高县七定山钴铁矿床铁帽中的 Co 元素，浸取时，取出一定量矿粉置于烧杯中，加入 2.5% 的盐酸羟胺溶液，将烧杯置于水浴锅中温热半小时，将溶液过滤后，测定滤液中的 Co、Mn、Fe。100 个样品的浸出试验结果是：Mn 的浸出率均在 90% 左右，Fe 的浸出率不超过 5%，被锰矿物吸附的 Co 的浸出率亦在 90% 以上。由此不难看出，铁帽中的锰矿物主要是硬锰矿，它是钴的强吸附剂。铁帽中的褐铁矿含 Co 极少。

10.2.4 矿物微区分析法

　　用于研究元素赋存状态的矿物微区分析方法主要包括电子探针、扫描电镜、离子探针等。这些分析方法是通过对元素在矿物表面的分布特征的检测来判断元素的赋存状态。如果微量元素在矿物表面呈均匀分布，则说明该元素是以类质同象的形式存在的；如果微量元素在矿物表面呈不均匀分布，且在个别点有显著富集现象，则说明该元素是以微细包裹体的形式存在。上述矿物微区分析方法一般是借助元素的特征 X 射线、二次电子、背散射电子、吸收电子等电子信号来测定不同元素在矿物表面的分布。电子探针等矿物微区分析方法是研究类质同象和微细包裹体最为简便、有效的方法，特别是对微粒、微量矿物中元素赋存状态的研究，其重要性尤其显著，而且可直接在光片或光薄片上测定，不需要进行矿物的分离提纯。

　　矿物中的微量元素，除在表生条件下常以吸附状态存在外，在内生条件下其赋存形式主要有两种：一是参与矿物的晶格（或为主要成分，或为类质同象混入物）；二是呈微细的矿物包裹体。电子探针在光片或光薄片上的扫描图像，可直接显示元素的分布状况。如果元素在矿物中分散而均匀地分布，便可初步认定是以类质同象混入物状态存在。例如，钛铁金红石中的铁和铌；黄铁矿中的钴、镍；闪锌矿中的铁等等，多是呈类质同象状态。以微细包裹体状态存在的元素，它的分布通常是极不均匀的，其特点是在一点、几点或某一微小区域内非常富集。例如：某地黑色锡石中含 Ta_2O_5 2.21% 、Nb_2O_5 1.7% ，以前认为 Nb、Ta 是类质同象混入，经电子探针扫描，证实锡石本身的 Nb、Ta 含量很低，而在锡石的裂隙中却发现了不少细晶石和铌铁矿包裹体。又如黑云母中常含有各种稀有、稀土元素，以往也认为是类质同象混入物，但电子探针分析（包括样品大面积扫描和特定部位定点分析）证实，黑云母中存在着稀土元素含量较高的褐帘石。许多铅锌矿床和铜矿床中，凡伴生银品位稍高者，均发现银有一定比例以独立矿物形式被包裹在伴生的矿物中。

10.3　元素的配分计算

10.3.1　元素配分计算的方法和步骤

　　元素的配分计算，是分析目的元素在原料各矿物中的分配比例。所以，必须首先求出原料中各组成矿物的百分含量以及各矿物中该元素的百分含量。实际上，它是建立在其他测定手段基础上的计算方法，能定量地说明被研究元素在原料中的分布规律，而不涉及这些元素在矿物中以何种形式存在。

　　其具体运算可按下列步骤进行：

1. 某元素在原料中各矿物的配分量

$$C_i = W_i A_i \tag{10-1}$$

式中：C_i——目的元素在某一矿物中的配分量，% ；

　　　W_i——原料中某一矿物的相对含量，% ；

　　　A_i——目的元素在该矿物中的含量，% 。

2. 某元素在原料中的配分比（配分率）

$$P_i = 100 C_i / \sum C_i \tag{10-2}$$

式中：P_i——目的元素分配到矿石各矿物中的配分比；

　　$\sum C_i$——矿石各矿物中目的元素配分量之和。

3. 计算配分平衡系数及相对误差

从理论上讲，计算出的$\sum C_i$应等于原料中该元素含量的分析值。但由于矿物定量和分析上的误差，两者常有一定偏差，故需采用配分平衡系数或配分相对误差来检查定量结果的精确度。

配分平衡系数(P)是指某元素的配分计算值$\sum C_i$与该元素的化学分析值之间的符合程度，一般用下式表示：

$$P = \left[\sum C_i / A_0 \right] \times 100\% \tag{10-3}$$

式中：P——配分平衡系数，%；

　　A_0——目的元素在原料中的含量(化学分析值)，%。

配分相对误差指配分计算值$\sum C_i$与该元素的化学分析值之间的相对误差，一般用下式表示：

$$K = \left[\left(\sum C_i - A_0 \right) / A_0 \right] \times 100\% \tag{10-4}$$

式中：K——配分相对误差，%；

　　A_0——目的元素在原料中含量的分析值，%。

配分平衡系数及相对误差表明测定数据的误差大小，配分平衡系数一般要求在90%～110%以内，相对误差一般要求在5%～10%以内。

4. 计算目的元素的集中系数

目的元素在原料中可以呈独立矿物的形式，也可以呈各种形式的分散状态产出，而在矿物加工过程中只能使呈独立矿物形式的元素得到有效富集，对于类质同象状态的元素则无法通过常规的矿物加工方法分离回收。所谓集中系数，是指在原料中呈独立矿物形式的元素占该元素在原料中总量的百分数，有时也可以指元素在某种可回收目的矿物中的集中程度。因此，可以借助目的元素的集中系数(式10-5)来判断某元素通过矿物加工方法可能富集回收的最大数量。

$$K_c = 100 A_m / A_0 \tag{10-5}$$

式中：K_c——元素的集中系数；

　　A_m——以独立矿物形式存在的元素含量，或者以某种矿物形式存在的元素含量；

　　A_0——元素在原料中总的含量。

10.3.2　配分计算实例

1. 某铁矿石中铁的配分计算

某铁矿石中铁的配分计算结果如表10-1所示。结果表明，矿石中的铁主要分布在磁铁矿、针铁矿和菱铁矿中，在3种矿物中的配分率分别为73.75%、19.14%和5.12%，在其他矿物中的分布量很少。此外，根据铁的配分计算结果还可以看出，采用弱磁选工艺时，该矿石中铁的最大回收率为73.75%(铁在磁铁矿中的集中系数)；如果采用弱磁－强磁联合流程，回收磁铁矿和针铁矿时，则铁的最大回收率可达92.89%。可见，通过元素配分计算，可直观掌握元素在矿石中的分布规律，可用于指导选矿工艺的选择和分选指标控制的判断。

表 10 - 1　某铁矿石中铁的配分计算表

矿物	含量/%	铁品位/%	配分量/%	配分比/%
磁铁矿	33.88	69.37	23.50	73.75
菱铁矿*	4.00	40.79	1.63	5.12
铁白云石	1.28	15.68	0.20	0.63
镁铁闪石	0.36	30.67	0.11	0.35
绿泥石	0.44	26.40	0.12	0.36
黄铁矿**	0.21	46.96	0.10	0.31
磁黄铁矿	0.16	57.93	0.09	0.29
含铁方解石	0.86	1.66	0.01	0.04
针铁矿	11.55	52.81	6.10	19.14
石英	47.26	0	0	0
总计	100.00		31.87	100.00
原矿分析(TFe)/%	31.95			
配分相对误差/%	$100 \times (31.95 - 31.87)/31.95 = 0.26$			

注：*——包括镁铁矿等；**——包括黄铜矿、白铁矿等。

2. 某含钴铅锌矿中钴的配分计算

　　某含钴铅锌矿中钴的配分计算结果见表 10 - 2。由表 10 - 2 可知，该矿石中钴在钴毒砂与镍黄铁矿的配分比为 57.8%，在黄铁矿中为 39.6%，在闪锌矿为 2.1%。计算结果表明，尽管钴的赋存形式较复杂，但以钴毒砂与镍黄铁矿的形式为主。而且，钴在这两种矿物中的含量最高(13.49%)，在其他矿物中的含量(品位)较低。因此，钴毒砂与镍黄铁矿是回收钴的主要目的矿物。

表 10 - 2　某含钴铅锌矿中钴的配分计算

矿物	矿物量/%	品位/%	配分量/%	配分比/%
方铅矿	2.3	0.003 1	0.000 07	0.1
闪锌矿	9.7	0.010	0.000 97	2.1
黄铜矿	0.6	0.032	0.000 19	0.4
黄铁矿	21.5	0.086	0.018 49	39.6
钴毒砂、镍黄铁矿	0.2	13.49	0.026 98	57.8
镁菱铁矿	17.9	微		
脉石	47.8	微		
总计	100.00		0.0467	100.00
原矿分析(Co)/%	0.046			
配分相对误差/%	1.52			

10.4 金的赋存状态研究实例

10.4.1 金的赋存状态分类

1.金矿物的种类及成色

金在地壳中极为分散,金的性质又极不活泼。但由于金具有亲硫、亲铁、亲铜性和熔点高的性质,在适宜的物理、化学条件下和一定的地质环境中,能够富集成为具有经济价值的金矿床或含金矿床。

金和银的原子半径和化学性质相似,易于形成 Au – Ag 固溶体,即自然金 – 银金矿 – 金银矿 – 自然银固溶体系列。通常采用表 10 – 3 所示标准对金银系列矿物进行分类和命名。

表 10 – 3 金银系列矿物分类和命名标准

金银矿物	含金量/%	成色/‰
自然金	>75	>750
银金矿	50 ~ 75	500 ~ 750
金银矿	25 ~ 50	250 ~ 500
含金自然银	<25	<250
自然银	≈0	≈0

采用电子探针微区成分分析,对某蚀变岩型金矿石中金矿物的种类及成色进行分析检测。测定结果(表 10 – 4)表明,该矿石中的金矿物包括自然金和银金矿两种,以自然金为主,占 66.67%。自然金平均成色为 829.72,银金矿平均成色为 694.87,金矿物平均成色为 784.77。

表 10 – 4 某蚀变岩型金矿石中金矿物的种类及成色测定结果

金矿物种类	含量		平均成色/‰
	颗粒数	颗粒百分数/%	
自然金	48	66.67	829.72
银金矿	24	33.33	694.87
合计	72	100.00	784.77

2.按照金的粒度划分

按矿物原料中金矿物的粒度大小,可将金的赋存状态分为以下 5 种。

1)明金

用肉眼或一般放大镜可以鉴别,粒度一般在 100 μm 以上。

2)显微金

采用反光显微镜可以鉴别，粒度大于 $0.2 \sim 1.0~\mu m$。显微金和明金统称为可见金。

3）次显微金（不可见金）

在普通光学显微镜下无法识别，但在一般的电子显微镜下可以鉴别，粒度大于 $0.01 \sim 0.02~\mu m$。次显微金和粒度小于次显微金者也称为不可见金。

4）超（次）显微金

有人也称为胶体金或胶体分散金，粒度小于次显微金，采用普通电子显微镜也无法识别，须采用超高压透射电镜才能观察。其粒度上限为普通电子显微镜的分辨率，约为 $0.01 \sim 0.02~\mu m$，下限为金原子的直径，即粒度大于 2.88×10^{-10} m。实际上，在次显微金和超（次）显微金之间很难确定一个明确的粒度界限，因此，有人也将二者统称为"次显微金"。

5）晶格金

金以原子或离子状态在其他矿物中呈类质同象少量混入者，称为晶格金或固溶体金。其粒度与金原子的直径属同一数量级，即 $\leq 2.88 \times 10^{-10}$ m。

需要指出的是，上述划分方法目前尚未统一，国内外学者还提出了其他一些分类方案。例如，有人提出，肉眼可见金的粒度应达到 $1 \sim 2$ mm，而将 $<1~\mu m$ 的金统称为次显微金。因此，在描述金的赋存状态时，需要说明研究条件和具体内涵。

金矿物的粒度特征是影响金矿石选矿工艺的主要特征之一，在很大程度上决定了选矿厂磨矿细度和选矿方法的选择。如果磨矿细度不够，就不能使金矿物充分解离。不同的选矿方法对金矿物粒度的适应性也不同。除浮选法对金矿物的粒度适应性较强外，重选法和混汞法对巨粒、粗粒金、中粒金比较有效，而对于微粒和次显微金一般考虑分选其载体矿物，或采用浸出等湿法冶金提金工艺进行回收。

在矿物加工领域，通常按照金矿物的嵌布粒度大小划分为巨粒、粗粒、中粒、细粒、微粒等（表 10 – 5）。

表 10 – 5　金矿物粒度的划分

粒级/mm	>0.3	0.3 ~ 0.074	0.074 ~ 0.037	0.037 ~ 0.01	0.01 ~ 0.001	<0.001
金粒名称	巨粒金	粗粒金	中粒金	细粒金	微粒金	次显微金

胶东地区部分金矿床中金矿物的粒度统计结果见表 10 – 6。测定结果表明，不同矿床中金矿物的嵌布粒度具有明显差异，有些矿床（2#、5#）中粗粒金矿物的含量可达到 20% 以上，中粒金和粗粒金合计可达到 50% 左右；而有的矿床中金矿物则以细粒金和微粒金为主（4#）。因此，在选矿过程中应结合金矿物的粒度特性选择适宜的工艺方法和调整适宜的工艺参数。

表 10 – 6　胶东地区部分金矿床中金矿物的粒度分布统计结果（%）

矿床编号	>0.3 巨粒金	0.3 ~ 0.074 粗粒金	0.074 ~ 0.037 中粒金	0.037 ~ 0.01 细粒金	0.01 ~ 0.001 微粒金	<0.001 次显微金
1#	3.79	15.11	18.72	41.49	20.74	0.15
2#	2.56	20.97	27.51	36.61	12.21	0.14

续表 10－6

矿床编号	>0.3 巨粒金	0.3~0.074 粗粒金	0.074~0.037 中粒金	0.037~0.01 细粒金	0.01~0.001 微粒金	<0.001 次显微金
3#	4.47	9.98	20.79	43.33	20.78	0.65
4#	0	2	10.36	38.72	48.86	0.06
5#	2.32	18.63	31.77	29.11	17.83	0.34

3. 按照金矿物与载体矿物的共生关系划分

金在矿床中主要以独立矿物的形式存在,在一定条件下可呈吸附金的形式存在。最主要的金矿物是自然金和银金矿,其次是金银矿。金矿物常与石英、黄铁矿等多种矿物共生,按共生关系可将金的赋存状态分为以下几种:

1)晶隙金

金分布于其他矿物的颗粒间隙中,也称为粒间金。

2)裂隙金

金分布于其他矿物的微裂隙中。

3)包体金

金矿物呈包裹体的形式分布于其他矿物的颗粒中。

4)吸附金

金呈次显微胶体或配阴离子的形式吸附于其他矿物颗粒的表面、边缘或裂隙中。

某蚀变岩型金矿床中金矿物的赋存形式测定结果见表 10－7。测定结果表明,矿石中的金矿物以包裹金为主,其次为粒间金和裂隙金;从金矿物载体矿物的种类来看,以黄铁矿为主。

表 10－7　某蚀变岩型金矿床中金矿物嵌布类型

嵌布类型	包裹金			裂隙金			粒间金		
颗粒个数	45			12			15		
百分比/%	62.5			16.67			20.83		
载体矿物	矿物	颗粒数	百分比/%	矿物	颗粒数	百分比/%	矿物	颗粒数	百分比/%
	黄铁矿	41	91.11	黄铁矿	12	100	黄铁矿 黄铁矿/方铅矿	11	73.33
	闪锌矿	1	2.22				黄铁矿/石英	3	20
	石英	3	6.67				石英	1	6.67

4. 按照金矿物的解离性划分

根据矿石破碎后金矿物的解离情况,可将金矿物分为单体金和连生金两大类。需要指出的是,单体金和连生金的相对比例与磨矿细度密切相关。因此,在测定和描述单体金和连生金时，必须对应具体的磨矿细度。

由于金矿石的品位低、金矿物分布粒度细，采用常规的光学显微镜难以准确测定金矿物的解离性，采用扫描电镜等图像分析方法，也存在难以大量统计金矿物颗粒的难题。因此，金矿物的解离性研究也经常采用化学分析的方法。例如：用 $I_2 - NH_4I$ 溶液可直接浸取裸露与半裸露自然金；残渣用稀 $HClO_4$ 先溶出碳酸盐，其包裹的自然金再用 $I_2 - NH_4I$ 溶液溶解测定。测定碳酸盐包裹金后的残渣用溴 - 甲醇浸取铅锌铜硫化矿物包裹金，残渣继续用含有 $SnCl_2$ 的 $HCl(1:1)$ 溶去褐铁矿后，用 $I_2 - NH_4I$ 溶液浸取被褐铁矿包裹的自然金；残渣经灰化，在 $480 - 500℃$ 灼烧 $1\ h$ 后，再用 $I_2 - NH_4I$ 溶液浸取黄铁矿包裹金；最后残渣为石英和硅酸盐包裹金。

不同类型金矿石中载体矿物的种类和性质各不相同，金的物相分析方法和程序也不尽相同。采用化学物相分析的方法，对某蚀变岩型金矿石不同磨矿细度下金矿物的解离性测定结果见表 10 - 8。

表 10 - 8　某蚀变岩型金矿石不同细度下金矿物的解离性(矿石品位 3.45 g/t)

磨矿细度 (-200 目%)	裸露金		硫化物包裹金		硅酸盐包裹金	
	含量/$(g \cdot t^{-1})$	分布率/%	含量/$(g \cdot t^{-1})$	分布率/%	含量/$(g \cdot t^{-1})$	分布率/%
34.78	2.18	63.19	0.80	23.19	0.47	13.62
43.97	2.54	73.62	0.58	16.81	0.33	9.57
53.71	2.79	80.87	0.52	15.07	0.14	4.06
61.64	2.83	82.03	0.49	14.20	0.13	3.77
68.21	2.86	82.90	0.46	13.33	0.13	3.77
74.63	2.89	83.77	0.44	12.75	0.12	3.48
76.70	2.92	84.64	0.41	11.88	0.12	3.48
80.49	2.94	85.22	0.40	11.59	0.11	3.19

测定结果表明：随着磨矿粒度变细，裸露金的含量逐渐增加，而硫化物包裹金和硅酸盐包裹金的含量逐渐降低。当磨矿细度达到 -200 目 53% 左右时，裸露金和硫化物包裹金的分布率合计为 95.94%，硅酸盐包裹金的分布率可降低至 4.06%，能够满足浮选的需要。继续增加磨矿细度，硅酸盐包裹金的含量降低幅度很小，说明该矿石适宜的浮选细度为 -200 目 53% 左右。

10.4.2　次显微金的研究

明金通常借助放大镜采用肉眼观察或采用普通光学显微镜观察；显微金可采用光学显微镜或普通扫描电镜来观察；而次显微金由于赋存状态复杂，需要采用多种手段综合研究。

金可以次显微金的形式赋存于黄铁矿、石英、毒砂、方铅矿等矿物中，其研究方法分述如下。

1. 扫描电镜和透射电镜法

次显微金在普通反光显微镜下无法观察，但采用扫描电镜和透射电镜，在数千至数万倍的放大倍数下仍可查清赋存状态。

采用透射电镜对湘西金矿的黄铁矿中的不可见金的研究表明,在 2000～20000 倍的放大倍数下,可以观察到次显微金呈细小圆球状或链状充填在黄铁矿的微裂隙中,或不均匀沉淀在黄铁矿的晶面上,或形成环带状构造。将黄铁矿表面的这些小圆球状颗粒,用 1∶1 硝酸腐蚀光片后,经覆膜萃取制样,用高分辨率透射电镜(H－800 型)选区电子衍射技术,获得电子衍射环。计算各晶面的 d 值与自然金相应面网的 d 值一致,从而证明这些小圆球或链状颗粒为自然金。采用类似的方法在石英、毒砂、方铅矿等矿物中也发现了次显微金。

2. 化学浸出法

化学浸出法是采用适当的溶剂(该溶剂对金没有溶解作用或溶金能力极弱)使载金矿物逐渐分解,通过分析浸出液中的含金量来判断金的赋存状态。

对含金方铅矿的浸出(30% H_2O_2 + 3% HCl + 10% NaCl + 30% 醋酸乙酯)试验表明,随着方铅矿的分解,铅的浸出率随时间的增加而逐渐上升,而金的浸出率却始终接近于零。表明金在方铅矿中是以独立金矿物的次显微金的形式存在的。采用纪尼叶(Guinier)聚焦相机 X 光物相分析法,对含金方铅矿粉末样品进行分析,获得了方铅矿和自然金的衍射线条,进一步证实了金在方铅矿中是以独立矿物的次显微金的形式存在的。

10.4.3　固溶体金和晶格金的研究

金除了以明金、显微金、次显微金等独立矿物的形式存在外,还可以以固溶体形式和类质同象的形式均匀分布于某些矿物中,呈固溶体金或晶格金产出。这种形式存在的金在用扫描电镜、透射电镜、离子探针、质子探针等设备的检测过程,会以均匀分布的形式产出,是固溶体还是晶格金难以定论,通常要借助酸浸法和电渗析法进行综合研究。

1. 酸浸法

对某含金黄铁矿中的金经扫描电镜分析均匀分布,其酸浸试验(1% HCl + 30% H_2O_2)结果表明,Au 的浸出率与 Fe 的浸出率同步增长,且二者的浸出率接近,据此判断金在黄铁矿中以类质同象形式(晶格金)存在。

2. 电渗析法

对于呈吸附状态存在的元素,常采用电渗析法进行研究。电渗析是基于在外加直流高压电场的作用下,将矿物中呈吸附状态的离子解吸下来,并向极性相反的电极迁移。从矿物中迁移到水中的离子浓度,与矿物中该种元素的总量之比,称为该元素的渗析率,以 η 表示。根据 η 的数值大小,即可判定元素的赋存状态。

对于某些黏土矿物表面吸附金的研究,即可采用电渗析法,其实验装置见图 10－2。将吸附金的矿物加工成 –325 目细度的矿粉,加入蒸馏水配

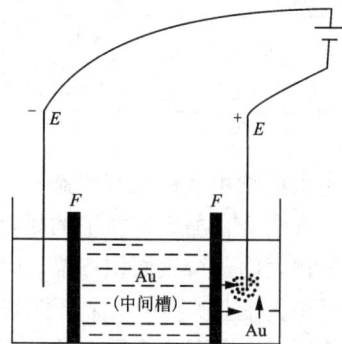

图 10－2　离子吸附金的电渗析装置示意图

E—正、负电极;F—隔膜

制成低浓度悬浮液,添加于中间槽中;在电位差的作用下,呈离子吸附状态的金离子便可进入溶液,并穿透隔膜向极性相反的阳极渗透,聚集在阳极附近。

某黄铁矿中的金经检测为均匀分布,为进一步判明金的赋存状态,进行了电渗析试验。

将含金黄铁矿用10%的硝酸浸取1 h后,放入电渗析仪中,通入电流,每隔1 h在阴极室和阳极室分别取渗析液1次,测定金的含量。结果表明,在阴极室和阳极室均未检测到金,而金在中间室的滤渣中明显富集。说明该矿物中的金不是以离子状态存在的,只能是以固溶体分散金的形式存在。

10.4.4　胶体吸附金的研究

胶体吸附金是指金以次显微荷电胶粒的形式吸附于高岭石等黏土矿物晶体边缘。例如,我国贵州某金矿床中的金就是以胶体吸附形式存在于黏土矿物中。

贵州某金矿床在物质组成、金的赋存状态和工艺特性方面均有一些与众不同的特点。矿石中的金不仅粒度极其微细,几乎全部以不可见金形式产出;而且金的载体矿物也颇为独特,金只有少部分赋存于以黄铁矿为主的硫化物中,大部分与以水云母为主的黏土矿物密切相关。

1. 金在不同矿物中的分布

原矿中含金品位为31 g/t,先后对矿石光片、硫化物精矿砂光片和人工重砂分离的各产品分别利用矿相显微镜和实体显微镜进行详细的考察,未发现一粒可见金。同时,采用$I_2 + KI$溶液对原矿(-200 目95%)进行直接浸取,金的浸出率接近零。这些结果说明,矿石中的金主要是以非游离的不可见金的形式存在。

为了查明金的载体矿物,对矿石中的主要硫化物和脉石矿物进行分离提纯,分别测定了各矿物的含金品位,并计算了金在不同矿物中的分布,结果见表10 - 9。从表10 - 9可以看出,金在硫化物中的分布率较低,而90%以上分布于黏土矿物中,说明黏土矿物是金的主要载体矿物。

表 10 - 9　金在矿石不同矿物中的品位及分布计算

矿物名	黄铁矿	毒砂	石英(硅酸盐)	黏土矿物	合计
矿物含量/%	3.5	0.1	56.4	40.0	100.0
Au 品位/$(g \cdot t^{-1})$	45.89	75.0	0.895	75.0	32.18
分布率/%	4.99	0.23	1.57	93.21	100.00

2. 黏土矿物中金的赋存状态

为了查明金在黏土矿物中的赋存状态,首先采用 EB - 3 型电子探针和 XD - 302 型电镜,对黏土矿物表面进行大面积扫描,均未发现金的局部富集点,说明金在黏土矿物中是均匀分布的。但是,黏土矿物中的金不能被 $I_2 + KI$ 浸出,用氰化溶液和硫脲溶液直接浸取,金的浸出率也很低,均在百分之零点几的范围内。这意味着,黏土矿物中的金不是以标准的单质形式和简单的物理吸附形式存在的。

为了判明金在黏土矿物中的存在形式,查明负电性胶体金$\{[mAu + nAu(OH)_3 + Au(OH)_4]^-\}$存在的可能性,进行解吸浮选试验。采用带正电荷的明胶作解吸剂,解吸后进行浮选,浮选精矿的金品位达到 175.32 g/t,回收率达到 70.58%,说明在该矿石中,金主要以胶体吸附的形式存在于黏土矿物中。

　　基于以上认识，采用焙烧-氰化法进行试验。试验结果表明，在500℃左右时金的浸出率达到最大值，为89.83%。在500℃左右，水云母等黏土矿物处于失去结构水 OH⁻ 的过程中，其晶体结构保持不变。由此可见，金是在未破坏黏土矿物晶体结构的情况下浸出的，显然是处于黏土矿物晶体的外部。同时也说明，胶体金外围的氢氧根也和黏土矿物中的氢氧根类似，可以通过加热而去除。去除了氢氧根后，不仅消除了金的氰化屏障，而且也失去了金被黏土矿物吸附的静电力，这一试验结果进一步证实了胶体吸附金的存在。

思考题

1. 元素赋存状态研究有何意义和作用？
2. 元素在矿物原料中有哪些主要赋存形式？这些赋存形式的主要特征是什么？
3. 分离矿物法能否用于研究呈类质同象状态的元素？
4. 选择性溶解法的基本原理是什么？在应用时应注意什么问题？
5. 电渗析法的原理是什么？主要用于研究何种赋存形式？
6. 矿物微区分析法如何判断元素类质同象赋存状态？

参考文献

[1] 张振儒等. 金矿研究. 长沙：中南工业大学出版社，1989
[2] 曹佳宏，程希翱. 江西七宝山金属矿中钴的赋存状态. 第三届全国工艺矿物学学术会议论文集. 1985：63 －67
[3] 周剑雄. 矿物微区分析概论. 北京：科学出版社，1980
[4] 张振儒. 某些矿物中次显微金和晶格金的研究. 工艺矿物. 第四届全国工艺矿物学学术会议论文专辑. 1987：60－63

第 11 章 矿物嵌布粒度及矿物解离度

矿物的嵌布粒度及矿物解离度研究，是矿石工艺矿物学性质的一项重要内容。矿物嵌布粒度的大小直接影响到选矿方法及其工艺流程的选择，通过对矿物嵌布粒度的分析，可以预测一定磨矿细度下可能达到的单体解离，并由此确定有用矿物实现解离所需要的最佳磨矿细度。矿物解离程度的好坏，直接影响着选矿技术指标，如精矿品位、精矿回收率等。有用矿物单体解离度达到一定程度时，才能够获得有效地分离和富集。因此，研究矿石中矿物的嵌布粒度和解离度，对于指导选矿工艺流程的开发具有重要作用。

11.1 矿物嵌布粒度的概念及表征

11.1.1 矿物嵌布粒度的概念

矿物嵌布粒度可分为结晶粒度与工艺粒度。结晶粒度是指单个结晶体(晶质个体)的相对大小和由大到小的相应百分含量，结晶粒度主要用于成因研究。工艺粒度又叫嵌布粒度，是指某些矿物的集合体颗粒和单个晶体颗粒的相对大小和由大到小的相应百分含量。矿物的嵌布粒度是决定矿物单体解离的重要因素，也是选择碎矿、磨矿作业工艺参数的主要依据之一。

矿物的嵌布粒度特性就是指矿物工艺粒度的大小和分布特征。图 11 - 1 是一细粒方铅矿集合体。从矿物学的观点来看，方铅矿颗粒较小，因为其中每一个小颗粒的方铅矿都有自己独立的结晶中心。而在选矿工艺加工时，只要经过粗略破碎，这种方铅矿很容易就会与矿石中别的矿物分离。因此，从选矿工艺角度来看，该方铅矿颗粒的工艺粒度(嵌布粒度)远大于其结晶粒度。

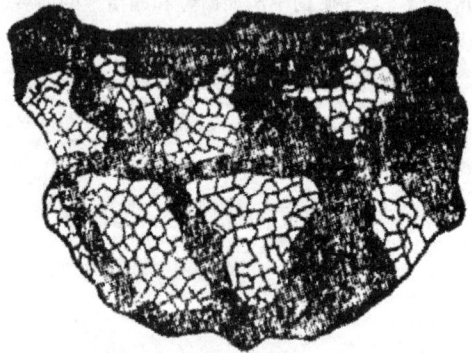

图 11 - 1 细粒方铅矿集合体

(据刘宝兴，1994)

图 11 - 2 是毒砂骸晶，已经被别的矿物 (方解石)浸蚀交代所剩无几，但由于残留的骸晶只有一个结晶中心，从矿物学观点看，它仍然是个很大的单体矿物颗粒。但是，从选矿工艺的角度来看，为了实现毒砂矿物的分离富集，必须使其与交代产物解离后才能分离。在这种情况下，其嵌布粒度(工艺粒度)远小于其结晶粒度。

11.1.2 显微镜下矿物粒度的表征方法

在矿石标本中或矿石光片中，对粒状或非粒状(不规则状)矿物颗粒的粒度的表征通常有两种方法，即定向最大截距法和定向随机截距法。

1. 定向最大截距

所谓定向最大截距，是指沿一定方向所测得的颗粒最大直径(如图11-3所示)。该方法适用于粒状矿物颗粒或集合体粒径的测定。

图11-2 毒砂(白色)晶体被方解石(黑色)交代后的骸晶

(据周乐光，2002)

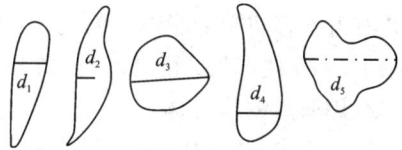

图11-3 定向最大截距

2. 定向随机截距

对于非粒状矿物颗粒或集合体，若为脉宽变化较为均匀的脉体，测其宽度作为粒径。若为由一层赤铁矿、一层玉髓组成的规则同心层状的颗粒，则测赤铁矿单层的厚度作为其粒径。若为片状矿物(如石墨、白云母、滑石等)，测其解理面上的长轴作为划分粒级的粒径。对于特长纤维的矿物(如石棉)，一般测其纤维长度作为划分粒级的粒径。若矿物颗粒为不规则体，通常用定向随机截距来表示其粒径(如图11-4所示)，即根据等间距的定向测线所截的长度即定向随机截距 d_1、d_2、d_3、d_4、d_5 等来表示其粒径。

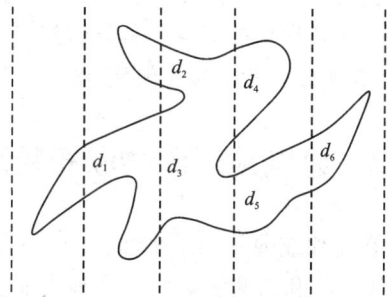

图11-4 定向随机截距

由于磨光切面大都未通过颗粒中心，所以所测得的粒径数值总是要比实际的偏小一些。但若进行大量颗粒的测量，则其代表性和精确度会随着测量颗粒数的增加而提高。因此，在进行粒度测量时，应保证足够的测量颗粒数目。

11.1.3 矿物粒度测量用样品

根据考察要求及物料来源，嵌布粒度特征研究用样品可分为两类：一类是块状矿石；另一类是破碎后的综合颗粒样品。为了保证样品的代表性，以尽可能少的工作量，取得对整体有实际意义的嵌布特征数据，就需要认真仔细地选取观测用的矿石样品。

1. 块状矿石样品的选取

特别是从矿床中直接采取的地质矿样，大多是和选矿取样工作同时进行的。即在选矿取样点，按相同比例原则采取相应数量的手标本。这些手标本就成为观测用的第一批代表性矿样。

如果是从选矿样中抽取，根据原始试样粒度不同可以有两种做法。当试样是中碎后 −50 mm 以下的块矿时，首先是从选矿样品中缩分出部分矿石(10 ~ 500 kg)，将其充分拌匀后摊平，然后在一定网度在网线交点上拣取制片矿块。

取样网的形状除了正方形外，长方形、菱形也可。采样网的疏密必须根据矿石试样的品位、结构构造、矿床成因类型而定。一般做法是矿石品位高、结构构造较简单的试样，取样点可以稀疏一些；反之则应加密。同时，取样时要注意消除人为因素的影响。不要光拣富矿块，粗粒联布的。网点上是什么矿石，就采什么样的矿石。因为，为了使试验时的矿石状况与选厂生产时人工选矿石相吻合，往往在试验样中配入适量的围岩和贫矿。这部分矿石、岩石中的矿物组成、颗粒大小、彼此间的结合关系，与矿体中的矿石差别较大，对矿石的分选工艺有着不容忽视的影响。因此，采样时不能随意舍取，以免降低样品的代表性。最后从中选出 15 ~ 25 块矿块，供磨制光(薄)片。

2. 细碎后的综合样

细碎后粒度 2 ~ 0 mm 的综合样是代表性极好的粒度测定用样品。它虽然对原生矿物嵌布特征有较多的破坏，但并不影响对矿物选别性质的指导意义。因为对分选工艺具有实际意义的，通常是矿石粒度 0.1 mm 以下时的矿物解离状况。而粒度 2 ~ 0 mm 的细碎试样，无论是金属含量、矿物种类、伴生组分、有害杂质含量、围岩混入或者是矿石物理性质等方面，都实现了比较理想的混匀。具体做法是首先从大样中抽取 2 ~ 3 kg 碎矿样，然后缩分，并磨制成 4 ~ 5 块砂光片供镜下测定用。

11.2　显微镜下矿物嵌布粒度的测量

在光片或薄片二维平面上，为获取粒度测定所需要的基本常数，常用的测试方法有面测法、线测法和点测法。为了准确表征显微镜下颗粒粒度的绝对大小，首先要对不同目镜、物镜组合条件下的目镜测微尺格值进行标定。

11.2.1　目镜测微尺的格值标定

矿物粒度是用目镜微尺测定的。在接目镜的前焦平面上装上一块在 1 mm 长度上刻有 100 分格标尺的小圆玻璃片，即成微尺目镜。目镜测微尺所能度量的对象是在目镜焦点平面上已经放大的像，而不是实物本身的大小。像的大小随物镜倍数而异，因此采用显微镜测量颗粒粒度前，必须对不同的物镜 − 目镜组合标定目镜测微尺的格值。

目镜微尺的标定是借助物台微尺进行的。在一定的目镜、物镜组合条件下，于显微镜载物台上置一物台微尺(通常在 1 mm 的长度上刻有 100 个分格，每分格的长度为 0.01 mm)，使目镜微尺与物台微尺准焦重合后，即可算出目镜微尺在此目镜 − 物镜组合下的格值(图 11 −5)。设目镜微尺与物台微尺准焦重合后，目镜微

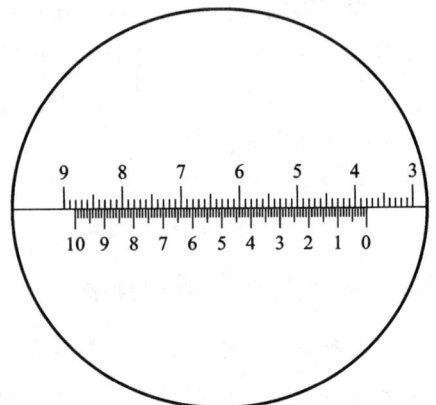

图 11 −5　目镜测微尺的标定
(数字方向向下者为物镜测微尺，向上者为目镜测微尺)

尺的 50 分格正好等于物台微尺的 100 分格,则目镜微尺的格值为:

目镜微尺的格值 =(物台微尺格数 ×0.01 mm)/(目镜微尺格数)=(100 ×0.01 mm)/50 =0.02 mm。

必须注意目镜微尺的格值是随目镜 – 物镜组合而改变的。根据实测矿物粒径的目镜微尺格数,须乘以该目镜 – 物镜组合的格值才能得其实际长度。如标定的目镜微尺格值为 0.02 mm,目镜微尺测得 9 格,则其粒径实际长度为 9 ×0.02 mm =0.18 mm。

11.2.2 显微镜下矿物嵌布粒度的测量

在选取用于测量的具有代表性的原矿石样品时,如果粒度范围较窄,或粒度范围虽宽但大小颗粒在矿石中按比例分布均匀,或欲测矿物的相对含量较多,便只需选测较少量的光片。如果粒度范围较宽,且颗粒大小悬殊,并在矿石中分布又不均匀时,则需选测较多数量的光片。在制片时,须垂直层理、片理、片麻理和条带方向磨制。

为增强样品的代表性,减少抽样误差,减少测量工作量,一般常将具代表性的欲测矿石样品进行破碎至 3 mm 左右,进行缩分,再用胶结剂(虫胶,电木粉,环氧树脂和三乙醇胺,松香和松节油,或赛璐珞等)进行胶固,最后磨制成团块(砂)光片供工艺粒度测量或矿物百分含量测量用。对于松散矿石或松散的选矿产品,也须用上述方法磨制成团块(砂)光片,以供测量用。

在粒度测量时,须人为地划分出一些粒径分布的区间——粒级,以便进行粒度测量。粒级的划分,须服务于矿石选矿工艺的要求。随着工艺方法的不同,粒级的划分也不同。粒级的划分须根据不同矿石选矿工艺的要求来划分。划分好粒级后,再测量出各粒级的颗粒数,然后进行粒度分布的计算。

在显微镜下进行工艺粒度测量时,粒级的划分可按目镜微尺的格子数来划分(如 2、4、8、16、32……)。在选择放大倍数,即目镜 – 物镜组合时,一般以保证最小粒级颗粒的放大物象的大小不少于目镜微尺的 2 个刻度、最大粒级颗粒的放大物象不超越目镜微尺的刻度范围为宜。

显微镜下粒度测量的方法主要包括面测法、线测法和点测法。

1. 面测法

面测法也称为横(过)尺面测法,适用于粒状颗粒的测量。该方法借助于目镜微尺、机械台和分类计数器(若无分类计数器用笔记录也可)三者配合进行。测法是将目镜微尺东西横放视场中,利用机械台移动尺将光片按一定间距的南北向测线作南北向移动(如图 11 –6 所示),使 a、b 线范围内的颗粒均逐渐通过微尺。当每一个颗粒通过微尺时,根据该颗粒的"定向(东西向)最大截距"刻度数属于哪一粒级,即认为系该粒级的颗粒;并按动分类计数器记录该粒级的相应按钮,以便累加该粒级的一个颗粒。这样将依次通过微尺的颗粒测记下来后,又测另一毗邻纵行。为免除多测了横跨在指定范围边界上的颗粒而造成人为的误差,可规定只测左边竖 a 线上和 ab 线间的颗粒,而对横跨(交切)右边 b 线上的颗粒则不予测算。最后,按照不同粒级颗粒的面积来计算不同粒级的含量。例如,某铜矿石中黄铜矿的测量结果见表 11 –1。

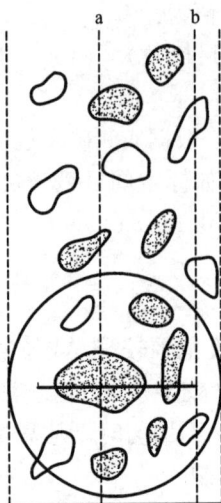

图 11 - 6 横尺面测法示意图

(带点的颗粒为待测颗粒)

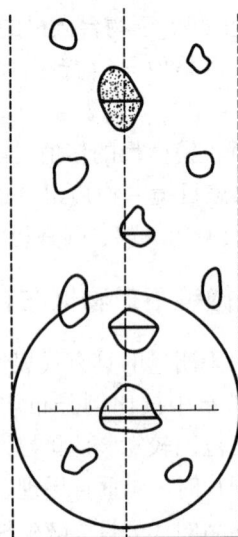

图 11 - 7 横尺线测法示意图

(带点的颗粒为待测颗粒)

表 11 - 1 某铜矿石中黄铜矿工艺粒度测定结果(横尺面测法)

物镜：   目镜：   格值 = 0.02 mm = 20 μm

序号	刻度数 /格	粒级范围 /μm	比粒径		颗粒数 (n)	面积含量比 (nd²)	含量分布 (nd²%)	正累计含量 /%
			d	d²				
1	-64 +32	-1280 +640	16	256	12	3072	38.46	38.46
2	-32 +16	-640 +320	8	64	40	2560	32.05	70.51
3	-16 +8	-320 +160	4	16	96	1536	19.23	89.73
4	-8 +4	-160 +80	2	4	137	548	6.86	96.59
5	-4 +2	-80 +40	1	1	272	272	3.41	100.0
合计		-1280 +40			557	7988	100.0	

对粒径相差不大的标本，即粒径分布范围较窄时，一般须测 500 个颗粒左右；若粒径相差悬殊，即粒径分布范围较宽时，则所测颗粒数还须增加，才能保证必要的精度。也可用逐步试算法来具体确定所需测定的颗粒数。

2. 线测法

线测法包括横尺线测法和顺尺线测法两种。

1) 横(过)尺线测法

该方法是测量一定间距(距离以较大一些为好，以免重测粗粒径的颗粒)测线上所遇及的粒状颗粒。测法是将目镜微尺横放，即与测线垂直(图 11 - 7)对通过十字丝中心的颗粒借助于目镜微尺进行垂直测线方向的"定向最大截距"的测量，并利用分类计数器分别记录各级别所测的颗粒数。逐条测线地测完预计测量的测线和颗粒数后，根据不同粒级颗粒的截距长度来计算不同粒级的含量，按表 11 - 2 进行整理计算。

表11-2 某铜矿石中黄铜矿工艺粒度测定结果(横尺线测法)

物镜: 目镜: 格值=0.028 mm=28 μm

序号	刻度数 /格	粒级范围 /μm	比粒径 (d)	颗粒数 (n)	截距含量比 (nd)	含量分布 (nd%)	正累计含量 /%
1	-64 +32	-1792 +896	16	111	1776	46.14	46.14
2	-32 +16	-896 +448	8	129	1032	26.81	72.95
3	-16 +8	-448 +224	4	158	612	15.90	88.85
4	-8 +4	-224 +112	2	166	332	8.63	97.48
5	-4 +2	-112 +56	1	97	97	2.52	100.0
合计		-1792 +56			3849	100.0	

由于本法系沿测线测量,必然较易漏掉粒径较小的颗粒。因而,与横尺面测法相比,用本法测量的结果,粗粒级偏高、细粒级偏低。

2)顺尺线测法

该方法适用于非粒状的不规则颗粒。测法也是测量按一定间距分布的测线上所遇及的颗粒,但由于颗粒的形状极不规则,不能测其定向最大截距,而只能测其与测线平行交切的定向随机截距。目镜微尺平行测线方向放置(图11-8),测量和记录微尺所切的定向随机截距。以随机截距为粒径,将不同的随机截距分别记录在不同的粒级中;每测量一个随机截距即在相应粒级中记录一个颗粒数。测完预计测量的测线和截距数后进行整理和计算,算出各粒级的体积或重量百分含量。

表11-2和表11-3系用同一样品测出,对比后可以看出,顺尺线测法测的是随机截距,部分测线从黄铜矿颗粒的边部通过,因此部分颗粒的粒级降为较细的粒级,从而使粗粒级的含量分布较横尺线测法所测结果偏低。

表11-3 某铜矿石中黄铜矿工艺粒度测定结果(顺尺线测法)

物镜: 目镜: 格值=0.028 mm=28 μm

序号	刻度数 /格	粒级范围 /μm	比粒径 (d)	颗粒数 (n)	截距含量比 (nd)	含量分布 (nd%)	正累计含量 /%
1	-64 +32	-1792 +896	16	106	1696	39.33	39.33
2	-32 +16	-896 +448	8	157	1256	29.13	68.46
3	-16 +8	-448 +224	4	193	772	17.90	86.36
4	-8 +4	-224 +112	2	216	432	10.02	96.38
5	-4 +2	-112 +56	1	156	156	3.62	100.0
合计		-1792 +56			4312	100.0	

3. 点测法

本法主要适用于粒状颗粒,须借助于目镜微尺(垂直测线方向横放)、电动计点器(电动求积台)配合进行,用以沿测线测量通过十字丝交点作等间距分布测点上的各粒级矿物颗粒所占点的数目(见图 11 - 9)。测量时根据落入十字丝交点的待测有用矿物所属粒级(从横放的目镜微尺上测量其垂直测线方向的最大截距),可按动该粒级的计数按钮,记下此粒级的一个点数;若跳动一定距离后仍在此较大颗粒中,则再按此粒级的计数按钮一下,再记下一个点;如若跳入另一粒级的颗粒中,则按动另一粒级的计数按钮,记下另一粒级的一个点数;若跳入其他伴生矿物或脉石矿物中时,则按动空白按钮,使之往前跳动,但不予记数。直至测完欲测测线、点数或光片为止。点测法根据各粒级矿物颗粒的点数占总测点数的百分比来计算各粒级的含量,按表 11 - 4 进行整理计算。若是非粒状颗粒,可以以十字丝交点的垂直测线方向的横向随机截距作为其粒径来加以计算。

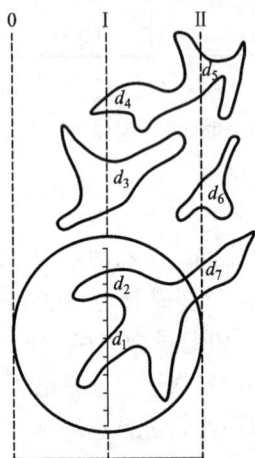

图 11 - 8　顺尺线测法示意图

(测微尺平行测线)

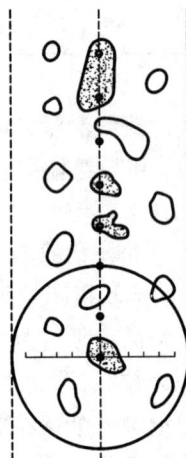

图 11 - 9　点测法示意图

(实心点为计数点)

表 11 - 4　某铜矿石中黄铜矿工艺粒度测定结果(点测法)

物镜:　　　　　　　　　　目镜:　　　　　　　　格值 = 0.028 mm = 28 μm

序号	刻度数 /格	粒级范围 /μm	比粒径 (d)	颗粒数 (n)	含量分布 (n%)	正累计含量 /%
1	- 64 + 32	- 1792 + 896	16	570	45.97	45.97
2	- 32 + 16	- 896 + 448	8	334	26.94	72.90
3	- 16 + 8	- 448 + 224	4	196	15.97	88.87
4	- 8 + 4	- 224 + 112	2	100	8.06	96.94
5	- 4 + 2	- 112 + 56	1	38	3.06	100.0
合计		- 1792 + 56		1240	100.0	

11.2.3　矿物粒度特性曲线

根据矿物嵌布粒度测定结果,可以绘制矿物粒度特性曲线。粒度特性曲线通常以粒度大小为横坐标,不同粒度的累积产率为纵坐标绘制(如图 11 - 10 所示)。根据粒度特性曲线的形状，可以将矿物嵌布粒度划分为以下几种类型：

1）均匀嵌布矿石（曲线①）

此类矿石中有用矿物的粒度范围较窄，可采用一段磨矿，磨到所需的粒度即可。

2）粗粒不均匀矿石（曲线②）

此类矿石中有用矿物的粒度范围较宽，但以粗粒为主，应采用阶段磨矿、阶段选别流程。

3）细粒不均匀矿石（曲线③）

此类矿石中有用矿物的粒度范围较宽，但以细粒为主，也应采用阶段磨矿、阶段选别流程。

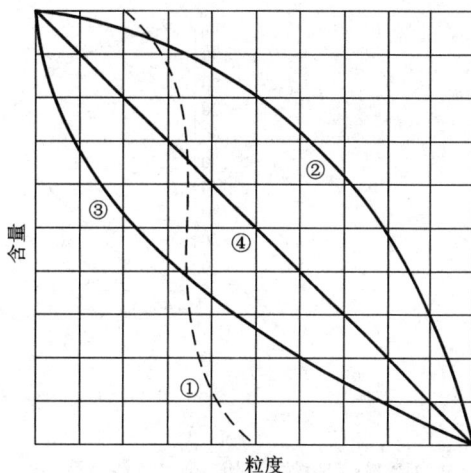

图 11 – 10　原矿石中有用矿物嵌布粒度曲线图

（据邱柱国，1982）

4）极不均匀矿石（曲线④）

此类矿石中有用矿物的粒度范围较宽且每一粒级含量大致接近，应根据实际情况采用多段磨矿、多段选别。

11.2.4　某铁矿石中磁铁矿嵌布粒度的测定

为了查明某铁矿石中磁铁矿的粒度分布特点，为选矿工艺研究提供基础资料，采用显微镜下线测法对磁铁矿的嵌布粒度进行了测定，测定结果见表 11 – 5、图 11 – 11。

结果表明，该矿石中的磁铁矿属典型的非均匀嵌布，且以细粒嵌布为主。 – 0.08 mm 含量达到 60.42%，且 – 0.02 mm 占 17.05%、– 0.01 mm 占 6.02%。因此，为保证该矿石中磁铁矿的充分回收和铁精矿品位，应采用细磨工艺或阶段磨矿流程。

表 11 – 5　磁铁矿的嵌布粒度测定结果

粒级 mm	平均粒径 mm	颗粒数	线段长度 mm	分布率/%		
				粒级	正累计	负累计
– 1.28 + 0.64	0.96	7.00	6.72	10.61	10.61	100.00
– 0.64 + 0.32	0.48	15.00	7.20	11.36	21.97	89.39
– 0.32 + 0.16	0.24	22.00	5.28	8.33	30.30	78.03
– 0.16 + 0.08	0.12	49.00	5.88	9.28	39.58	69.70
– 0.08 + 0.04	0.06	234.00	14.04	22.16	61.74	60.42
– 0.04 + 0.02	0.03	448.00	13.44	21.21	82.95	38.26
– 0.02 + 0.01	0.015	466.00	6.99	11.03	93.99	17.05
– 0.01 + 0	0.005	762.00	3.81	6.02	100.00	6.02
合计			63.36	100.00		

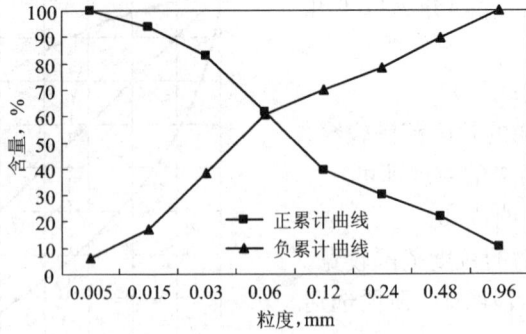

图 11 – 11 磁铁矿嵌布粒度特性曲线

11.3 矿物解离的概念与作用

11.3.1 单体与连生体

1. 单体与连生体的概念

矿石经过粉碎，根据粉碎后颗粒的组成特点划分为单体颗粒和连生体颗粒两类。只含有一种矿物的颗粒称为单体颗粒或单矿物颗粒，通常还根据矿物的种类，称为某矿物单体（如黄铜矿单体，方铅矿单体等）；由两种或两种以上矿物组成的颗粒称为连生体颗粒，根据组成矿物的不同，称为"某－某矿物连生体"（如方铅矿－闪锌矿连生体、黄铜矿－闪锌矿连生体、黄铜矿－脉石连生体等）。典型的单体颗粒和连生体颗粒示意图见图 11 – 12。

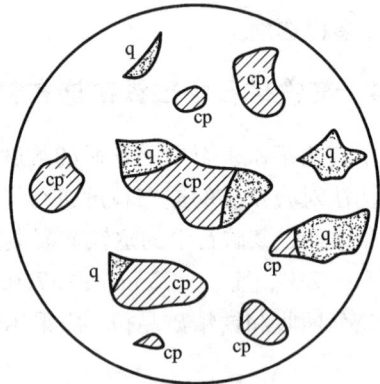

图 11 – 12 某选矿产品中的黄铜矿（cp）单体、脉石（q）单体及黄铜矿－脉石连生体

2. 连生体的类型

矿石碎磨成粉末状颗粒产品后，其中的颗粒，有的仅含一种矿物，有的则是有用矿物与脉石矿物共存。前者称之为单体（颗粒），后者叫做矿物的连生体（颗粒）。矿物的单体和连生体，是矿石碎磨产物组成颗粒的两种基本形态。随着磨矿细度的提高，产物中的单体量逐渐增加、连生体量将逐渐下降。

连生体类型的划分方法很多，通常从连生比和矿物共生类型两个方面划分。

1）按照连生比划分

所谓连生比，是指连生颗粒中各组成矿物的含量比。通常按有用矿物在连生颗粒中所占的体积比划分为 7/8、3/4、1/2、1/4、1/8、1/16 等，并将有用矿物体积比≥1/2 者称为富连生体，而将有用矿物体积比 <1/2 者称为贫连生体。

2）按照矿物共生类型划分

高登（Gaudin，1939）基于连生体的分选性质和组成矿物解离难易，将含有两种矿物的连生体分为Ⅰ、Ⅱ、Ⅲ、Ⅳ等 4 种不同的共生类型（图 11 – 13）。

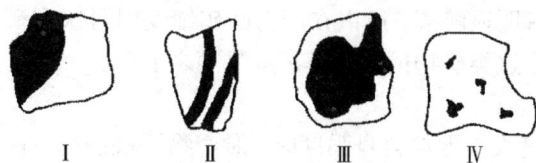

图 11 –13　连生体结构类型

毗邻型（Ⅰ型）：是 4 类连生体中最常见的。它的组成矿物连生边界平直，舒缓，边界线呈线性弯曲状。

细脉型（Ⅱ型）：此类连生体中，一种矿物（常为有用矿物）呈脉状贯穿于含量较高的另种矿物（多为脉石矿物）中。

壳层型（Ⅲ型）：连生颗粒矿物中，含量较低的矿物以厚薄不均的似壳层状，环绕在主体矿物外周边。多数情况下，中间的主体矿物只能局部地为外壳层所覆盖。

包裹型（Ⅳ型）：一种矿物（多为有用矿物）以微包体形式镶嵌于另一种（载体）矿物中，包体粒径一般在 5 μm 以下，有用矿物含量常不及总量的 1/20。

11.3.2　矿物单体解离度的概念及影响因素

1. 单体解离度概念

矿石的组成矿物在外力作用下演变为单体的过程称之为矿物解离。某种矿物解离为单体的程度就称之为该矿物的单体解离度，以该矿物单体颗粒的重量百分比或体积百分比来表示。矿物单体解离度，是指某矿物单体的含量与该矿物在样品中的总量（单体含量与连生体含量之和）之比。即

$$F = \frac{f}{f + f_i} \times 100\% \qquad\qquad (11 - 1)$$

式中：F——某矿物的单体解离度，%；

f——该矿物单体的含量（重量或体积百分比），%；

f_i——该矿物呈连生体形式的含量（重量或体积百分比），%。

有用矿物的单体解离度，是衡量磨矿效果的重要指标之一。磨矿的作用就是要制备矿物单体解离度高又不产生过粉碎的入选矿石。而且，矿物单体解离度也与精矿品位和回收率之间有着直接的联系。

2. 影响矿物解离的因素

1）矿物的嵌布粒度、含量与磨矿细度

由于粉碎解离是矿物解离的主要方式，而它的完成主要是借助于粉碎颗粒体积的减小。所以矿物嵌布粒度愈大，磨矿细度愈小，愈是有利于矿物解离。矿物含量的影响主要是反映了矿物嵌布粒度的作用。因为矿物在矿石中的含量愈高，同种矿物集合体出现的机会愈多，由此形成的集合体工艺粒度必然增大。

2）矿物相对可磨性及矿物颗粒强度

就磨矿产物的粒级解离度而言，易解离、强度小、低硬度矿物，在磨矿细度较粗的条件下，即可迅速实现相当完全的解离。此时如果再次细磨，那么随着产物磨矿细度下降，只会

是使矿物在粗粒级的解离度持续减小。难磨矿物的情况则与它不同，它一般在磨矿的初始阶段，不可能使难磨矿物有明显解离，所以在产物磨矿细度因再次磨矿而下降时，随着连生体中矿物的解离，粗粒级中这类矿物的单体解离度将随之上升。

3）矿物界面结合强度

当颗粒界面结合强度大于颗粒自身强度时，对产物再次细磨，首先被粉碎的将是已解离的单体。而连生体由于矿物界面结合强度较高而得以较多地保留。故而较粗粒级的矿物解离，将随产物磨矿细度的下降而下降。如果矿石组成矿物的颗粒界面结合强度小于颗粒自身强度，磨矿产物较粗粒级的矿物解离度，则要随产物磨矿细度的下降而上升。因为此时破碎颗粒受外力作用时，颗粒将优先从矿物界面分离。

11.4 矿物单体解离度的测定方法

1. 测定样品的制备

矿物单体解离度的测定通常是在光学显微镜下进行。而且，为了便于显微镜下观察和测量，通常需要对颗粒样品进行分级，并分别制备砂光片观测。

首先，将样品进行筛析或水析，分成若干粒级，并将各粒级样品进行烘干、称重，接着进行单元素的化学分析。然后，将筛析后的不同粒级样品，用虫胶或环氧树脂等进行嵌固并磨制成砂光片，在矿相显微镜下进行单体、连生体的测量，测定其粒级解离度。最后，根据各粒级的产率和各粒级的解离度，计算全样的单体解离度。

为了定量描述连生体颗粒中有用矿物的含量，通常按照有用矿物在整个连生体颗粒中所占体积比（面积比）进一步将连生体划分为不同类型。如3/4、2/4和1/4连生体，分别说明在该连生体颗粒中，有用矿物所占的体积比分别为3/4、2/4和1/4。有时，也可将连生体颗粒进一步细分为7/8、6/8（3/4）、5/8、4/8（1/2）、3/8、2/8（1/4）、1/8等类型。

2. 单体解离度的测定方法

单体解离度测定的实质，就是分别统计单体颗粒和不同类型连生体颗粒的含量。因此，其测定方法与显微镜下矿物定量测定的方法相似，可采用面测法（统计待测颗粒所占网格数）、线测法（统计待测颗粒所占线段长度）或点测法（统计待测颗粒所占点数）分别测量出的单体与连生体的体积含量，进而根据单体颗粒体积含量与待测矿物颗粒总体积含量（单体颗粒体积含量＋连生体颗粒体积含量）之比值，计算样品中该矿物的单体解离度。按照测定方法也可分为面测法、线测法和点测法3种。

1）面测法

面测法采用带方格网的目镜进行测量，此时在显微镜下所观察到的矿物颗粒上就叠置了一个方格网。测量时，通常是按照一定的间距移动载物台，将整个矿片表面全部测完，分类统计不同类型颗粒（单体颗粒、不同类型连生体颗粒）的面积（所占网格数），并将测量结果记录在记录表中（表11-6）；最后将各视阈测量结果进行累计，计算出不同类型待测矿物颗粒在该矿片中的体积含量（表11-6）。

表 11-6 矿物解离度测定记录表(样品名称_____; 粒级_____)

颗粒种类	单体颗粒数	连生体颗粒数		
		1/4	2/4	3/4
网格数	n_0	n_1	n_2	n_3
折算待测矿物网格数	$N_0 = n_0$	$N_1 = n_1 \times 1/4$	$N_2 = n_2 \times 2/4$	$N_3 = n_3 \times 3/4$
单体解离度, %	$L = 100 \, N_0 / \Sigma N_i$			

2) 线测法

线测法的测量方法与面测法相似,所不同的是面测法是通过矿物表面所占网格数来测定其面积大小,而线测法则是通过目镜上的直线测微尺来测定不同矿物所占线段截距长度的大小。采用带直线测微尺的目镜,测定时在矿片表面的矿物颗粒上就会叠置上一个直线测微尺。测量时,按一定方向和间距,通过机械台左右移动矿片,统计测微尺在不同类型矿物颗粒表面的线段截距长度。线测法数据的统计和计算方法与面测法相同(表 11-6),只是将网格数更换成线段长度即可。

3) 点测法

点测法和面测法、线测法也很相似,所不同的是测量时利用带测微网的目镜,以测微网格的交点在矿片上矿物颗粒表面分布的多少来测量不同类型矿物颗粒的含量。测量时,首先在目镜筒中装入测微网,将视阈中不同类型矿物颗粒表面分布的交点数分别统计下来。点测法数据的统计和计算方法也与面测法相同(表 11-6),只是将网格数更换成点数即可。

点测法对于粗细不均匀嵌布或细粒嵌布的矿石样品的测定误差较大,在矿物解离度测定中普遍使用面测法或线测法。

此外,对于颗粒粒度均匀的窄粒级分级样品,有时为了测定方便,也可采用统计不同类型颗粒数量的方法进行解离度的测量和计算。在这种情况下,可以粗略地认为不同颗粒的大小基本相等。

3. 单体解离度的测定实例

为了测定某铜矿石中黄铜矿的解离度,采用破碎后的样品进行筛分,制备了不同粒级的光片供测量使用。

采用面测法测得黄铜矿在 $-0.147 +0.074$ mm 粒级中的单体、连生体的数据如表 11-7 所示。根据测定结果,计算黄铜矿在该粒级中的解离度为 88.71%。

将各粒级中黄铜矿的单体解离度依次测定后,即可根据各粒级的产率和解离度测定结果计算全样的单体解离度。各粒级黄铜矿单体解离度的测定和计算结果如表 11-8 所示。测定结果表明,该破碎样品中黄铜矿的单体解离度达到 84.5%。

表 11-7   -0.147 +0.074 mm 粒级中不同类型黄铜矿颗粒的含量分布

颗粒种类	单体颗粒数	连生体颗粒数		
		1/4	2/4	3/4
颗粒数	503	114	32	26
折算黄铜矿颗粒数	503×1=503	114×0.25=28.5	32×0.5=16	26×0.75=19.5
黄铜矿单体解离度,%	$L = 100 \times 503/(503 + 28.5 + 16 + 19.5) = 88.71$			

表 11-8   黄铜矿全样单体解离度的计算

粒级/mm	产率/%	单体颗粒数	连生体颗粒数				单体解离度/%
			1/4	2/4	3/4	折算黄铜矿颗粒数	
-0.589 +0.295	8.2	242	84	44	76	100	70.76
-0.295 +0.147	33.6	302	108	54	32	78	79.47
-0.147 +0.074	40.1	503	114	32	26	64	88.71
-0.074 +0	18.1	322	24	12	28	33	90.70
全样	100.0						84.50

思考题

1. 简述显微镜下矿物粒度的表征方法。
2. 显微镜下矿物嵌布粒度的测定方法有哪些? 适应性有何不同?
3. 什么是矿物单体解离度?
4. 影响矿物解离的因素主要有哪些?
5. 简述面测法测定矿物解离度的过程。
6. 有用矿物解离度与分选指标有何关系?

参考文献

[1] 邱柱国. 矿相学. 北京:地质出版社, 1982
[2] 张志雄. 矿石学. 北京:冶金工业出版社, 1981

附录1　工艺矿物学实验指导书

前　言

工艺矿物学实验是为加强课堂理论教学而开设的实践环节，是课堂理论学习的深化和补充，因此在试验前必须弄懂工艺矿物学的基本原理，然后通过实践才能达到比较满意的效果。

本指导书的内容编排与教材基本一致，主要涉及矿物学基础、矿物分析鉴定方法和矿石工艺矿物学特性三个大的方面，建议实验总学时为24学时。

由于实验内容多、学时数有限，本指导书不可能对种类繁多的矿物鉴定方法一一给予详细描述。因此，同学们在学习中要做到以下几点：

（1）上课须携带《工艺矿物学》教材及实验指导书。

（2）做好课前预习，认真阅读实验指导书，并完成教师布置的课前作业，以提高上课效率。

（3）课上要仔细听讲，明确每次实验课的内容和要求，即明确做什么、怎么做，看什么、怎么看。注意抓住重点，仔细观察，做好记录。

（4）充分利用本指导书及其他材料进行思考，要善于发现问题，学会思维方法，逐步提高分析问题和解决问题的能力。

实验一　晶体的对称分类和晶体形态

一、目的要求

通过观察晶体模型，了解晶体对称的概念并学习如何在晶体模型上找对称要素。根据对称要素的特征，确定其所属的晶族、晶系和对称型。认识晶体的单形和聚形。

二、内容和方法

（一）找出晶体模型的对称要素，确定其对称型、所属晶族和晶系

1. 对称面（P）

通过晶体中心，并将晶体平分为互为镜像的两个部分的假想平面叫做对称面。据此，选取某一平面将晶体分为两个相等部分，观察这两部分是否互为镜像反映，从而确定该平面是否属对称面。在找对称面时，模型尽量不要转动，以免遗漏或重复计数。在一个晶体上可以有一个或几个对称面，也可以没有对称面。晶体中下列平面可能是对称面：①垂直且平分晶面的平面；②垂直且平分晶棱的平面；③包括晶棱的平面。

2. 对称轴(L^n)

对称轴是通过晶体中心的假想直线。晶体中可能出现的对称轴只有 L^1，L^2，L^3，L^4，L^6。寻找对称轴时，使晶体围绕通过晶体中心的某一直线旋转，观察晶体在旋转一周时，有无相同的部分重复及重复次数，从而确定该直线是否为对称轴及它的轴次 n。如此重复寻找，将晶体的所有对称轴找出。晶体中可以没有对称轴，也可以有一个或几个对称轴，此外，几种不同的对称轴可以同时存在，但要注意同一对称轴不能重复计数。对称轴一定通过晶体中心。晶体中的下列直线可能是对称轴：①通过两对应晶棱中点的直线只可能是 L^2；②通过两对应晶面中心的直线，可能是 L^2、L^3、L^4 或 L^6；③通过角顶的直线，可能是 L^2、L^3、L^4 或 L^6。

3. 对称中心(C)

具有对称中心的晶体，其所有晶面必定是两两平行而且相等并方向相反。这一点可以用来作为判别晶体或晶体模型有无对称中心的依据。在一个晶体中，对称中心可能没有或仅有一个。观察时，可将晶体放在桌面上，先观察晶体是否有两个相互平行且相等的晶面，再把晶体各个晶面同样照此观察，确定有无对称中心。

4. 旋转反伸轴(L_i^n)

L_i^4 由于 L_i^4 包含着 L^2，故当晶体中有 L^2 而无对称中心时，则将晶体围绕 L^2 旋转 $90°$ 后，试看与旋转前的图形之间，其面、棱、角相对于晶体中心点是否呈反伸对称关系，如是，则此 L^2 轴应为 L_i^4；

（二）认识单形与聚形

1. 单形

若晶体的各晶面形状相同、大小相等时，称为单形。认识下列单形：

低级单族：斜方柱，斜方双锥。中级晶族：三方柱，四方柱，六方柱，三方双锥，四方双锥，六方双锥，菱面体。高级晶族：四面体，八面体，立方体，棱形十二面体，五角十二面体。

2. 聚形

晶体有两种或两种以上不同形状和大小的晶面组成时，称为聚形。分析一个晶体模型由几种单形所组成，其方法如下：

（1）根据晶体的对称要素特征，确定所属的晶族和晶系；

（2）统计不同晶面的种类，确定单形的数目；

（3）根据同一形状晶面的数目、相互关系和它们组成的断面形状，定出各个单形名称。

（三）晶体模型的观察方法与步骤

分析晶体模型的对称要素。晶体上的角顶、晶面中心和晶棱中心等的连线方向，经常是对称要素可能出现的位置。故而操作时，要特别注意可能存在的对称要素。观察模型时，首先按单个晶体模型长、宽、高的相对长短，将所有实习用模型分成三向等长和三向不等长两大类。

1. 三向不等长模型的分析

（1）在模型上找出其唯一的最长或最短方向，并垂直将该方向竖立在桌面上，然后查数该方向周围等同部分（多数是就晶面的形状和大小而言）的数量。一般说来，等同部分的数量值即为该方向所属对称轴 L^n 的轴次 n。

（2）以 L^n 为起点，考察模型上是否有 L^n 与相垂直的 L^2（模型绕此方向旋转一周，其空间状态重复两次)，或包含 L^n 的 P(即将模型平分成镜像对等两部分的假想平面)；如果有，则应存在 n 个 L^2 或 n 个 P。

(3)将模型晶面平置于桌面上时，观察晶体所有晶面是否都能实现两两相等而平行，取向相反，如设想成立，则该晶体模型定有对称中心 C 存在。

(4)如果晶体模型中，对称中心 C 与偶次轴 L^{2n} 并存，则垂直于 L^{2n} 的方向，还应有对称面 P。

2. 三向等长模型的分析

(1)模型彼此垂直的三个方向应为三根 4 次对称轴 L^4(或 L^2，或者 L_i^4)。

(2)和三根 L^4 等角度相交的 4 个方向，应是 4 根 L^3。

(3)对称中心 C，对称面 P 和二次对称轴 L^2 的分析。

①确定模型中是否有 C、P、L^2 的存在(判明方式与三向不等长模型相同)。

②P 和 L^2 数量的计算。首先，查数 P(或 L^2)所在几何要素(晶面、晶棱或角顶)共有几个，用该"个数"的总数，乘以每个几何要素上的 P(或 L^2)的数，所得乘积是模型上该几何要素所决定的对称要素(P 或 L^2 的最大可能数)。然后，用最大可能数，减掉重复计算的部分，即为该对称要素 P(或 L^2)的实际数目。

(4)模型上旋转反伸轴 L_i^n 的分析。当晶体中有 L_i^4 或 L_i^6 存在时，模型中必定不会有对称中心 C。

①L_i^4 的分析。当晶体模型中有 L^2 而无对称中心(C)时，则可将 L^2 直立旋转 $90°$，如果通过对称轴中点反伸，能将旋转后的模型状态恢复为旋转前的状态，此 L^2 应为 L_i^4。

②L_i^6 的分析。因为 $L_i^6 = L^3 + P\perp$(即 L_i^6 包含 L^3，且 L^3 与 P 垂直)，故当晶体模型中有 L^3、又无对称中心(C)时，则要考察有无对称面与之垂直；若有，则此 L^3 即为 L_i^6。

三、记录格式

实验一　晶体的对称分类和晶体形状

模型编号	对称型	晶族	晶系	单形名称
1	例:$3L^4 4L^3 6L^2 6PC$	高级	等轴	立方体
2				
3				
4				
5				

四、思考题

1. 晶体对称分类有何意义？

2. 如何根据晶形判定其所属晶族和晶系？

3. 何谓对称操作与对称要素？

4. 什么是对称轴？晶体中可能出现的对称轴有哪几种？

5. 什么是对称中心?

6. 什么是旋转反伸轴? 常用的旋转反伸轴有哪两种?

实验二 矿物的物理性质

一、目的要求

认识矿物的单体和集合体形状;了解和掌握矿物的主要物理性质。

二、实验内容和方法

(一)矿物形态

1. 单体形态

按矿物单体在三度空间发育程度,延伸情况的不同,分成三种类型。观察如下标本:

(1)三向等长:立方体(黄铁矿),八面体(磁铁矿),菱形十二面体(石榴石)等。

(2)两向延长:菱面体(方解石),板状(重晶石),片状(云母)等。

(3)一向延长:六方柱状(绿柱石),针状(辉锑矿),针锥状(石棉)等。

2. 集合体形态

矿物集合体形态包括显晶集合体形态、隐晶和胶态集合体形态两大类。

纤维状(石膏)、结核状(黄铁矿)、块状(黄铜矿)、鳞片状(辉钼矿)、放射状(阳起石)。

1)显晶集合体形态

按照矿物单体的结晶习性和它们的集合方式的不同可分为柱状、板状、片状、纤维状等。观察以下集合体形态:

柱状(红柱石)、放射状(阳起石)、板状(重晶石、自然碱)、粒状(块状)(橄榄石、磁铁矿、黄铜矿)、鳞片状(辉钼矿、云母)、纤维状(石膏)。

2)隐晶和胶态集合体形态

隐晶集合体指在显微镜下才可辨别出矿物单体的集合体,可以由溶液直接结晶,也可以由胶体老化而成。这类集合体可呈致密状、土状、结核状、钟乳状等。观察以下集合体形态:

结核体:包括结核状(磷灰石)、鲕状(赤铁矿)、豆状(铝土矿)。

分泌体:晶腺(玛瑙)、杏仁状体(安山岩气孔中的沸石、石英、方解石)。

乳状体:钟乳状(钟乳石)、葡萄状(菱锌矿、孔雀石)、肾状(赤铁矿)、土状(高岭石)、致密状(蛇纹石)。

(二)矿物光学性质

1. 颜色

掌握颜色命名的规律,利用一套颜色标准的矿物,对比观察方铅矿(铅灰色)、黄铜矿(铜黄色)、磁铁矿(铁黑色)、斑铜矿(古铜色)、白云石(白色)、赤铁矿(暗红色)。

2. 条痕

观察磁铁矿、赤铁矿、孔雀石、黄铜矿、方解石等的条痕色,掌握它与颜色的关系。

3. 光泽

观察光泽应在新鲜面进行,熟悉掌握以下光泽的特征。

金属光泽：方铅矿、黄铜矿；半金属光泽：磁铁矿、赤铁矿；金刚光泽：闪锌矿、辰砂、锡石；非金属光泽：包括玻璃光泽(石英、普通角闪石)、油脂光泽(石英断口)、珍珠光泽(白云母、文石)、丝绢光泽(石棉)、土状光泽(高岭石)。

4. 透明度

指矿物厚为 0.03 mm 时透过光亮多少而言。由于日常观察的矿物多为不同厚度的块体，影响透明度的观察。可借助于条痕色来区别，一般白色条痕的矿物是透明的，浅 – 深色条痕是不透明的。观察下列矿物的透明度：

透明矿物(方解石、白云母)、半透明矿物(闪锌矿、辰砂)、不透明矿物(磁铁矿、方铅矿)。

(三)力学性质

1. 解理和断口

观察解理时注意解理面与断口面的区别。若块体表面光滑并有几个与此方向相同的平滑面，则为解理所具有的特征；反之，若矿物块体呈有个别光滑面，但不平直或者只有凹凸不平的表面，则是断口的特征。观察下列矿物解理特征(发育程度、组数、解理类角)和断口特征：

极完全解理(云母)、完全解理(方解石)、中等解理(长石)、不完全解理(磷灰石)。贝壳状断口(石英)、纤维状断口(石膏)、土状断口(高岭土)。

2. 硬度

实验应在矿物新面上进行，并且只有在矿物单体的新鲜面上试验才能得出正确的结论。应熟记莫氏矿物硬度计以及较常用的几种比较硬度的方法。

3. 相对密度

用手掂的感受，将矿物按相对密度分为重、中、轻三类。对比以下标本的相对密度：

轻矿物(<2.5)：石墨、石膏；中等矿物(2.5~4.0)：石英、方解石；重矿物(>4.0)：重晶石、方铅矿、黑钨矿。

(四)矿物的其他物理性质

1. 磁性

借助于磁铁对矿物块体或粉末的吸引现象来判断有无磁性。

2. 发光性

多用荧光灯照射矿物使其发光。观察以下标本的发光性：

白钨矿(天蓝色)、石英(无色)、重晶石(紫或黄)、萤石(紫色)。

3. 导电性

观察自然铜、辉铜矿、石墨等的导电性能。

三、记录格式

实验二　矿物物理性质

矿物名称	矿物形状	颜色	条痕色	光泽	透明度	解理断口	硬度	相对密度	磁性

四、思考题

1. 矿物有哪些物理性质?

2. 矿物颜色与哪些因素有关? 条痕色与颜色有何关系?

3. 通过观察, 分析矿物的颜色、条痕、光泽、透明度之间有何关系? 并以黄铜矿、方解石、闪锌矿举例说明。

实验三　不同类型矿物的认识

一、目的要求

掌握肉眼鉴别矿物的一般方法及步骤, 学会矿物的形态、光学性质及其他物理性质的观察方法, 能够根据矿物的主要鉴定特征认识矿物。

二、内容及方法

(一)自然元素和硫化物

1. 根据矿物形态及物理性质认识下列矿物:

自然元素类: 石墨、自然铋、自然铜、自然硫、金刚石;

硫化物类: 方铅矿、闪锌矿、辰砂、辉铜矿、磁黄铁矿、镍黄铁矿、黄铜矿、斑铜矿、铜蓝、辉钼矿、雄黄、雌黄、辉锑矿、黄铁矿、白铁矿、毒砂、黝铜矿。

2. 描述下列矿物主要特征: 石墨、方铅矿、闪锌矿、黄铜矿、磁黄铁矿。

(二)氧化物、氢氧化物及卤化物

1. 根据矿物形态及物理性质认识下列矿物。

氧化物类: △赤铁矿、△金红石、锡石、软锰矿、△石英、钛铁矿、△磁铁矿、铬铁矿。

氢氧化物类: 铝土矿、△褐铁矿、△硬锰矿。

卤化物: 萤石。

2. 描述带△的矿物的主要鉴定特征并填写实验报告。

(三)硅酸盐类矿物

1. 根据矿物的主要物理性质及形态特征, 认识下列主要硅酸盐矿物:

绿柱石、电气石、红柱石、蓝晶石、橄榄石、石榴石、透辉石、普通辉石、透闪石、阳起石、普通角闪石; 黑云母、白云母、滑石、蛇纹石、高岭石、绿泥石、正长石、斜长石。

2. 对比描述橄榄石与石榴石, 电气石与普通角闪石, 正长石与斜长石, 黑云母与绿泥石的异同, 填写实验报告。

(四)碳酸盐等含氧盐类矿物

1. 根据矿物形态及物理性质认识下列矿物:

碳酸盐: △方解石、菱铁矿、玄铜矿、孔雀石;

硫酸盐: △重晶石、石膏、黄钾铁矾;

磷酸盐: △磷灰石、独居石;

钨酸盐: △黑钨矿、白钨矿。

2.观察描述带△矿物的主要鉴别特征并填写实验报告。

三、记录格式

实验三　矿物的认识

矿物名称	形态	颜色条痕	光泽	透明度	硬度	解理断口	相对密度	其他性质

四、思考题

1.比较下列矿物：石墨与辉钼矿，黄铁矿、磁黄铁矿与黄铜矿，黄铁矿与毒砂，方铅矿与辉锑矿。

2.对比金刚石和石墨的形态和物性，并说明为什么不同？

3.金属光泽的矿物和非金属光泽的矿物有何特点？

4.方解石、菱镁矿和白云石有何区别？

5.为什么岛状结构硅酸盐矿物一般硬度较高、密度较大？

实验四　岩石及矿石类型的认识

一、目的要求

熟悉用肉眼及简单工具鉴定常见岩石和矿石的步骤及方法，根据矿物组成、结构构造，认识和鉴别主要岩石和矿石类型。

二、实验内容及方法

（一）主要岩浆岩及岩浆矿石

(1)观察岩石的矿物成分和颜色，注意区分深色矿物和浅色矿物的种类及含量。

观察岩石标本：橄榄岩、辉长岩、玄武岩、闪长岩、安山岩、花岗岩、流纹岩、花岗斑岩等主要岩浆岩。

(2)根据不同结构、构造的特征和相关图片，观察岩石标本的结构、构造特征。对岩石结构、构造的观察，应先分清是粒状、斑状、隐晶质或玻璃质，进而观察矿物的结晶程度、岩石形状和大小，以确定岩石的结构类型；依据岩石中不同矿物的排列方式，确定岩石的构造类型。

(3)观察各种矿石的类型，重点观察描述每种矿石的矿石矿物和脉石矿物种类、矿石的结构构造特征，注意观察和分析矿石中矿物的共生组合关系，初步判断矿石中可供综合利用的元素种类。分别观察以下主要岩浆矿石：

1)岩浆矿石

铬铁矿矿石：致密块状铬铁矿矿石(铬铁矿含70%以上)、浸染状铬铁矿矿石、条带状铬铁矿矿石、豆状铬铁矿矿石；四川某钒钛铁矿矿石；金川铜镍矿矿石。

2）汽水热液矿石

火山－热液型铁矿石；高温热液矿石：赣南钨矿石；中温热液矿石：湖南桃林铅锌矿石、中条山铜矿石；低温热液矿石：贵州铜仁汞矿石、锡矿山锑矿石。

（二）沉积岩和变质岩

对于碎屑岩，其颗粒成分、形状、大小、磨圆度和胶结物都可以说明沉积岩的形成条件，必须注意观察，还要分别描述碎屑及胶结构特征。沉积岩的构造特征是具有层理，但在手标本上不一定能观察到。

变质岩除了注意它的矿物成分外，对结构和构造特征应特别重视。因为许多变质岩往往根据它的构造特征来命名。

（1）认识下列沉积岩：砾岩、砂岩、粉砂岩、页岩、石灰岩、白云岩。

（2）认识下列变质岩：板岩、千枚岩、片岩、片麻岩、石英岩、蛇纹岩、云英岩。

（三）沉积矿石和变质矿石

观察描述每种矿石的矿石矿物和脉石矿物种类、矿石的结构构造特征，注意矿石中矿物的共生组合。分别观察以下矿石标本。

（1）沉积矿石：宣化沉积铁矿石、湘潭沉积锰矿石。

（2）变质矿石：弓长岭变质铁矿石、云南东川变质铜矿石。

三、记录格式

实验四　主要岩石和矿石认识

标本	主要矿物成分		结构	构造	颜色	岩石或矿石名称
	浅色	深色				

四、思考题

1. 简述岩浆岩分类的依据。

2. 高、中、低温热液矿床的矿物共生组合有何特征？

3. 如何区别石灰岩与白云岩？

4. 如何区别花岗岩与片麻岩、石英岩与大理岩？

5. 简述内生、外生、变质矿石的结构构造特征。

实验五　偏光显微镜及单偏光下透明矿物的光学性质

一、目的要求

熟悉偏光显微镜的主要部件及其作用,初步掌握显微镜的正确使用方法;熟悉单偏光下矿物的主要物理性质及观察方法。

二、试验内容及方法

(一)偏光显微镜的构造与调节

1.偏光显微镜的构造

了解偏光显微镜构造的几大部分(目镜、物镜、偏光镜、镜座、焦距调节装置等)及它们之间的相互关系,会正确使用偏光显微镜的操作。

2.显微镜的调节与校正

(1)装卸镜头:将选好的目镜插入镜筒,并使其十字丝位于东西、南北方向。因显微镜的类型不同,物镜的装卸有以下几种类型:弹簧夹型的是将物镜上的小钉夹在弹簧夹的凹陷处,即可卡住物镜。另外还有转盘型、织丝扣型、插板型等。

(2)调节照明:装上中倍物镜($8 \times$或$10 \times$)和目镜后,推出上偏光镜与勃氏镜,打开锁光圈,转动反光镜对准光源,从目镜观察直到视阈最亮为止。注意不要光线太强,否则易使眼睛疲劳。

(3)准焦:将欲观察的矿物薄片放到物台中央(盖玻片向上),用弹簧夹夹紧。从侧面看着物镜头,转动粗螺旋,使镜筒下降到最低位置(但物镜不能碰到薄片)。再从目镜中观察视阈,同时转动组动螺旋使镜筒缓慢上升,直到视阈内物像清晰时为止,此时再用微动螺旋调节能使效果更为满意。

(4)校正中心:转动物台时,如果视阈内的物像在视阈外,这时必须进行中心校正。

(5)显微镜下偏光振动方向的确定:确定下偏光镜的振动方向,应用具有清晰解理的黑云母薄片来确定。将薄片置于载物台上,推出上偏光镜,准焦后旋转物台,使黑云母颜色变得最深为止,这时黑云母解理缝的方向,就代表下偏光镜的振动方向。

(二)单偏光下矿物的光学性质观察

1.颜色及多色性、解理及解理夹角测量

(1)观察黑云母的多色性现象和极完全解理:在薄片中找出不同切面的黑云母,观察其颜色变化及多色性程度;并观察解理缝的清晰情况及完善程度。

(2)观察角闪石的多色性现象和完全解理。

(3)测量角闪石的解理夹角。首先,选择垂直于两组解理面的切面;转动载物台,使一组解理缝平行十字丝竖丝,记下载物台读数;旋转物台,使另一组解理缝平行目镜竖丝,记下物台读数,两次读数之差即为解理夹角。

2.突起、糙面、贝克线

(1)观察并比较石榴石、橄榄石、辉石、角闪石、石英、萤石等的突起、边缘、糙面。

(2)确定石英与白云母、辉石(或角闪石)与长石等的突起正负等级,并用贝克线法比较

它的折射率的相对大小。

（3）观察方解石的闪突起现象。

三、记录格式

实验五　单偏光下矿物的光学性质（一）

薄片号	矿物名	解理				多色性		素描图
		组数	完善程度	特点	夹角	最深时颜色	最浅时颜色	晶形、消光及解理
	黑云母							
	角闪石							

实验五　单偏光下矿物的光学性质（二）

薄片号	矿物名	边缘特征	糙面	突起等级与正负	贝克线		素描图
					清楚程度	提升镜筒移动方向 / 下降镜筒移动方向	

四、思考题

1. 偏光显微镜由哪些主要部分组成？有哪些主要附件？

2. 为什么要进行中心校正？简述校正的原理及方法。

3. 什么是多色性现象？

4. 如何判断解理程度？

5. 突起正负的标准是什么？如果矿物颗粒不与树胶接触能否确定其正负？

6. 同种矿物颗粒之间能否出现贝克线？

试验六 正交偏光镜下透明矿物的光学性质

一、目的要求

学会正交偏光显微镜的检验与校正方法，观察矿物的消光现象和干涉色，认识石英楔的干涉色级序特征，掌握各种试板的应用范围及测定方法、矿物干涉色级序和双折射率值的测定方法。

二、实验内容及方法

1. 检查偏光显微镜的正交

正交时，视阈应是黑色的，否则需转动下偏光镜至视阈黑暗为止。经此校正，目镜十字丝应与上、下偏光镜振向一致，若不一致，可单独校正目镜十字丝位置。其方法为：在薄片中选一级完全解理的黑云母，置于视阈中心。在单偏光镜下转动物台使黑云母解理与十字丝之一平行，推入上偏光镜，如云母变黑暗（消光），说明符合要求。如果黑云母不全黑，转动物台使黑云母消光；推出上偏光镜，转动目镜使十字丝之一与黑云母解理缝平行，此时目镜十字丝即与上、下偏光镜振向一致。

2. 观察矿物的消光现象

（1）观察萤石和石英的消光现象：它们在单偏光镜下均为无色透明的矿物，当在正交偏光镜下观察时，转动物台一周，萤石全部黑暗，呈完全消光现象；而石英呈现四明四暗现象。萤石的黑暗是均质体的消光特征；石英的四明四暗则是非均质体的消光现象特征。

（2）观察黑云母、角闪石、红柱石的消光类型：非均质切片消光时，切片的光率体半径与上、下偏光镜的振动方向，即目镜十字丝平行。因此切片消光时，目镜十字丝就代表矿片上光率体椭圆半径方向。而切片上的解理缝、双晶缝、晶体轮廓与结晶轴有一定的关系，所以根据切片消光时、矿物的解理缝、双晶缝、晶体外形等与目镜十字丝所处的位置关系不同，可将消光分为3种类型：平行消光、对称消光和斜消光。

3. 观察矿物的干涉色

（1）在正交偏光镜间，从试板孔缓慢插入石英楔，可看到1~3级干涉色级序的特征。对于其他欲测矿物可相似地确定其干涉色级序，然后利用色谱表查出该矿物的双折射率值。

（2）在薄片中选4~5个干涉色最高的橄榄石颗粒，用楔形边法确定其干涉色级序，然后用石英楔加以验证。当薄片厚为0.03 mm时，查色谱表确定其最大双折射率。

（3）认识方解石的高级白干涉色及绿泥石的异常干涉色。

三、记录格式

实验六　正交偏光镜下矿物的光学性质

薄片号	矿物名称	消光类型	干涉色	干涉色红色圈数	干涉色级	双折射率	素描图

四、思考题

1. 转动物台一周时，矿物颗粒呈现几次消光现象？为什么？
2. 矿物颜色和干涉色有何区别？
3. 干涉色级序的高低与哪些因素有关？不同干涉色特点如何？
4. 什么叫矿物的最大折射率？准确测定时需要哪些条件？
5. 消光和消色有何区别？
6. 如何区别一级白和高级白干涉色？

实验七　反光显微镜及单偏光下不透明矿物的光学性质

一、目的要求

了解反光显微镜的结构及部件(重点是垂直照明器)的基本性能及用途；熟悉反光显微镜各部件的使用和维护方法；熟悉单偏光下矿物光学性质的测定方法，包括反射率、反射色、双反射及反射多色性等。

二、实验内容及方法

(一)反光显微镜的认识和调节

反光显微镜的调节使用主要包括中心校正、偏光系统校正和垂直照明系统校正三方面。中心校正方法与透射偏光显微镜一致。

偏光系统校正一方面是要将前偏光镜的振动方向调至东西(左右)方向，另一方面是检查两偏光镜的正交情况。前偏光镜的振动方向可用辉铜矿或石墨来检查，将其中1个矿物的延长方向调至东西向，调节前偏光镜直至视阈中的矿物最亮，此时前偏光镜的位置即是东西方向。若旋转物台将矿物延长方向调至南北向，则视阈最暗。检查两偏光镜的正交情况可用铜蓝、辉锑矿、辉钼矿或石墨等矿物。将上述矿物之一置于物台上，调节上偏光镜，使旋转物台时矿物解理平行十字丝最暗，与十字丝成45°角最亮。即旋转物台一周，出现四明四暗的现象，此时两偏光镜已严格正交。若两偏光镜不正交，会出现明暗相间不等的歪四明四暗，离正交位置较远时可出现两明两暗现象。

垂直照明系统的校正主要是调节反射器、视阈光圈和孔径光圈。调节反射器时，缩小视阈光圈使视阈成一小亮点，转动反射器使亮点正处于十字丝中心，此时反射器处于正确位置。调节视阈光圈，缩小该光圈使视阈成一亮点，移动准直透镜，使亮点边缘清楚，然后放大视阈光圈至与视阈边框同大。调节孔径光圈需取下目镜或推入勃氏镜，推出上偏光镜，若缩小孔径光圈后在物镜最后1个界面上所成之像不在正中心，则需调节孔径光圈校正螺丝，将其调至中心。

（二）光片的安装

鉴定矿物前，必须先擦净光片的表面，再用胶泥将光片粘在载玻片上，然后用压平器将光片压平。光片通常在粗毛呢上擦净。毛呢固定在一块小木板上，制成擦板。擦光片时，手持光片从一个方向在擦板上擦去光片表面的尘污。不要来回擦动，以免擦不干净或损坏光面。

用胶泥粘接光片和载玻片时，应将胶泥搓成小球，置于载玻片中央，再将光片的底面轻轻压在胶泥球上。注意胶泥要适量，太少了不仅粘不稳光片，而且压平时载玻片易碎；太多了则易被压到光片的四周，污染光片和显微镜等。

光片基本装好后，将其放到压平器上压平，以保证光片表面与载玻片严格平行。注意压光片动作要轻缓，待压平器接触到光片表面时，稍用力下压即可。冲击性下压或用力太猛均有可能破坏光片或载玻片。

（三）单偏光下矿物光学性质的测定

矿物的反射率是指矿物光面对垂直入射光线的反射能力，即矿物光面在反光显微镜下的响亮程度。通常采用简易比较法来测定不透明矿物的反射率。不过肉眼对反射率的记忆较差，需要经过反复练习才能掌握反射率的对比方法。

1.矿物反射率的观察

（1）在显微镜下直接观察标准矿物黄铁矿、方铅矿、黝铜矿、闪锌矿的反射率，比较它们的亮度差别，并以此将矿物反射率分为五级：1级，$R >$ 黄铁矿；2级，黄铁矿 $> R >$ 方铅矿；3级，方铅矿 $> R >$ 黝铜矿；4级，黝铜矿 $> R >$ 闪锌矿；5级，$R <$ 闪锌矿。

简易比较法是测定不透明矿物反射率最简便最常用的方法，是鉴别不透明矿物的基本训练之一，矿物反射率大小在显微镜下显示出的明亮程度对视觉来说是灵敏的，对反射率记忆较差，因此需反复练习。

（2）用简易比较法观测比较下列矿物的反射率，并确定其反射率等级。

辉铜矿、磁铁矿、黑钨矿、磁黄铁矿、黄铜矿、毒砂、自然铜、铬铁矿、赤铁矿、石英、辉锑矿。

2.反射色的观察

矿物的反射色是指矿物磨光面在白光垂直照射下直接反射所呈现的颜色。观察下列矿物反射色，并对具有相似反射色的矿物进行比较。

无色（白-灰色）：毒砂、方铅矿、闪锌矿、石英；

黄色：黄铜矿、黄铁矿、磁黄铁矿；

玫瑰色：斑铜矿、自然铜；

蓝色：铜蓝、深红银矿。

观察黄铜矿和黄铁矿（或磁黄铁矿）、磁铁矿与赤铁矿连生时的视觉效应。

3.矿物双反射现象的观察

双反射是非均质矿物在单偏光镜下转动物台时，显示明暗变化的现象，而且只有对于强非均质矿物才有意义。因此在观察时应选择一晶轴主切面（R_o，R_e）和二轴晶平行光轴切面（R_g，R_p）进行观察描述。有时单个矿物颗粒上看不到双反射，可在正交偏光镜下寻出颗粒界线，然后去掉上偏光镜在观察矿物颗粒之间反射率的变化。观察下列矿物的视测分级：

辉钼矿、辉锑矿、石墨、方解石、菱铁矿、磁黄铁矿。

4. 反射多色性的观察

矿物的反射多色性是指在单偏光下旋转载物台一周时矿物反射色变化。对于反射色鲜明的矿物，其反射多色性较易观察，而双反射现象则常被掩盖，对于无色矿物来讲，双反射现象更易于观察。

观察下列辉钼矿、铜蓝、硼镁铁矿、墨铜矿、雌黄、辉锑矿等矿物的反射多色性及所属的视测分级，并注明它们与矿物结晶要素和晶形的关系。以石墨为例：

$R_o = 17$　　灰色微棕　　平行延长方向

$R_e = 6$　　深灰微蓝　　垂直延长方向

三、记录格式

实验七　单偏光下不透明矿物的光学性质

矿物名称	反射率	反射色	双反射	反射多色性	其他性质

四、思考题

1. 什么是矿物的反射率？
2. 决定反射率大小的主要因素是什么？
3. 什么是矿物的双反射及反射多色性？它们是如何形成的？
4. 影响双反射和反射多色性观察的因素有哪些？

实验八　正交偏光下不透明矿物的光学性质

一、目的要求

熟练掌握观察矿物均非性的方法，正确确定其视测分级；熟悉常见不透明非均质矿物的偏光色。

二、内容及方法

1. 均非性的观察

均质性与非均质性在正交偏光条件下观察，可分为严格正交法和不完全正交法两种情况。

（1）严格正交法：是指在两偏光镜严格正交的情况下观察矿物的均质性与非均质性。旋转物台一周，均质矿物呈消光状态，视阈黑暗；非均质矿物则可见到四明四暗的现象，明暗位置是固定的，在45°位置视阈最亮。

（2）不完全正交法：是指两偏光镜不严格正交，偏离正交位置1°~3°。此时，对于均质矿物视阈可呈现一定亮度，即不完全消光，但旋转物台时亮度不发生变化；对于非均质矿物，将出现歪四明四暗现象，即明暗位置不正，间隔不是90°，四明中有两次最亮，两次次之。如偏光镜偏离正交位置太大，可出现两明两暗现象，明暗相间出现不在准确的45°位置。非均质性若以浸油作介质进行观察，则效果更好。

均质性与非均质性的观测结果可分为3级，即均质、强非均质和弱非均质。在严格正交偏光下旋转物台，能看到明显的亮度和颜色变化者为强非均质。在严格正交偏光下不能看到明暗变化，但在不完全正交偏光下能看到明显的亮度和颜色变化时，则为弱非均质矿物。若在不完全正交偏光下也看不出明暗变化，则为均质矿物。

对于非均质矿物，要观察和记录偏光色。如铜蓝为强非均质，偏光色为火红－蔷薇－红棕色。记录时，也可将偏光色括在括号内，放在非均质性分级后。

（3）观察下列矿物的均非性并确定其视测分级：方铅矿、闪锌矿、黄铁矿，铜蓝、辉铜矿、黑钨矿、钛铁矿。

2. 偏光色的观察

对于偏光色的观察，需在严格的45°位置，此时不仅颜色鲜明，而且固定，可以作为矿物鉴定特征，如铜蓝的火橙红色。对于在非正交偏光镜下所看到的不是标准的偏光色。鉴定下列矿物的均非质性及偏光色：

辉锑矿、黝铜矿、毒砂、磁黄铁矿、铬铁矿、硼镁铁矿、磁铁矿、辉铋矿、赤铁矿。

3. 内反射的观察

当矿物具有强内反射现象时，会严重干扰均质性和非均质性的观察。为了减小内反射的影响，可将上偏光镜偏转一定角度，即在不完全正交状态下观察均质性与非均质性。用正交偏光法或斜照法观察下列矿物的内反射色：孔雀石、雄黄、雌黄、蓝铜矿、辰砂、菱铁矿、闪锌矿、赤铁矿、黑钨矿。

三、记录格式

实验八　正交偏光下不透明矿物的光学性质

矿物名称	均非性	偏光色	内反射	其他性质

四、思考题

1. 矿物的均非性与切面方位有什么关系？什么样的切面方位非均质性最强？
2. 什么是偏光色？其形成机理是什么？正交偏光下偏光色和内反射色如何区别？

3.影响均非性观察的主要因素是什么？

实验九　显微镜下矿物含量的测定

一、目的要求

掌握显微镜下矿物含量测定的原理和方法，学会在显微镜下测定和计算矿物的含量。

二、内容及方法

显微镜下矿物定量是在矿片(光片、薄片)表面上进行测量，其基本原理是：根据体视学原理，矿片表面某一矿物相所占的点数比、线段长度比或面积比，与其在矿块中所占的体积比相等。显微镜下矿物定量的主要方法有目估定量法、面测法、线测法和点测法。采用显微镜进行矿物定量时应当注意，为保证较高的定量精度，必须保证一定的测量数量，通常要测定数十个视阈、上千个颗粒。

(1)利用线测法(或面测法、点测法)测定矿石中各矿物的含量数据，并将其结果填入相应的表格中。

(2)按教材中矿物含量的计算公式计算出各矿物的重量百分数。

三、实验记录格式

实验九(一)　显微镜下矿物含量的测定(线测法)

矿物	欲测矿物的截距数	不同矿物截距总和	欲测矿物体积含量/%	欲测矿物密度/$(g \cdot cm^{-3})$	欲测矿物重量含量/%

实验九(二)　显微镜下矿物含量的测定(点测法)

矿物	欲测矿物的点数	不同矿物点数总和	欲测矿物体积含量/%	欲测矿物密度/$(g \cdot cm^{-3})$	欲测矿物重量含量/%

四、思考题

1.测定矿石中金属矿物含量的方法有哪些？

2.试比较应用面测法、线测法、点测法的优缺点。

3.影响矿物定量测定的主要因素有哪些？

实验十　矿石的结构构造

一、目的与要求

了解矿石构造及矿石结构的概念；要求会用肉眼或者显微镜观察常见的矿石矿物的结构与构造。通过对矿石标本及光片的观察，熟悉矿石的主要结构构造类型的基本特征。

二、实验内容及方法

矿石结构是指矿石中单个矿物结晶颗粒的形态、大小及其空间相互的结合关系等所反映的分布特征，强调的是矿物的结晶颗粒。结构是相对微观的特征，主要在显微镜下观察。在显微镜下还可以观察到矿物的解理、双晶和环带等晶粒内部结构。

矿石构造是指组成矿石的矿物集合体的形态、大小及空间相互的结合关系等所反映的分布特征，强调的是矿物集合体的特点。矿石构造是相对宏观的特征，主要在手标本和露头上观察。

（1）观察典型矿石结构构造的幻灯片或照片，熟悉常见矿石结构构造的特征。

（2）借助放大镜肉眼观察矿石构造标本，描述不同构造类型的特征。观察10种主要矿石构造类型，掌握其鉴定特征，并绘制4种典型构造的素描图。

（3）在反光显微镜下观察矿石结构光片，描述不同矿物结构类型的特征。观察10种主要矿石结构类型，掌握其鉴定特征，并绘制4个以上的镜下素描图。

三、实验记录格式

实验十　矿石结构构造观察

样品编号	结构构造类型	主要特征	素描图

四、思考题

1. 什么是矿石的结构构造？简述研究矿石结构构造的意义和方法。
2. 矿石结构构造有哪些主要类型？
3. 怎样区分交代溶蚀结构与固溶体分离结构？
4. 矿物晶粒内部结构的主要类型有哪些？

实验十一　矿石中矿物嵌布粒度的测定

一、目的要求

掌握测定矿物粒度的方法，并能对测量的结果进行分析。学会编制粒度特性曲线。

二、实验内容及方法

1.目镜测微尺刻度格值的标定

目镜微尺的标定是借助物台微尺进行的。在一定的目镜、物镜组合条件下，于显微镜载物台上置一物台微尺（通常在 1 mm 的长度上刻有 100 个分格，每分格的长度为 0.01 mm），使目镜微尺与物台微尺准焦重合后，即可算出目镜微尺在此目镜–物镜组合下的格值。在标定前应选择合适的目镜和物镜组合，若变更目、物组合时，测微尺的格值需另行测算。

2.利用测微尺对矿物进行粒度分级

在显微镜下进行工艺粒度测量时，粒级的划分可按目镜微尺的格子数来划分（如 2、4、8、16、32、…格等）。在选择放大倍数，即目镜–物镜组合时，一般以保证最小粒级颗粒的放大物相的大小不少于目镜微尺的 2 个刻度、最大粒级颗粒的放大物相不超越目镜微尺的刻度范围为宜。

3.利用面测法实测某矿区矿石中有用矿物的粒度

面测法也称为横（过）尺面测法，适用于粒状颗粒的测量。该方法借助于目镜微尺、机械台和分类计数器（若无分类计数器用笔记录也可）三者配合进行。将目镜微尺东西横放视场中，利用机械台移动尺将光片按一定间距的南北向测线作南北向移动，使测微尺范围内的颗粒均逐渐通过微尺。当每一个颗粒通过微尺时，根据该颗粒的定向（东西向）最大截距刻度数属于哪一粒级，即认为系该粒级的颗粒；并按动分类计数器记录该粒级的相应按钮，以便累加该粒级的一个颗粒。

（1）测定块状硫化矿石光片中黄铁矿的粒度；

（2）测定 –2.0 mm 粉状矿石制备的光片中黄铁矿的粒度。

4.根据测定结果，绘制该矿石中某种矿物的粒度特性曲线

根据测定结果，以各粒级的平均粒度为横坐标，以正累计和负累计含量为纵坐标，绘制某种矿物的粒度特性曲线。

5.根据粒度特性曲线分析它与选矿工艺的关系

根据粒度特性曲线确定该矿物的嵌布粒度类型，如均匀嵌布、粗粒不均匀嵌布、细粒不均匀嵌布等，并分析矿物的嵌布粒度与选矿工艺的关系。

三、实验记录格式

实验十一　矿石中矿物嵌布粒度的测定（线测法）

级序	格值及格数	粒级范围 /mm	比粒径 /d	颗粒数 /n	含量比 /nd	含量分布 /nd%	正累计含量 /%

四、思考题

1.简述矿物嵌布粒度分析的意义。

2.粒度测定方法有哪些？简述各方法的优缺点。

3.影响粒度测定的主要因素有哪些？

实验十二　矿物解离度的测定

一、目的要求

掌握矿物解离度的概念和意义；学会磨矿产品或其他选矿产品中矿物解离度的测定及表示方法；根据对所测资料的计算整理，计算矿物单体解离度，并对产品的工艺性能进行初步分析。

二、实验内容及方法

1.测量方法

解离度的测定方法分为面测法、线测法和点测法3种，以前两种方法应用较广。面测法采用带方格网的目镜进行测量，此时在显微镜下所观察到的矿物颗粒上就叠置了一个方格网。测量时，通常是按照一定的间距移动载物台，将整个矿片表面全部测完，分类统计不同类型颗粒(单体颗粒、不同类型连生体颗粒)的面积(所占网格数)，并将测量结果记录在记录表中；最后将各视阈测量结果进行累计，计算出不同类型待测矿物颗粒在该矿片中的体积含量。

线测法与面测法相似，所不同的是面测法是通过矿物表面所占网格数来测定其面积大小，而线测法则是通过目镜上的直线测微尺来测定不同矿物所占线段截距长度的大小。线测法数据的统计和计算方法与面测法相同，只是将网格数更换成线段长度即可。

2.颗粒类型的划分

为了测定某种矿物的单体解离度，首先要将该矿物颗粒划分为单体颗粒、不同连生比(7/8、3/4、1/2、1/4、1/8、1/16)的连生颗粒。然后在显微镜下分别统计不同类型颗粒的数量。测定过程中注意观察连生颗粒中矿物之间的连生特征。

3.测量样品

(1)分级样品制备的光片：某磁铁矿石的磨矿产品，经过筛析后制备出的不同粒级的光片，测定不同粒级中磁铁矿的单体解离度。

(2)根据各粒级样品的测定结果，计算全样的磁铁矿解离度。

三、实验记录格式

实验十二　磨矿产品中矿物解离度的测定(粒级：＿＿＿＿)

矿物	单体颗粒数	连生体颗粒数			单体解离度/%
		1/4	2/4	3/4	
例	503	114(28.6)	32(16)	26(19.5)	88.7

注：括号内数字为折算单体颗粒数

附表1 某样品中磁铁矿解离度的测定(过尺面测法)实例

粒级/mm	产率/%	粒级单体数/n	不同比例连生体颗粒数				粒级单体解离度/%
			1/4	2/4	3/4	合计	
−0.30 +0.15	10.0	22	8(2)	5(2.5)	6(4.5)	(9)	71.0
−0.15 +0.074	28.0	290	100(25)	50(25)	30(22.5)	(77.5)	78.9
−0.074 +0.037	30.0	837	192(48)	51(25.5)	44(33)	(106.5)	88.7
−0.037 +0	32.0	371	27(6.8)	14(7)	32(24)	(37.8)	90.8
合计	100.0						84.8

四、思考题

1. 矿物单体解离度有何意义? 它与选矿工艺有何联系?

2. 矿物有哪些连生类型? 对选矿工艺有何不同影响?

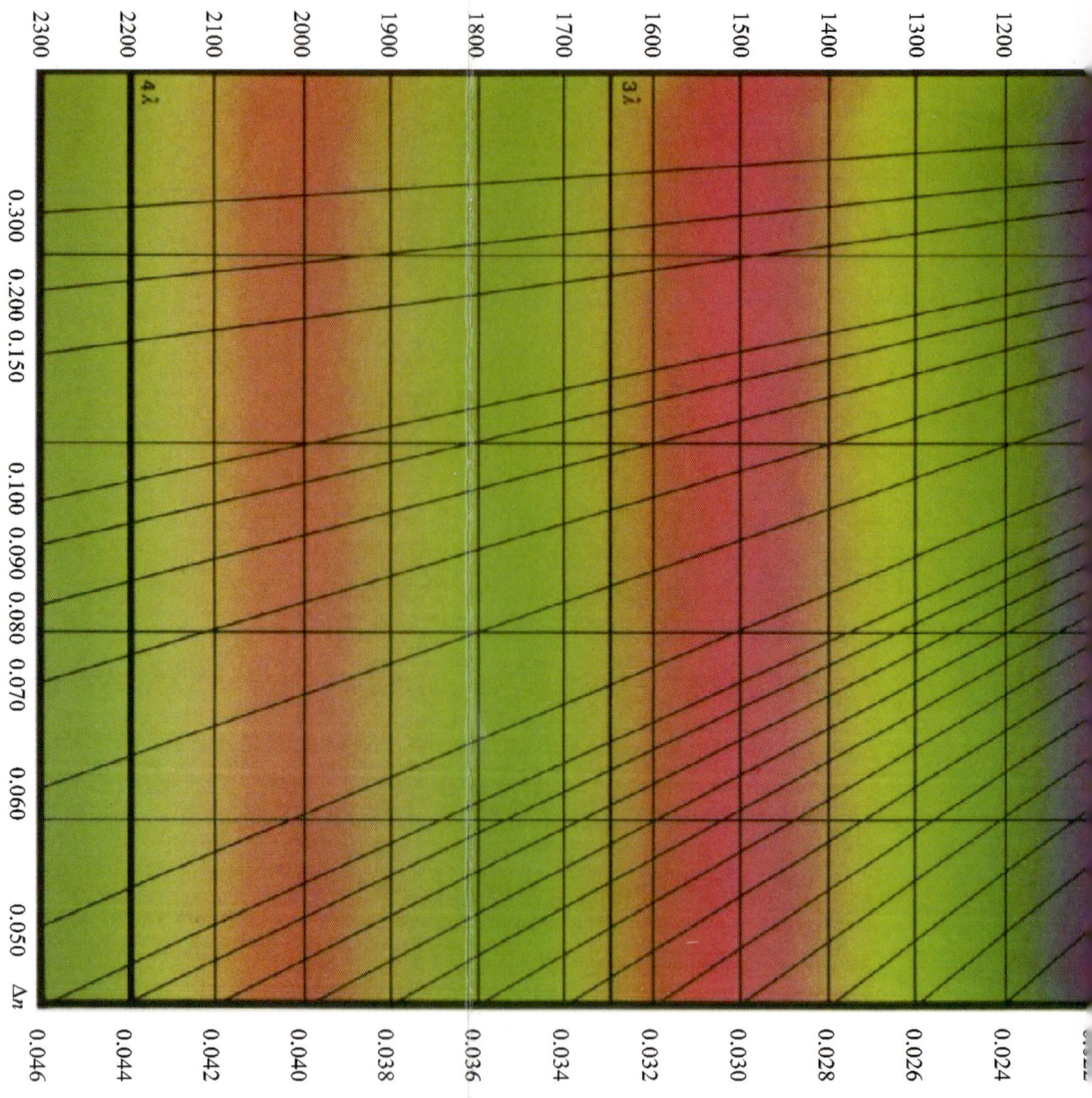

干涉色色谱表（据Leica公司）

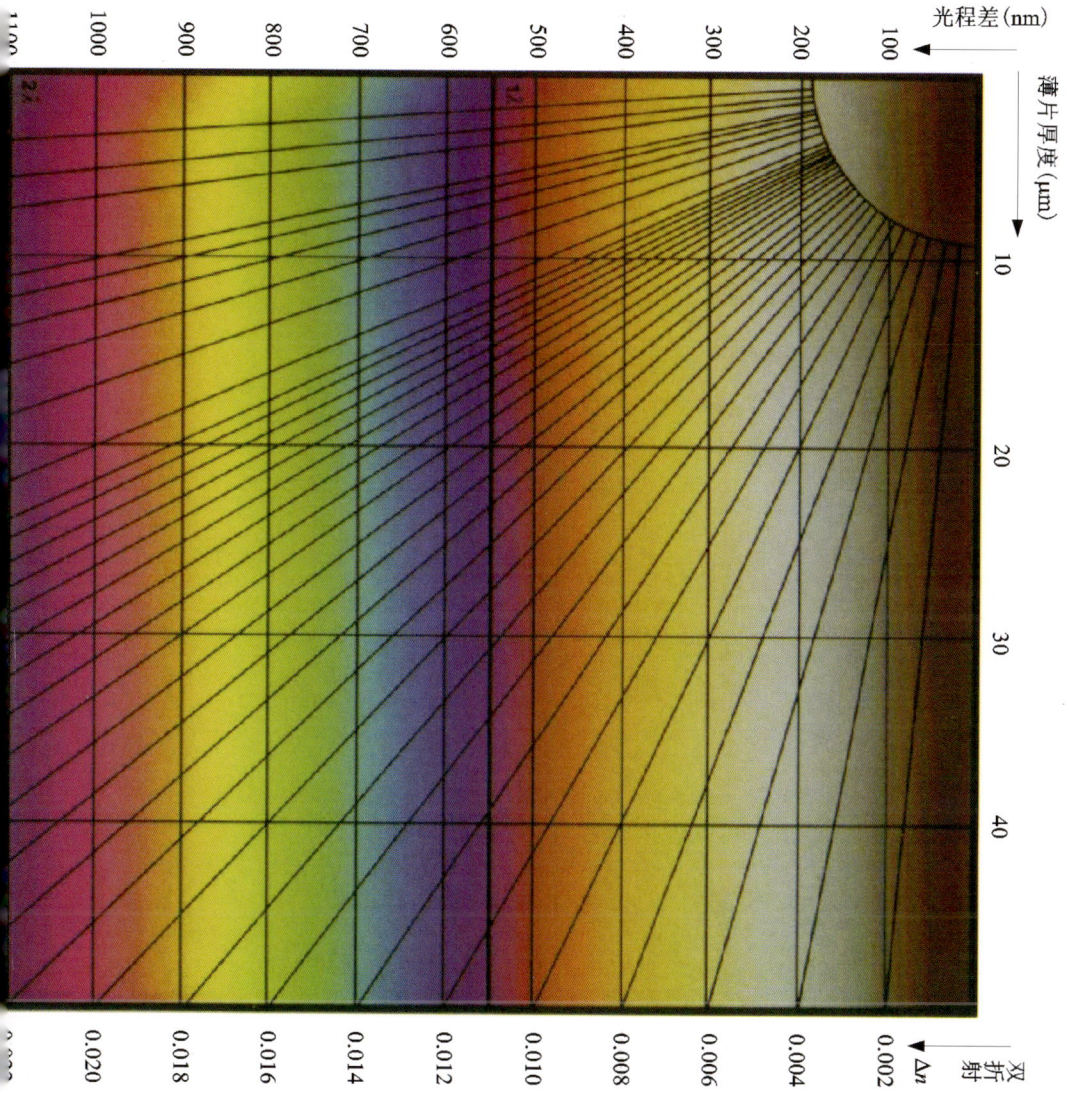

附录2 干涉色色谱表

光程差(nm)

薄片厚度(μm)

双折射 Δn